"十二五"高职高专计算机规划教材·基础与实训系列

中文 CorelDRAW X5 图形制作操作教程

佘昌伟 编

西北工業大學出版社

【内容简介】本书为高职高专“十二五”计算机规划教材·基础与实训教程系列，全书共分 12 章，主要内容包括 CorelDRAW X5 入门知识、绘制几何图形、绘制线条和不规则图形、编辑对象、图形的轮廓与填充、文本的输入与编辑、创建交互式效果、透镜和其他特殊效果、位图的编辑、打印输出、综合应用实例以及上机实训。各章后附有本章小结及实训练习，读者在学习时更加得心应手，做到学以致用。

本书可作为各大中专院校及计算机培训班的计算机基础课程教材，同时也可作为计算机爱好者的自学参考书。

图书在版编目（CIP）数据

中文 CorelDRAW X5 图形制作操作教程/佘昌伟编. —西安：西北工业大学出版社，2013.7
“十二五”高职高专计算机规划教材·基础与实训系列
ISBN 978-7-5612-3737-3

Ⅰ. ①中…　Ⅱ. ①佘…　Ⅲ. ①图形软件—高等职业教育—教材　Ⅳ. ①TP391.41

中国版本图书馆 CIP 数据核字（2013）第 172216 号

出版发行：西北工业大学出版社
通信地址：西安市友谊西路 127 号　　邮编：710072
电　　话：（029）88493844　88491757
网　　址：www.nwpup.com
电子邮箱：computer@nwpup.com
印 刷 者：兴平市博闻印务有限公司
开　　本：787 mm×1 092 mm　1/16
印　　张：16
字　　数：423 千字
版　　次：2013 年 7 月第 1 版　　2013 年 7 月第 1 次印刷
定　　价：32.00 元

出版者的话

高等职业教育是我国高等教育的重要组成部分，担负着为国家培养并输送生产、建设、管理、服务第一线高素质、技术应用型人才的重任。因此，我国近年来十分重视高等职业教育。

高等职业教育要做到面向地区经济建设和社会发展，适应就业市场的实际需要，真正办出特色，就必须按照自身规律组织教学体系。为了满足高等职业教育的实际需求，我们组织高等职业院校有丰富教学经验的教师，编写了“‘十二五’高职高专计算机规划教材·基础与实训系列”教材。

本系列教材充分考虑了高等职业教育的培养目标、教学现状和发展方向，在编写中突出实用性，重点讲述在信息技术行业实践中不可缺少的基础知识，并结合实训加以介绍，大量具体操作步骤、众多实践应用技巧与切实可行的实训材料真正体现了高等职业教育自身的特点。

主要特色

中文版本、易教易学

本系列教材选取市场上最普遍、最易掌握的应用软件的中文版本，突出“易教学、易操作”，结构合理、内容丰富、讲解清晰。

内容全面、结构合理

本系列教材合理安排基础与实训的比例。基础知识以“必需，够用”为度，以培养学生的职业技能为主线来设计体例结构、内容和形式，符合高等职业学生的学习特点和认知规律；对实训操作过程的论述清晰简洁、通俗易懂、便于理解，通过相关软件的实际运用引导学生学以致用。

图文并茂、实例典型

本系列教材图文并茂，便于读者学习和掌握所学内容，以行业应用实例带动知识点，诠释实际项目的设计理念，实例典型，切合实际应用。

体现教与学的互动性

本系列教材从“教”与“学”的角度出发，重点体现教师和学生的互动交流，将精练的理论和实用的行业范例相结合，让学生在课堂上就能掌握行业技术应用，做到理论和实践并重。

突出职业应用，快速培养人才

本系列教材以培养计算机技能型人才为出发点，采用“基础知识+应用实例+综合应用实例+上机实训”的编写模式，内容生动，由浅入深，将知识点与实例紧密结合，便于读者学习掌握。

具备前瞻性，与职业资格培训紧密结合

本系列教材的教学内容紧随技术和经济的发展而更新，及时将新知识、新技术、新工艺和新实训引入教材，同时注重吸收最新的教学理念，根据行业需求，使教材与相关的职业资格培训紧密结合。

读者定位明确，与就业市场紧密结合

针对明确的读者定位，本系列教材涵盖了计算机基础知识及目前常用软件的操作方法和操作技巧，读者在学习后能够切实掌握实用的技能，做到放下书本就能上岗，真正具备就业本领。

读者对象

本系列教材是高等职业院校、高等技术院校、高等专科院校的计算机教材，适用于信息技术的相关专业，如计算机应用、计算机网络、信息管理、电子商务、计算机科学技术、会计电算化等，也可供优秀职高学校选作教材。对于那些要提高自己应用技能或参加一些证书考试的读者，本系列教材也不失为一套较好的参考书。

结束语

希望广大师生在使用教材的过程中提出宝贵意见，以便我们在今后的工作中不断地改进和完善，使本系列教材成为高等职业教育的精品教材。

前　言

CorelDRAW X5 强大的图形绘制与编辑功能，在 VI 设计、平面广告设计、商业插画设计、产品包装设计、工业造型设计、印刷品排版设计以及网页制作等方面的应用都非常广泛。虽然 CorelDRAW X5 属于平面设计软件，但由于 CorelDRAW 可以导入 Office，Photoshop，Illustrator 以及 AutoCAD 等软件输出的文字和绘制的图形，并能对其进行处理，最大程度地方便用户，帮助用户制作出具有专业水平的设计作品。因此，许多用户也将 CorelDRAW X5 用于产品效果制作。

本书以“基础知识+应用实例+综合应用实例+上机实训”为主线，以 Windows XP 作为操作平台，对 CorelDRAW X5 软件进行循序渐进的讲解，读者学习后能快速直观地了解和掌握 CorelDRAW X5 的基本使用方法、操作技巧和行业实际应用，为步入职业生涯打下良好的基础。

本书内容

全书共分 12 章。其中，第 1 章主要介绍 CorelDRAW X5 的入门知识以及文件的基本操作；第 2 章主要介绍了基本图形的绘制方法与编辑技巧；第 3 章主要介绍了线条的绘制与编辑技巧；第 4 章主要介绍了图形对象的编辑技巧；第 5 章主要介绍了图形轮廓属性的设置与填充；第 6 章主要介绍了文本的输入方法与编辑技巧；第 7 章主要介绍了交互式效果的创建与编辑技巧；第 8 章主要介绍了透镜和其他特殊效果的创建与编辑技巧；第 9 章主要介绍了位图的编辑方法以及滤镜的使用技巧；第 10 章主要介绍了从 CorelDRAW X5 文档导出文档以及打印设置等操作方法；第 11 章列举了几个有代表性的综合实例；第 12 章是上机实训，通过理论联系实际，帮助读者举一反三、学以致用，进一步巩固所学的知识。

读者定位

本书结构合理，内容系统全面，讲解由浅入深，实例丰富实用，可作为各大中专院校及计算机培训班的计算机基础课程教材，同时也可作为计算机爱好者的自学参考书。

本书力求严谨细致，但由于水平有限，书中难免出现疏漏与不妥之处，敬请广大读者批评指正。

编　者

目 录

第 1 章 CorelDRAW X5 入门知识

CorelDRAW X5 是 Corel 公司推出的目前最为流行的矢量图形创作软件之一，它以其丰富的绘图功能及简便易学的特点，受到了广大美术爱好者和图形图像设计人员的普遍欢迎。目前，CorelDRAW 已广泛应用于广告、网络、动画设计等领域。

知识要点

- CorelDRAW X5 中图像的概念
- CorelDRAW X5 的新增功能
- CorelDRAW X5 的工作界面
- 文件的操作
- 页面设置
- 辅助设置

1.1 CorelDRAW X5 中图像的概念

CorelDRAW X5 是创作矢量图形的软件，在进行图形图像创作时，要了解一些图形图像方面的基本知识，这将有助于以后的学习。

1.1.1 矢量图

矢量图也称为面向对象绘图，是由数学方式描述的一系列线条和色块组成的。矢量文件中的图形被称为对象，每个对象都是一个相对独立的实体，它有自己的属性，如颜色、形状、轮廓、大小、位置等。

矢量图的主要特点如下：

（1）对其进行放大、缩小等操作时，其清晰度保持不变，如图 1.1.1 所示。

图 1.1.1 矢量图放大的效果

（2）矢量图文件占用存储空间都比较小。

1.1.2 位图

位图又称点阵图，是由称作像素的单个点组成的。位图的工作方式就如用画笔在画布上绘图一样，因此位图比矢量图更容易模拟照片的真实效果。

位图的主要特点如下：

（1）放大位图，会使其清晰度下降，如图 1.1.2 所示。

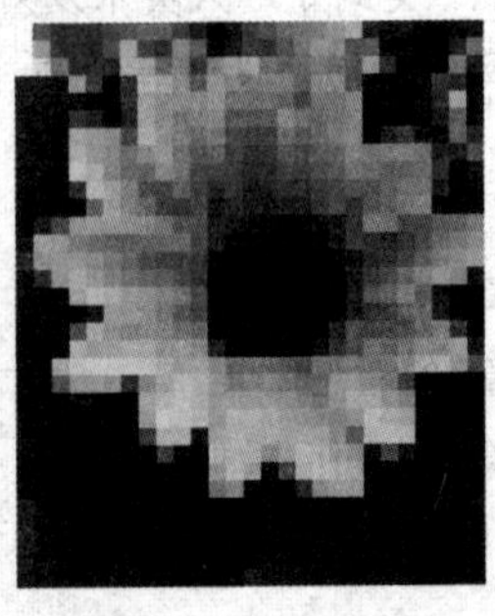

图 1.1.2 位图图像放大的效果

（2）位图输入的质量与其分辨率有关，分辨率是指一个图像文件中包含颜色信息的多少。

（3）位图文件占用存储空间较大。

1.1.3 位图的分辨率

对位图而言，分辨率是指每平方英寸中像素点的数量，单位为 dpi，它与位图图像的清晰度和画质有着密切的关系。当图片尺寸固定时，分辨率越高，则图像的清晰度就越高，画质也越好。反之，图像的清晰度就不高，画质也会降低。

1.1.4 图像的色彩模式

CorelDRAW X5 支持多种色彩模式，如 CMYK，RGB，HSB，HLS，LAB 等。其中最常用的是 RGB 模式与 CMYK 模式，这两种模式是 CorelDRAW 中表示颜色的必选途径，每种色彩模式都有其特有的表示颜色的方法。

1. CMYK 模式

CMYK 模式的颜色也称为印刷色，这是因为 CMYK 模式大多用在印刷上。CMYK 色彩模式通过青色、洋红、黄色和黑色 4 种颜色以百分比的形式进行描述，每一种颜色所占的百分比可以从 0 到 100%，其百分比越高，颜色越暗。

CMYK 模式是通过反射某些颜色的光并吸收另外颜色的光，生成不同的颜色，因此，此模式也被称为减色模式。

一般 CMYK 模式用于生成印刷机、色彩打印校正机、热升华打印机、全色海报打印机或专门打印机的文档。CorelDRAW 中所用的调色板色彩就是用 CMYK 值来定义的。

2. RGB 模式

RGB 模式也可称为光源色模式，这是因为 RGB 能够产生与太阳光一样的颜色。RGB 色彩模式是通过色彩的红、绿、蓝3种颜色混合构成的，从理论上来说，可以生成自然界中的任何一种颜色，一般RGB模式只用于在屏幕上显示的图像，而不用于印刷。

在RGB模式下，每一个像素由24位的数据表示，其中红、绿、蓝3种原色各用了8位，因此，这3种颜色各具有256级亮度，能表现出256种不同浓度的色彩。

1.1.5 图像的存储格式

在 CorelDRAW X5 中，完成对作品的编辑与修改后，需要将其保存起来，在存储时需要选择存储格式。下面来介绍几种文件的存储格式。

1. CDR 格式

CDR 格式是 CorelDRAW 的专用格式，也就是说，用 CDR 格式存储的文件只能在 CorelDRAW 中打开，而不能在其他程序中打开。

2. PSD 格式

PSD 格式是唯一支持 Photoshop 全部图像色彩模式的文件格式，还支持网格、通道、图层等其他所有功能。它是具有图层功能的 Photoshop 专用格式，可方便地对图像进行反复修改。

3. AI 格式

AI 格式是 Illustrator 软件的标准文件格式，与 CDR 格式一样，是最常见的矢量图文件格式之一，可以方便地导入到 CorelDRAW 中进行编辑。

4. DXF 格式

DXF 格式是三维模型设计软件 AutoCAD 提供的一种矢量图文件格式，其优点是文件小，绘制图形的尺寸、角度等数据都非常精确，是建筑设计、工业设计与建模的首选。

5. BMP 格式

BMP 格式是 Windows 操作系统标准的位图格式，它可以被大多数图形图像软件所支持。该文件格式结构简单，不支持压缩功能，因此画质最好，但文件占用磁盘空间比较大，而且不支持 Alpha 通道。

6. JPEG 格式

JPEG 格式文件的压缩比可大可小，支持 CMYK，RGB 与灰度的色彩模式，但不支持 Alpha 通道。这种格式可以用不同的压缩比对图像文件进行压缩，其压缩技术是否先进对图像质量的影响不大，它是占用较少的磁盘空间获得较好图像质量的格式。

7. GIF 格式

GIF 格式是位图格式的一种，与 BMP 和 JPEG 格式的文件相比，GIF 格式最大的特点是支持动画效果，即图片是可以动态变化的，而且该格式的文件非常小，适用于在网络上展现简单的动画效果。

8. BMP 格式

BMP 格式文件几乎不压缩，占用磁盘空间较大，可支持 RGB、灰度、位图以及索引颜色模式，而不支持 Alpha 通道。

1.2 CorelDRAW X5 的新增功能

CorelDRAW X5 具有 50 多项新增功能和增强功能，包括资产管理、颜色管理和 Web 图形等的主要增强功能以及各种学习资源和前所未有的更多内容，下面我们就来介绍一下 CorelDRAW X5 中的一些新功能和新特性。

1．文件格式兼容性

可支持 60 多种文件格式，包括 CGM，AutoCAD DXF，Autodesk®PLT，Microsoft Visio®Filter，DOC，DOCX 和 RTF 等，用户可以自信地和其他客户、同事交换文件。

在 CorelDRAW Graphics Suite X5 中，TIFF 过滤器可兼容各种标准文件压缩方式和多页文件，而且导入的 Corel®Painter™文件现在仍保留着嵌入的颜色预置文件。

2．新增的工具提示

工具提示的格式和内容已得到增强，提高了可读性并提供了更多信息。当用户将鼠标指针放在图标或按钮上时，就会出现一条描述工具及其作用的工具提示。

3．全新的“创建新文档”对话框

CorelDRAW X5 包含“创建新文档”对话框，该对话框提供可供选择的页面尺寸预设，文档分辨率、预览模式、颜色模式和颜色预置文件。描述区域为新用户阐述了可用的控件和预置。

4．更完善的颜色系统

在 CorelDRAW X5 中，颜色管理引擎已完全重新设计，新的“默认颜色管理设置”对话框在为高级用户提供更好控制的同时，允许制定应用程序颜色规则来帮助用户实现正确的颜色显示。

5．像素预览功能

新的“像素”视图可让用户以实际大小创建绘图，从而更精确地显示设计在 Web 上的展示。访问“视图”菜单的“像素”模式可以帮助用户更精确地对齐对象。此外，CorelDRAW 还能让用户将对象贴齐到像素。

6．锁定工具栏选项

在 CorelDRAW X5 中可以将工具栏锁定在适当的位置，这样就不会选择工具时无意移动工具栏，也可以随时解除锁定工具栏，并将其放在屏幕的任意位置。

7．改进的矩形绘图与编辑功能

用户可以从“矩形工具”属性栏中创建倒棱角、扇形角或圆角，当拉伸或缩放矩形时，圆角会保留，不发生变形且可以选择保留原来的圆角半径。此外，圆角是以实际半径为单位表示的，这样更容易对其进行处理。

8．智能化的颜色滴管工具

将颜色滴管工具放置在图像上方时，会自动显示当前图像的颜色信息值，如果是 RGB 图像，还会显示出 web 网页色值；如果是 CMYK 图像，则会显示 CMYK 值。吸取颜色后，会自动切换到颜料桶工具对目标对象进行颜色填充，填充后的颜色会自动保存到文档调色板色盘中。

9. 网状填充工具

大幅度改进的网状填充工具可设计带有流动颜色转变的多颜色填充对象，新的“透明”选项可在单独的节点后显示对象；使用属性栏中新的“平滑网状颜色”选项，可以实现保留颜色浓度的颜色转变，添加到网状节点的任何颜色都会与对象其他部分进行无缝调和。此外，每个网状的节点数量会大大减少，以便更容易操控对象。

10. 新增的 B 样条工具

新增的 B 样条工具可以创建平滑的曲线，并且在页面中绘制的曲线比使用手绘路径绘制曲线所用的节点更少。

11. 调色板管理器泊坞窗

增强的调色板管理器泊坞窗包含新的以及更多正确的 PANTONE®调色板，使创建、组织和显示或隐藏默认和自定义的调色板变得更为简单。用户可以创建特定网络的 RGB 调色板或特定打印的 CMYK 调色板。

12. 对象泊坞窗

在 Corel PHOTO-PAINT X5 中，改善的“对象”泊坞窗可通过启用设计对象的层次组织和使常用功能更易于使用，来帮助用户获得更高的工作流效率。现在，当用户组织一个复杂的图像时就可以使用嵌套分组，它可以帮助在多个应用程序之间移动对象群组。

13. 照片效果

使用 Corel PHOTO-PAINT X5 可以使用新增的照片效果来修改照片，“振动”效果对于平衡颜色饱和度很有帮助，它提高了低饱和度颜色的浓度，同时保持高饱和度的颜色不变。“灰度”效果很适合于降低照片的对象、图层或区域中的饱和度，它还允许用户选择在灰度转换中使用过的颜色。“照片过滤器”效果可让用户能在拍摄照片时模拟照相机透镜效果。

14 收集用于输出选项

新的“收集用于输出”选项可以帮助用户收集字体、颜色预置文件和其他文件信息，使用户和打印服务提供商之间的共享变得更为简单。

15. 增强的网页图像输出功能

新的“导出到 Web”对话框提供了常用导出控件的单访问点，当用户准备导出文件时，可不必打开其他对话框，让用户先比较各种过滤器设置的结果，再选择输出格式，便于得到最佳效果。此外，用户还可以为光滑处理的边缘指定对象透明度和边颜色，所有这些操作都可以实时预览，用户还可以选择并编辑索引格式的调色板。

1.3　CorelDRAW X5 的工作界面

启动 CorelDRAW X5 应用程序后，在其欢迎界面中单击“新建空文档”图标，就可以看到如图 1.3.1 所示的工作界面，CorelDRAW X5 所有的绘图工作都是在这里完成的。熟悉其工作界面是学习 CorelDRAW X5 绘图制作的基础。

图 1.3.1 CorelDRAW X5 的工作界面

1.3.1 标题栏

标题栏位于窗口的顶部，其左侧显示了当前文件的名称，其右侧有 3 个按钮，分别为“最小化”按钮，“最大化”按钮（或“还原”按钮）和“关闭”按钮，分别可用于将窗口缩小至任务栏、放大至整个窗口（或将其还原至原来的大小）和关闭整个窗口。

提示：如果单击标题栏最左侧的图标，可在弹出的下拉菜单中选择适当的命令，对整个程序窗口进行移动、最小化、最大化、关闭等操作。

1.3.2 菜单栏

菜单栏主要包括运用 CorelDRAW X5 软件进行工作时使用的编辑、修改以及窗口的设置和帮助等命令，其中有 12 个菜单，每个菜单下又有若干个子菜单，下面简单介绍各个菜单的功能。

（1）文件(F)菜单：主要用于对绘制或编辑的图形文件进行管理。

（2）编辑(E)菜单：主要用于对当前的图形文件进行编辑操作。

（3）视图(V)菜单：主要用于浏览绘制的图形内容以及按照用户自己设置的方式进行工作。

（4）布局(L)菜单：主要用于添加绘图的页面、页面的大小和背景的设置。

（5）排列(A)菜单：主要用于对当前文件中选择的图形进行变换、排列及结合等操作。

（6）效果(C)菜单：主要用于对绘制的图形进行特殊效果的处理。

（7）位图(B)菜单：主要用于位图的转换和处理。

（8）文本(X)菜单：主要用于绘图中用到的各种文本效果处理。

（9）表格(T)菜单：主要用于绘制和编辑表格。

（10）工具(O)菜单：提供了各种绘图工具并可以在此设置有关的绘图工具。

（11）窗口(W)菜单：主要用于系统的窗口管理。

（12）帮助(H)菜单：主要用于提供联机在线帮助。

1.3.3 工具栏

工具栏由一组图标按钮组成，它们是一些常用菜单命令的按钮化表示，单击不同的按钮可执行相应的命令，CorelDRAW X5 在一般状态下显示的是标准工具栏，如图 1.3.2 所示。标准工具栏中包含了一些用于执行打开、保存、复制和粘贴等命令的按钮。

图 1.3.2 标准工具栏

CorelDRAW X5 的工具栏有两种存放状态：一种为固定状态，另一种为活动状态。固定状态是指工具栏在工作界面中处于固定位置，活动状态是指其独立存在于屏幕上的任意位置，工具栏的这两种状态可以互相转换，其转换方法如下：

（1）固定状态工具栏转换为活动状态工具栏：用鼠标在固定状态工具栏最左侧的控制柄上单击并按住不放，将其拖至活动状态即可。

（2）活动状态工具栏转换为固定状态工具栏：拖动活动状态下工具栏的标题栏至窗口的边界处，活动状态的工具栏会自动吸附在窗口边缘，变为固定状态工具栏。

注意：在进行工具栏的两种状态转换时，首先要选择菜单栏中的 窗口(W) → 工具栏(T) → 锁定工具栏(L) 命令，解除锁定工具栏选项。

1.3.4 工具箱和属性栏

默认设置下工具箱位于 CorelDRAW X5 工作界面的左侧，也可以将其设置为浮动的形式。其中的工具主要用来绘制与编辑图形对象，如单击工具箱中的“表格工具”按钮，然后在绘图区中拖动鼠标，即可绘制一个如图 1.3.3 所示的表格。

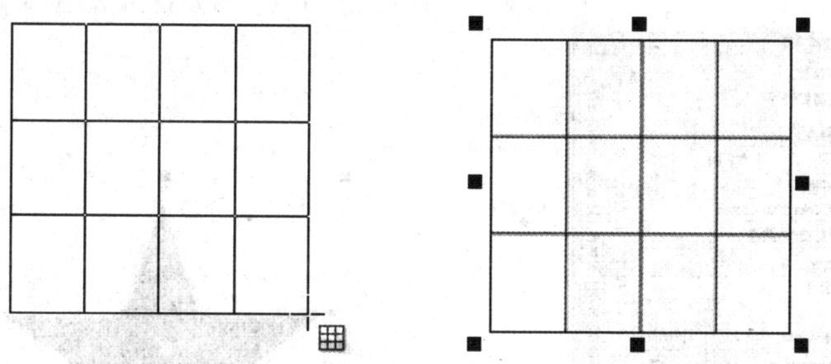

图 1.3.3 使用表格工具绘制图形效果

注意：CorelDRAW X5 的工具箱中的某些工具按钮下有黑色小三角符号，单击该三角符号不放，可打开同一类型的工具按钮。

绘制好表格对象后，用户可以通过属性栏直接设置表格的属性，如表格的坐标位置、大小以及背景颜色等，如图 1.3.4 所示。

提示：在 CorelDRAW X5 中，属性栏可根据当前绘图选取工具的不同而变化，每个工具对应着不同的属性栏，在不同的属性栏上具有不同的图标按钮和选项。

图 1.3.4 “表格工具”属性栏

1.3.5 泊坞窗

CorelDRAW X5 中的泊坞窗相当于 Photoshop 中的控制面板，它能够将有限的工作空间合理地利用，它实际上就是一个集各种操作按钮、菜单和列表为一体的操作面板。

默认设置下的泊坞窗都是关闭的，通常在需要使用时才打开。例如，要打开“颜色校样设置”泊坞窗，可选择菜单栏中的窗口(W)→泊坞窗(D)→颜色校样设置命令，如图 1.3.5 所示。

在泊坞窗右上角单击“向上滚动泊坞窗”按钮，可最小化泊坞窗，此时“向上滚动泊坞窗”按钮将会变为“向下滚动泊坞窗”按钮，单击此按钮可展开泊坞窗。单击泊坞窗右上角的按钮，可关闭泊坞窗。

1.3.6 调色板

调色板通常位于 CorelDRAW X5 界面的右边，通过调色板可快速地指定对象的填充颜色或轮廓颜色。调色板的具体使用方法如下：

（1）在工具箱中单击“星形工具”按钮。

（2）在绘图区中按住鼠标左键并拖动，即可绘制出一个星形对象。

（3）在调色板的红色色块上单击鼠标左键，即可将星形对象填充为红色。

（4）在调色板的黄色色块上单击鼠标右键，即可将星形对象的轮廓填充为黄色，效果如图 1.3.6 所示。

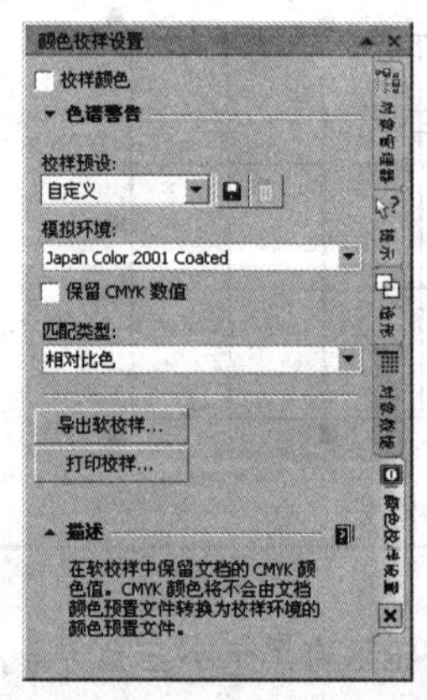

图 1.3.5 “颜色校样设置”泊坞窗

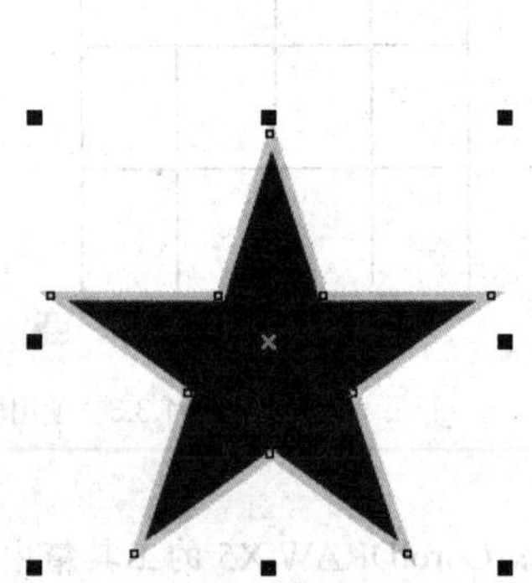

图 1.3.6 填充星形效果

1.3.7 绘图页面

绘图页面是位于工作窗口中间位置的矩形区域，如图 1.3.7 所示，可在此进行图形绘制和编辑等操作。

图 1.3.7　绘图页面

选择菜单栏中的 视图(V) → 显示(H) → 页边框(P) 命令可显示或隐藏页面边框。

选择菜单栏中的 视图(V) → 显示(H) → 出血(B) 命令可显示或隐藏出血线，出血是指印刷后的作品在裁切为成品时，四条边上都会被切掉 3 mm 左右，这个宽度即为出血。

选择菜单栏中的 视图(V) → 显示(H) → 可打印区域(A) 命令可显示或隐藏可打印区域，该命令用于查看当前页面的可打印区域。

注意：在 CorelDRAW X5 中，在绘图区域绘制的图形可保存，但打印时却只能打印页面打印区域以内的图形。

1.3.8　页面指示区

页面指示区位于 CorelDRAW X5 窗口的左下角，其中显示了 CorelDRAW 文件所包含的页面数，单击指示区中的相应按钮，可在各页面之间切换，或者在第 1 页之前或之后增加新页面，如图 1.3.8 所示。

2/2　页 1　页 2

图 1.3.8　页面指示区

1.3.9　状态栏

状态栏位于窗口的最底部，如图 1.3.9 所示，它用来显示页面上被选取对象的各项参数，如色彩、位置、大小以及工具等。

宽度: 89.429 高度: 23.283 中心: (63.064, 251.331) 毫米　矩形 于 图层 1　C: 0 M: 0 Y: 100 K: 0
文档颜色预置文件: RGB: sRGB IEC61966-2.1; CMYK: Japan Color 2001 Coated; 灰度: Dot Gain 15%　C: 0 M: 0 Y: 0 K: 100 0.200 mm

图 1.3.9　状态栏

1.4　文件的操作

在 CorelDRAW X5 中文件的基本操作包括新建、保存、打开已存文件以及关闭文件，这也是 CorelDRAW X5 的基本操作，下面将具体介绍。

1.4.1 新建文件

启动 CorelDRAW X5 后，屏幕上会弹出 CorelDRAW X5 的欢迎界面，如图 1.4.1 所示。用户可单击“新建空白文档”按钮，即可创建一个图形文件。

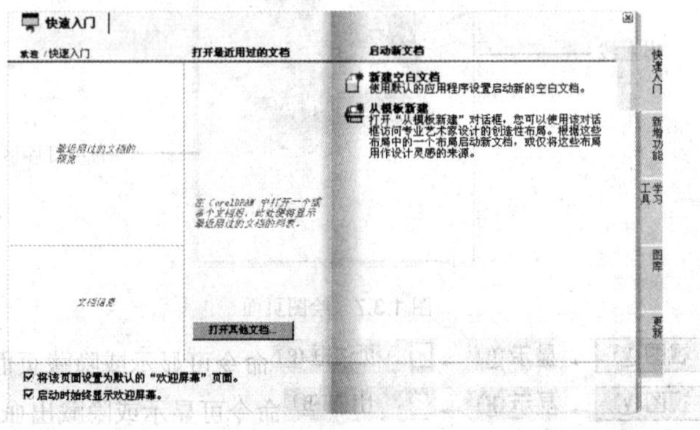

图 1.4.1 CorelDRAW X5 的欢迎界面

如果已经在 CorelDRAW X5 中完成了图形的绘制，要想再新建一个文件，可选择菜单栏中的 文件(F) → 新建(N)... 命令，或直接单击工具栏中的“新建”按钮，即可在 CorelDRAW X5 窗口中新建一个图形文件。

提示：CorelDRAW X5 预设了许多模板文件，用户可通过选择菜单栏中的 文件(F) → 从模板新建(F)... 命令，或在欢迎界面中单击“从模板新建”按钮，从弹出的如图 1.4.2 所示的“从模板新建”对话框中选择一个模板文件，即可创建一个模板样式的图形文件。

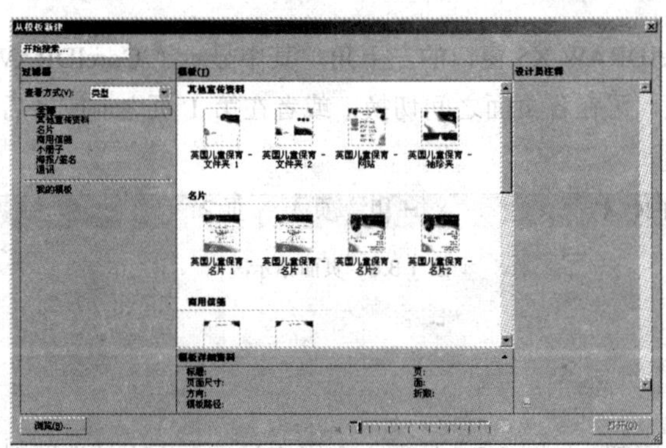

图 1.4.2 “从模板新建”对话框

1.4.2 打开已有文件

要打开一个已经存在的 CorelDRAW 文件，有如下 3 种方法：

（1）启动 CorelDRAW X5 后，在欢迎界面中单击 打开其他文档... 按钮。

（2）选择菜单栏中的 文件(F) → 打开(O)... 命令。

（3）在工具栏中单击“打开”按钮。

不管使用哪一种打开方式，系统都会弹出“打开绘图”对话框，如图 1.4.3 所示。从中选择需要打开的文件，然后单击 打开 按钮，即可打开已有的文件。

图 1.4.3　“打开绘图”对话框

如果要在“打开绘图”对话框中同时选择多个连续的文件，可在选择文件时按住“Shift”键依次单击多个连续的文件；如果要在“打开绘图”对话框中同时选择多个不连续的文件，可在选择文件时按住“Ctrl”键选择不连续的文件即可。

提示： 如果用户要打开的图形文件是最近打开过的，则可直接在 文件(F) 菜单中的下方选择需要打开的文件名即可打开该文件。

1.4.3　文件的保存

在 CorelDRAW X5 中绘制图形时，应随时保存图形对象，而以何种方式进行保存，这将直接影响文件以后的使用。

1．手动保存

要手动保存文件，可选择菜单栏中的 文件(F) → 保存(S)... 命令，或单击工具栏中的“保存”按钮，弹出“保存绘图”对话框，如图 1.4.4 所示。

在 保存在(I): 下拉列表中可选择保存的位置。

在 版本(V): 下拉列表中可选择保存文件的版本，一般保持默认设置，也就是保存为 CorelDRAW X5 版本。

在 文件名(N): 下拉列表框中输入保存的文件名称。

在 保存类型(T): 下拉列表中选择文件保存的格式，一般保存为 CorelDRAW 格式，以方便下次打开图形进行编辑与修改，设置完成后，单击 保存 按钮，即可将图形文件进行保存。

对于已经保存的文件，如果再次将其打开并进行修改后，选择菜单栏中的 文件(F) → 保存(S)... 命令或单击工具栏中的“保存”按钮，则不会再弹出“保存绘图”对话框。

2．自动保存

在 CorelDRAW X5 中还提供了自动保存文件的功能，也就是说，在绘图的过程中，每隔一段时间，CorelDRAW X5 即会自动进行文件保存。

要启用自动保存功能，其具体操作方法如下：

（1）选择菜单栏中的 工具(O) → 选项(O)... 命令，弹出“选项”对话框，在该对话框左侧的 工作区列表中选择保存选项，此时可在对话框右侧显示相关参数，如图 1.4.5 所示。

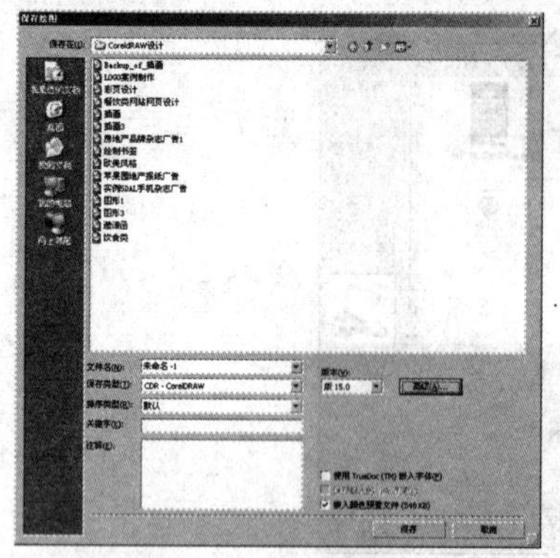
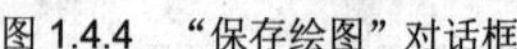

图 1.4.4 “保存绘图”对话框

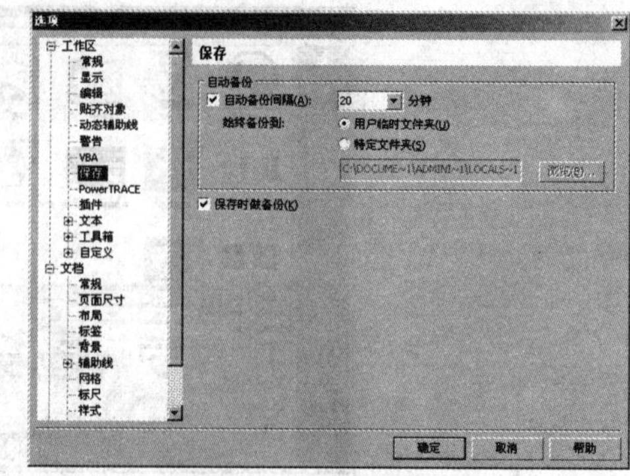

图 1.4.5 “选项”对话框

（2）选中 自动备份间隔(A): 复选框，表示自动保存功能已经启用，在 20 分钟 下拉列表中显示自动保存间隔的时间，可从中选择间隔时间或直接输入，此处默认为“20”，即每隔 20 分钟自动保存一次。

（3）单击 确定 按钮，关闭“选项”对话框。

1.4.4 导入与导出文件

在绘图过程中，有时需要从外部导入非 CorelDRAW 格式的图片，或将 CorelDRAW 格式的图片导出为其他图片格式，这就需要用到 CorelDRAW X5 的导入与导出功能，下面详细介绍。

1. 导入文件

将外部图片导入到 CorelDRAW X5 中的操作方法如下：

（1）选择菜单栏中的 文件(F) → 导入(I)... 命令，或单击工具栏中的“导入”按钮，弹出“导入”对话框，如图 1.4.6 所示。

（2）在该对话框中的 查找范围(I): 下拉列表中可选择图片文件所在的文件夹。

（3）找到图片文件后，单击要导入的图片文件，此时在对话框右下方的预览框中可预览到图片效果。

（4）单击 导入 按钮，此时鼠标光标在绘图区中显示为如图 1.4.7 所示的状态，根据提示可单击、拖动鼠标或按回车键导入图片，此处通过单击鼠标来导入所选的图片，如图 1.4.8 所示。

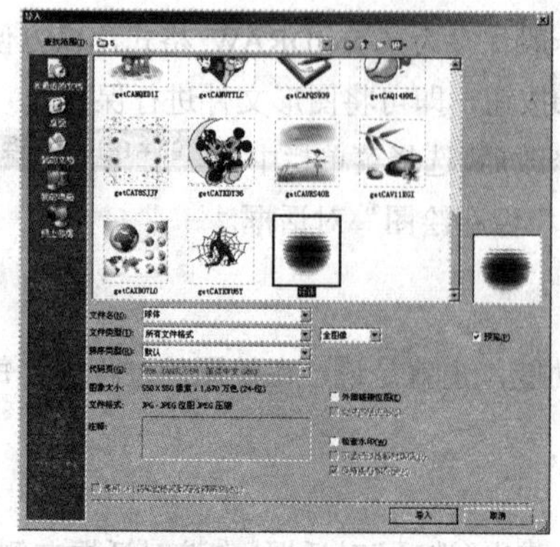

图 1.4.6 “导入”对话框

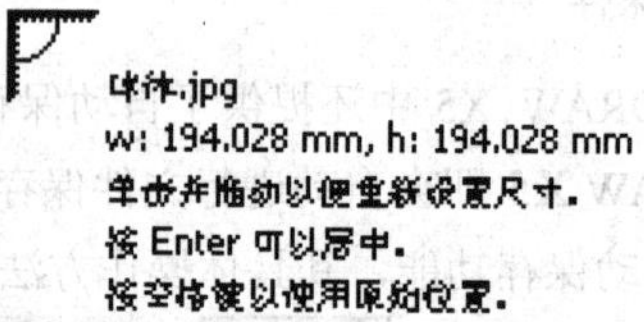

图 1.4.7 光标的状态

导入图片时，鼠标光标下方的提示信息说明有3种导入图片的方法。其具体的含义是：采用单击鼠标的方法导入图片时，图片可保持原始大小，且鼠标单击处为图片左上角所在的位置；采用拖动鼠标的方法导入图片时，根据拖动出矩形框的大小重新设置图片的大小，即按住鼠标处为图片左上角所在的位置，释放鼠标处为图片右下角所在的位置；通过按回车键导入图片时，图片将保持原始大小并且自动在绘图区居中对齐。

2. 导出文件

CorelDRAW X5 是矢量图绘制软件，其默认的文件格式为 CDR，此格式的文件不能在其他应用程序中打开，因此，在导出文件时最好将其设置为其他格式的文件，如 JPEG，AI，TIFF 等文件格式。选择菜单栏中的 文件(F) → 导出(E)... 命令，或单击工具栏中的“导出”按钮，弹出“导出”对话框，如图1.4.9所示。

图1.4.8 导入的图片

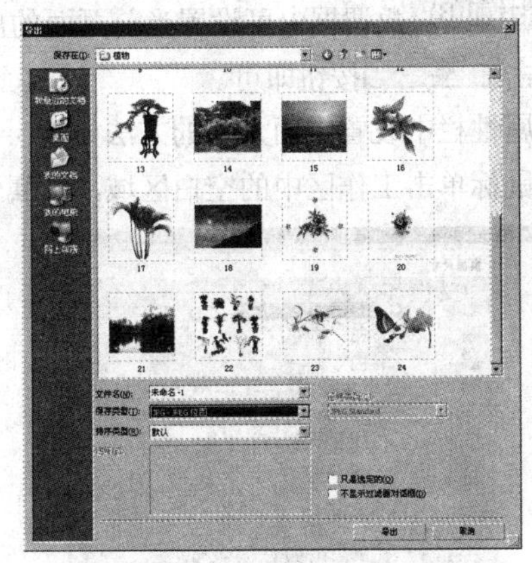

图1.4.9 “导出”对话框

在 保存在(I): 下拉列表中选择导出文件的保存路径，即存放位置。

在 文件名(N): 下拉列表框中输入导出的文件名称。

在 保存类型(T): 下拉列表中选择所需的图片格式。

单击 导出 按钮，就可以将图形导出为所选的图片格式。

1.4.5 关闭文件

文件的关闭就是将当前正在编辑的文件关闭，而不是退出 CorelDRAW X5 应用程序。

要关闭当前的绘图文件，可选择菜单栏中的 文件(F) → 关闭(C) 命令，或单击菜单栏右侧的“关闭”按钮。如果未对文件做修改，则会直接关闭文件；如果对文件做了修改而尚未保存，将会弹出一个提示框，询问是否保存文件，单击 是(Y) 按钮保存文件，单击 否(N) 按钮关闭文件而不保存，单击 取消 按钮，可重新返回到编辑状态。

1.5 页面设置

在绘图之前，页面的各种设置也是一项重要的工作，本节主要讲解在 CorelDRAW X5 中如何对页面大小、方向、版面等进行设置。

1.5.1 页面尺寸设置

设置页面尺寸即设置纸张大小，该操作可以在“选项”对话框或属性栏中实现。

（1）在“选项”对话框中设置页面尺寸的方法如下：

1）选择菜单栏中的 布局(L) → 页面设置(P)... 命令，弹出“选项”对话框，如图 1.5.1 所示。

2）在 大小(S): 下拉列表中选择预设纸张类型的大小，默认为“A4”纸张类型。

3）单击□或□按钮可设置纸张的方向。

4）在 宽度(W): 和 高度(E): 微调框中可定义页面的大小。

5）选中 ☑ 只将大小应用到当前页面(O) 复选框，则只有当前页面随所设置的数值发生改变。

6）选中 ☑ 显示页边框(P) 复选框，可在绘图页面中显示出页边框。

7）在 出血(B): 微调框中可设置当前页面的出血宽度。

8）单击 确定 按钮即可。

（2）在属性栏中设置页面大小的方法如下：

1）用鼠标单击工作区中的空白区域，其属性栏如图 1.5.2 所示。

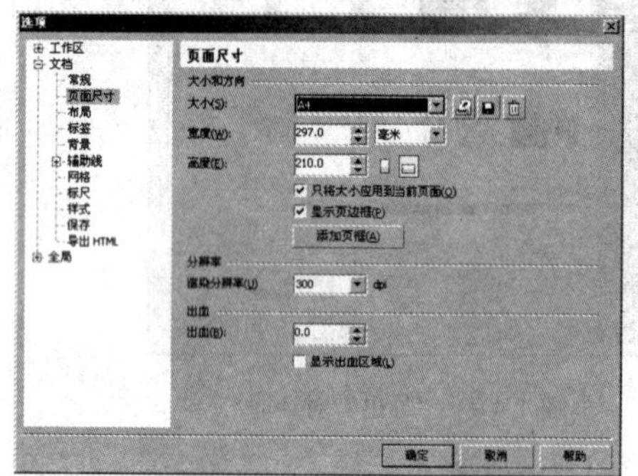
图 1.5.1 “选项”对话框

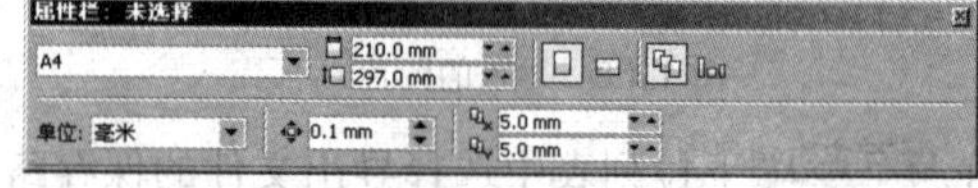
图 1.5.2 属性栏

2）在 A4 下拉列表中选择预设纸张类型和大小。

3）在 210.0 mm 297.0 mm 微调框中可手动设置纸张宽度尺寸和高度尺寸。

1.5.2 页面版面设置

在“选项”对话框左侧的列表框中选择 文档 → 布局 选项，可对版面进行设置，如图 1.5.3 所示。在 布局(Y): 下拉列表中，用户可以选择如图 1.5.4 所示的版面样式。

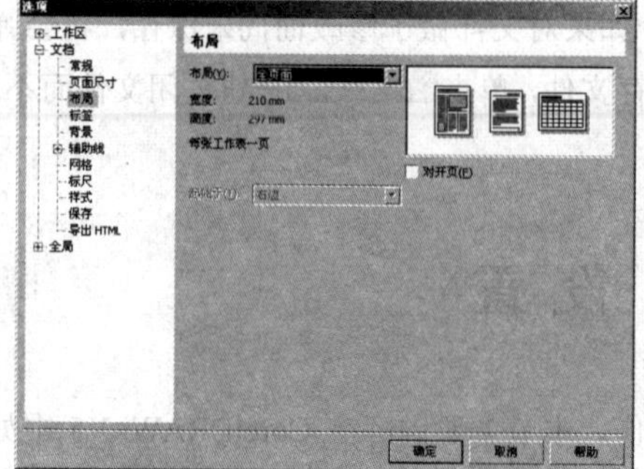
图 1.5.3 版面的设置

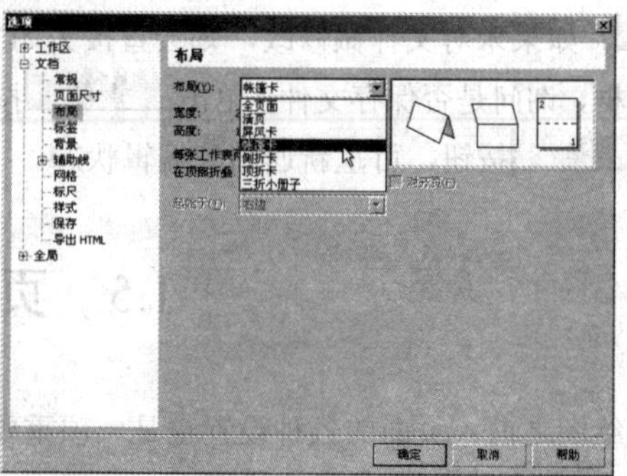
图 1.5.4 版面样式

提示： 如选中☑对开页(F)复选框，可以在多个页面中显示对开页面。此时可能会激活起始于(T):下拉列表，在该下拉列表中可以选择文档的开始方向。

1.5.3 页面背景设置

同样用户也可以在“选项”对话框中进行背景的设置。背景设置有 3 种，即⦿无背景(N)、⦿纯色(S)和⦿位图(B)，如图 1.5.5 所示。

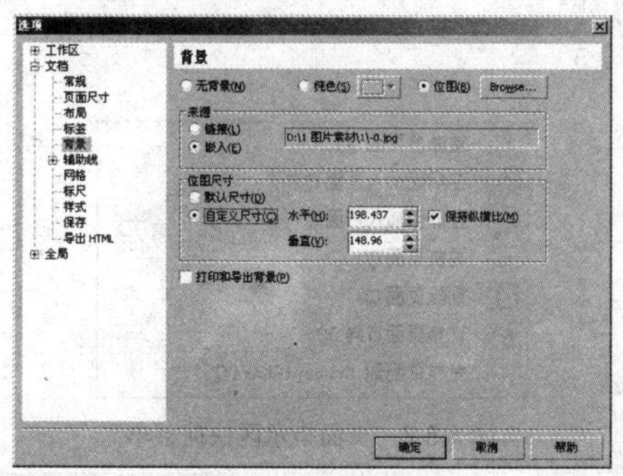

图 1.5.5 背景的设置

使用位图作为背景，用户可以直接单击Browse...按钮，打开“导入”对话框，选择一个可作为背景的图像文件，然后单击导入按钮，这时“选项”对话框中的来源和位图尺寸选项区被激活，用户即可进一步进行相关的设置。

在来源选项区中选中⦿链接(L)单选按钮，表示把输入的图像链接到页面中，选中该单选按钮的好处是图像仍独立存在，可减小 CorelDRAW 文档的尺寸；选中⦿嵌入(E)单选按钮可将输入的图像嵌入到页面中。

在位图尺寸选项区中可以调整图像的尺寸。如果选中⦿默认尺寸(D)单选按钮，就可以将位图对象以原始尺寸放置在页面中；选中⦿自定义尺寸(C)单选按钮，就可以自定义所选位图对象的尺寸大小；选中☑保持纵横比(M)复选框，可以保持位图对象纵横向比例不变。

提示： 如选中☑打印和导出背景(P)复选框，可以在打印和输出文档时将背景显示出来。

1.5.4 插入和删除页面

默认设置下，新建的文件中只有一个页面，如果绘制的是一套画册或多页的宣传册等，就需要在同一文件中添加多个新页面以方便绘制，也可将一些无用页面删除。

1. 插入页面

如果要在当前打开的图形文件中插入页面，可选择菜单栏中的布局(L)→插入页面(I)...命令，弹出“插入页面”对话框，如图 1.5.6 所示。

在页选项区中的页码数(N):微调框中可设置页面数，选中地点(L):选项右侧的⦿之前(B)单选按钮，可在指定的页面前插入页面；选中⦿之后(A)单选按钮，可在指定的页面后插入页面。

在页面尺寸选项区中的大小(S):下拉列表中可选择纸张类型，或在宽度(W):与高度(E):输入框中输入数值，来自定义页面大小。单击□和□按钮，可设置插入页面的放置方式。

设置完成后，单击 确定 按钮，即可在图形文件中插入页面。

提示：在页面指示区中的某一页面标签上单击鼠标右键，可从弹出的快捷菜单中选择适当的命令，对页面进行插入、删除以及切换方向等操作，如图 1.5.7 所示。

2. 删除页面

如果要删除页面，可选择菜单栏中的 布局(L) → 删除页面(D)... 命令，弹出“删除页面”对话框，如图 1.5.8 所示。

图 1.5.6 “插入页面”对话框

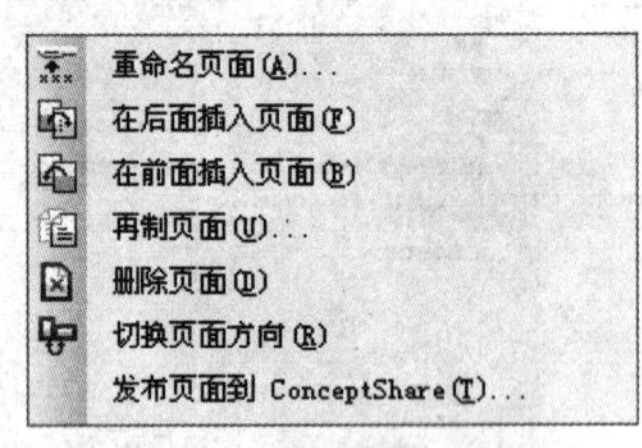

图 1.5.7 页面指示区快捷菜单

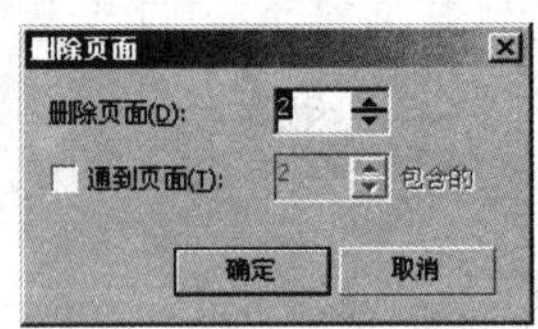

图 1.5.8 “删除页面”对话框

在 删除页面(D): 微调框中可设置要删除的页面，选中 ☑ 通到页面(T): 复选框可在其右侧的微调框中设置删除某范围内的所有页面。

1.5.5 为页面命名

当一个文档中包含多个页面时，对它们分别设置容易识别的名称，可以方便对它们的管理。

要设置页面名称，可先选择要命名的页面，然后选择菜单栏中的 布局(L) → 重命名页面(A)... 命令，弹出“重命名页面”对话框，如图 1.5.9 所示。

在 页名: 输入框中输入页面名称，单击 确定 按钮，则设置的页面名称将会显示在页面指示区中，如图 1.5.10 所示。

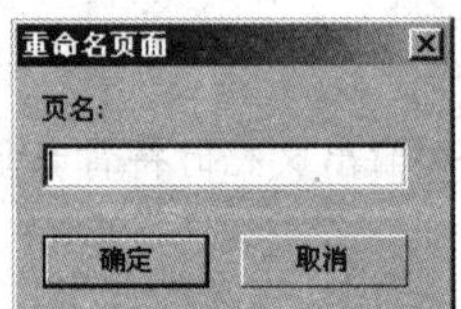

图 1.5.9 “重命名页面”对话框

页 1 | 2: 背面 | 页 3

图 1.5.10 命名后的页面显示

1.5.6 再制页面

当一个文件中需要在某一页或者指定页后面或前面插入页面时，可选择菜单栏中的 布局(L) → 再制页面(U)... 命令，弹出“再制页面”对话框，如图 1.5.11 所示。

在 插入新页面: 选项区中选中 ⊙ 在选定的页面之前 或 ⊙ 在选定的页面之后 单选按钮，可确定插入页面的位置（放置在设定页面的前面或后面）。选中 ⊙ 仅复制图层 或 ⊙ 复制图层及其内容 单选按钮，可设置再制页面的内容。

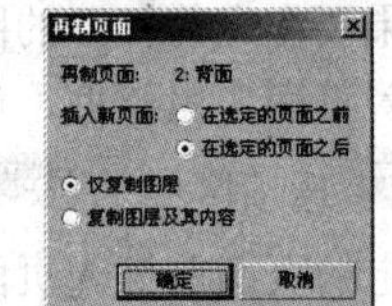

图 1.5.11 “再制页面”对话框

1.6 辅助设置

CorelDRAW X5 除了有强大的绘图功能外，还提供了标尺、网格以及辅助线等辅助工具以帮助用户精确绘制图形，而在打印输出文档时，这些辅助设置不会被打印出来。

1.6.1 使用标尺

标尺能帮助用户精确绘图，确定图形位置及测量大小。选择菜单栏中的视图(V)→标尺(R)命令，可在绘图窗口中打开或关闭标尺。如果需要移动标尺，可在按住“Shift”键的同时单击并拖动标尺，将其移至合适的位置，然后松开鼠标即可，如图 1.6.1 所示。

默认情况下，水平与垂直的坐标原点在页面的左上角。如果要改变原点的位置，只需将鼠标移至水平标尺与垂直标尺左上角交界处的标记上，按住鼠标左键向页面中拖动，在适当位置松开鼠标，即可设置新的坐标原点，如图 1.6.2 所示。

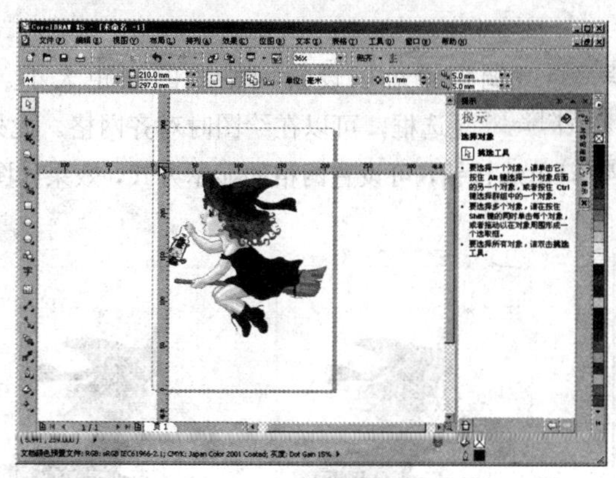

图 1.6.1　移动标尺

图 1.6.2　设置坐标原点

当要恢复坐标原点到初始位置时，可将鼠标光标移至水平标尺与垂直标尺左上角交界处的标记处，双击鼠标左键即可恢复默认坐标原点。

1.6.2 使用网格

网格是由水平与垂直线构成的一连串方框组成，一般可用于协助绘图与排列对象。但在默认情况下，网格是不会显示在窗口中的，只有通过选择菜单栏中的视图(V)→网格(G)命令，才可打开网格。

如果要在绘图时对齐网格，可选择菜单栏中的视图(V)→贴齐网格(P)命令，此时如果用鼠标移动对象，当光标移至网格点附近时，系统会自动使对象对齐网格点。

1.6.3 使用辅助线

辅助线是绘图时所使用的有效辅助工具。在绘图窗口中，可以任意调节辅助线，例如，调节成水平、垂直、倾斜方向来协助对齐所绘制的对象。将鼠标光标移至标尺上单击并向窗口中拖动，即可产生辅助线。如果此时没有辅助线产生，可选择菜单栏中的 视图(V) → 辅助线(I) 命令，使其显示出来。

如果要移动辅助线，可先将光标移到要移动的辅助线上，此时鼠标光标变为↔或↕形状，然后按住鼠标左键并拖动即可。

如果要旋转辅助线，只需要单击两次要旋转的辅助线，此时在辅助线两端将显示↔符号，将光标移至该符号上，此时鼠标光标变为↻形状，按住鼠标左键并拖动即可旋转辅助线。

如果要删除辅助线，只需要单击辅助线，此时该辅助线的颜色变为红色，表示该辅助线被选中，然后按“Delete”键即可。

1.6.4　网格、标尺与辅助线设置

用户还可以根据自己的需要来自定义标尺、网格与辅助线的属性，例如，设置标尺的单位、标尺原点、网格间距等。

1．设置网格

选择菜单栏中的 视图(V) → 设置(T) → 网格和标尺设置(L)... 命令，可弹出“选项”对话框，并显示出网格选项的参数，如图 1.6.3 所示。

在 自定义网格 选项区中的 水平(Z): 和 垂直(V): 微调框中可以设置网格线的间距大小。选中 ☑ 显示网格(W) 复选框，可显示网格；选中 ☑ 贴齐网格(N) 复选框，可以在绘图时对齐网格。此外，通过选中 ⊙ 将网格显示为线(L) 或 ⊙ 将网格显示为点(D) 单选按钮，可设置网格的显示方式，效果如图 1.6.4 所示。

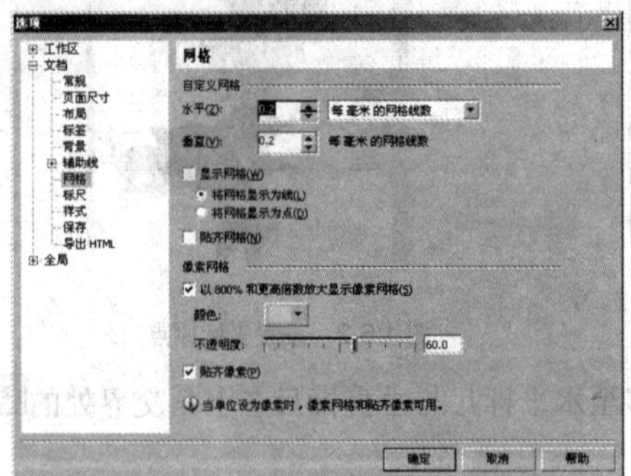

图 1.6.3　设置网格选项

图 1.6.4　网格的显示方式效果对比

2．设置标尺

选择菜单栏中的 视图(V) → 设置(T) → 网格和标尺设置(L)... 命令，可弹出“选项”对话框，在该对话框左侧选择 标尺 选项，此时的对话框显示如图 1.6.5 所示。

在 单位 选项区中的 水平(Z): 下拉列表中可选择标尺的单位，如毫米、厘米、像素与英寸等。

此外，在该对话框中单击 编辑缩放比例(S)... 按钮，可弹出如图 1.6.6 所示的“绘图比例”对话框，用户可以根据实际需要在此对话框中设置各种缩放的比例。

3．设置辅助线

选择菜单栏中的 视图(V) → 设置(T) → 辅助线设置(T)... 命令，可弹出“选项”对话框，并显示出辅助线的参数，如图 1.6.7 所示。

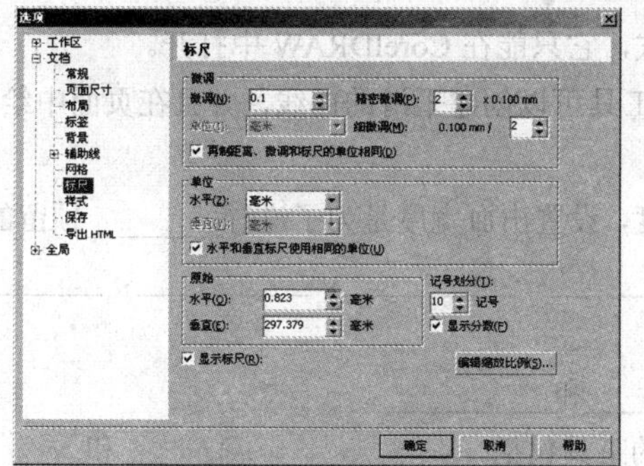

图 1.6.5 设置标尺选项

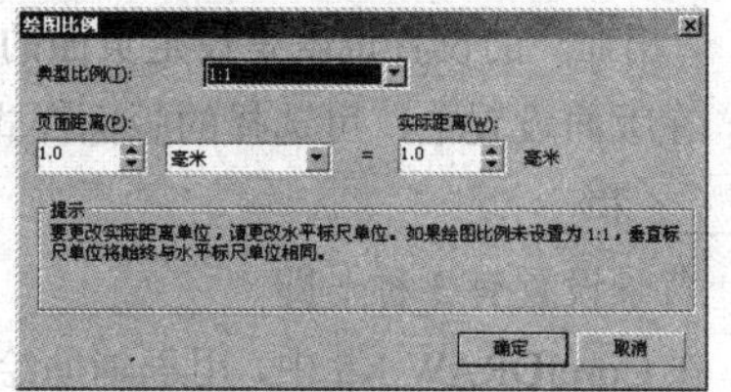

图 1.6.6 “绘图比例”对话框

选中 显示辅助线(S) 复选框，可显示辅助线，反之，则会隐藏辅助线。

选中 贴齐辅助线(N) 复选框，可使图形对象贴齐辅助线。

单击 默认辅助线颜色(G): 与 默认预设辅助线颜色(P): 右侧的下拉按钮，可从弹出的预设颜色列表中选择颜色，以重新设置辅助线的颜色。

如果在“选项”对话框的左侧选择 水平 、 垂直 、 辅助线 或 预设 选项，可在对话框的右侧显示出相关选项的参数，可分别对各种方向的辅助线进行设置。在此选择 水平 选项，则显示出水平方向的辅助线设置，如图 1.6.8 所示。

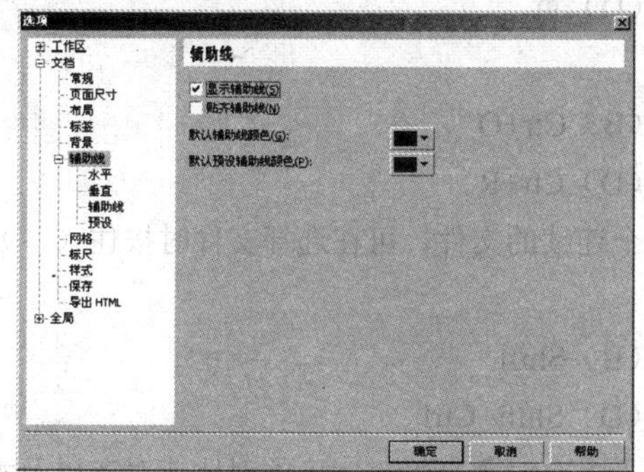

图 1.0.7 设置辅助线选项

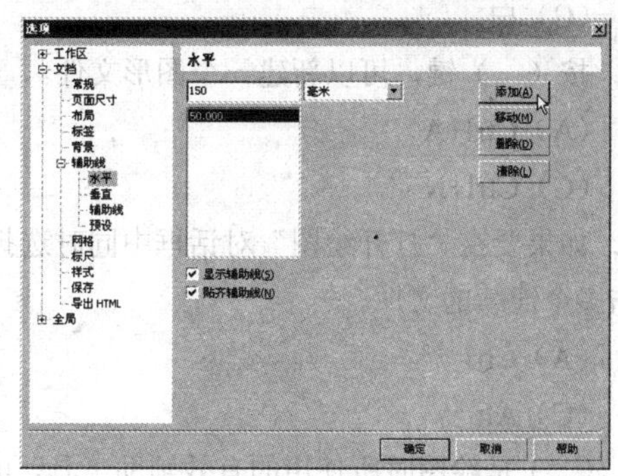

图 1.0.8 水平方向的辅助线设置

本 章 小 结

本章主要介绍 CorelDRAW X5 的入门知识，包括 CorelDRAW X5 中图像的概念、新增功能、工作界面、页面设置以及辅助设置等内容。通过本章的学习，读者应了解 CorelDRAW X5 的迷人魅力以及它在图形设计方面的广泛应用。

实 训 练 习

一、填空题

1．在 CorelDRAW X5 中，__________模式的颜色称为印刷色。

2．矢量图也称为__________，是由数字方式描述的一系列线条和色块组成的。

3. ________格式是 CorelDRAW 的专用格式，它只能在 CorelDRAW 中打开。

4. 在 CorelDRAW X5 中，新增的________工具可以创建平滑的曲线，并且在页面中绘制的曲线比使用手绘路径绘制曲线所用的节点更少。

5. “出血”的设置也就是设定页面的出血宽度，设置出血宽度是为了进行________预留的区域。

6. 在版面设置中，可选择的版面样式有________、________、________、________、________和________。

7. 背景设置有 3 种，即________、________和________。

8. 在 CorelDRAW X5 中，用于辅助绘制对象的工具包括________、________和________，使用它们可以使对象按指定的直线精确对齐。

二、选择题

1. 在 CorelDRAW X5 中，图像的两种类型是（ ）。

（A）矢量图　　（B）位图

（C）可编辑　　（D）不可编辑

2. 在 CorelDRAW X5 中，RGB 模式所利用的光谱三原色是红、绿和（ ）。

（A）蓝　　（B）紫

（C）白　　（D）黄

3. 按（ ）键，可以新建一个图形文件。

（A）Ctrl+A　　（B）Ctr+O

（C）Ctrl+N　　（D）Ctr+R

4. 如果要在“打开绘图”对话框中同时选择多个连续的文件，可在选择文件时按住（ ）键依次单击多个连续的文件。

（A）Ctrl　　（B）Shift

（C）Alt　　（D）Shift+Ctrl

5.（ ）是绘图时所使用的有效辅助工具，可用于多个对象高度与宽度的对比或对齐以及水平或垂直移动对象时的快速定位。

（A）标尺　　（B）辅助线

（C）网格　　（D）以上都是

三、简答题

1. 简述矢量图与位图的区别。
2. 简述 CorelDRAW X5 新增了哪些功能。
3. 如何设置 CorelDRAW X5 的页面尺寸和背景？

四、上机操作题

1. 将一个文件以不同的格式保存，并尝试用不同的色彩模式。
2. 上机实践 CorelDRAW X5 软件的新增功能。
3. 利用从模板新建功能新建一个图形文件，然后在水平标尺 100 mm 处添加一条垂直辅助线。

第 2 章　绘制几何图形

根据视觉习惯，通常将图形分为规则图形和不规则图形，其中规则图形包括矩形、正方形、圆形、三角形、多边形、星形以及菱形等，在 CorelDRAW X5 中可以非常方便地绘制这些图形对象。

知识要点

- 矩形工具组
- 椭圆形工具组
- 智能绘图工具
- 多边形工具组
- 图纸工具
- 螺纹工具
- 基本形状工具组
- 表格工具

2.1　矩形工具组

CorelDRAW X5 中提供了两种绘制矩形的工具，即矩形工具和 3 点矩形工具。使用这两种工具可以方便地绘制任意形状的矩形。

2.1.1　使用矩形工具

使用矩形工具绘制矩形就是通过确定矩形两个对角点的方式来决定矩形的大小和位置，其具体的操作方法如下：

（1）单击工具箱中的“矩形工具”按钮，将鼠标指针移至绘图区中，鼠标指针变为形状，按住鼠标左键随意拖动，如图 2.1.1 所示。

（2）在拖动矩形框时，释放鼠标即可完成矩形的绘制，如图 2.1.2 所示。

图 2.1.1　拖出一个矩形框

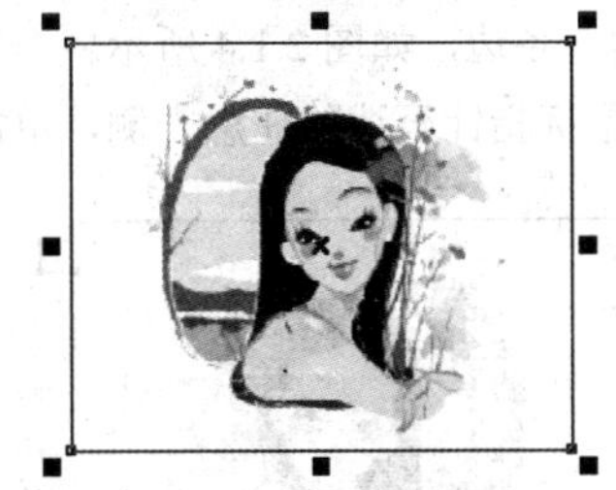

图 2.1.2　绘制好的矩形

提示： 双击矩形工具可以绘制出与绘图页大小一样的矩形。按下“Shift”键拖动鼠标，即可绘制出以鼠标单击点为中心的图形；按住“Ctrl”键拖动鼠标可绘制正方形；按下“Ctrl+Shift”键后拖动鼠标，则可绘制出以鼠标单击点为中心的正方形。

如果对绘制的矩形不满意，可以在“矩形工具”属性栏中对绘制的矩形进行大小、位置、旋转、圆角、扇形角、倒棱角等属性设置，如图 2.1.3 所示。

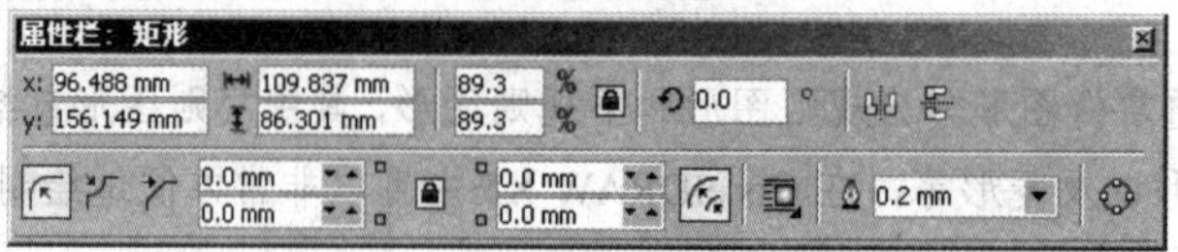

图 2.1.3 “矩形工具”属性栏

该属性栏中各选项介绍如下：

x: 96.488 mm y: 156.149 mm：用来设置矩形的中心。

109.837 mm 86.301 mm：用来设置矩形的宽度和高度。

89.3 % 89.3 %：用来设置缩放宽度和高度的比例，单击属性栏中的“锁定比率”按钮，即不等比改变矩形大小。

0.0 °：用来设置矩形的旋转角度。

：左侧图标用来设置左右镜像，右侧图标用来设置上下镜像。

：用来设置矩形对象四角圆滑的类型，分别为圆角、扇形角和倒棱角。

0.0 mm 0.0 mm 0.0 mm 0.0 mm：用来设置矩形对象四角圆滑的数值，当“锁定比率”按钮被按下时，则全部角被圆滑，反之则只圆滑设置数值的角。

：用于设置按相对于矩形大小来缩放角大小。

：用来设置文本绕图的样式。

0.2 mm：用来设置对象轮廓的宽度。

：用来将对象转换成曲线。

2.1.2 使用 3 点矩形工具

使用 3 点矩形工具就是通过确定矩形同一边上两个角点，或与此边平行的边上的任意一点的位置来确定矩形的大小和位置，其具体操作如下：

（1）单击工具箱中矩形工具组中的“3 点矩形工具”按钮，将鼠标指针移至绘图区中，此时鼠标指针显示为形状，按住鼠标左键确定一个角点。

（2）按住鼠标左键并拖动至适当位置时松开鼠标，确定另一个角点，这两个角点之间生成一条直线，即矩形的一条边，如图 2.1.4 所示。

（3）移动鼠标指针至边的任意一侧，单击鼠标确定矩形另一条边所在的位置，如图 2.1.5 所示。

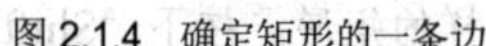

图 2.1.4 确定矩形的一条边

图 2.1.5 使用 3 点矩形工具绘制矩形

提示： 在 4 个节点均被选择的情况下，使用形状工具拖动其中一点可以使其成为正规的圆角、扇形角或倒棱角的矩形，如图 2.1.6 所示。

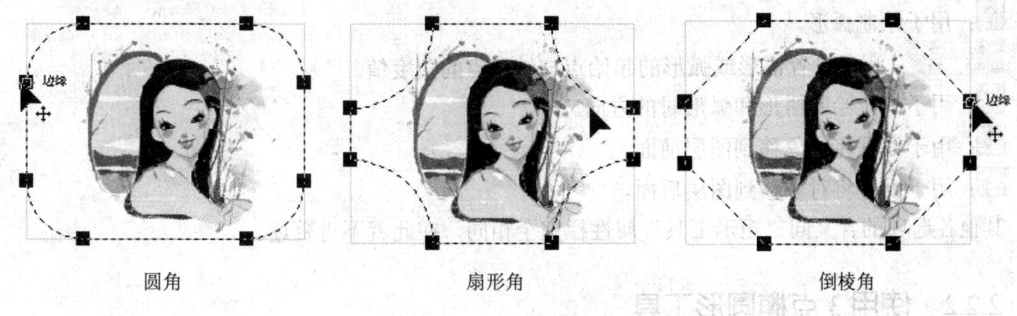

圆角　　扇形角　　倒棱角

图 2.1.6　绘制不规则的矩形

2.2　椭圆形工具组

CorelDRAW X5 中提供了两种绘制椭圆的工具，即椭圆形工具和 3 点椭圆形工具，使用这两种工具可以方便地绘制任意形状的圆形。

2.2.1　使用椭圆形工具

使用工具箱中的椭圆形工具可以绘制椭圆形、圆形、圆弧以及饼形等。椭圆形工具与矩形工具类似，按住“Ctrl”键可绘制圆形；按住“Shift+Ctrl”键可绘制以起始点为中心向外等比例扩展的圆形，如图 2.2.1 所示。

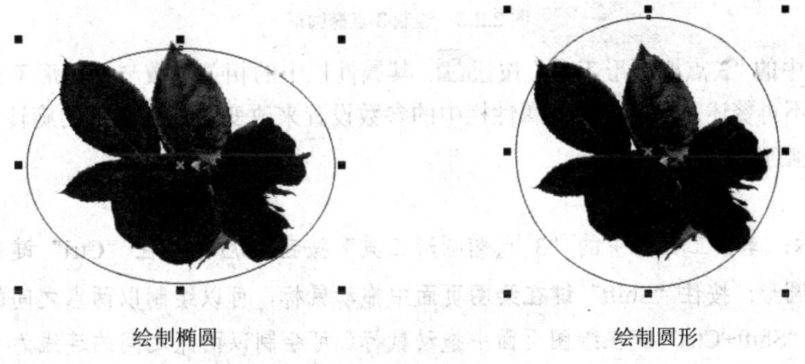

绘制椭圆　　绘制圆形

图 2.2.1　使用椭圆形工具绘制对象

用户可以在“椭圆形工具”属性栏中对绘制的对象进行大小、位置、旋转等属性设置，如图 2.2.2 所示。

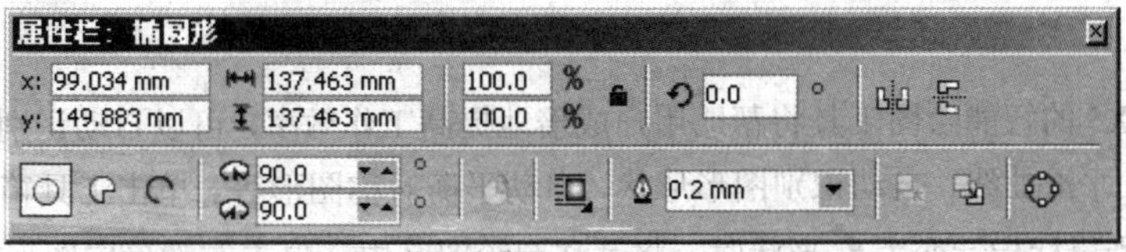

属性栏：椭圆形
x: 99.034 mm　137.463 mm　100.0 %　0.0 °
y: 149.883 mm　137.463 mm　100.0 %
90.0 °
90.0 °　0.2 mm

图 2.2.2　“椭圆形工具”属性栏

该属性栏中各选项介绍如下：

- ：用于绘制椭圆形。
- ：用于绘制饼形。
- ：用于绘制弧形。
- 90.0 90.0：用于设置饼形或弧形的起始点与结束点的角度值。
- ：用于确定绘制饼形和弧形时的方向。
- ：用于设置将对象移到图层前面。
- ：用于设置将对象移到图层后面。

其他各选项的含义同“矩形工具”属性栏完全相同，在此就不再赘述。

2.2.2 使用 3 点椭圆形工具

使用 3 点椭圆形工具可通过确定 3 个点的位置来绘制任意大小的椭圆形。单击工具箱中的“3 点椭圆形工具”按钮，在绘图区中单击鼠标左键确定一个点，再随意拖动鼠标，就可以绘制出一个 3 点椭圆形，如图 2.2.3 所示。

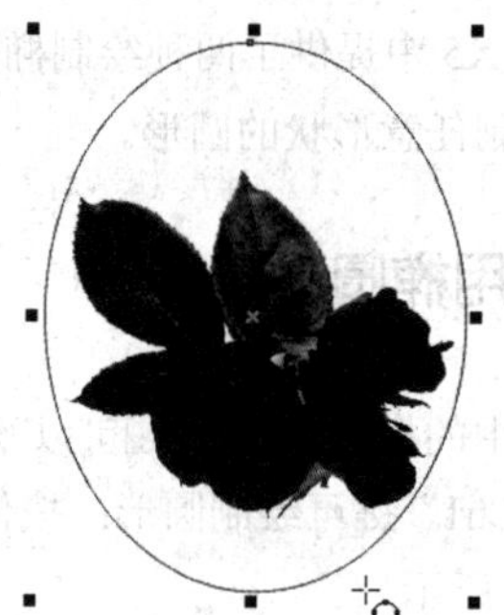

图 2.2.3 绘制 3 点椭圆形

单击工具箱中的“3 点椭圆形工具”按钮，其属性栏中的相关参数与椭圆形工具中的属性栏参数一样，这里就不再赘述。用户可通过属性栏中的参数设置来改变 3 点椭圆形的旋转角度，即可改变椭圆形为饼形或弧形。

提示： 单击工具箱中的“3 点椭圆形工具”按钮后，按住“Ctrl”键在绘图页面中拖动鼠标，可绘制圆形；按住“Shift”键在绘图页面中拖动鼠标，可以绘制以两点之间的连线为对称轴的椭圆形；按住“Shift+Ctrl”键在绘图页面中拖动鼠标，可绘制以两点之间的连线为半径和对称轴的圆形。

2.3 智能绘图工具

CorelDRAW X5 的智能绘图工具将帮助用户成倍地提高工作效率，可以自动识别矩形、圆形等基本形状，并能自动平滑曲线、自动识别图形形状、自动平衡对称图形等。单击工具箱中的“智能绘图工具”按钮，当鼠标指针变为形状时，将其移至绘图区中，单击左键确定图形起始位置，拖动鼠标绘制图形，释放鼠标即可完成图形的绘制，如图 2.3.1 所示。

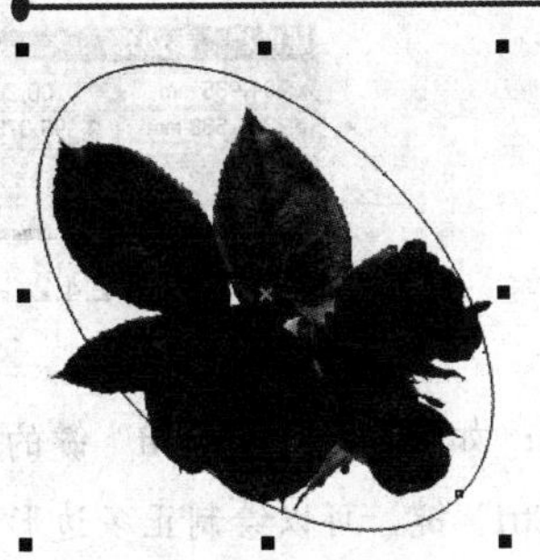

图 2.3.1　使用智能绘图工具绘制对象

用户可以在“智能绘图工具”属性栏中对绘制的对象进行形状识别等级、智能平滑等级以及轮廓宽度属性设置，如图 2.3.2 所示。

图 2.3.2　“智能绘图工具”属性栏

该属性栏中各选项介绍如下：

形状识别等级：中：用于设置检测形状并将其转换为对象的等级。

智能平滑等级：中：用于设置使用智能绘图工具创建的形状的轮廓平滑等级。

0.2 mm：用于设置对象的轮廓宽度。

2.4　多边形工具组

在 CorelDRAW X5 中，多边形是指图形的边数为 3 条或 3 条以上的规则图形对象，如常见的三角形、菱形、五边形以及六边形等。

2.4.1　使用多边形工具

单击工具箱中的“多边形工具”按钮，当鼠标光标变为形状时，将其移动到绘图区中，单击鼠标左键不放，确定多边形的起点，拖动鼠标至另一点，释放鼠标即可绘制出默认设置下的五边形，如图 2.4.1 所示。

图 2.4.1　绘制多边形

如果要改变已绘制的多边形的边数，可先选中该多边形对象，在如图 2.4.2 所示的“多边形工具”属性栏中的多边形端点数微调框 5 中输入所需的边数，即可得到所需边数的多边形。

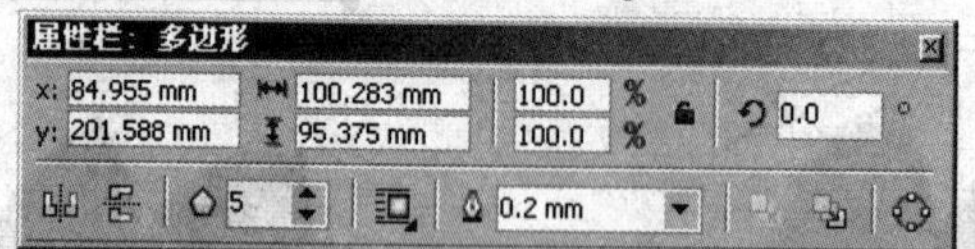

图 2.4.2 “多边形工具”属性栏

提示：如果在按住“Shift”键的同时拖动鼠标，可以绘制以起点为中心向外扩展的多边形；如果按住“Ctrl”键，可以绘制正多边形；如果同时按住“Shift+Ctrl”键，可以绘制以起点为中心向外扩展的正多边形。

由于多边形具有各边对称的特性，当使用工具箱中的形状工具调整任意一边的节点时，其余各边均会相应地移动，因此，可以绘制出多种对称图形，如图 2.4.3 所示。

图 2.4.3 调整多边形效果

2.4.2 使用星形工具

选择多边形工具组中的星形工具，当鼠标光标变为形状时，将其移动到绘图区中，单击鼠标左键不放，确定星形的起点，拖动鼠标至另一点，释放鼠标即可绘制星形，如图 2.4.4 所示。

绘制好星形对象后，在“星形工具”属性栏中的 5 微调框中可以设置星形的边数；在 53 微调框中可以设置星形各角的尖锐度，但此选项只对七边形以上的星形有效。更改星形的边数和锐度后的效果如图 2.4.5 所示。

图 2.4.4 绘制星形　　图 2.4.5 更改星形的边数和锐度效果

2.4.3 使用复杂星形工具

使用复杂星形工具可以快速地绘制出交叉星形。选择多边形工具组中的复杂星形工具，当鼠标光标变为形状时，将其移动到绘图区中，单击鼠标左键不放，确定交叉星形的起点，拖动鼠标至另一点，释放鼠标即可绘制交叉星形，如图 2.4.6 所示。

绘制好交叉星形对象后，在“复杂星形工具”属性栏中的微调框中可以设置交叉星形的边数；在微调框中可以设置交叉星形各角的尖锐度，效果如图 2.4.7 所示。

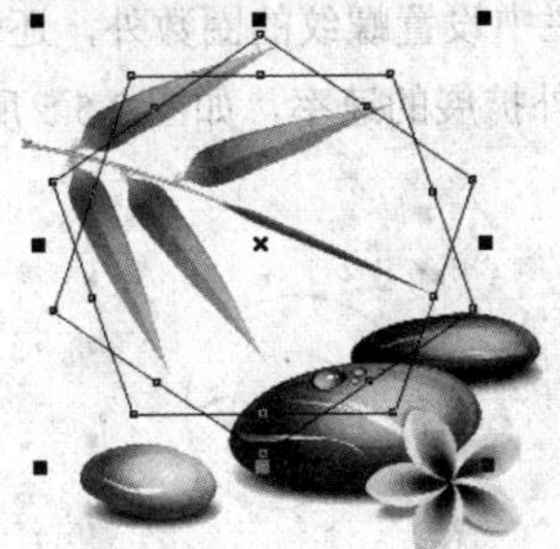

图 2.4.6　绘制复杂星形

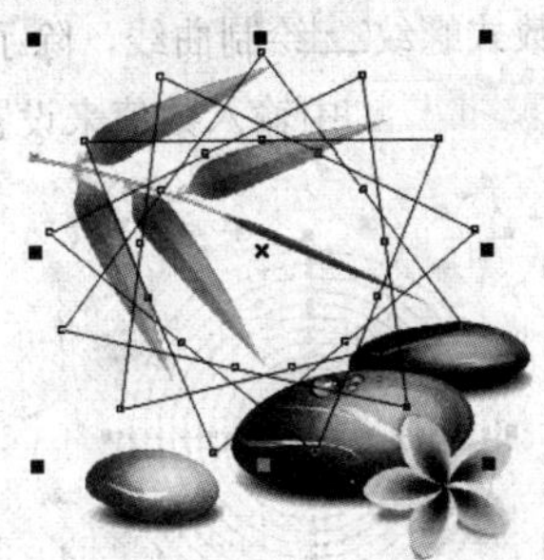

图 2.4.7　更改复杂星形的边数和锐度

2.5　螺 纹 工 具

使用螺纹工具可以绘制两种螺旋曲线，即对称式螺旋曲线与对数式螺旋曲线。单击工具箱中的“螺纹工具”按钮，其属性栏中将会显示图纸和螺旋工具的属性，如图 2.5.1 所示。

图 2.5.1　“图纸和螺旋工具”属性栏

单击属性栏中的“对称式螺纹”按钮，在绘图区中拖动鼠标，可使绘制的对称式螺旋曲线每圈螺旋的间距固定不变，如图 2.5.2 所示。

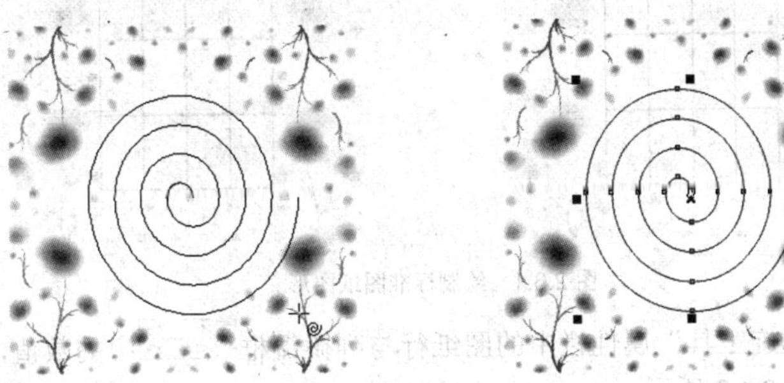

图 2.5.2　绘制对称式螺旋曲线

单击属性栏中的“对数式螺纹”按钮，在绘图区中拖动鼠标，可使绘制的对数式螺旋曲线的间距随着螺旋向外渐进而逐渐增加，如图 2.5.3 所示。

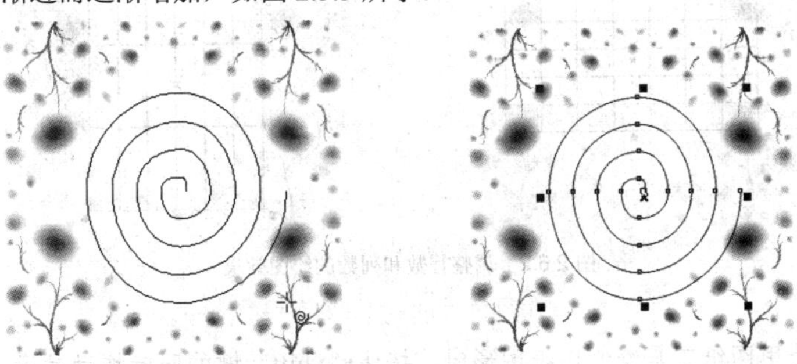

图 2.5.3　绘制对数式螺旋曲线

在螺纹工具属性栏中的螺纹回圈微调框 中可以设置新的螺纹对象中要显示的螺纹圈数，如图 2.5.4 所示。

如果使用对数式螺纹 绘制曲线，除了可以在属性栏中设置螺纹的圈数外，还可以在螺纹扩展参数输入框 中输入数值来设置新的螺纹向外扩展的速率，如图 2.5.5 所示。

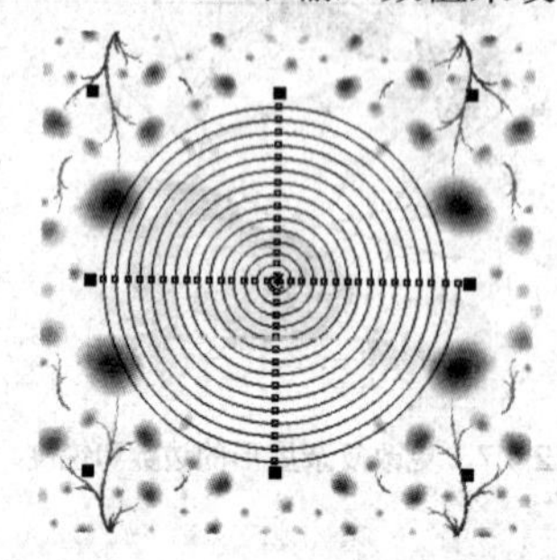

图 2.5.4 设置螺纹圈数后绘制的对象效果

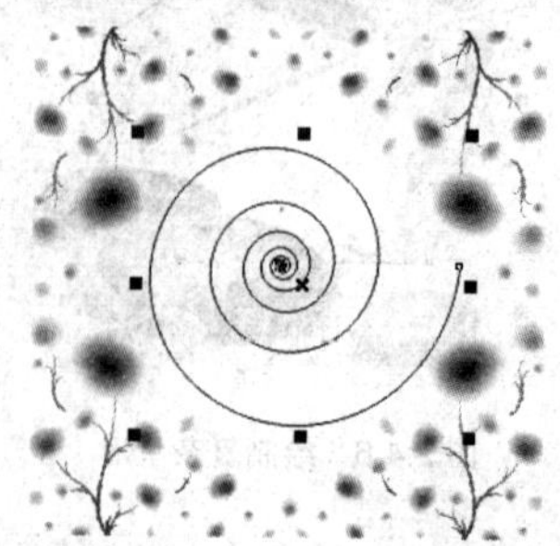

图 2.5.5 设置螺纹扩展参数后绘制的对象效果

2.6 图 纸 工 具

使用工具箱中的图纸工具可以绘制出各种大小不同、行列数不同的图纸图形。单击工具箱中的"图纸工具"按钮，当鼠标光标变为形状时，将光标移至绘图区中，按住鼠标左键并拖动，即可绘制出默认状态下的 3 行 4 列的图纸图形，效果如图 2.6.1 所示。

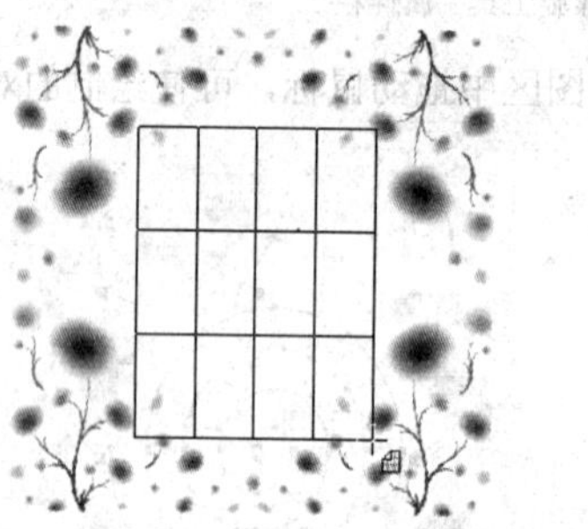

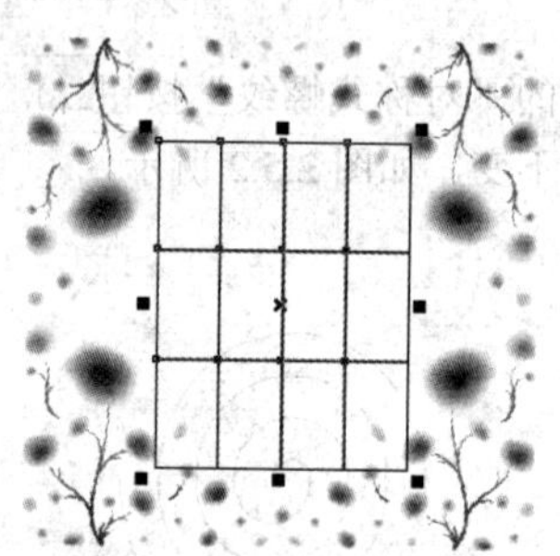

图 2.6.1 绘制标准图纸图形

通过调整"图纸和螺旋工具"属性栏中的图纸行与列微调框 中的数值，可以绘制出不同行数与列数的图纸，如图 2.6.2 所示。

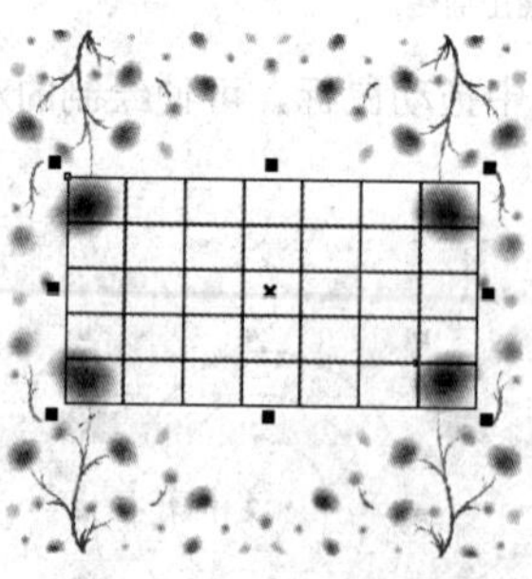

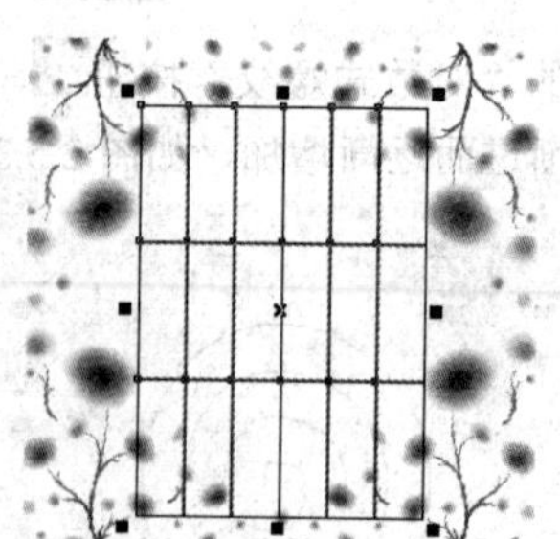

图 2.6.2 调整行数和列数的绘图效果

技巧：使用图纸工具绘制图纸图形时，按住"Shift"键的同时拖动鼠标，可绘制一个以起点为中心向外扩展的图纸图形；如果按住“Ctrl”键，可绘制一个宽度与高度相等的图纸图形；如果按住“Shift+Ctrl”键，可绘制以起点为中心向外扩展的宽度与高度相等的图纸图形。

2.7　基本形状工具组

在 CorelDRAW X5 工具箱中还有一组特殊的绘图工具，使用它们可以绘制出一些特殊的图形，如三角形、圆形、圆柱体、心形以及标注图形等。单击工具箱中的“基本形状工具”按钮右下角的三角形，可弹出基本形状工具组，如图 2.7.1 所示。

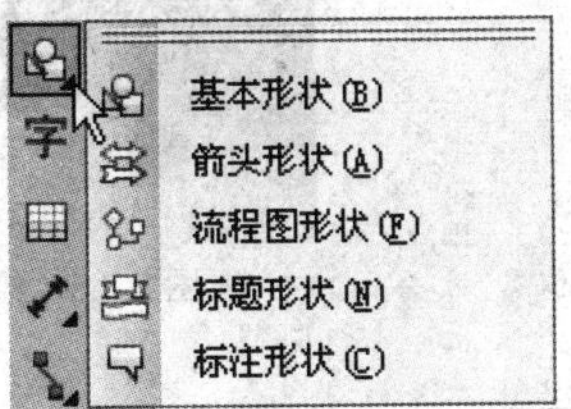

图 2.7.1　基本形状工具组

2.7.1　使用基本形状工具

使用基本形状工具可以绘制出各种基本的图形。单击工具箱中的“基本形状工具”按钮，其属性栏显示如图 2.7.2 所示。

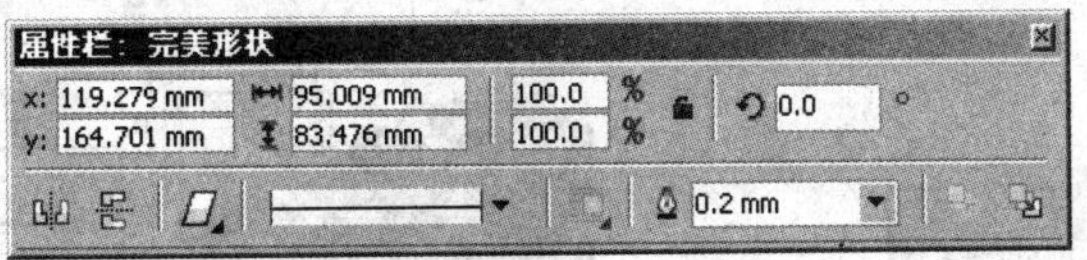

图 2.7.2　“完美形状”属性栏

在“完美形状”属性栏中单击“完美形状”按钮，可弹出预设的完美形状面板，如图 2.7.3 所示。用户可从中选择任意一种形状，在绘图区中拖动鼠标，即可绘制出所选的图形，效果如图 2.7.4 所示。

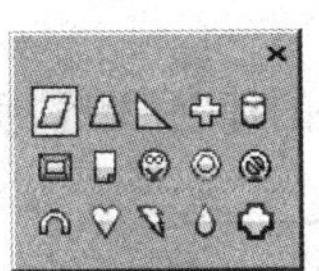

图 2.7.3　预设的基本形状面板

图 2.7.4　绘制基本形状效果

在属性栏中单击“线条样式”下拉列表框，可从弹出的下拉列表中选择轮廓线的样式；单击“轮廓宽度”下拉列表框，可从弹出的下拉列表中选择轮廓线的宽度来改变所绘图形的轮廓线；单击“到图层前面”按钮：可将对象移到图层前面；单击“到图层后面”按钮：可将对象移到图层后面。

2.7.2 使用箭头形状工具

单击基本形状工具组中的“箭头形状工具”按钮，在其属性栏中单击“完美形状”按钮，可弹出预设的箭头形状面板，如图 2.7.5 所示。

从中选择需要的形状后，在绘图区中拖动鼠标，即可绘制所选的箭头形状，效果如图 2.7.6 所示。

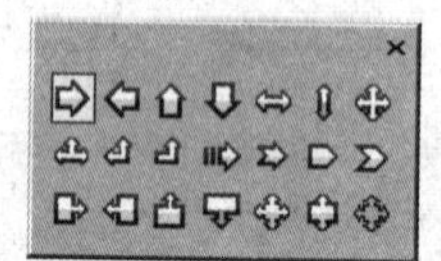

图 2.7.5 预设的箭头形状面板

图 2.7.6 绘制箭头形状效果

2.7.3 使用流程图形状工具

单击基本形状工具组中的“流程图形状”按钮，在其属性栏中单击“完美形状”按钮，可弹出预设的流程图形状面板，如图 2.7.7 所示。

从中选择需要的形状后，在绘图区中按住鼠标左键并拖动，即可绘制所选的流程图形状，效果如图 2.7.8 所示。

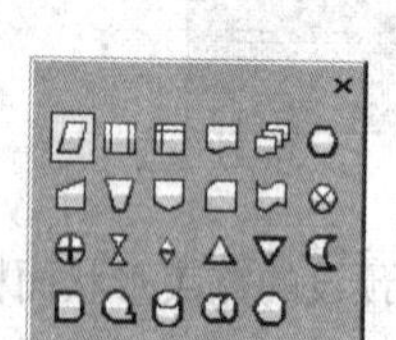

图 2.7.7 预设的流程图形状面板

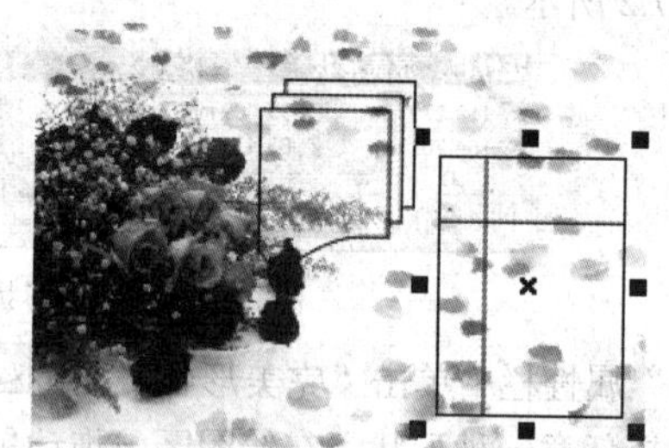

图 2.7.8 绘制流程图形状效果

2.7.4 使用标题形状工具

单击基本形状工具组中的“标题形状”按钮，在其属性栏中单击“完美形状”按钮，可弹出预设的标题形状面板，如图 2.7.9 所示。

从中选择任意一种形状，在绘图区中拖动鼠标，即可绘制出所选的标题形状，如图 2.7.10 所示。

图 2.7.9 预设的标题形状面板

图 2.7.10 绘制标题形状效果

2.7.5　使用标注形状工具

标注形状工具从某种意义上说是一种对话框工具。单击基本形状工具组中的“标注形状”按钮，在其属性栏中单击“完美形状”按钮，可弹出预设的标注形状面板，如图 2.7.11 所示。

从中选择任意一种形状，在绘图区中拖动鼠标，即可绘制出所选的标注形状，如图 2.7.12 所示。

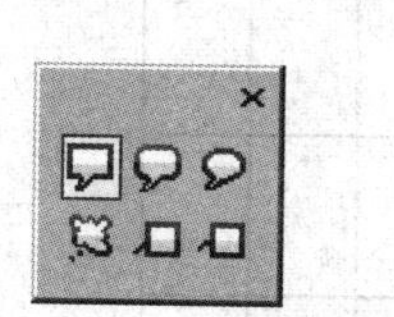

图 2.7.11　预设的标注形状面板

图 2.7.12　绘制标注形状效果

2.8　表 格 工 具

CorelDRAW X5 有一个强大的表格处理功能，用户可以轻松地绘制、选择和编辑表格，实现对图形对象的各种操作。

2.8.1　绘制表格

单击工具箱中的“表格工具”按钮，当鼠标光标变为形状时，将光标移至绘图区中，按住鼠标左键并拖动，即可绘制出默认状态下的 3 行 4 栏的表格，效果如图 2.8.1 所示。

也可以选择菜单栏中的 表格(T) → 创建新表格(C)... 命令，弹出如图 2.8.2 所示的“创建新表格”对话框，用户可以在该对话框中对表格的行数、栏数，高度以及宽度进行精确设置，设置完参数后单击 确定 即可生成所需表格。

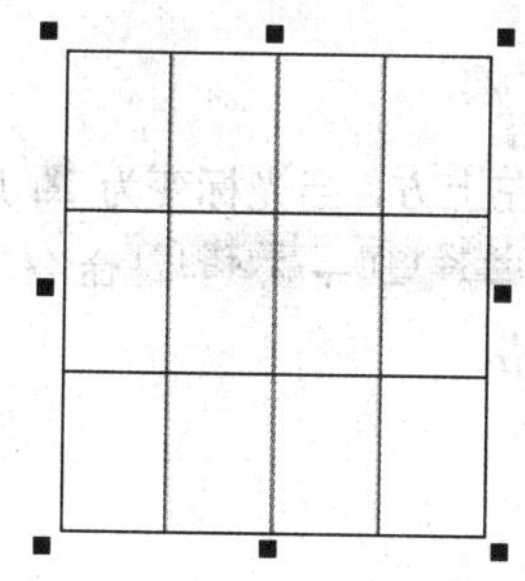

图 2.8.1　绘制的默认表格

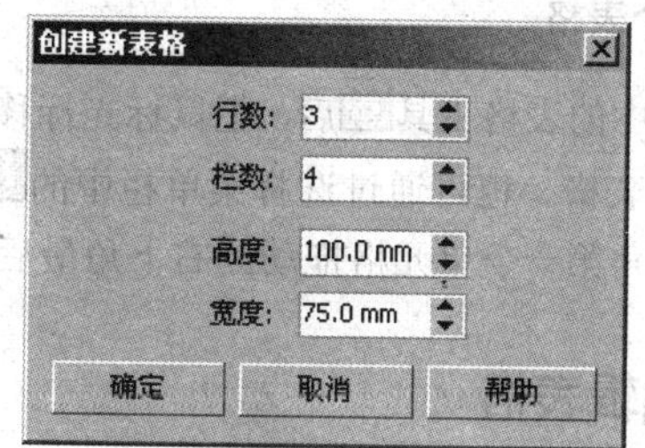

图 2.8.2　“创建新表格”对话框

2.8.2　选择表格

在进行表格处理时，需要选中编辑的表格内容，然后进行操作。选择时用户可以根据不同的要求，选择一个或多个单元格，一行或者多行，一列或者多列以及整个表格。

1．选择单元格

选择单元格的方法有以下 3 种：

（1）选择工具箱中的表格工具后，在要选择的单元格中插入点光标，按住鼠标拖动，当被选单元格上形成蓝色条纹且鼠标在此单元格中变为形状时释放鼠标，该单元格即被选中。

（2）选择工具箱中的表格工具后，在要选择的单元格中插入点光标，然后选择菜单栏中的 表格(T) → 选择(S) → 单元格(E) 命令，即可选中单元格。

（3）在要选择的单元格中插入点光标，然后按“Ctrl+A”键即可选中单元格，如图 2.8.3 所示。

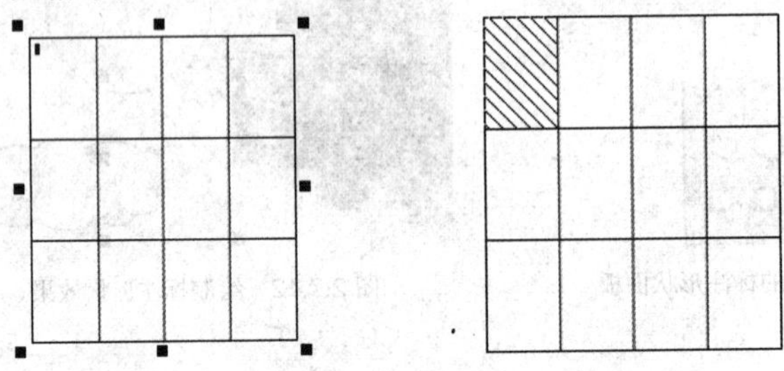

图 2.8.3　选择单元格

2．选择行和列

如果要选择一行或一列，首先将鼠标光标移至表格中所要选择行的最左侧或列的最上方，此时光标将变为➡或⬇形状，单击鼠标即可选中相应的行或列，如图 2.8.4 所示。也可以通过选择菜单栏中的 表格(T) → 选择(S) → 行(R)/列(C) 命令，即可选中相应的行或列。

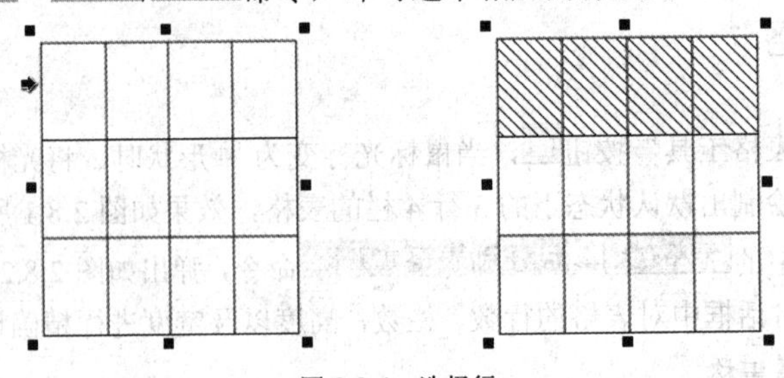

图 2.8.4　选择行

3．选择整个表格

选择工具箱中的表格工具后，把鼠标光标移至表格的左上方，当光标变为形状时，单击鼠标即可选中整个表格。也可通过选择菜单栏中的 表格(T) → 选择(S) → 表格(T) 命令，或者用鼠标直接从表格的左上角第一个单元格拖动到右下角最后一个单元格。

2.8.3　编辑表格

在 CorelDRAW X5 中，可以对绘制的表格进行编辑，包括插入行和列、删除行和列、合并表格以及拆分表格等操作，下面对其进行具体介绍。

1．格式化表格

绘制好表格后，用户可通过“表格工具”属性栏来设置表格的边框、背景、轮廓宽度以及页边距等，如图 2.8.5 所示。

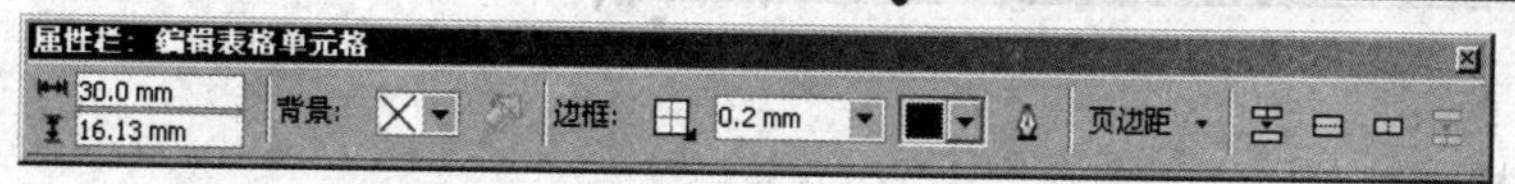

图 2.8.5 “表格工具”属性栏

单击背景:右侧的下拉列表，从中选择一种颜色，系统会自动为所选单元格填充颜色。

单击边框:右侧的按钮，可从弹出的下拉列表框中选择要修改边框的区域，如图 2.8.6 所示。

单击0.2 mm下拉列表，可从弹出的下拉列表框中选择表格边框的宽度。

单击下拉列表，可从弹出的下拉列表框中选择表格边框的颜色。

单击“轮廓笔”按钮，可从弹出的“轮廓笔”对话框中设置轮廓属性，比如边框的颜色、样式以及宽度等。

单击页边距按钮，可从弹出的列表中为所选单元格指定顶部、底部、左侧和右侧的边距。

2. 插入和删除行、列

在创建表格后，并不一定会完全满足用户需求，这时就需要随时插入行或列。首先用户需选择表格要插入的行或列，然后选择菜单栏中的表格(T)→插入(I)命令，从弹出的如图 2.8.7 所示的下拉菜单中选择需要的命令，即可插入行或列。

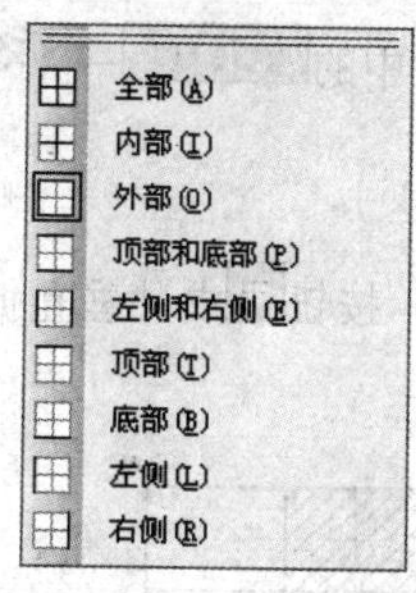

图 2.8.6 边框区域列表

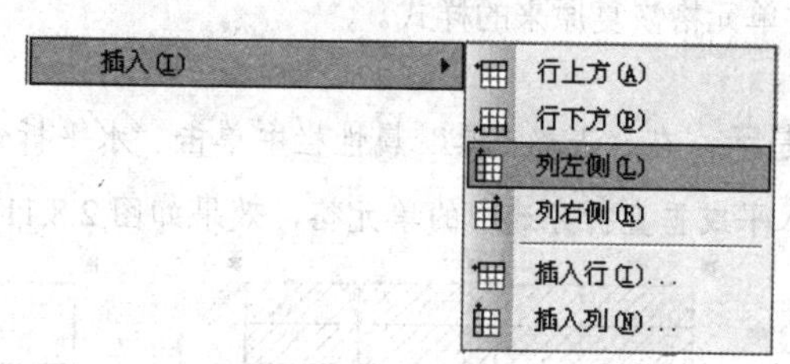

图 2.8.7 选择“插入”命令

若要对绘制的行、列以及表格进行删除，可选择要删除的对象，然后选择菜单栏中的表格(T)→删除(D)→行(R)/列(C)/表格(T)命令即可。

3. 合并表格

在实用的表格样式中，单元格的大小和所处的位置并不总是规则的，很多时候需要多个单元格合并成一个大单元格，来满足数据显示的需求。选中要合并的单元格，然后选择菜单栏中的表格(T)→合并单元格(M)命令，即可合并单元格，如图 2.8.8 所示。

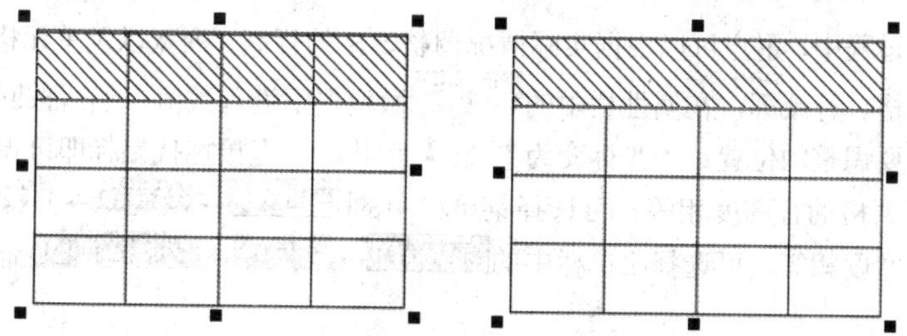

图 2.8.8 合并单元格

技巧：在“表格工具”属性栏中单击“合并单元格”按钮，或按“Ctrl+M”键也可合并选中的单元格。

4．拆分表格

除了合并单元格，一个单元格还可以分成多行或多列，以实现不同的表格样式效果。如果要将一个单元格拆分成多个垂直方向的单元格，可首先选中单元格，然后选择菜单栏中的表格(T)→拆分为行(R)...命令，弹出如图 2.8.9 所示的“拆分单元格”对话框，在行数:微调框中设置好参数后，单击确定按钮即可。

同样，如果要将一个单元格拆分成多个水平方向的单元格，可首先选中单元格，然后选择菜单栏中的表格(T)→拆分为列(P)...命令，弹出如图 2.8.10 所示的“拆分单元格”对话框，在栏数:微调框中设置好参数后，单击确定按钮即可。

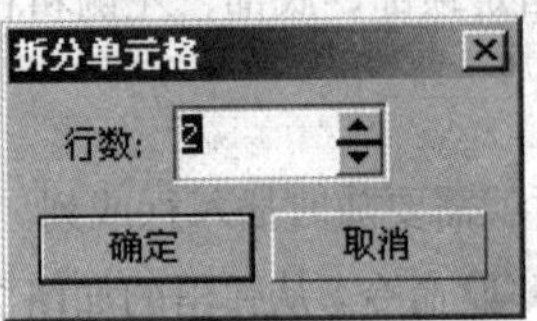

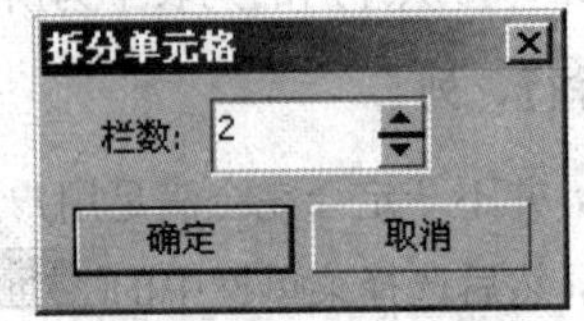

图 2.8.9　拆分为行设置　　图 2.8.10　拆分为列设置

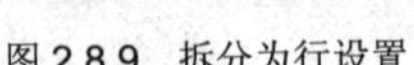

利用“合并单元格”命令产生的单元格，用户可以通过选择菜单栏中的表格(T)→拆分单元格(U)命令，将合并单元格恢复原来的样式。

提示： 在“表格工具”属性栏中单击“水平拆分单元格”按钮或“垂直拆分单元格”按钮，可水平或垂直拆分选中的单元格，效果如图 2.8.11 所示。

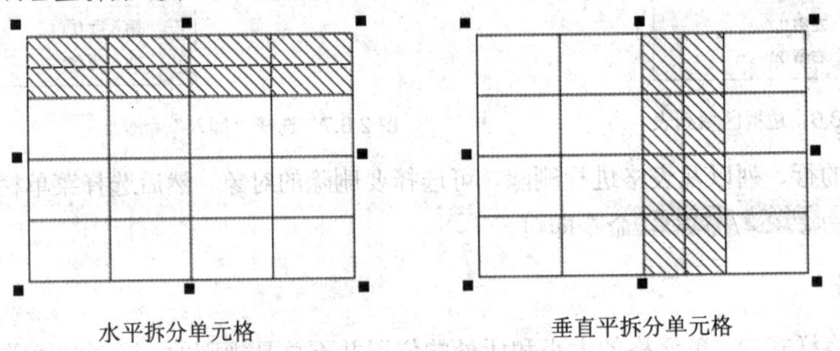

水平拆分单元格　　垂直平拆分单元格

图 2.8.11　拆分单元格

5．调整表格大小

在处理表格的过程中，用户可以根据实际情况调整表格的行高、列宽以及单元格的大小等。选中要调整大小的单元格、行或列，在属性栏中的 120.2 mm / 86.867 mm 微调框中键入数值，然后按回车键即可。也可以将鼠标光标移至要调整的位置，当光标变为↔或↕形状时，直接拖拽鼠标即可调整表格的大小。

若要使调整后表格的行高度相等，可选择菜单栏中的表格(T)→分布(T)→行均分(R)命令；若要使调整后表格的列宽度相等，可选择菜单栏中的表格(T)→分布(T)→列均分(C)命令。

2.9　应用实例——绘制课程表

本节主要利用所学的知识绘制课程表，最终效果如图 2.9.1 所示。

图 2.9.1　最终效果图

操作步骤

（1）启动 CorelDRAW X5 应用程序，新建一个空白文档。

（2）单击属性栏中的“选项”按钮，弹出“选项”对话框，设置页面尺寸和背景参数如图 2.9.2 所示。

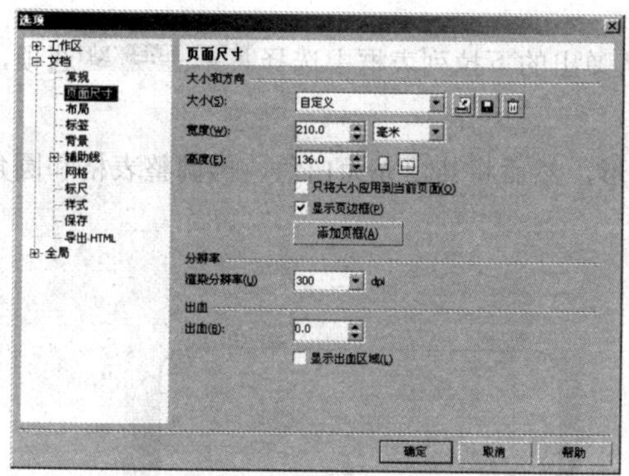

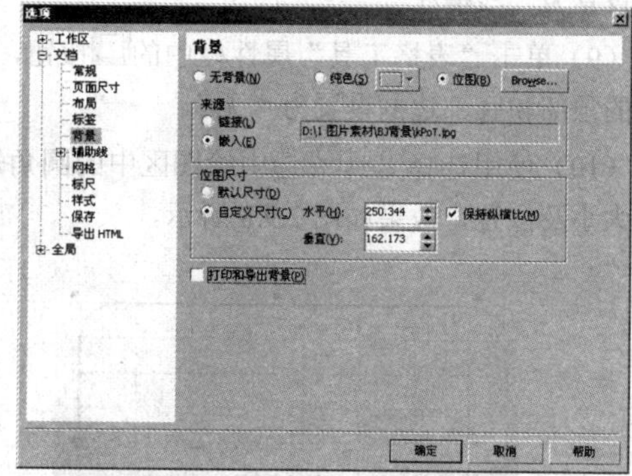

图 2.9.2　设置页面尺寸和背景

（3）设置好各选项参数后，单击确定按钮，页面尺寸和页面背景设置后的效果如图 2.9.3 所示。

（4）单击工具箱中的“矩形工具”按钮，在绘图区中绘制一个圆角半径为“10mm”的圆角矩形，效果如图 2.9.4 所示。

图 2.9.3　设置页面尺寸和背景效果

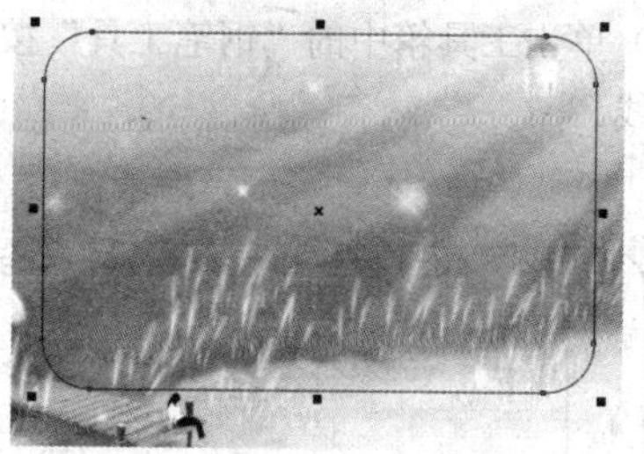

图 2.9.4　绘制圆角矩形

（5）双击状态栏下方的“轮廓填充”按钮，弹出“轮廓笔”对话框，设置其对话框参数如图 2.9.5 所示。

（6）设置好参数后，单击确定按钮，设置圆角矩形轮廓后的效果如图 2.9.6 所示。

（7）单击工具箱中的“表格工具”按钮，在绘图区中绘制一个 8 行 7 列的表格，效果如图 2.9.7

所示。

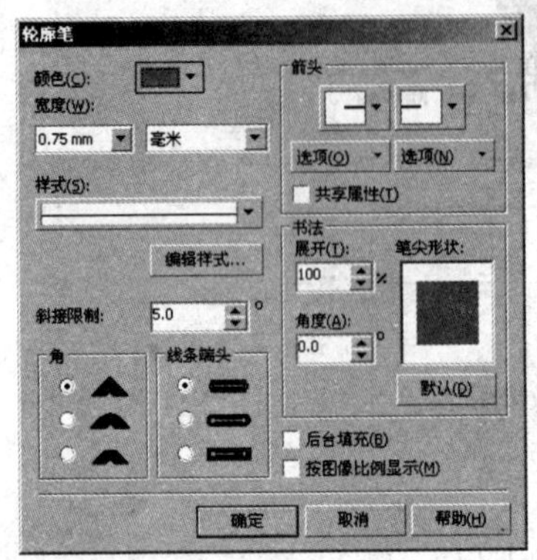

图 2.9.5 “轮廓笔”对话框

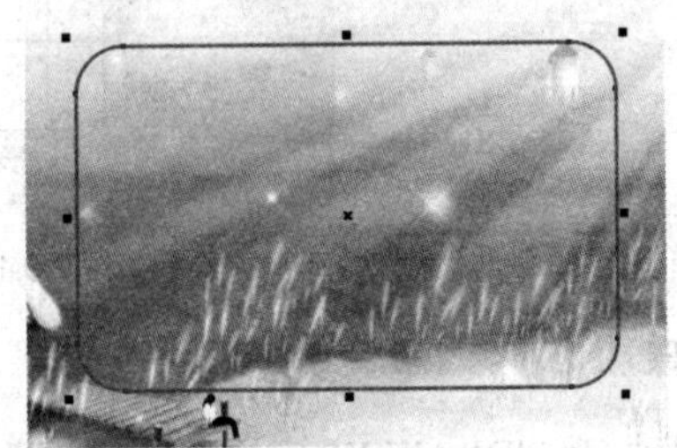

图 2.9.6 设置圆角矩形轮廓后的效果

（8）选中绘制的表格对象，然后在“表格工具”属性栏中将表格的轮廓宽度设置为“0.3mm”，颜色设置为“浅橘红”。

（9）单击“表格工具”属性栏中的⊞按钮，从弹出的下拉列表框中选择 顶部和底部(P) 选项，将表格的顶部和底部边框设置为“无”。

（10）使用选择工具选中绘图区中的圆角矩形，然后将其填充为白色，再调整表格和圆角矩形的大小及位置，效果如图 2.9.8 所示。

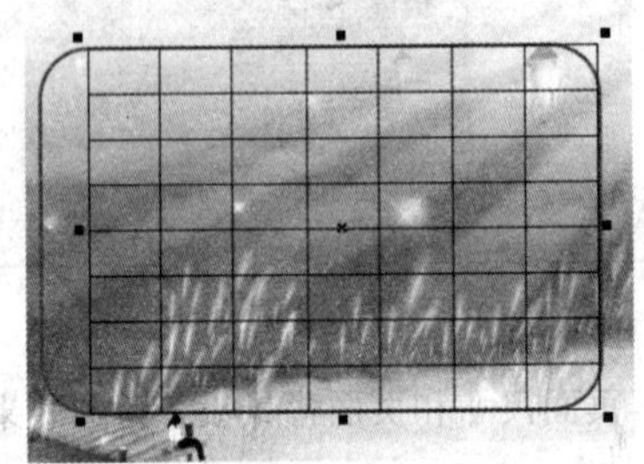

图 2.9.7 绘制表格

图 2.9.8 编辑表格和圆角矩形效果

（11）在要输入文字的单元格中单击，显示出插入点光标，然后在顶部的单元格中输入文字，效果如图 2.9.9 所示。

（12）单击工具箱中的“钢笔工具”按钮，按住“Shift”键在绘图区中绘制一条如图 2.9.10 所示的直线。

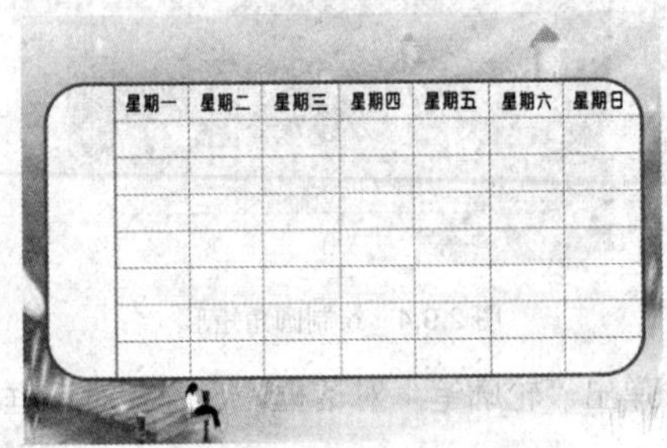

图 2.9.9 输入文字

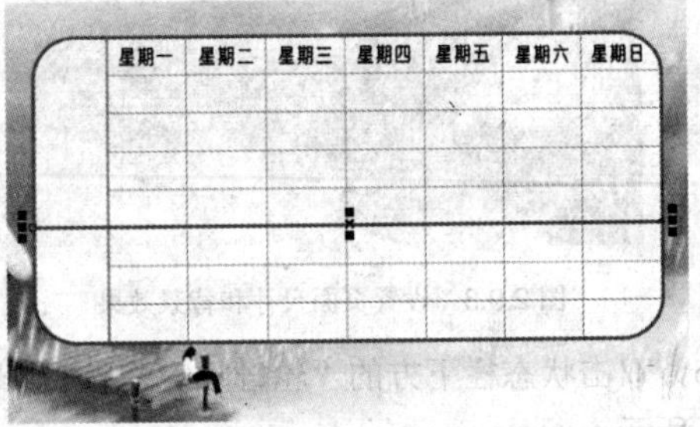

图 2.9.10 绘制直线

（13）单击工具箱中的“文本工具”按钮字，在绘图区中输入文字并设置文本属性，效果如图 2.9.11 所示。

（14）单击工具箱中的“星形工具”按钮 ，在绘图区中绘制多个不同颜色的小星形，效果如图 2.9.12 所示。

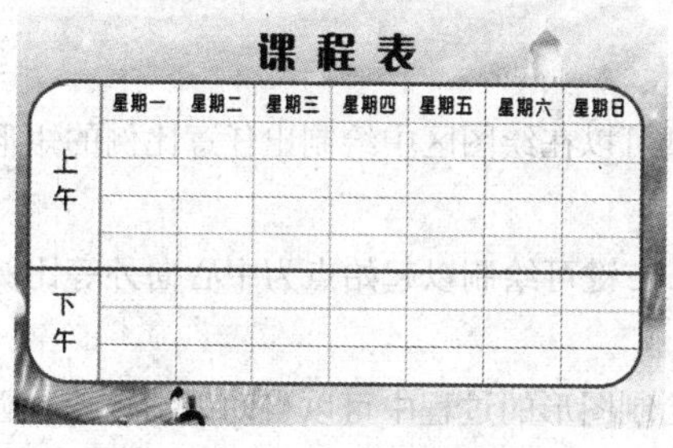

图 2.9.11 输入并编辑文字

图 2.9.12 绘制星形图形

（15）单击工具箱中的“螺纹工具”按钮 ，在绘图区中绘制一个对数式螺纹曲线，并对其进行复制和水平翻转，效果如图 2.9.13 所示。

（16）单击工具箱中的“基本形状工具”按钮 ，在绘图区中绘制多个红色心形图形，效果如图 2.9.14 所示。

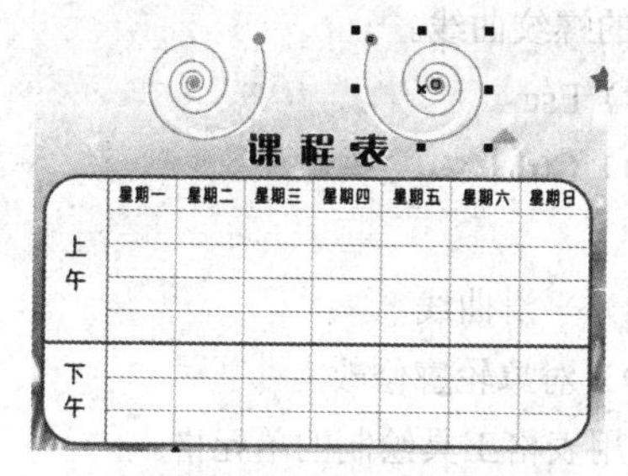

图 2.9.13 绘制并复制曲线

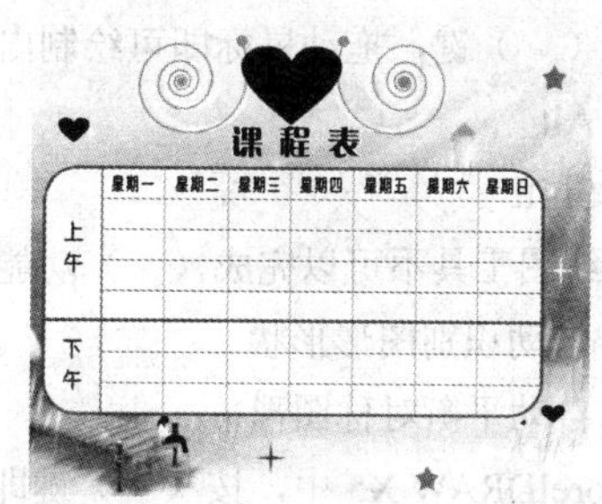

图 2.9.14 绘制心形图形

（17）单击工具箱中的“标注形状”按钮 ，在绘图区中绘制一个如图 2.9.15 所示的形状。

图 2.9.15 绘制标注形状

（18）使用工具箱中文本工具 在绘制的标注形状中添加文本，最终效果如图 2.9.1 所示。

本 章 小 结

本章主要对矩形工具组、椭圆形工具组、多边形工具组、螺纹工具、图纸工具、基本形状工具组以及表格工具等的使用方法、属性与技巧进行了全面讲解。通过本章的学习，用户在以后的绘图中会更加得心应手，以创作出各种不同的图形效果。

实 训 练 习

一、填空题

1．在 CorelDRAW X5 中，使用___________工具可以在绘图区中绘制出任意比例的矩形、正方形以及圆角矩形。

2．使用椭圆形工具绘制图形时，按住___________键可绘制以起始点为中心向外等比例扩展的圆形。

3．在 CorelDRAW X5 中，___________工具在绘制图形的过程中可以自动识别矩形、圆形等基本形状，并能自动平滑曲线、自动识别图形形状、自动平衡对称图形等。

4．使用图纸工具绘制图纸图形时，按住___________键的同时拖动鼠标，可绘制一个以起点为中心向外扩展的图纸图形。

5．使用螺纹工具可以绘制两种不同的螺旋形，即___________螺纹与___________螺纹。

二、选择题

1．按住（　）键，拖动鼠标即可绘制出同一圆心的螺纹曲线。

（A）Alt　　（B）Esc

（C）Shift　　（D）Ctrl

2．智能绘图工具不可以完成（　）功能。

（A）自动识别图形形状　　（B）平滑曲线

（C）自动平衡对称图形　　（D）对象轮廓修改

3．在 CorelDRAW X5 中，按（　）键即可选中使用表格工具绘制的单元格。

（A）Ctrl+A　　（B）Alt l+A

（C）Shift+Ctrl　　（D）Shift

4．在 CorelDRAW X5 中，按（　）键即可合并选中的单元格。

（A）Shiftl +M　　（B）Alt l+A

（C）Shiftl　　（D）Ctrl+M

三、简答题

1．怎样使用椭圆工具绘制饼形和弧形？

2．如何对绘制的表格进行合并和拆分操作？

四、上机操作题

1．使用本章所学的知识，在绘图区中绘制一个流程图。

2．使用表格工具创建一个 7 行 8 列的表格，然后对绘制的表格进行各种编辑操作。

第 3 章　绘制线条和不规则图形

线条是两个点之间的路径，线条可以由多条线段组成，线段可以是曲线也可以是直线。线段通过节点连接，节点以小方块表示。在 CorelDRAW X5 中，提供了多种绘制曲线的工具，通过这些工具可以创造出不同形状的线条和图形。

知识要点

- 手绘工具组
- 直线连接器工具组
- 形状工具组
- 艺术笔工具

3.1　手绘工具组

在 CorelDRAW X5 中，使用手绘工具组中的工具可以很方便地绘制出直线、曲线以及封闭图形等，下面对其进行具体介绍。

3.1.1　使用手绘工具

使用手绘工具不仅可以随意地绘制出不封闭的直线、折线和曲线等线型，还可以绘制封闭图形，但是由于其自由调节度比较高，绘制的形状不是很精确。

1．绘制直线和折线

使用手绘工具绘制直线的方法很简单，只须单击工具箱中的“手绘工具”按钮，将鼠标指针移至绘图区中，单击鼠标左键确定直线的起点位置，然后移动鼠标至其他位置单击确定直线的终点，即可在两点之间绘制出一条直线，如图 3.1.1 所示。

图 3.1.1　绘制直线

用手绘工具也可以绘制多边形和折线，方法与绘制直线类似，不同之处在于：在折点处双击鼠标，然后移动鼠标，单击鼠标确定终点的位置，如图 3.1.2 所示。

图 3.1.2　绘制折线

提示：在绘制直线的过程中，按住“Ctrl”键拖动鼠标，直线段将沿 15° 角增减，可以绘制出不同角度的直线。

2．绘制曲线

使用手绘工具也可以绘制曲线，绘制曲线的方法与绘制直线的方法不同，绘制曲线时，只须将鼠标指针移至绘图区中按住鼠标左键随意拖动，释放鼠标后，绘图区中就会显示出一条任意形状的曲线。

3．设置手绘工具属性

在绘图过程中，如果对所绘线条的形状不满意，用户可在“手绘工具”属性栏中设置线条的属性，如图 3.1.3 所示。

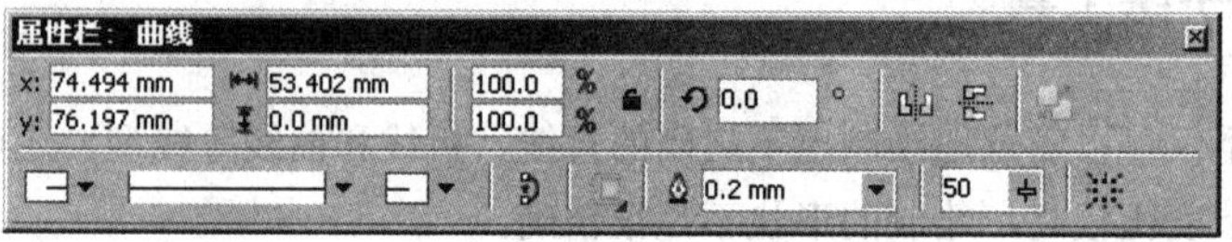

图 3.1.3　“手绘工具”属性栏

单击下拉列表，可从弹出的如图 3.1.4 所示的下拉列表框中设置线条起始点的箭头样式。

单击下拉列表，可从弹出的如图 3.1.5 所示的下拉列表框中设置线条的样式。

单击下拉列表，可从弹出的如图 3.1.6 所示的下拉列表框中设置线条终点的箭头样式。

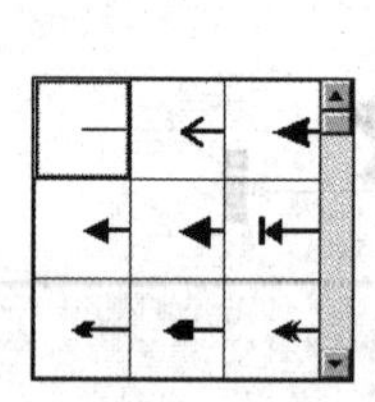

图 3.1.4　“起始箭头”下拉列表框

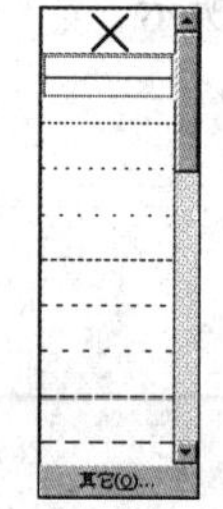

图 3.1.5　“线条样式”下拉列表框

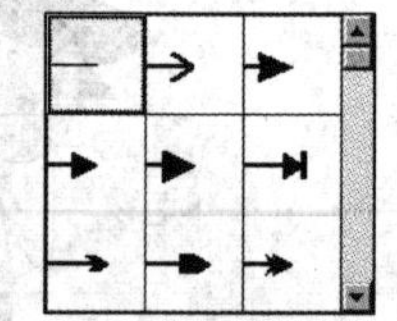

图 3.1.6　“终点箭头”下拉列表框

单击“闭合曲线”按钮，可以对绘制的不封闭曲线进行闭合。

单击 0.2 mm 下拉列表，可从弹出的下拉列表框中设置线条的粗细。

在 50 输入框中输入数值，可调节线条的平滑度。

单击“边框”按钮，表示在使用曲线工具时显示或隐藏边框。

3.1.2　使用 2 点线工具

使用手绘工具组中的 2 点线工具可以轻松地绘制直线、折线和多边形。单击工具箱中的“2 点线工具”按钮，移动鼠标指针至绘图区中，按住鼠标左键并拖动，释放鼠标后即可绘制一条直线，如图 3.1.7 所示。

利用 2 点线工具也可绘制折线和多边形。单击工具箱中的“2 点线工具”按钮，在绘图区中按住鼠标左键并拖动，释放鼠标后可绘制一条线段，继续在绘制的结束节点处单击鼠标左键并拖动鼠标，释放鼠标后即可确定另一个节点，依此类推，可以绘制出如图 3.1.8 所示的折线。

图 3.1.7　用 2 点线工具绘制直线　　图 3.1.8　用 2 点线工具绘制折线

3.1.3　使用贝塞尔工具

使用手绘工具组中的贝塞尔工具可以绘制出比较精确的直线和圆滑的曲线，下面将对其进行具体介绍。

1．绘制直线

使用贝塞尔工具绘制直线与使用手绘工具绘制直线的方法相似。单击工具箱中的“贝塞尔工具”按钮，将鼠标移至绘图区中，此时鼠标光标显示为形状，在绘图区中单击鼠标确定直线的起点，然后拖动鼠标到满意位置后再单击鼠标以确定直线的终点，即可绘制出直线。

2．绘制曲线

单击工具箱中的“贝塞尔工具”按钮，在绘图区中单击鼠标左键确定曲线的起点并拖动鼠标，此时将显示出一条带有两个节点和控制点的蓝色虚线调节杆，然后再到任意一处单击鼠标左键并拖动鼠标，即可产生一条贝塞尔曲线，在节点旁边有两个手柄，拖动手柄可以调整曲线的形状，如图 3.1.9 所示。

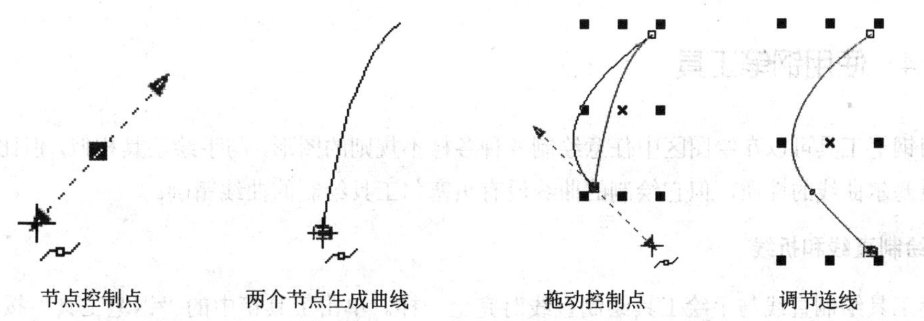

图 3.1.9　用贝塞尔工具绘制曲线的过程

提示： 使用贝塞尔工具绘制曲线时，节点与鼠标之间会出现一条虚线，且向相反的方向延伸，这是经过曲线节点的切线。该切线并不属于要画曲线的一部分，只是用来表明曲线的弯曲程度。

3．绘制封闭图形

如果起点与终点不在同一点，单击属性栏中的“闭合曲线”按钮，可以绘制出闭合曲线。使用贝塞尔工具也可以绘制起点与终点在同一节点的曲线，拖动时两个控制点向与节点相反的方向移动，控制点与节点之间的距离决定了所绘对象的高度和深度，控制点的角度决定了线段的斜率。

4．设置贝塞尔工具属性

此外，用户可通过双击工具箱中的“贝塞尔工具”按钮，从弹出的“选项”对话框中设置贝塞尔工具的属性，如图 3.1.10 所示。

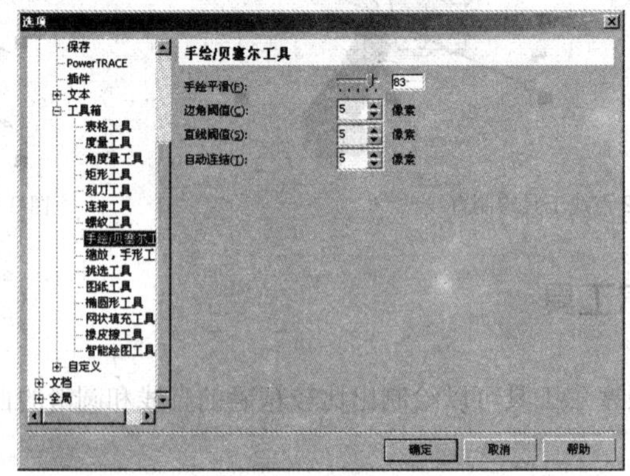

图 3.1.10　“选项”对话框

在手绘平滑(F):输入框中输入数值，可调整使用手绘工具绘制的曲线的平滑度。数值越小，平滑度越小，数值越大，所绘制的曲线越平滑。

在边角阈值(C):输入框中输入数值，可对手绘工具绘制的曲线转折距离进行调节。在默认值范围内设置的转折范围为尖角节点，设置比默认值大，节点越圆滑；设置比默认值小，节点越尖。

在直线阈值(S):输入框中输入数值，可在使用手绘工具绘制曲线时，将鼠标拖动的路径看作直线的距离范围默认值。鼠标拖动的偏移量在默认值之内即看作为直线，在默认值以外的为曲线，因此设置数值越小，越容易绘制曲线。

在自动连结(T):输入框中输入数值，可在使用手绘工具或贝塞尔工具绘制时，用于设置自动连接的距离，如果在两个节点之间的距离小于自动连接的数值，CorelDRAW X5 会自动连接两个结束节点。

3.1.4　使用钢笔工具

使用钢笔工具可以在绘图区中任意绘制各种各样不规则的图形，与手绘工具相似，但比手绘工具增加了贝塞尔曲线的性质，但它绘制的曲线没有贝塞尔工具绘制的曲线精确。

1．绘制直线和折线

钢笔工具绘制直线与手绘工具绘制直线时完全一样。单击工具箱中的“钢笔工具”按钮，将光标移至绘图区中，单击鼠标左键确定直线起点，移动鼠标至其他位置时，可发现有一条直线跟随鼠标光标移动，双击鼠标左键可绘制出一条直线。

要在直线基础上绘制折线，可移动鼠标至直线的终点处单击，然后移动鼠标至其他位置后单击，继续移动鼠标并单击，可绘制连续的折线。如果需要使折线形成封闭的图形，可将鼠标移至起点处单击，便可绘制出封闭的图形，如图 3.1.11 所示。

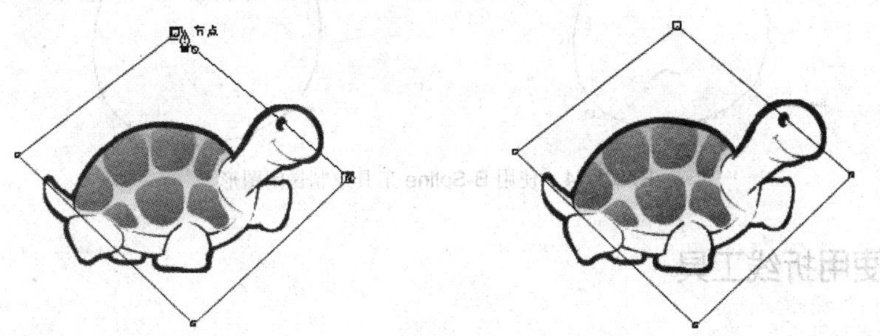

图 3.1.11 使用钢笔工具绘制封闭图形

2. 绘制曲线

用钢笔工具绘制曲线的方法与使用贝塞尔工具绘制曲线的方法相同。单击工具箱中的“钢笔工具”按钮，将鼠标移至绘图区中单击确定第一个节点位置，然后移动鼠标至其他位置单击并按住鼠标左键拖动，即可产生一段曲线。继续移动鼠标至其他位置单击并按住鼠标左键拖动，可连续绘制曲线。如果要结束曲线的绘制，则可在确定最后一个节点时双击鼠标左键即可，如图 3.1.12 所示。

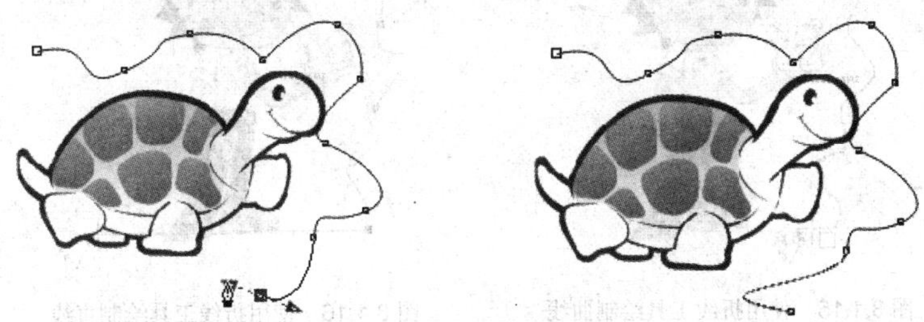

图 3.1.12 使用钢笔工具绘制曲线

3.1.5 使用 B-Spline 工具

在 CorelDRAW X5 中，使用新增的 B-Spline 工具可以创建平滑的曲线，并且绘制的曲线比使用手绘工具绘制曲线所用的节点更少。单击工具箱中的“B-Spline 工具”按钮，将鼠标移至绘图区中，单击鼠标左键确定第一个节点位置，然后移动鼠标至其他位置，单击鼠标左键确定绘制线条所需的节点，双击鼠标左键即可结束线条的绘制，如图 3.1.13 所示。

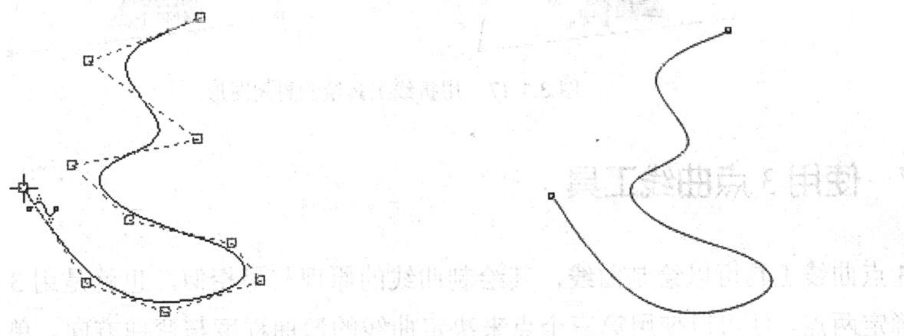

图 3.1.13 使用 B-Spline 工具绘制曲线

如果要使用 B-Spline 工具绘制封闭的图形，首先在绘图区中单击鼠标左键确定绘制线条所需节点的位置，然后将鼠标移至起点处单击，便可绘制出封闭的图形，如图 3.1.14 所示。

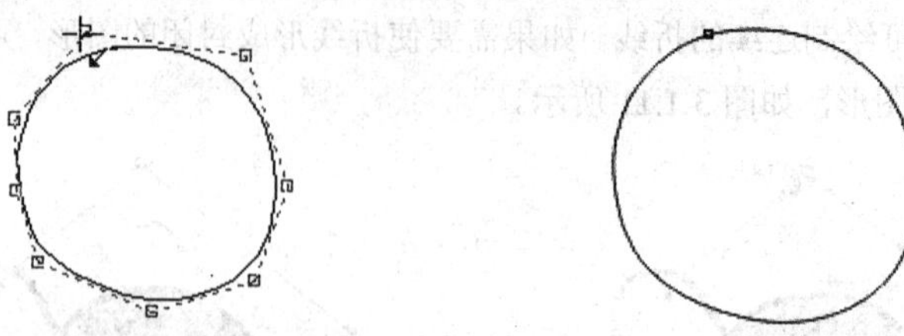

图 3.1.14 使用 B-Spline 工具绘制封闭图形

3.1.6 使用折线工具

使用折线工具可以随心所欲地绘制各种线条与封闭图形，它结合了手绘工具的所有功能，并可在绘制曲线后接着绘制直线。单击手绘工具组中的“折线工具”按钮，在绘图区中单击确定一个点，并按住鼠标左键拖动，即可生成曲线路径，如图 3.1.15 所示。需要绘制直线时只需释放鼠标，单击并拖动，便可产生直线，如图 3.1.16 所示。

图 3.1.15 使用折线工具绘制曲线

图 3.1.16 使用折线工具绘制直线

绘制好线条后，按回车键可结束线条的绘制。如果要绘制封闭的不规则图形，只须将最后一个点移至起始点上单击，即可形成封闭的图形，如图 3.1.17 所示。

图 3.1.17 用折线工具绘制封闭图形

3.1.7 使用 3 点曲线工具

使用 3 点曲线工具可以绘制曲线，其绘制曲线的原理与弓相似，也就是用 3 个点确定一条曲线，而且只需确定两点，便可以使用第三个点来决定曲线的弯曲程度与弯曲方向。单击工具箱中的“3 点曲线工具”按钮，在绘图区中按下鼠标左键不放，然后向任意方向拖曳，确定曲线的两个端点，至合适位置后释放鼠标左键，再移动鼠标光标确定曲线的弧度，至合适位置后再次单击即可完成曲线的绘制。

同时，在绘制过程中，移动鼠标可改变曲线弯曲方向与弯曲程度，单击鼠标左键可确定曲线的方向与曲度，如图 3.1.18 所示。

图 3.1.18　使用 3 点曲线工具绘制曲线

3.2　直线连接器工具组

在 CorelDRAW X5 中，直线连接器组包含直线连接器、直角连接器、直角圆形连接器和编辑锚点工具，使用这些工具可以将多个相关的对象连接到一起，并能随对象的移动而自动地调整变化，适合于创建流程图和组织关系表等。

3.2.1　使用直线连接器工具

使用直线连接器工具可以将两个图形（包括图形、曲线、美术文本等）用直线连接起来，主要用于流程图的连接。直线连接器工具的使用方法非常简单，单击工具箱中的“直线连接器工具”按钮，然后在绘图区中将鼠标光标移动到要连接对象的节点上，按下鼠标左键，并向另一个对象的节点上拖曳，释放鼠标左键，即可将两个对象连接，如图 3.2.1 所示。

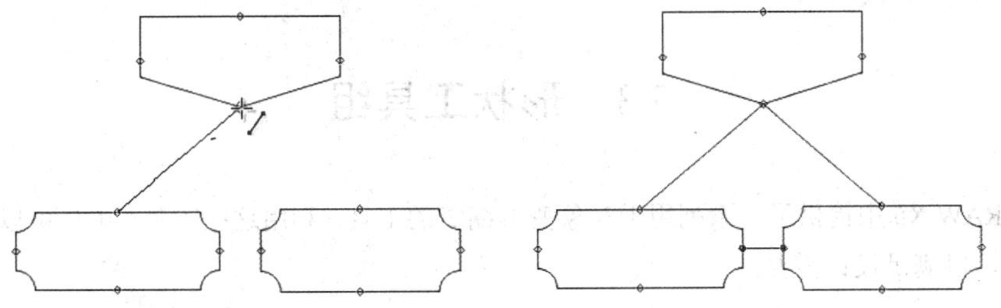

图 3.2.1　使用直线连接器工具绘制效果

3.2.2　使用直角连接器工具

使用直角连接器工具可以将两个图形用直角连接起来。单击工具箱中的“直角连接器”按钮，在绘图区中对象的轮廓上单击鼠标左键，确定连接的起点位置，按住鼠标不放，将鼠标拖动到另一个对象的轮廓上，完成对象的直角连接，效果如图 3.2.2 所示。

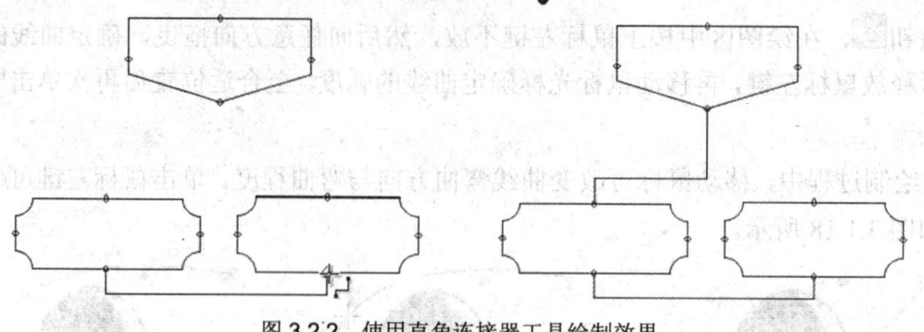

图 3.2.2 使用直角连接器工具绘制效果

3.2.3 使用直角圆形连接器工具

使用直角圆形连接器工具可以将两个图形用一个角为圆角的直角连接起来。单击工具箱中的“直角圆形连接器工具”按钮，在绘图区中对象的轮廓上单击鼠标左键，确定连接的起点位置，按住鼠标不放，将鼠标拖动到另一个对象的轮廓上，完成对象的直角圆形连接，效果如图 3.2.3 所示。

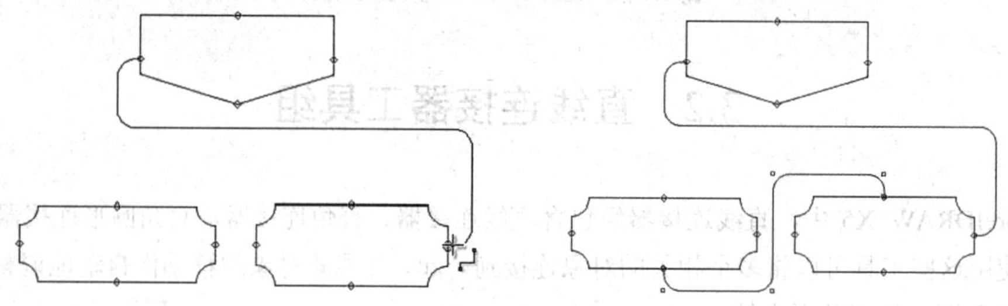

图 3.2.3 使用直角圆形连接器工具绘制效果

3.2.4 使用编辑锚点工具

使用编辑锚点工具可以修改图形对象连线的各个锚点。单击工具箱中的“编辑锚点工具”按钮，在需要添加锚点的位置双击鼠标左键，即可完成锚点的添加；如果要将锚点沿对象轮廓移动到任意位置，可以将轮廓上的锚点从一个位置拖动到另一位置；如果要删除锚点，可选中要删除的锚点，然后单击“编辑锚点工具”属性栏中的“删除锚点”按钮即可。

3.3 形状工具组

CorelDRAW X5 中提供了一系列用于对象变形编辑的工具，利用这些工具，用户可以灵活地编辑与修改对象，以满足设计需要。

3.3.1 使用形状工具

利用工具箱中的形状工具可以对绘制的线或图形按照设计需要进行任意形状的调整，也可以用来改变文字的间距、行距以及指定文字的位置、旋转角度和属性设置等。

1. 调整几何图形

使用形状工具调整几何图形的方法非常简单，具体操作为：在绘图区中选择要调整的几何图形，然后单击工具箱中的“形状工具”按钮或按“F10”快捷键，再将鼠标光标移动到任意控制节点上按下鼠标左键并拖曳，至合适位置后释放鼠标左键，即可对几何图形进行调整。

2. 调整曲线图形

所谓曲线图形是指利用手绘工具组中的工具绘制的线条或闭合图形。当需要将几何图形调整为具有曲线的任意图形时，必须将此图形转换为曲线。具体操作为：使用工具箱中的形状工具选中要调整的几何图形，然后选择菜单栏中的 排列(A) → 转换为曲线(V) 命令，或单击属性栏中的“转换为曲线”按钮，即可将其转换为曲线，此时的属性栏如图3.3.1所示。

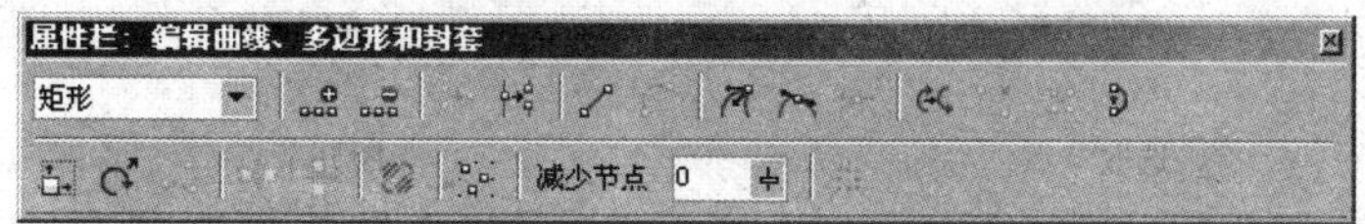

图3.3.1 编辑曲线属性栏

提示：按“Ctrl+Q”键，也可以将绘制的几何图形转换为曲线。

该属性栏中各选项介绍如下：

“添加节点”按钮：用于添加节点。在对象上需要添加节点的位置上单击鼠标左键，定义出节点的位置，然后单击按钮，可在选定位置上添加一个新的节点，如图3.3.2所示。

原对象

定义节点位置

添加节点

图3.3.2 添加节点效果

“删除节点”按钮：用于删除节点。选取对象上一个或多个节点，然后单击按钮，可将选取的节点删除。删除节点时，也可在对象上选取一个或多个节点后，按“Delete”键进行删除，或者通过双击节点进行删除。

“连接两个节点”按钮：用于开放曲线的连接。选取曲线的始点和终点，然后单击按钮，始点和终点即会合为一点，如图3.3.3所示。

选取曲线的始点和终点

封闭曲线

图3.3.3 开放曲线的连接

“断开曲线”按钮：用于断开闭合路径中的节点。选取闭合路径中需要断开的节点，然后单击按钮，闭合路径即会变为开放路径，被选取的节点变为两个节点，如图 3.3.4 所示。

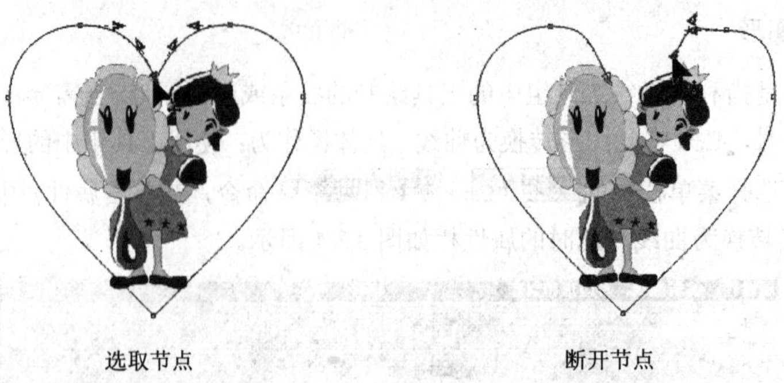

图 3.3.4　断开闭合路径中的节点

“转换为线条”按钮：用于将曲线转换为直线。选取曲线中的任意节点，然后单击按钮，曲线即会转换为直线，如图 3.3.5 所示。

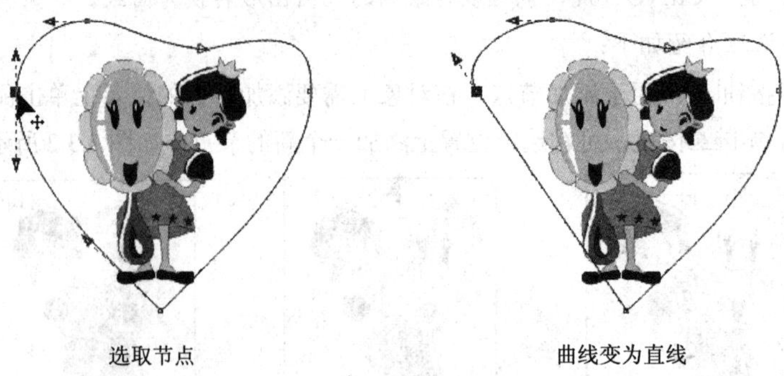

图 3.3.5　将曲线转换为直线

“转换为曲线”按钮：用于将直线转换为曲线。选取直线中的任意节点（除始点和终点外），然后单击按钮，直线即会转换为曲线。

“尖突节点”按钮：用于使节点变换成尖突节点。选取节点后单击按钮，调节节点两侧的控制点，由于该节点两侧的控制点在移动时互不关联，曲线经过该节点时会产生锐利的角度曲折，如图 3.3.6 所示。

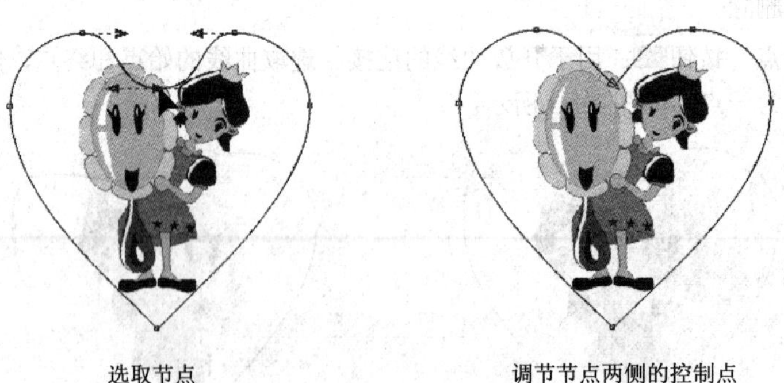

图 3.3.6　使节点变换成尖突节点

“平滑节点”按钮：用于使节点变换成平滑节点。在曲线上选取节点，然后单击按钮，当调节该节点一侧的控制点时，另一侧的控制点会同时向反方向移动，这种节点会以平滑的方式和相邻的线段连接。

“对称节点”按钮：用于使节点变换成对称节点。“对称节点”按钮只有在所选节点为曲线状态时可用。其使用方法同平滑节点按钮相同，不同的是当调节该节点一侧的控制点时，另一侧的控制点会同时向反方向做等量的移动，这种节点会在两端产生相同的曲线弧度。

“反转方向”按钮：用于转换开放直线或曲线中的始点和终点，如图 3.3.7 所示。

图 3.3.7　转换直线始点和终点

“延长曲线使之闭合”按钮：用于使开放直线或曲线转换为闭合直线或曲线。选取开放直线或曲线中的始点和终点，然后单击按钮，可在两节点之间添加一条直线，使开放的图形对象转换为闭合的图形对象，如图 3.3.8 所示。

图 3.3.8　使开放曲线转换为闭合曲线

“提取子路径”按钮：用于将一条开放曲线分离成两条独立的曲线。选取一条开放曲线中的节点（除始点和终点外），单击“断开曲线”按钮将之分离成两个节点，然后单击按钮，可将这条曲线分离成两条独立的曲线，如图 3.3.9 所示。

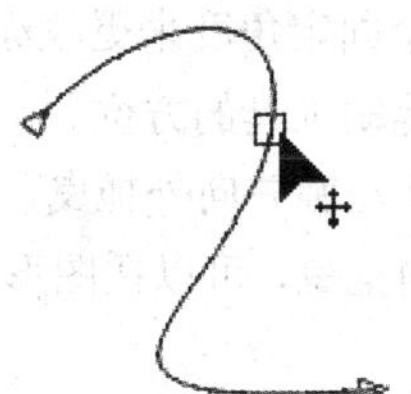
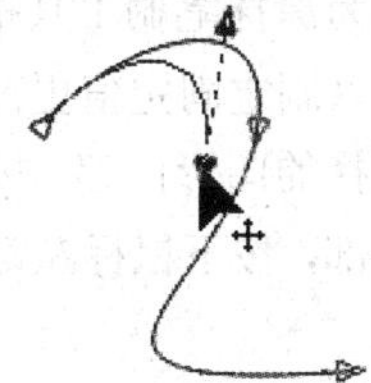
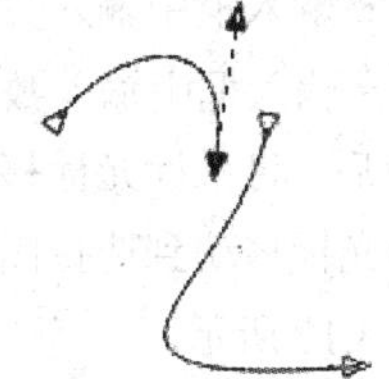

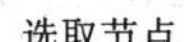
选取节点　　将之分离成两个节点　　将曲线分离成两条独立的曲线

图 3.3.9　将一条开放曲线分离成两条独立的曲线

“闭合曲线”按钮：用于将开放曲线转换为闭合曲线。选取一条开放曲线，然后单击按钮，在曲线的始点和终点间会自动生成一条直线使开放曲线转换为闭合曲线。

“延展与缩放节点”按钮：用于调整节点之间的连线。选中节点，然后单击按钮，此时所选节点周围会出现 8 个控制点，如图 3.3.10 所示，通过拖动控制点可以延伸或者缩短节点之间的连线。

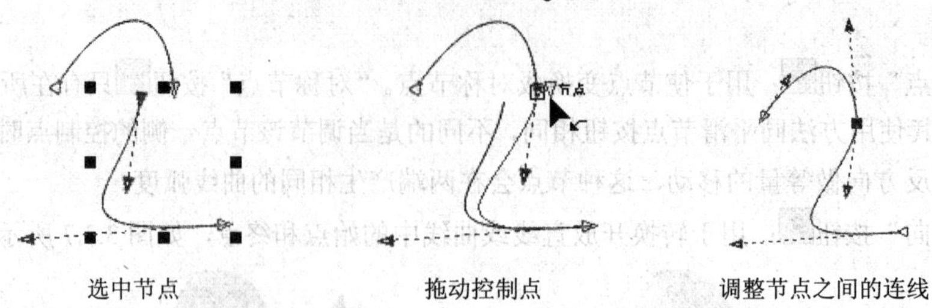

图 3.3.10 调整节点之间的连线

“旋转和倾斜节点连线”按钮：用于旋转和倾斜节点之间的连线。选中节点，然后单击按钮，此时所选节点周围会出现 8 个旋转（倾斜）控制点，使用鼠标拖动旋转（倾斜）控制点进行旋转（倾斜）即可旋转（倾斜）节点连线。

“对齐节点”按钮：用于在水平或垂直方向上对齐节点。选取两个或两个以上节点，单击按钮，这些节点即会按水平或垂直方向进行排列。

“弹性模式”按钮：用于移动多个节点时，调节不同节点的移动比例。当选取多个节点并按下鼠标拖动时，被选取的节点将移动相同的位移，而单击按钮后移动节点，其他被选取的节点将随着被拖动的节点做不同比例的移动。

“选择所有节点”按钮：用于选取所选对象上的所有节点。

减少节点 0：用于改变绘制好的曲线节点的平滑度。

3.3.2 使用涂抹笔刷工具

使用涂抹笔刷可以使绘制好的曲线更复杂化，可以随心所欲地修改曲线的形状，从而得到一些特别复杂的图形。单击工具箱中的“涂抹笔刷工具”按钮，其属性栏如图 3.3.11 所示。

图 3.3.11 “涂抹笔刷工具”属性栏

在 1.0 mm 输入框中输入数值，可以改变笔刷的大小。

在 0 输入框中输入数值，可以加宽或缩小涂抹效果。

在 45.0° 输入框中输入数值，可为涂抹笔刷工具指定一个固定角度来更改涂抹效果的形状。

在 0.0° 输入框中输入数值，可以制定固定值更改涂抹笔刷工具的方位。

设置好参数后，将鼠标光标移动到选择的图形内部，按下鼠标左键并向外拖曳，即可将图形向外涂抹；如将鼠标光标移动到选择图形的外部，按下鼠标左键并向内拖曳，可以在图形中将拖曳过的区域擦除，如图 3.3.12 所示。

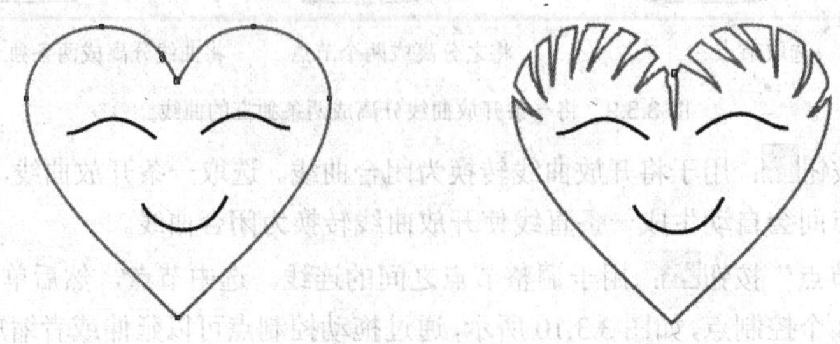

图 3.3.12 使用涂抹笔刷工具修改曲线

3.3.3 使用粗糙笔刷工具

使用粗糙笔刷可以使平滑的曲线变成粗糙曲线，也就是光标经过的地方成为折线。单击工具箱中的“粗糙笔刷工具”按钮，其属性栏如图 3.3.13 所示。

图 3.3.13 “粗糙笔刷工具”属性栏

在 1.0 mm 输入框中输入数值，可以改变笔刷的大小。

在 1 输入框中输入数值，可设置粗糙区域的尖突频率。

在 0 输入框中输入数值，可设置粗糙区域的尖突数量。

在 45.0° 输入框中输入数值，可指定一个固定角度来更改粗化效果的形状。

设置好参数后，将鼠标光标移动到选择的图形边缘，按下鼠标左键并沿图形边缘拖曳，即可使图形的边缘产生凹凸不平类似锯齿的效果，如图 3.3.14 所示。

图 3.3.14 使用粗糙笔刷工具修改曲线

3.3.4 使用自由变换工具

使用自由变换工具可以对图形对象进行自由旋转、自由角度镜像、自由缩放与自由扭曲等操作。单击工具箱中的“自由变换工具”按钮，其属性栏如图 3.3.15 所示。

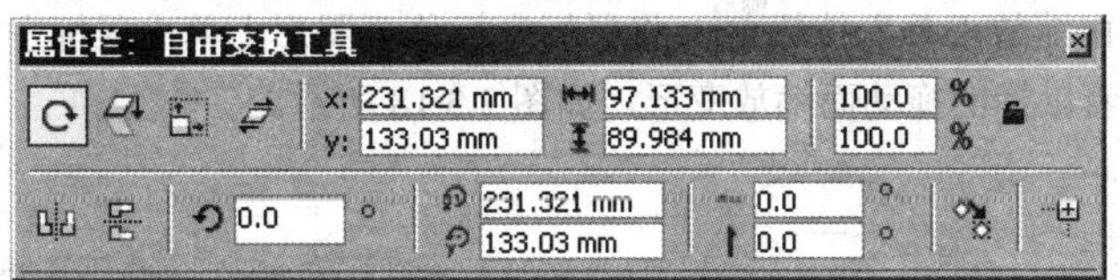

图 3.3.15 “自由变换工具“属性栏

1. 自由旋转图形

自由旋转图形是通过确定轴的位置，然后拖动旋转柄旋转对象。在自由变换工具属性栏中单击“自由旋转工具”按钮，将鼠标光标移至图形对象上单击并按住鼠标左键拖动，则所选的对象将以单击处为中心点，随着鼠标移动的方向进行旋转，如图 3.3.16 所示。

提示：在鼠标旋转的过程中，所选的图形上会出现一个蓝色线条的副本，表示移动后的图像位置。当图形旋转到适当位置时，释放鼠标，副本线框就会消失，选中的对象被旋转到所设定的位置。

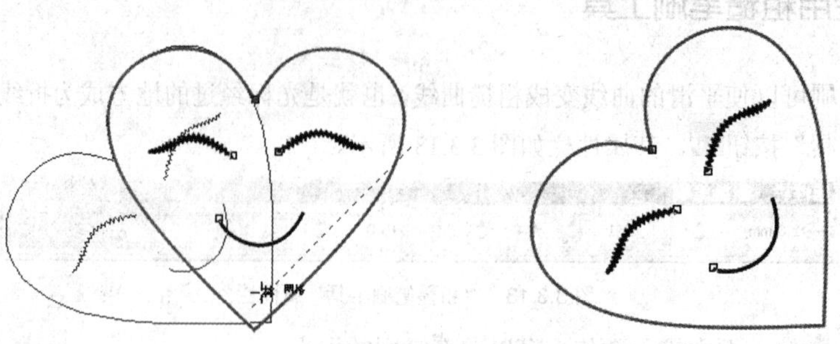

图 3.3.16　自由旋转图形

2．自由角度反射图形

自由角度反射图形是通过确定反射轴的位置，然后拖动轴做四周运动来反射对象。在自由变换工具属性栏中单击“自由角度反射工具”按钮，将鼠标光标移至图形上，此时鼠标光标显示为十形状，按住鼠标左键拖动，此时会在鼠标拖动方向上产生一条对称轴，释放鼠标，图形会被旋转一个角度，如图 3.3.17 所示。

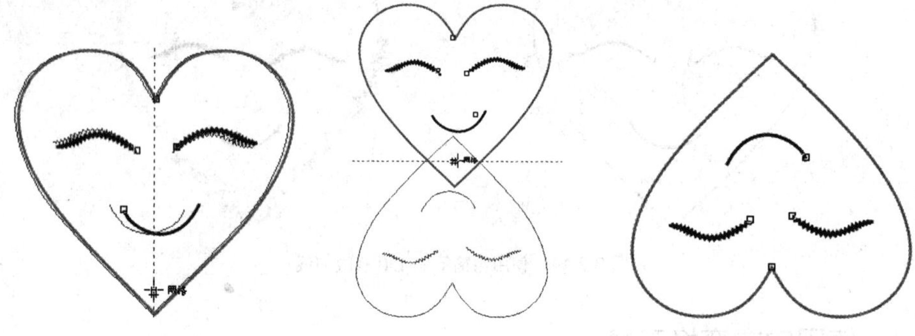

图 3.3.17　自由角度反射图形

3．自由缩放图形

自由缩放图形是通过确定缩放中心点的位置，然后拖动中心点来更改对象的尺度。在自由变换工具属性栏中单击“自由缩放工具”按钮，将鼠标光标移至图形上单击鼠标左键并按住鼠标拖动，即可使所选的对象随着鼠标的拖动而缩放变形，如图 3.3.18 所示。

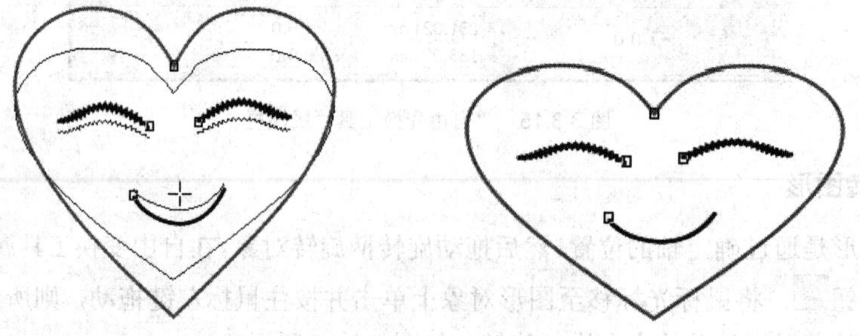

图 3.3.18　自由缩放图形

4．自由倾斜图形

自由倾斜图形是通过确定倾斜轴位置，然后拖动倾斜轴来倾斜对象。在自由变换工具属性栏中单击“自由倾斜工具”按钮，在图形对象上单击并按住鼠标左键拖动，即可使图形对象随着鼠标移动的方向进行扭曲，如图 3.3.19 所示。

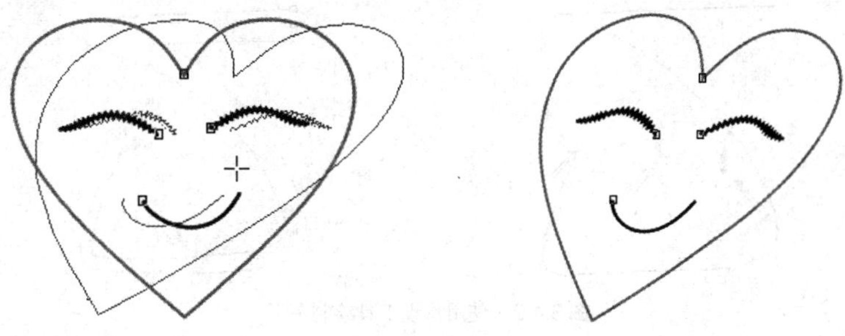

图 3.3.19　自由倾斜图形

3.4　艺术笔工具

在 CorelDRAW X5 中，要绘制漂亮的艺术线条，并使其类似钢笔、毛笔笔触所绘制的线条，可以使用工具箱中的艺术笔工具。艺术笔工具绘制线条的方法与手绘工具相似，不同的是艺术笔工具绘制的是一条封闭路径，因此可以对其进行颜色填充。

3.4.1　设置艺术笔工具属性

使用艺术笔工具可以绘制出多种图案和笔触效果，在其属性栏中提供了“预设”“笔刷”“喷涂”“书法”“压力”5 种样式，通过属性栏的设置，可以绘制出特殊的图形。单击工具箱中的“艺术笔工具”按钮，其属性栏如图 3.4.1 所示。

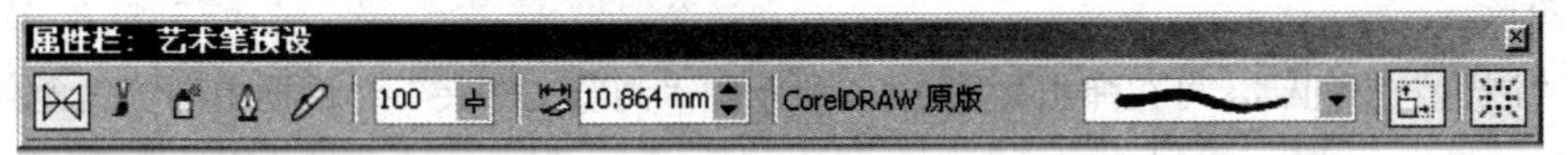

图 3.4.1　“艺术笔工具”属性栏

单击“预设”按钮，可以使用预设矢量形状来绘制曲线。

单击“笔刷”按钮，可以绘制与着色的笔刷笔触相似的曲线。

单击“喷涂”按钮，可以通过喷射一组预设图形进行绘制。

单击“书法”按钮，可以绘制与书法笔笔触相似的曲线。

单击“压力”按钮，可以模拟使用压感笔画的绘图效果。

在手绘平滑 100 输入框中输入数值，可以设置所绘制图形的平滑度。

在笔触宽度 10.0 mm 输入框中输入数值，或调节右侧的三角按钮，可以改变绘制图形的宽度。

单击预设笔触下拉列表，可从弹出的下拉列表中选择任意一种预设的笔刷样式。

单击“随对象一起缩放笔触”按钮，可将变换应用到艺术笔触宽度。

单击“边框”按钮，在使用曲线工具时可显示或隐藏边框。

3.4.2　绘制预设艺术笔样式图形

单击工具箱中的“艺术笔工具”按钮，在其属性栏中单击“预设工具”按钮，将鼠标移至绘图区中，按住鼠标左键并拖动，绘制好图形后释放鼠标，即可绘制出所需的艺术笔触图形，效果如图 3.4.2 所示。

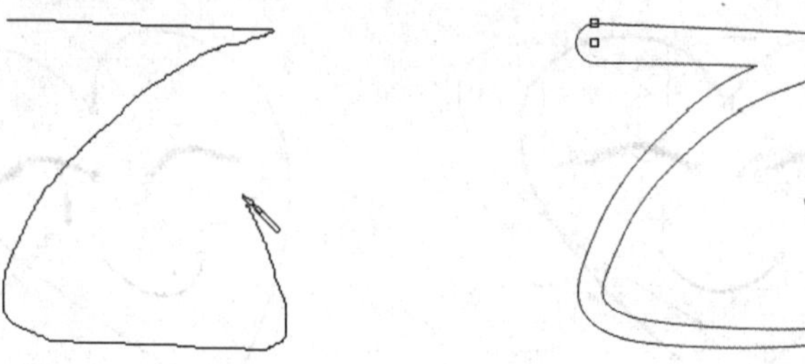

图 3.4.2 使用预设工具绘制图形

从图 3.4.2 中可以看到，所绘的曲线是一条封闭式的曲线，可以为其填充任何颜色，也可通过调整属性栏中的各项参数来改变所绘艺术笔触图形的宽度、样式以及平滑度。

3.4.3 绘制笔刷艺术笔样式图形

在艺术笔工具属性栏中单击“笔刷工具”按钮，其属性栏显示如图 3.4.3 所示。

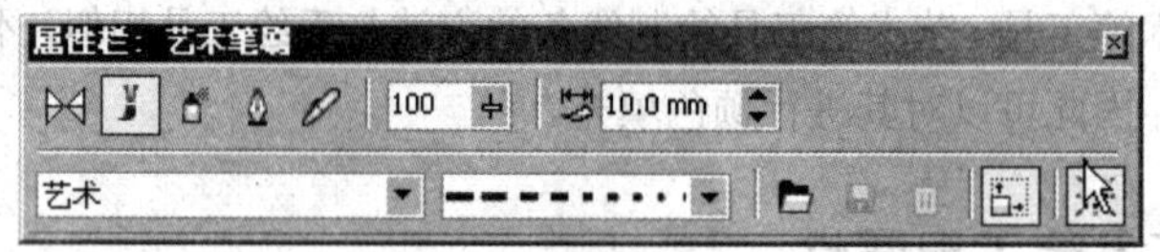

图 3.4.3 笔刷工具属性栏

单击“类别”下拉列表艺术，可从弹出的如图 3.4.4 所示的下拉列表中选择一种笔触类型。

单击“笔刷笔触”下拉列表，可从弹出的如图 3.4.5 所示的下拉列表中选择一种笔刷笔触图形。

单击“浏览”按钮，可在弹出如图 3.4.6 所示的“浏览文件夹”对话框中浏览包含自定义笔触的文件夹。

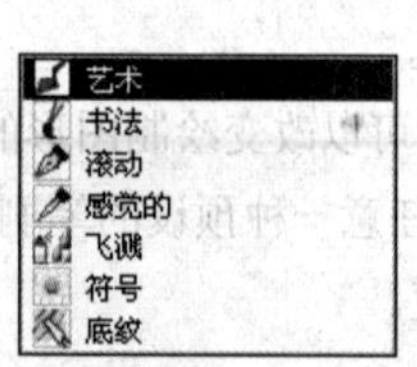

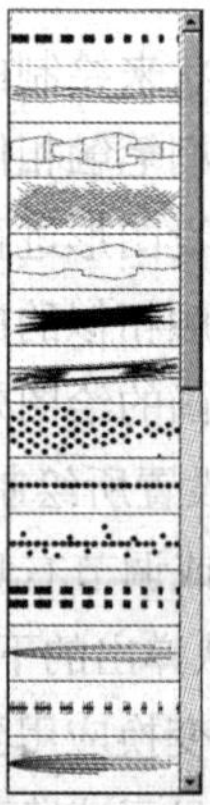

图 3.4.4 笔刷“类别”下拉列表

图 3.4.5 “笔刷笔触”下拉列表

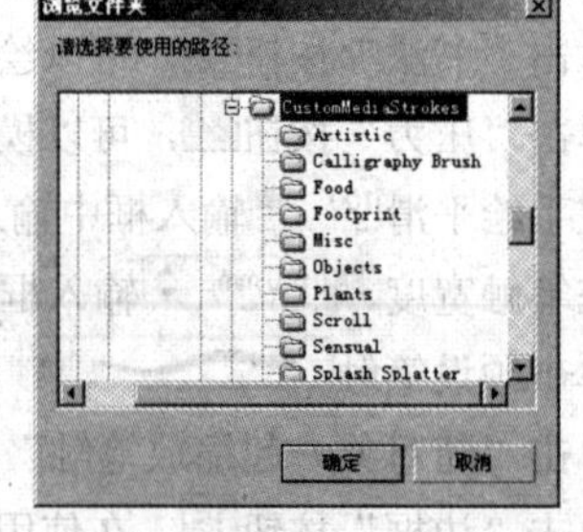

图 3.4.6 “浏览文件夹”对话框

如果使用其他基本绘图工具，首先在页面中绘制出一条路径，然后单击“笔刷笔触”按钮，在“笔刷笔触”下拉列表中选择一种预设的笔触图形，可使所选笔触图形自动适配所绘制的路径，如图 3.4.7 所示。

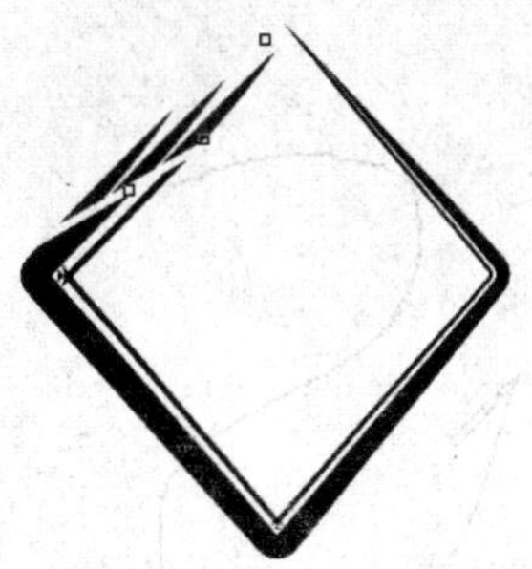

图 3.4.7　使用笔刷工具绘制图形

3.4.4　绘制喷涂艺术笔样式图形

单击艺术笔工具属性栏中的“喷涂工具”按钮，其属性栏显示如图 3.4.8 所示。

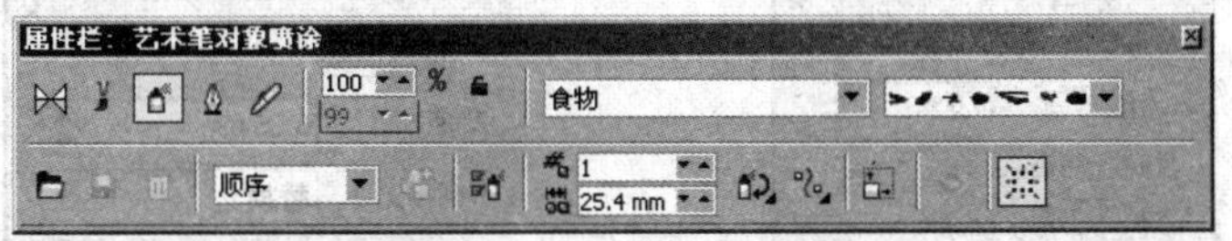

图 3.4.8　喷涂工具属性栏

单击“类别”下拉列表食物，可从弹出的如图 3.4.9 所示的下拉列表中选择一种笔触类型。

单击“喷射图样”下拉列表，可从弹出的如图 3.4.10 所示的下拉列表中选择一种喷射图样。

单击“喷涂顺序”下拉列表顺序，可从弹出的下拉列表中选择喷射对象沿笔触显示的顺序。

单击“喷涂列表选项”按钮，可弹出如图 3.4.11 所示的“创建播放列表”对话框，在此对话框中的喷涂列表中显示着所选笔触类型的组成元素，在播放列表中显示着所使用的笔触组成元素，可以根据需要对笔触类型的组成元素进行删除或添加。

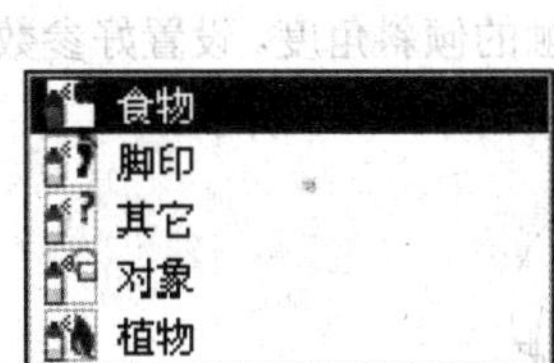

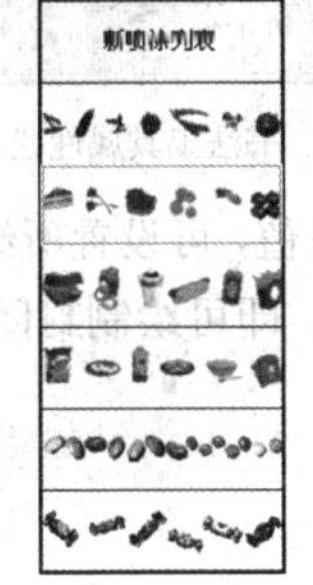

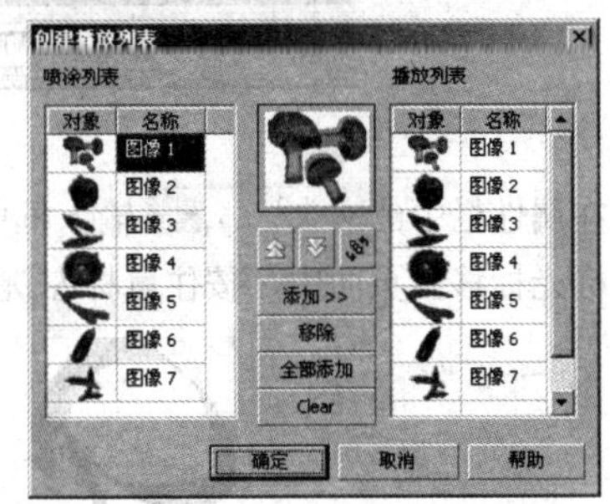

图 3.4.9　“类别”下拉列表　　图 3.4.10　“喷射图样”下拉列表　　图 3.4.11　“创建播放列表”对话框

改变属性栏中的输入框中的数值，可对所绘制的笔触图形进行稀疏程度的调整。

设置好参数后，将鼠标指针移至绘图区中的适当位置，按住鼠标左键并拖动，可绘制出一条曲线；释放鼠标，即可看到使用喷涂工具绘制出的图形，如图 3.4.12 所示。

如果要对所绘制的笔触图形进行旋转，可单击属性栏中的“旋转”按钮，将会打开如图 3.4.13 所示的面板。在旋转角度:输入框中输入数值，可设置笔触图形的倾斜角度；选中增量:复选框，可在右侧的输入框中设置图形所要增加的旋转角度；选中相对于路径单选按钮，可使所选图形相对于自己绘制的路径进行旋转；选中相对于页面单选按钮，可使所选图形相对于页面设置的角度进行旋转。

图 3.4.12 使用喷涂工具绘制图形

如果要对所绘制的笔触图形进行偏移，可单击属性栏中的“偏移”按钮，弹出偏移面板，如图 3.4.14 所示。

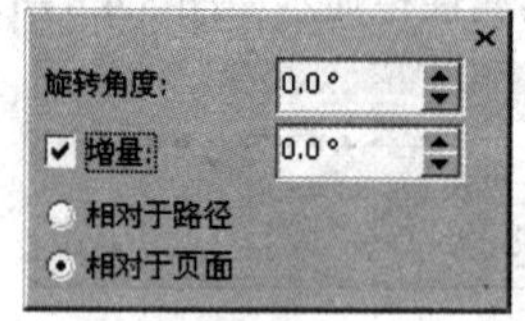

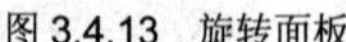
图 3.4.13 旋转面板

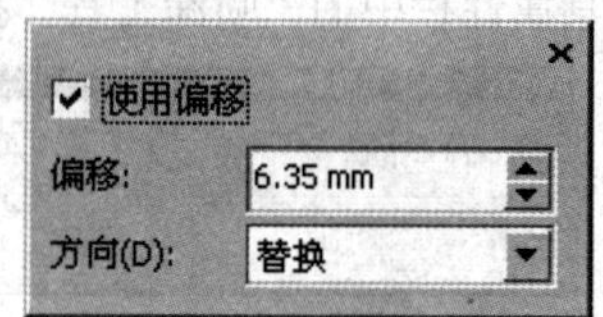

图 3.4.14 偏移面板

在偏移:输入框中输入数值，可设置所绘图形的偏移量；在方向(D):下方单击替换下拉列表框，可从弹出的下拉列表中选择图形的偏移方向。

3.4.5 绘制书法艺术笔样式图形

使用艺术笔工具属性栏中的书法工具，可以绘制类似书法笔划过的图形效果。单击艺术笔工具属性栏中的“书法工具”按钮，其属性栏显示如图 3.4.15 所示。

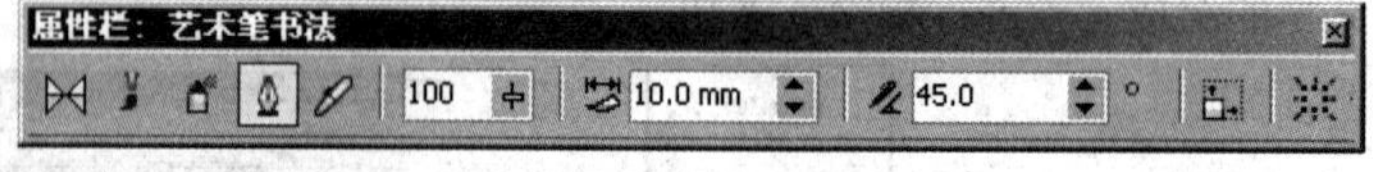

图 3.4.15 书法工具属性栏

在属性栏中的45.0 °输入框中输入数值，可设置所绘图形笔触的倾斜角度。设置好参数后，将鼠标光标移至页面中，按住鼠标左键并拖动，即可绘制封闭的图形，如图 3.4.16 所示。

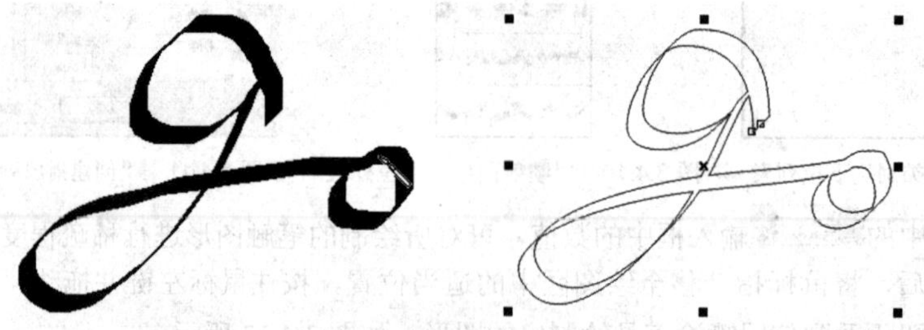

图 3.4.16 使用书法工具绘制图形

3.4.6 绘制压力笔艺术笔样式图形

在艺术笔工具属性栏中单击“压力工具”按钮，将鼠标移至页面中，按住鼠标左键并拖动，可绘制出如图 3.4.17 所示的图形。

图 3.4.17　使用压力笔工具绘制图形

在属性栏中更改笔触的宽度与平滑度，可以绘制出各种各样的压力笔艺术图形。

3.5　应用实例——绘制马蹄莲

本节主要利用所学的知识绘制马蹄莲，最终效果如图 3.5.1 所示。

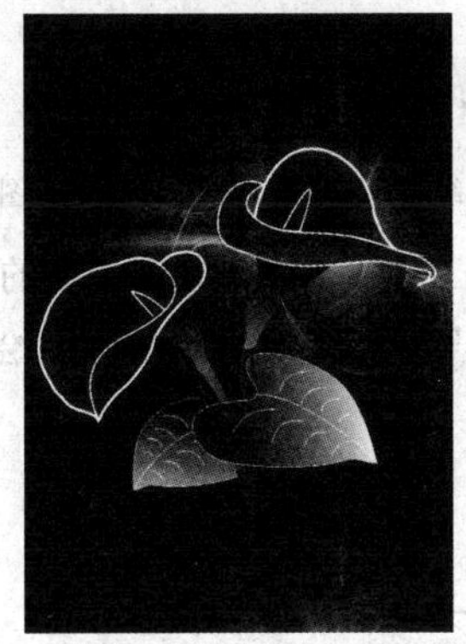

图 3.5.1　最终效果图

操作步骤

（1）单击工具箱中的“贝塞尔工具”按钮，在绘图区中绘制一个如图 3.5.2 所示的轮廓。

（2）单击工具箱中的“形状工具”按钮，调整各节点的位置以改变曲线的形状，效果如图 3.5.3 所示。

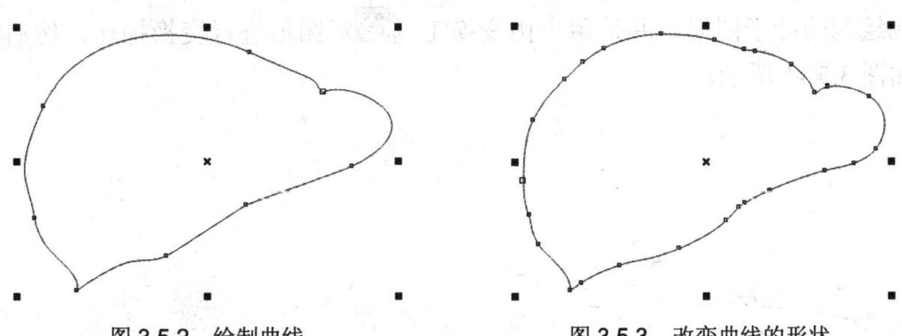

图 3.5.2　绘制曲线　　图 3.5.3　改变曲线的形状

（3）单击工具箱中的“钢笔工具”按钮，在绘图区中绘制一条直线，效果如图 3.5.4 所示。

（4）单击“添加节点”按钮，在直线上添加一个节点，然后将线段转换为曲线，再使用形状工具调整曲线的形状，效果如图 3.5.5 所示。

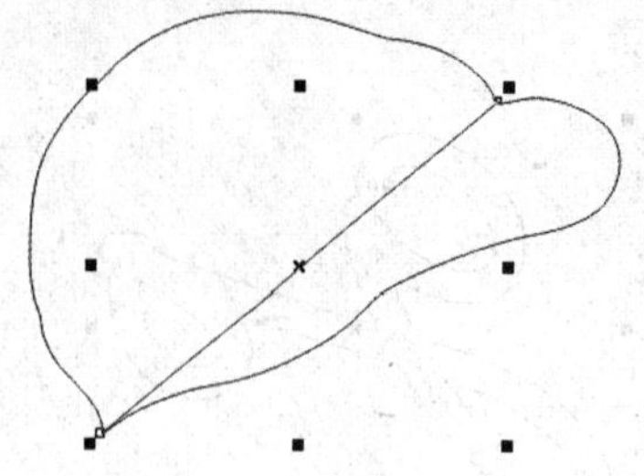
图 3.5.4 绘制直线

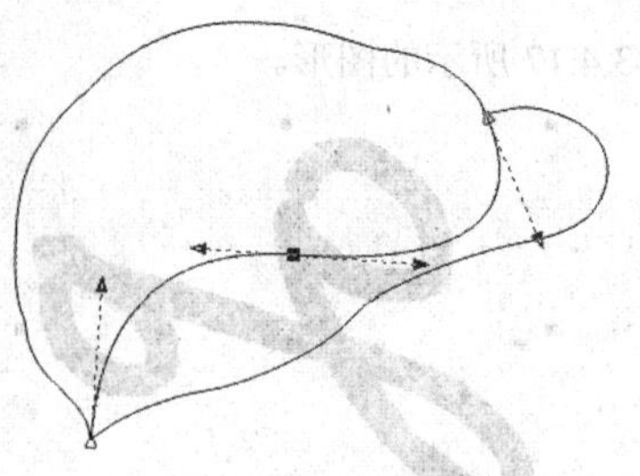
图 3.5.5 转换并调整曲线

（5）单击工具箱中的“手绘工具”按钮，在绘图区中绘制一个如图 3.5.6 所示的图形。

（6）重复步骤（1）和（2）的操作，使用贝塞尔工具在绘图区中绘制一个不同形状的马蹄莲图形，并使用形状工具调整各节点的位置，效果如图 3.5.7 所示。

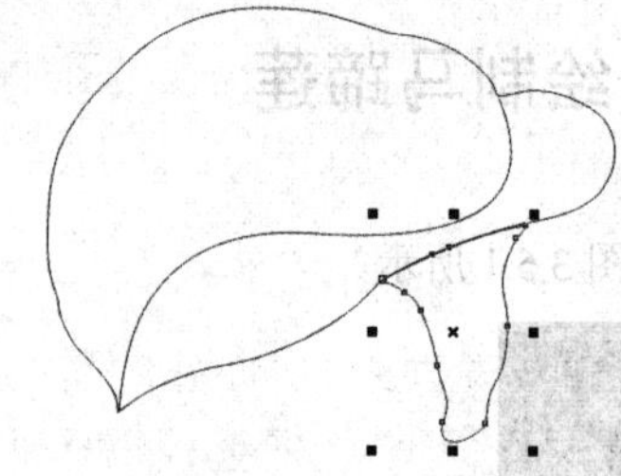
图 3.5.6 绘制并调整曲线

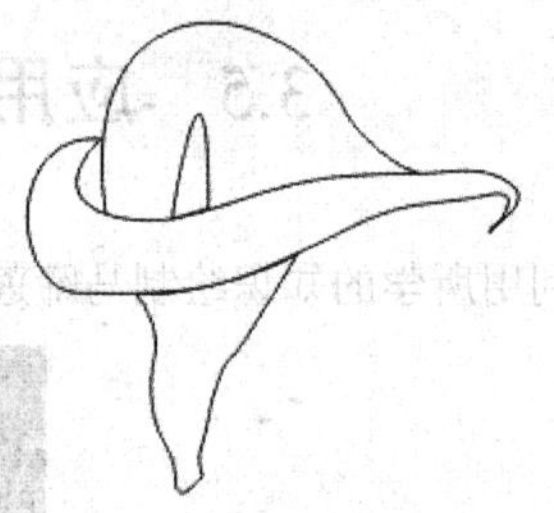
图 3.5.7 绘制马蹄莲图形

（7）单击工具箱中的“自由变换工具”按钮，对绘制的图形进行旋转，效果如图 3.5.8 所示。

（8）单击工具箱中的“钢笔工具”按钮，在绘图区中绘制花茎形状，效果如图 3.5.9 所示。

图 3.5.8 绘制并调整曲线

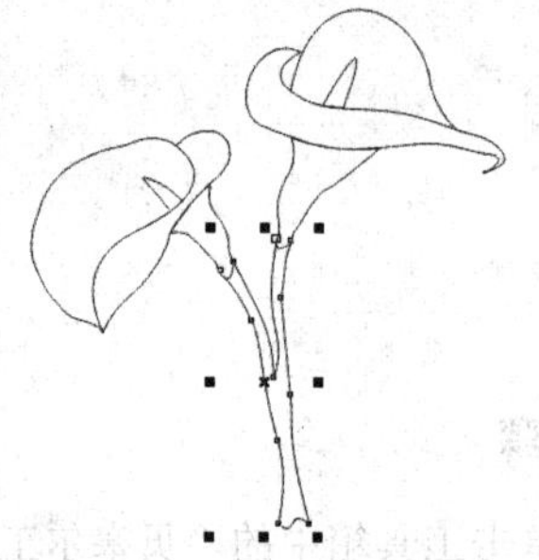
图 3.5.9 绘制马蹄莲花茎形状

（9）单击工具箱中的“贝塞尔工具”按钮，在绘图区中绘制一个叶子图形，如图 3.5.10 所示。

（10）复制绘制的叶子图形，并使用自由变换工具对图形进行变换操作，然后将其移至适当的位置，效果如图 3.5.11 所示。

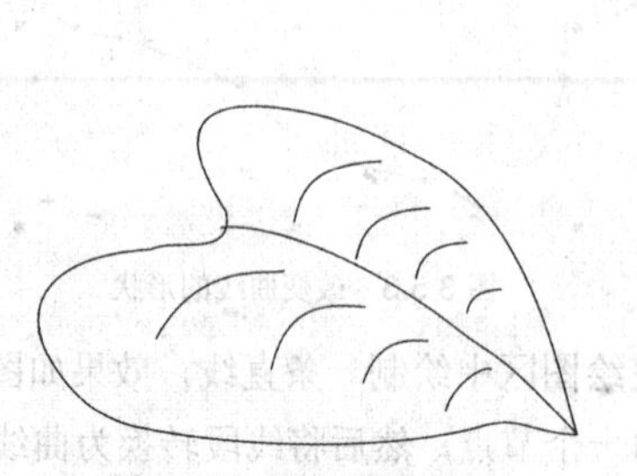
图 3.5.10 绘制叶子图形

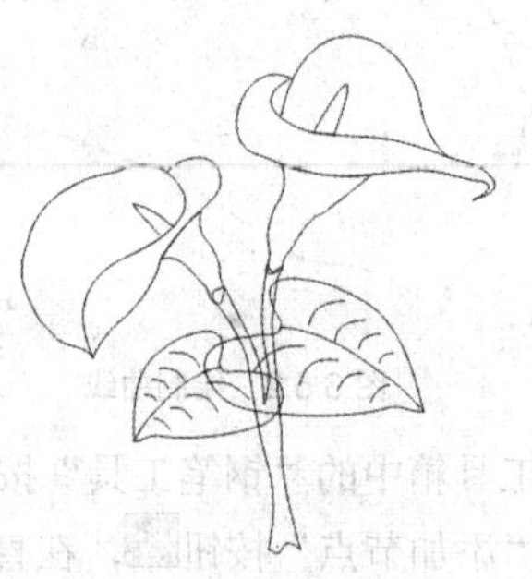
图 3.5.11 复制并变换叶子图形

（11）选中绘图区中左侧的马蹄莲图形，按“F11”键弹出“渐变填充”对话框，设置其对话框参数如图 3.5.12 所示，其中设置从(F):的色标值为“#4F6BCF”、到(O):的色标值为“#030DA2”。

（12）设置好参数后，单击确定按钮，应用渐变填充后的效果如图 3.5.13 所示。

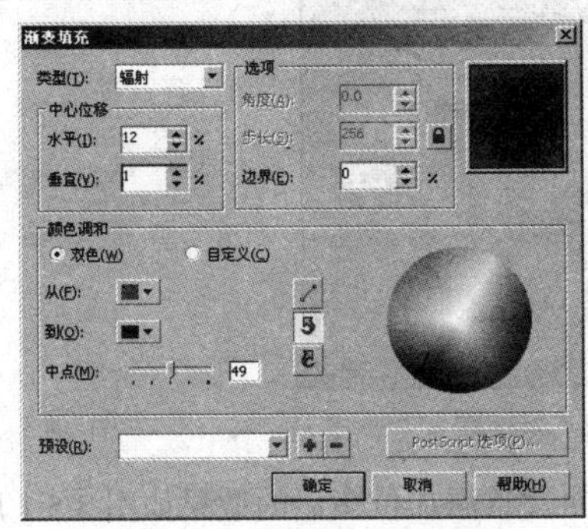

图 3.5.12　“渐变填充”对话框

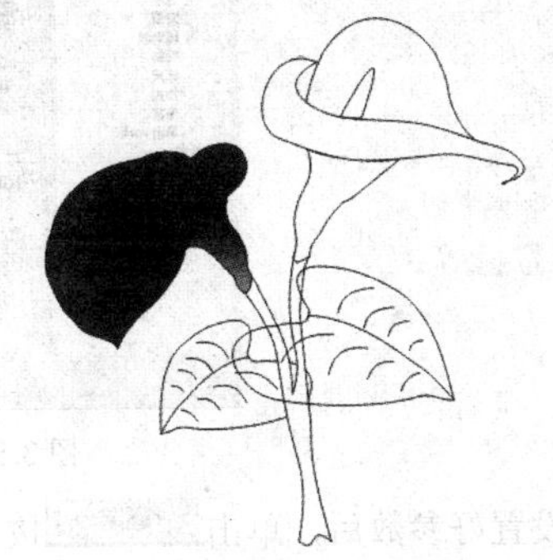
图 3.5.13　填充左侧马蹄莲效果

（13）选中绘图区中右侧的马蹄莲图形，重复步骤（11）和（12）的操作，对其进行辐射渐变填充，效果如图 3.5.14 所示。

（14）选中绘图区中的树杆部分，然后重复步骤（11）和（12）的操作，对其进行线性渐变填充，效果如图 3.5.15 所示。

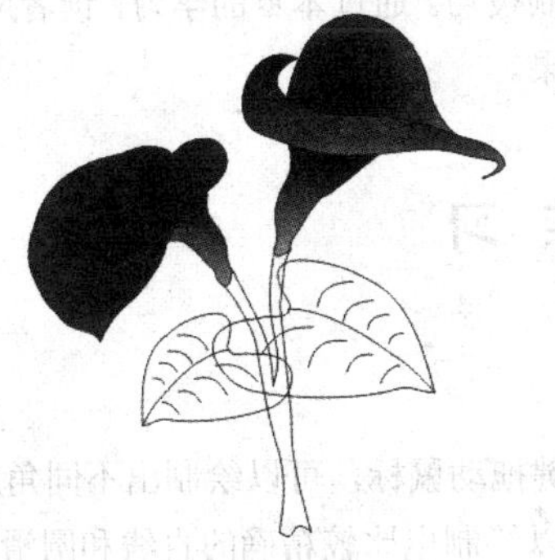
图 3.5.14　应用辐射渐变填充效果

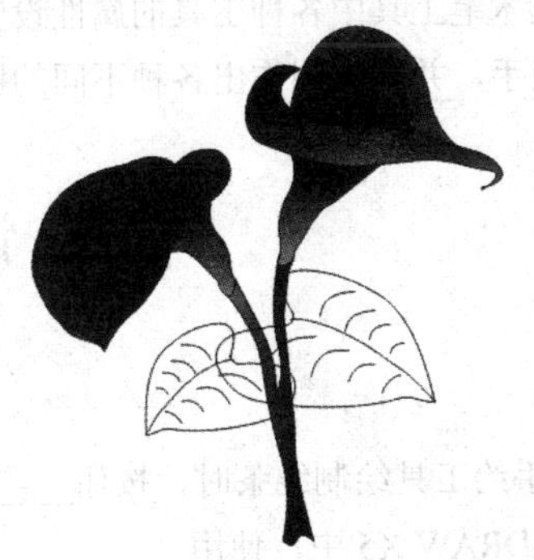
图 3.5.15　应用线性渐变填充效果

（15）选中绘图区中的叶子图形，在渐变填充对话框中设置填充类型为“线性渐变”，从(F):的色标值为“#4F6BCF”，到(O):的色标值为“#FEFEFE”，填充后的效果如图 3.5.16 所示。

（16）分别选中绘图区中的图形，按“F12”键，从弹出的“轮廓笔”对话框中修改图形的轮廓和颜色，效果如图 3.5.17 所示。

图 3.5.16　填充叶子效果

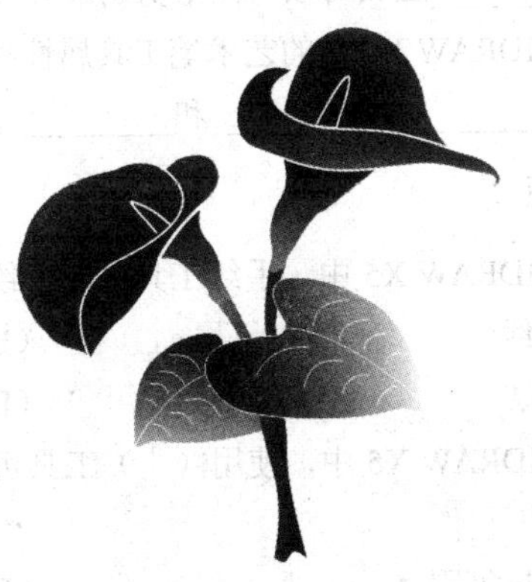
图 3.5.17　设置轮廓属性

（17）按“Ctrl+J”键，弹出“选项”对话框，设置页面背景属性如图 3.5.18 所示。

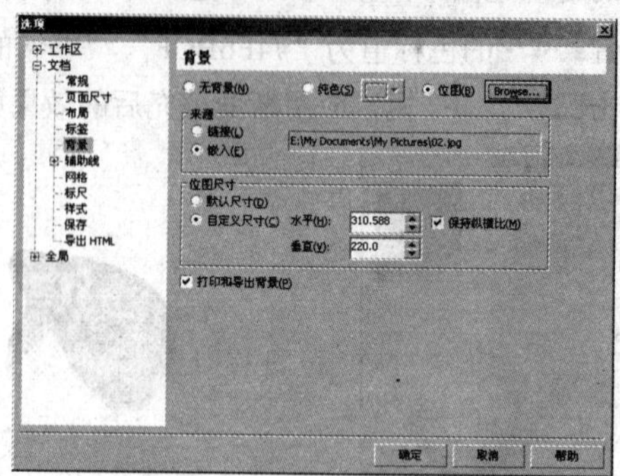

图 3.5.18 “选项”对话框

（18）设置好参数后，单击 确定 按钮，为页面背景添加位图后的效果如图 3.5.1 所示。

本 章 小 结

本章主要介绍了线条与不规则图形的绘制方法与技巧，包括手绘工具组、直线连接器工具组、形状工具组以及艺术笔工具中各种工具的属性设置与绘制技巧。通过本章的学习，读者应在今后的绘图中会更加得心应手，并能够创作出各种不同的图形效果。

实 训 练 习

一、填空题

1. 在使用手绘工具绘制线条时，按住_________键拖动鼠标，可以绘制出不同角度的直线。

2. 在 CorelDRAW X5 中，使用_________工具可以绘制出比较精确的直线和圆滑的曲线。

3. 在 CorelDRAW X5 中，使用_________工具可以绘制线条，它类似于现实生活中的铅笔，其自由调节度比较高，但是绘制效果不是很精确。

4. 在 CorelDRAW X5 中，使用新增的_________工具可以创建平滑的曲线，并且绘制的曲线比使用手绘工具绘制曲线所用的节点更少。

5. 使用_________工具可以将图形剪切成开放的曲线，也可将一个图形对象分割成两个图形对象。

6. 在 CorelDRAW X5 中的艺术笔工具属性栏中提供了 5 种艺术笔绘图样式，分别为_________、_________、_________、_________和_________。

二、选择题

1. 在 CorelDRAW X5 中，手绘工具可随意绘制出（ ）图形。

（A）直线　　（B）压力

（C）书法　　（D）三喷罐

2. 在 CorelDRAW X5 中，使用（ ）工具可以对绘制的线或图形按照设计需要进行任意形状的调整。

（A）涂抹笔刷　　（B）平移

（C）形状　　（D）粗糙笔刷

3．删除节点时，选中要删除的节点，然后按键盘上的（　）键可完成节点的删除。

（A）Ctrl　　（B）Alt

（C）Shift　　（D）Delete

4．（　）是指将一个节点分割成两个节点，使一条完整的线条成为两条断开的线条，但分割后仍然是一个整体。

（A）删除　　（B）分割

（C）连接　　（D）断开

三、简答题

1．简述手绘工具与贝塞尔工具的区别。

2．简述如何在曲线上添加、删除节点。

3．如何使用自由变换工具对绘制的图形进行各种变化操作？

四、上机操作题

1．练习使用 CorelDRAW X5 中提供的各种绘图工具在绘图区中绘制直线和曲线，并使用形状工具调整曲线的曲度。

2．使用本章所学的知识，绘制一个简单的流程图。

第 4 章 编 辑 对 象

在 CorelDRAW X5 中，对象包括图形、图像以及文本等，用户可以根据需要对它们进行选择、复制、再制以及删除等基本操作，也可以对其进行排列、变形、切割、擦除以及群组等特殊操作，使绘制的对象更加完美。

知识要点

- 选择对象
- 复制和删除对象
- 对齐与分布对象
- 排列与变形对象
- 切割与擦除对象
- 合并与拆分对象
- 锁定与转换对象

4.1 选 择 对 象

在 CorelDRAW X5 中，如果要对一个对象进行编辑，则必须先选择该对象。选择对象的方法有多种，一般可以使用鼠标单击或框选对象。用户可根据不同的需要选择使用。

4.1.1 使用选择工具选择对象

选择工具是最常用的工具，通常用于选择绘图区中需要编辑的对象。其具体的操作方法如下：

（1）单击工具箱中的“选择工具”按钮，将鼠标指针移至绘图区中要选择的对象上单击，该对象周围即出现黑色的控制点，表示该对象被选中，如图 4.1.1 所示。

图 4.1.1 使用选择工具选择对象

（2）如果按住“Shift”键的同时使用选择工具依次单击各对象，可以同时选择多个对象。

（3）如果要从重叠的对象中选择某一对象，只须按住“Alt”键的同时使用选择工具逐次单击最上层的对象，即可依次选择下面各层的对象；也可在选择一个对象后，按“Tab”键逐次选择当前对象下一层的对象，而按“Shift”键可选择当前对象上一层的对象。

（4）如果要选择一个群组中的某个对象，只须按住“Ctrl”键的同时使用选择工具单击所要选择的对象即可，此时对象周围的控制点将变为黑色小圆点，如图4.1.2所示。

图4.1.2 选择群组中的某个对象

提示：在使用选择工具选择对象时，也可以在将要选择的对象左上角单击鼠标左键，并向右下方拖出一个虚线方框，以完全包含该对象，松开鼠标，即可选中该对象。

4.1.2 使用全选命令选择所有对象

在CorelDRAW X5中，除了图形对象和图像对象外，还有文本对象、辅助线对象以及节点对象。要选择这些对象可通过选择菜单栏中的编辑(E)→全选(A)命令，在弹出的子菜单中选择相应的命令来选择对象。

1. 选择所有对象

如果要选择整个绘图区中的所有对象（包括矢量图、位图与文本），可选择菜单栏中的编辑(E)→全选(A)→对象(O)命令，即可选中绘图区中的所有对象，如图4.1.3所示。

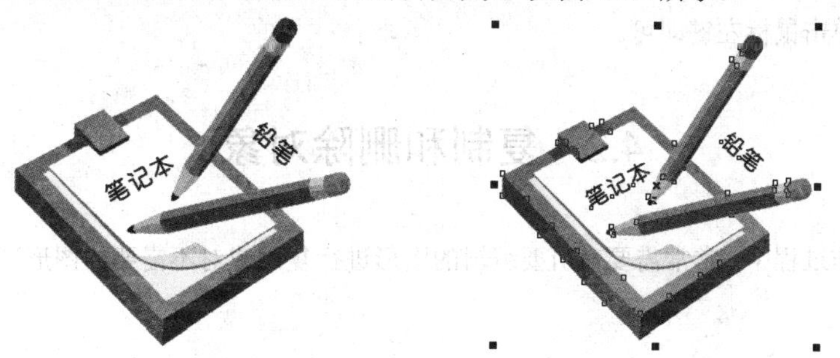

图4.1.3 选择所有对象

2. 选择文本

文档中包括图形对象和文字对象时，如果只须要选择文档中的所有文本，可选择菜单栏中的编辑(E)→全选(A)→文本(T)命令，即可选择绘图区中的所有文本对象，如图4.1.4所示。

3. 选择辅助线

辅助线在没有选中的情况下为黑色，选择菜单栏中的编辑(E)→全选(A)→辅助线(G)命令，所有的辅助线都将显示为红色，表示处于选中状态。

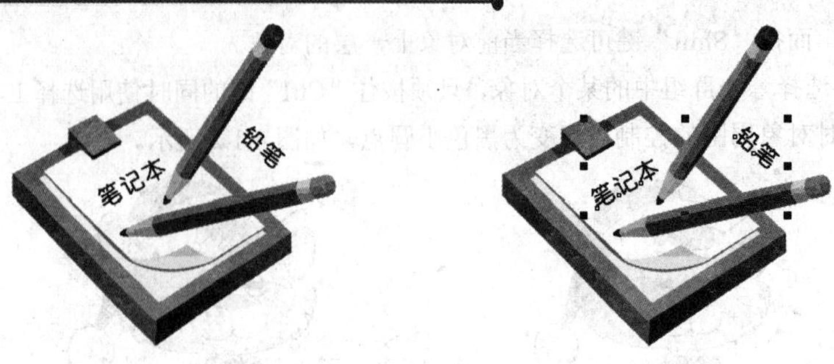

图 4.1.4　选择文本对象

4. 选择节点

对于矢量图来说，一般都包含许多节点，当选中该图形后，选择菜单栏中的 编辑(E) → 全选(A) → 节点(N) 命令，可使图形中的所有节点都显示出来，如图 4.1.5 所示。

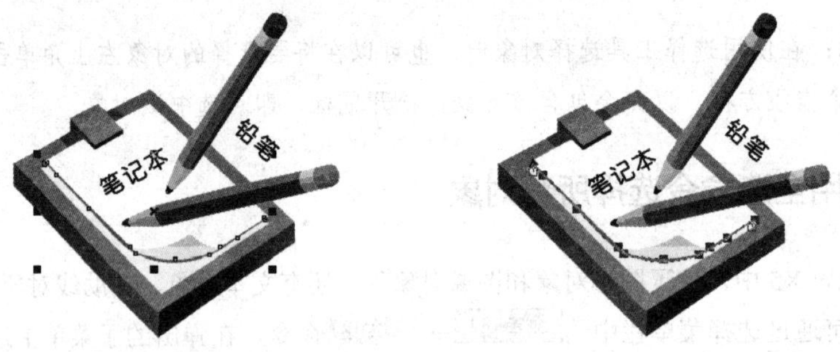

图 4.1.5　选择节点

4.1.3 取消对象的选择

在 CorelDRAW X5 中，选择了对象后，如果要取消对象的选取状态，只须将鼠标光标移至绘图区中的空白区域单击鼠标左键即可。

4.2 复制和删除对象

在图形的创作过程中，常常需要对所要编辑的图形进行复制或对不需要的图形进行删除，下面对其进行具体介绍。

4.2.1 复制对象

复制、剪切与粘贴命令配套使用，使用复制命令可保持在原对象不变的情况下，再创建一个副本，而剪切则是将原对象删除后，再创建一个副本。

复制、剪切和粘贴对象的方法如下：

（1）选中所要进行操作的对象。

（2）选择菜单栏中的 编辑(E) → 复制(C) 命令或选择菜单栏中的 编辑(E) → 剪切(T) 命令，将对象复制或剪切到剪贴板中。

（3）选择菜单栏中的 编辑(E) → 粘贴(P) 命令即可。

技巧：选中所要复制的对象，按“+”键，则可以实现对所选对象的复制并粘贴操作。

4.2.2 再制对象

再制对象与复制对象都可将对象进行复制，但又有本质上的不同，再制对象可以不通过剪贴板直接进行复制。

再制对象的方法如下：

（1）单击工具箱中的“选择工具”按钮，选中所要进行再制的对象。

（2）选择菜单栏中的 编辑(E) → 再制(D) 命令即可，如图 4.2.1 所示。

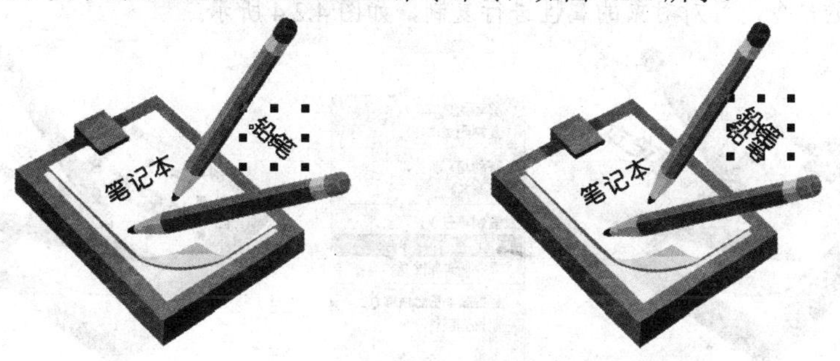

图 4.2.1 再制对象效果

注意：再制的对象与原对象在水平和垂直方向上有一定位置上的偏移，而复制粘贴后的对象与原对象之间完全重合。

4.2.3 复制对象属性

复制对象属性是将对象的属性复制到其他对象中，其方法如下：

（1）选中需要获取属性的对象。

（2）选择菜单栏中的 编辑(E) → 复制属性自(M)... 命令，弹出“复制属性”对话框，如图 4.2.2 所示。

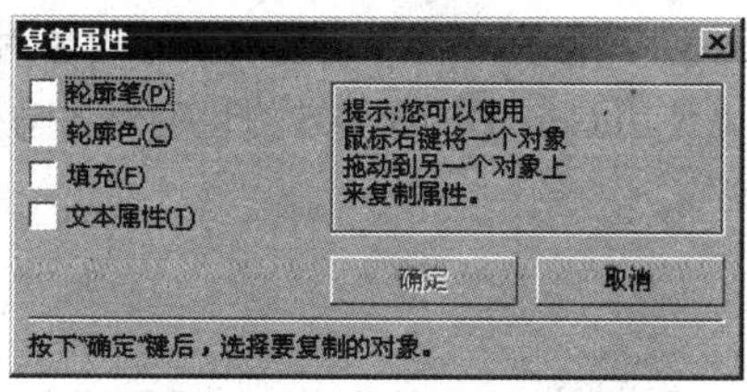

图 4.2.2 “复制属性”对话框

（3）在“复制属性”对话框中可通过选中 轮廓笔(P)、轮廓色(C)、填充(F) 或 文本属性(T) 复选框来设置所需要复制对象的属性。

（4）单击 确定 按钮，当鼠标光标呈➡形状时，将其移动到对象上单击鼠标即可将对象的属性应用到所选对象上，如图 4.2.3 所示。

图 4.2.3　复制对象属性

技巧：按住鼠标右键拖动需要复制的对象至获取属性的对象上，释放鼠标，在弹出的快捷菜单中选择相应的命令，可对对象的属性进行复制，如图 4.2.4 所示。

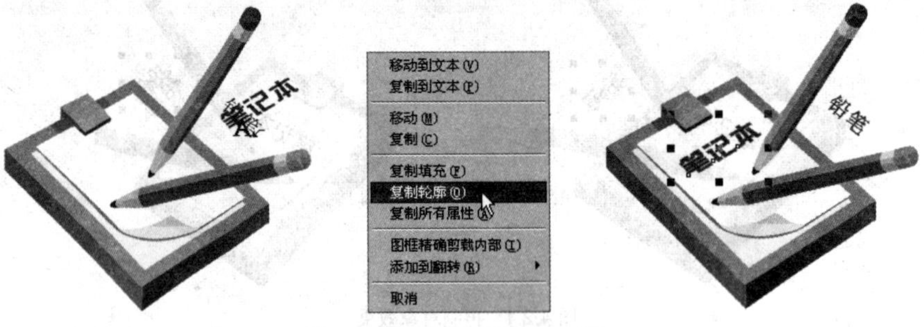

图 4.2.4　对象属性复制快捷菜单

4.2.4　删除对象

对于不需要的对象可将其删除，删除的方法如下：

（1）选中需要删除的对象。

（2）选择菜单栏中的 编辑(E) → 删除(L) 命令或按“Delete”键即可。

4.3　对齐与分布对象

在 CorelDRAW X5 中绘制好图形对象后，经常需要将图形对象对齐或进行均匀分布，这样可以使图形对象更加有序，此时就可以使用 CorelDRAW X5 提供的对齐与分布功能来完成这些操作。

4.3.1　对齐对象

在保持两个或多个对象水平或垂直间距不变的同时，如果需要实现对象的上对齐或左对齐，此时可使用动态辅助线和对齐功能来实现对齐对象的操作。

1. 动态辅助线的使用

动态辅助线是指在移动对象时显示出的蓝色直线，贯穿于整个页面，可方便对象的定位和对齐操作。默认情况下，该功能是关闭的，可通过选择菜单栏中的 视图(V) → 动态辅助线(Y) 命令来启动该功能。

使用动态辅助线可以方便地对齐对象，也可精确设置需要对齐的对象之间的距离。如果要使两个对象中心位置对齐，并使两个对象之间的距离为 35 mm，具体的操作方法如下：

（1）在绘图区中绘制两个图形对象，如图 4.3.1 所示。

（2）选择工具，然后选择菜单栏中的 视图(V) → 动态辅助线(Y) 命令启用动态辅助线功能，移动鼠标指针至矩形中心位置 ✖ 处，按住鼠标左键拖动，在适当位置即可显示动态辅助线信息，如图 4.3.2 所示，表示现在的圆形上移了 45°，距离为 35 mm，松开鼠标即可精确移动圆形对象。

图 4.3.1　绘制的对象　　　　图 4.3.2　移动对象显示出的动态辅助线信息

（3）如果需要将位图的中心与圆形中心对齐，且与圆形的间距为 40 mm，则应以圆形为参照物。移动鼠标指针至位图右边线的中心处，按住鼠标左键将位图拖至圆形下方的象限处，此时圆形已成为位图的参照物。

（4）按住鼠标左键不放，再向圆形下方移动鼠标。在移动时将显示垂直的动态辅助线，可以看出动态辅助线贯穿位图和圆形的中心，距离为 40 mm，释放鼠标后，即可将位图与圆形中心对齐，且它们之间的距离为 40 mm，如图 4.3.3 所示。

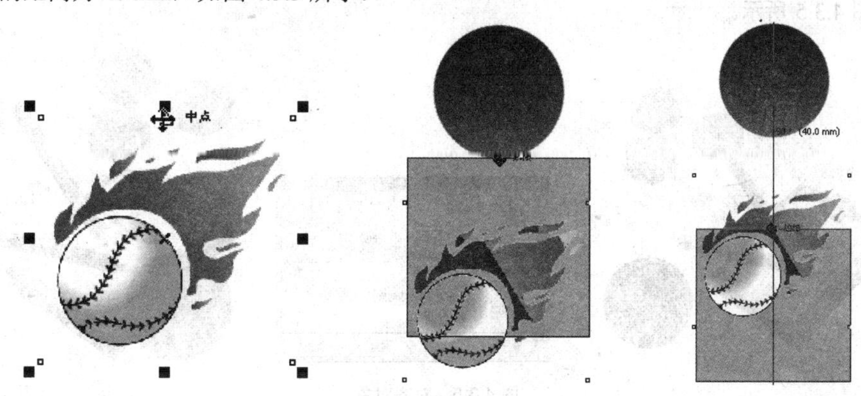

图 4.3.3　将位图与圆形中心对齐

当参照物在一定的角度（如 0°，45°或 90°）时，将显示动态辅助线。沿动态辅助线移动对象时，将显示对象与参照物的间距，间距将以 2.5 mm 的距离递增。在“选项”对话框中的 动态辅助线 选项中可以方便地设置动态辅助线的角度和递增的距离。

选择菜单栏中的 视图(V) → 动态辅助线设置(M)... 命令，弹出“选项”对话框，且自动进入 动态辅助线 选项的设置界面，如图 4.3.4 所示。

在 记号间距(T): 输入框中输入数值，可设置递增距离。在 辅助线 选项区中的 10° 度 输入框中可输入需要增加的角度，单击 添加(D) 按钮可增加角度，在 辅助线 选项区中的 辅助线预览: 显示框中将显示出增加的角度。

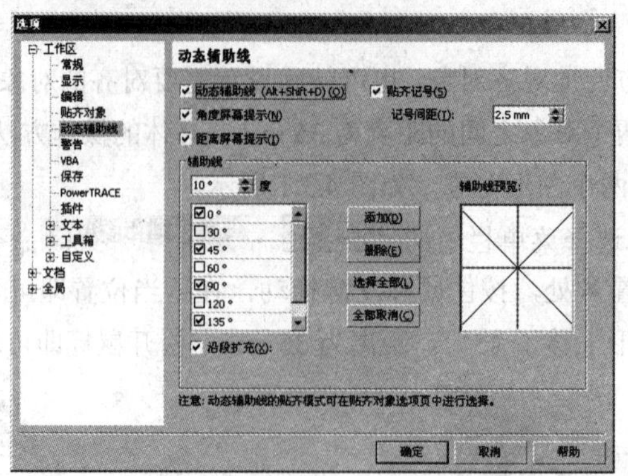

图 4.3.4 “选项”对话框中的动态辅助线选项

2. 对齐命令的使用

使用 CorelDRAW X5 提供的对齐功能，可以使所选的两个或多个对象在水平或垂直方向上对齐。执行对齐功能可以通过“对齐与分布”命令和“对齐与分布”对话框来实现。

要对齐对象，可先选择多个对象，然后选择菜单栏中的 排列(A) → 对齐和分布(A) 命令，在弹出的子菜单中选择相应的对齐命令即可。选择对象的方法不同，对齐与分布的参照物也不同。当采用框选的方法选取对象时，参照物是框选对象中最底层的对象；而按住 Shift 键依次单击对象进行选择时，参照物则是最后一次选择的对象。

“对齐与分布”对话框与“对齐和分布”子菜单中各命令的功能相似，在执行多次对齐操作时非常方便。选择需要对齐的对象后，选择菜单栏中的 排列(A) → 对齐和分布(A) → 对齐与分布(A)... 命令，弹出“对齐与分布”对话框，从中选中相应的复选框，单击 应用 按钮，即可按指定方式对齐对象，如图 4.3.5 所示。

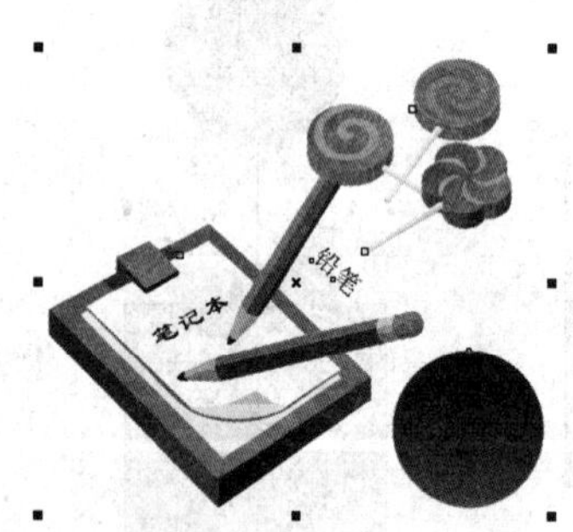

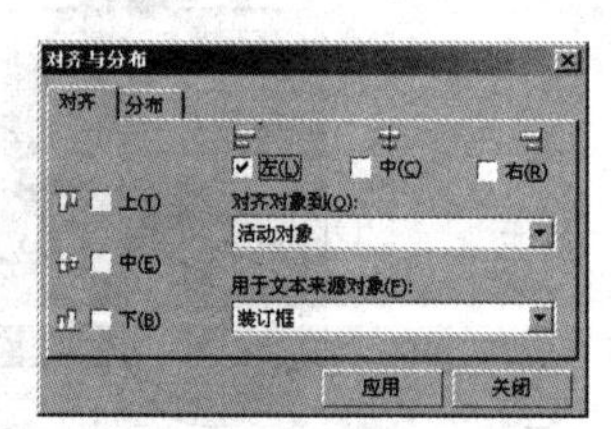

图 4.3.5 对齐对象

4.3.2 分布对象

使用分布功能可以使两个或多个对象在水平或垂直方向上按所选的设置均匀分布。选择菜单栏中的 排列(A) → 对齐和分布(A) → 对齐与分布(A)... 命令，弹出“对齐与分布”对话框，选择 分布 选项卡，可显示出分布选项的设置，设置好选项后，单击 应用 按钮，即可均匀分布对象，如图 4.3.6 所示。

在实际绘图过程中，对象的对齐与分布经常是同时进行的，此时就需要通过“对齐与分布”对话框分别对对象的对齐和分布方式进行设置。

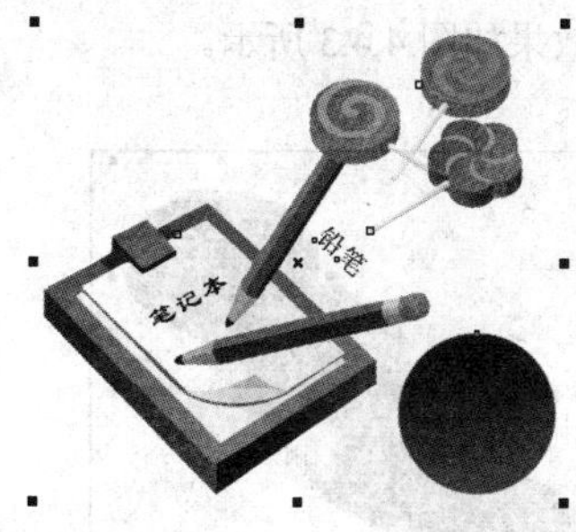

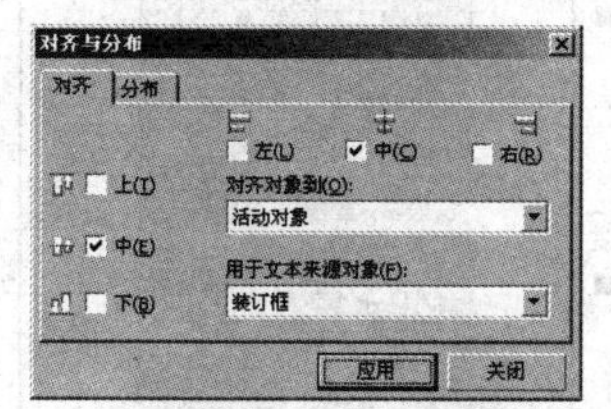

图 4.3.6　分布对象效果

4.4　变 形 对 象

在 CorelDRAW X5 中可以对对象进行各种变换操作，包括改变对象的位置和大小，以及对所选对象进行旋转、缩放、镜像以及倾斜等操作。

4.4.1　移动对象

可直接使用鼠标移动对象的位置，也可通过设置属性栏中的参数来精确移动对象的位置。

1．使用鼠标移动对象

选择需要移动的对象后，将鼠标光标移至对象的中心位置，此时光标显示为✥形状，按住鼠标左键并拖动，即可移动所选择的对象。如果按住“Shift”键的同时使用鼠标左键拖动对象，则所选的对象只在水平或垂直方向上移动，如图 4.4.1 所示。

2．精确移动对象

如果要精确移动对象，可在选择对象后，在属性栏中设置水平与垂直方向的坐标值，也可选择菜单栏中的 排列(A) → 变换(F) → 位置(P) 命令，可打开“转换”泊坞窗，如图 4.4.2 所示。

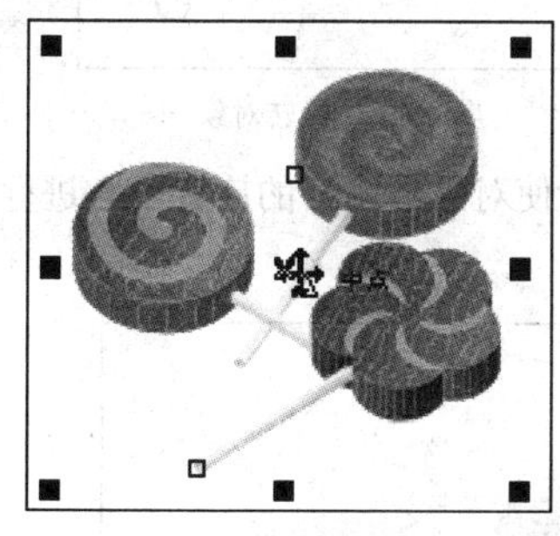

图 4.4.1　垂直方向上移动对象

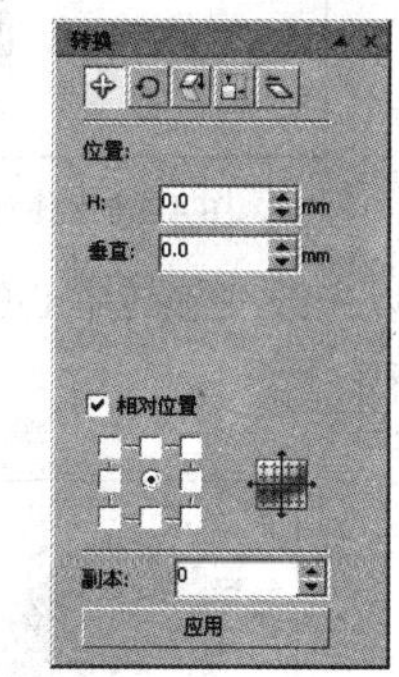

图 4.4.2　“转换”泊坞窗

在“转换”泊坞窗中选中 相对位置 复选框，再选中对象位置指示器中的原点，系统将以所选对象的中心位置作为坐标原点，此时 位置: 下方的 H: 和 垂直: 输入框中的数值显示为 0；在 H: 和 垂直: 输入框中输入数值，可移动所选对象的坐标位置；在 副本: 输入框中输入数值，则系统可在保持原对象位置不变的情况下，在设定的位置再复制出多个对象。

设置好参数后，单击 应用 按钮，精确移动对象效果如图 4.4.3 所示。

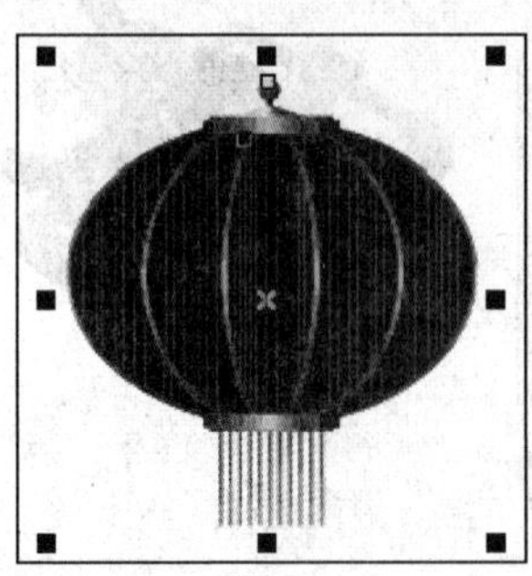

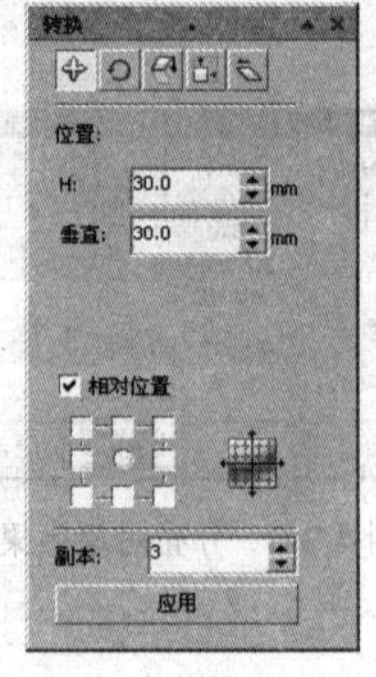

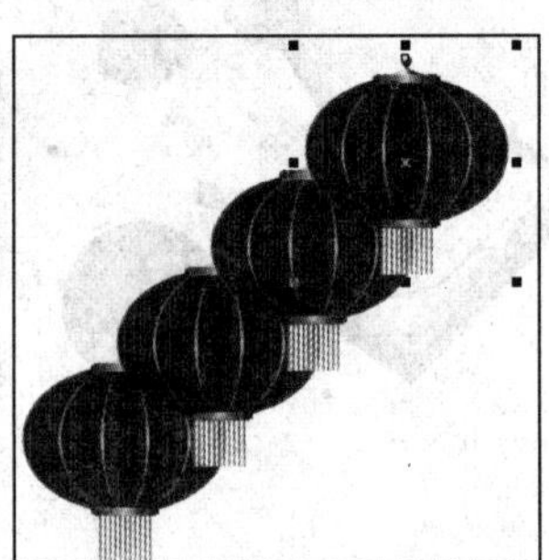

图 4.4.3 精确移动对象效果

4.4.2 旋转对象

在 CorelDRAW X5 中要旋转对象的方法有两种：一种是使用鼠标旋转，另一种是通过设置数值对其进行精确旋转。

1. 使用鼠标旋转对象

使用工具箱中的选择工具，将鼠标移至对象上双击鼠标左键，此时对象周围将显示出 8 个双方向箭头，并在中心位置显示一个小圆圈，即对象的旋转中心，如图 4.4.4 所示。

将鼠标光标移至对象四角的任意一个旋转符号↷上，此时鼠标光标显示为↻形状，按住鼠标左键并沿顺时针或逆时针方向拖动，即可使对象绕着旋转中心进行旋转，如图 4.4.5 所示。

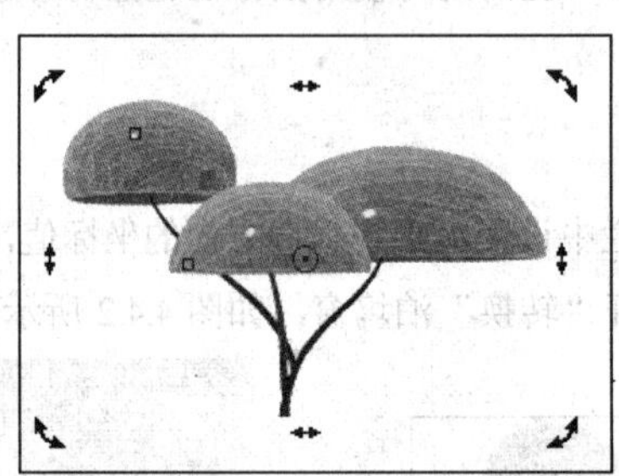

图 4.4.4 使对象处于旋转状态

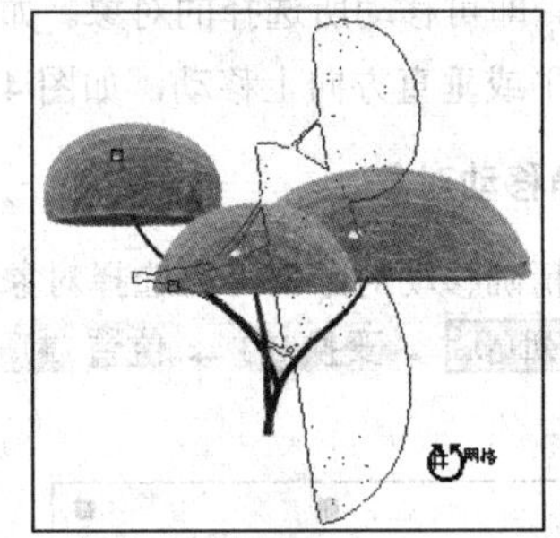

图 4.4.5 旋转对象

也可以先改变旋转中心的位置，然后再旋转对象，这就会使对象围绕新的旋转中心进行旋转，如图 4.4.6 所示。

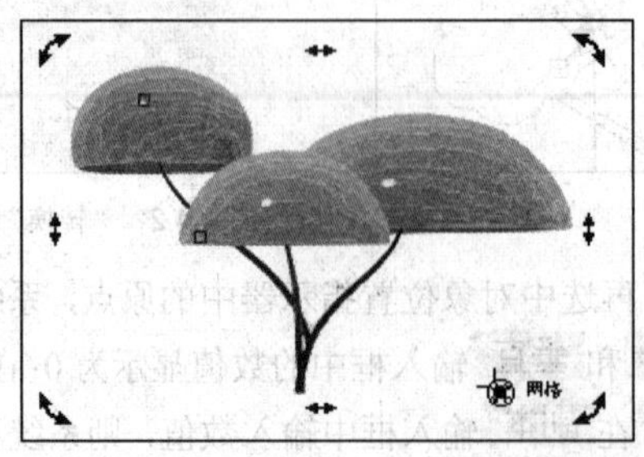

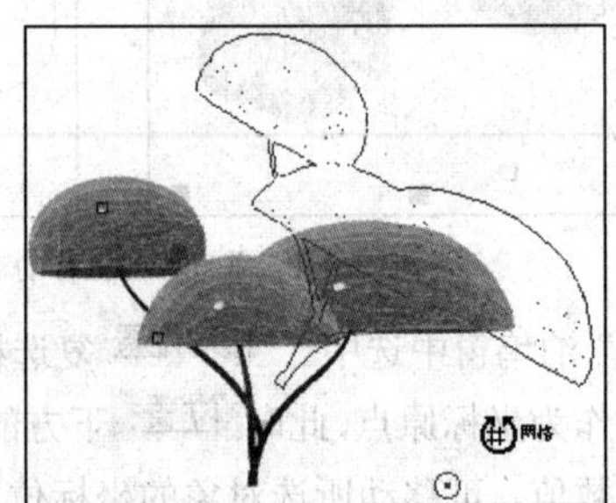

图 4.4.6 调整旋转中心位置后再旋转对象

2．使用“转换”泊坞窗旋转对象

在页面中选择所要旋转的对象，然后选择菜单栏中的排列(A)→变换(F)→旋转(R)命令，可打开“转换”泊坞窗。

在角度:输入框中输入数值，可设置所选对象的旋转角度；在H:和垂直:输入框中输入数值，可设置水平与垂直方向的数值来决定对象的旋转中心；选中☑相对中心复选框，可在下方的指示器中选择旋转中心的相对位置；在副本:输入框中输入数值，系统将在保留原对象的状态下，再复制出多个对象，并将所做设置应用于复制的对象。

设置好参数后，单击应用按钮，即可按所设置的值旋转对象，效果如图4.4.7所示。

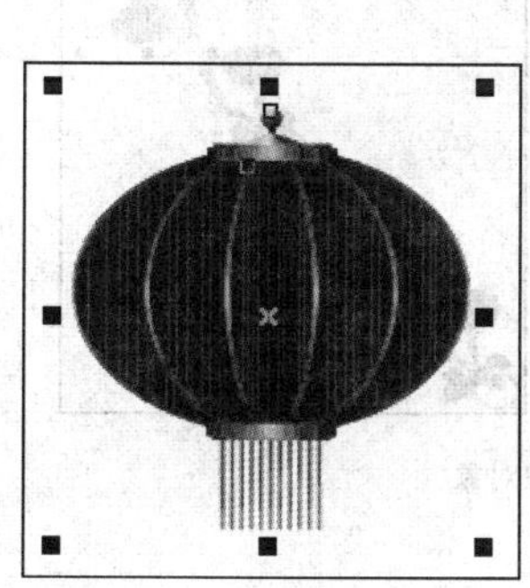

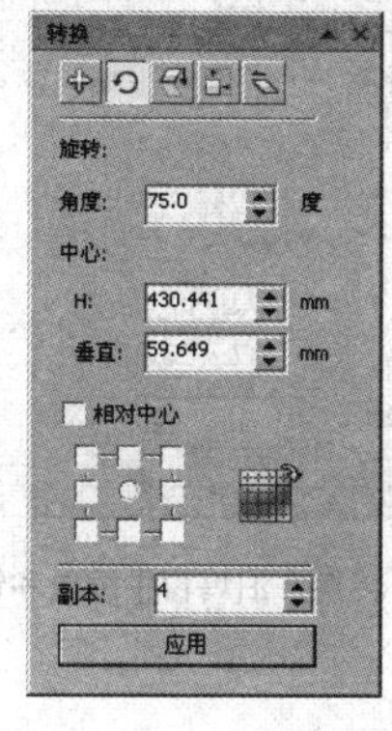

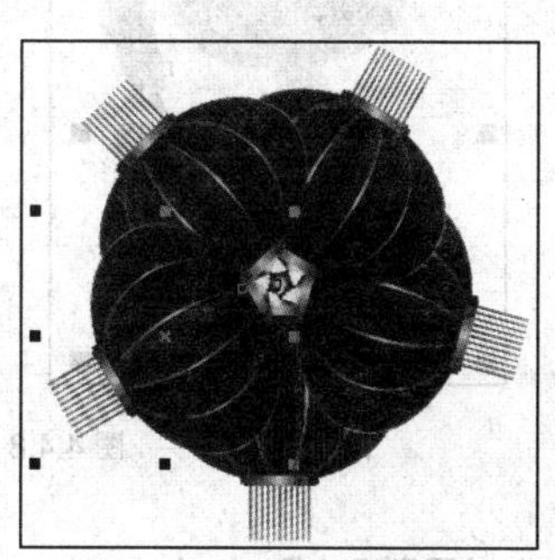

图4.4.7 “转换”泊坞窗中旋转对象效果

4.4.3 缩放与镜像对象

在设计平面作品时，如果要缩放或镜像对象，用户可直接使用鼠标来缩放或镜像对象，也可以通过设置属性栏和泊坞窗中的参数来精确缩放与镜像对象。

1．使用鼠标缩放与镜像对象

如果对对象的缩放要求不高，可以使用鼠标快速缩放对象，其具体的操作是：使用挑选工具选择对象，然后将鼠标指针移至对象4角的任意一个控制点上，当指针变为↘或↙形状时，按住鼠标左键斜向拖动，至适当位置后松开鼠标，即可等比例缩放对象。另外，通过属性栏中的缩放输入框也可以缩放对象。选择对象后，在属性栏中的缩放输入框65.942 % 65.942 %中输入缩放的比率，按回车键，即可将对象等比例缩放。

镜像对象就是将对象镜像翻转，包括水平镜像与垂直镜像两种类型。镜像对象的操作方法很简单，只需要使用挑选工具选择对象，再单击属性栏中的按钮，即可水平镜像对象；单击按钮，可垂直镜像对象。

2．使用“转换”泊坞窗缩放与镜像对象

如果要精确缩放或镜像对象，可通过“转换”泊坞窗对对象进行缩放和镜像，其具体操作方法介绍如下：

（1）使用选择工具选中需要进行缩放和镜像的对象。

（2）选择菜单栏中的排列(A)→变换(F)→比例(S)命令，可打开“转换”泊坞窗。

（3）在缩放:选项区中的H:和垂直:后的数值框中输入缩放和镜像对象的缩放值。

（4）在镜像:选项区中可单击“水平镜像”按钮或“垂直镜像”按钮设置选中对象镜像的方向。

（5）选中☑按比例复选框，可以将所选对象按比例进行缩放。

（6）在副本:输入框中输入数值，系统将在保留原对象的状态下，再复制出多个对象，并将所做设置应用于复制的对象。

（7）单击应用按钮，即可缩放或镜像所选对象，效果如图 4.4.8 所示。

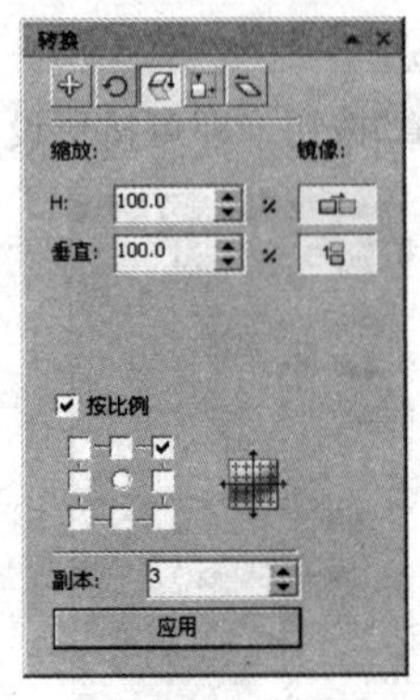

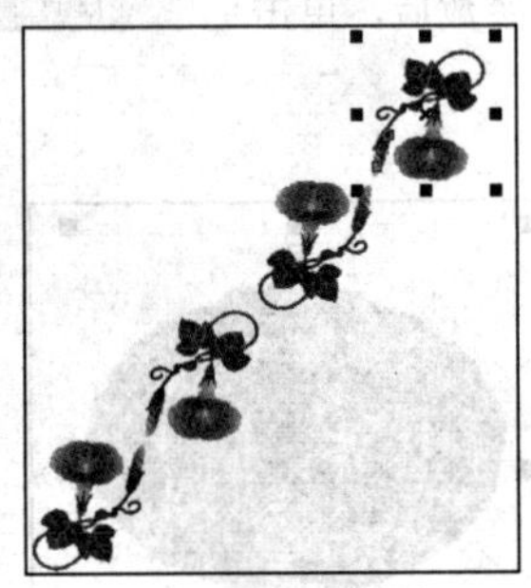

图 4.4.8 “转换”泊坞窗中缩放和镜像对象

4.4.4 调整对象大小

使用选择工具选中要调整大小的对象，然后选择菜单栏中的排列(A)→变换(F)→大小(I)命令，打开“转换”泊坞窗，用户可通过在大小:选项区中的H:和垂直:输入框中设置参数来调整对象的大小。也可以通过在属性栏中的对象大小输入框 120.619 mm 118.657 mm 中输入数值来设置选中的图形对象。

4.4.5 倾斜对象

若要倾斜对象，可使用选择工具双击对象，此时对象的 4 条边将显示为↔箭头形状，将鼠标移至任意一个边的箭头上时光标变为⇅形状，按住鼠标左键并拖动，即可将对象沿某个方向进行倾斜。此外，也可以选择菜单栏中的排列(A)→变换(F)→倾斜(K)命令，打开“转换”泊坞窗，在倾斜:选项区中的H:和垂直:输入框中输入数值，可设置对象在水平与垂直方向上的倾斜程度，然后单击应用按钮，即可按所设置的值倾斜对象，效果如图 4.4.9 所示。

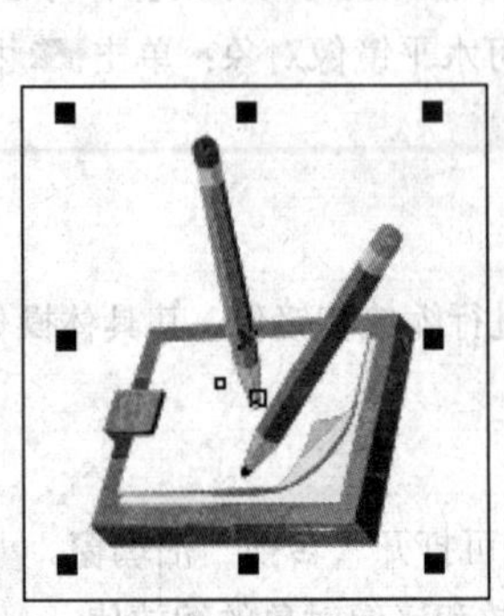

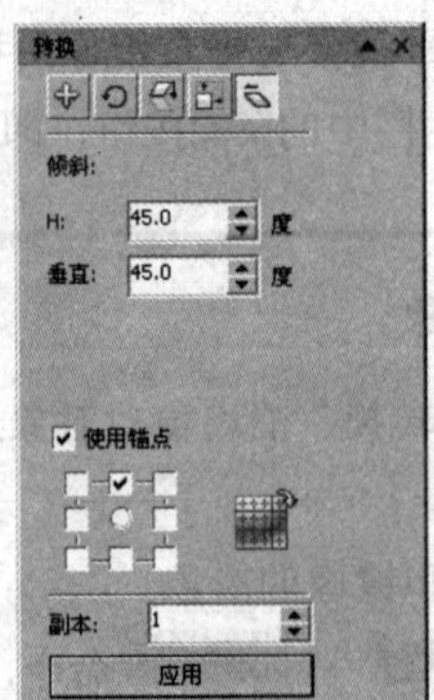

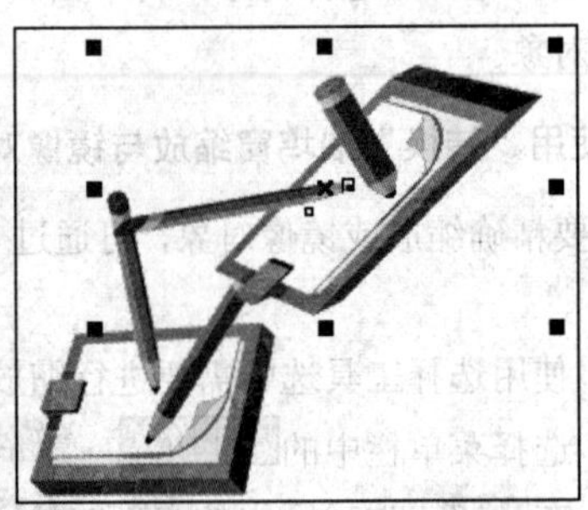

图 4.4.9 “转换”泊坞窗中倾斜对象效果

4.5　排序对象

在页面中编辑多个堆积在一起的对象时，经常要考虑对象前后的层次顺序，如图 4.5.1 所示。选择菜单栏中的 排列(A) → 顺序(O) 命令，可从弹出的如图 4.5.2 所示的子菜单中根据需要选择相应的命令，调整对象的叠放顺序。其方法介绍如下：

图 4.5.1　绘制叠放的图形对象

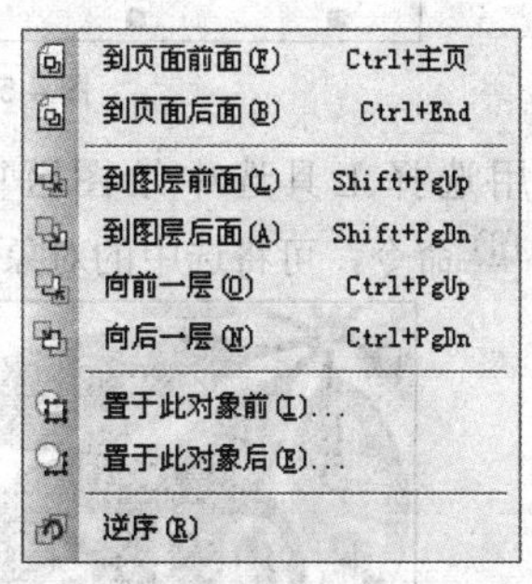

图 4.5.2　“顺序”子菜单

（1）使用选择工具选中绘图区中的叶子图形，然后选择菜单栏中的 排列(A) → 顺序(O) → 到页面前面(F) 命令，可将选中的对象置于所有对象的最前面，如图 4.5.3 所示。

图 4.5.3　将所选的对象置于最前面

（2）使用选择工具选中绘图区中的文本对象，然后选择菜单栏中的 排列(A) → 顺序(O) → 到页面后面(B) 命令，可将所选的对象置于所有对象的最后面，如图 4.5.4 所示。

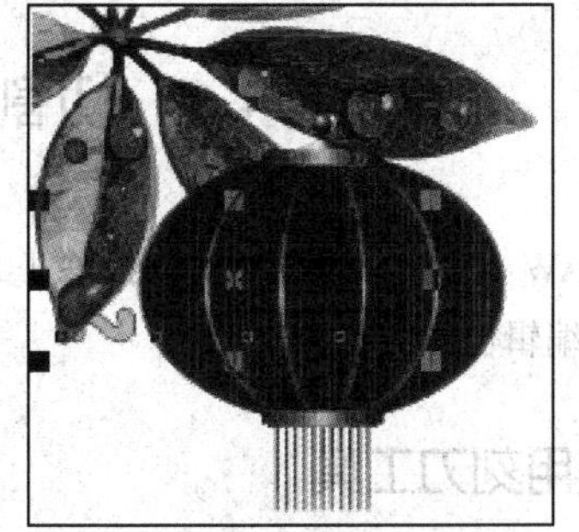

图 4.5.4　将所选的对象置于最后面

（3）使用选择工具选中绘图区中的灯笼对象，然后选择菜单栏中的 排列(A) → 顺序(O) → 向前一层(O) 命令，可将选中的对象向前移动一层，如图 4.5.5 所示。

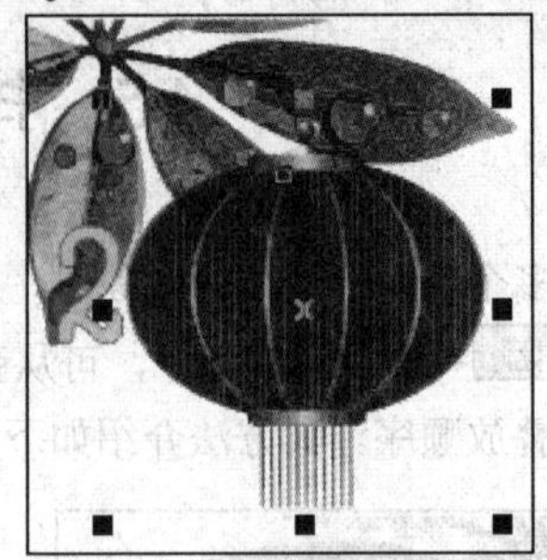

图 4.5.5　将所选对象向前移动一层

（4）使用选择工具选中绘图区中的灯笼对象，选择菜单栏中的 排列(A) → 顺序(O) → 向后一层(N) 命令，可将选中的对象向后移动一层，如图 4.5.6 所示。

图 4.5.6　将所选对象向后移动一层

（5）选择菜单栏中的 排列(A) → 顺序(O) → 到图层前面(L) 命令，可将选中的对象移动到图层的前面。

（6）选择菜单栏中的 排列(A) → 顺序(O) → 到图层后面(A) 命令，可将选中的对象移动到图层的后面。

（7）选择菜单栏中的 排列(A) → 顺序(O) → 置于此对象前(I)... 命令，可将选中的对象移动到➡形状所指对象的前面。

（8）选择菜单栏中的 排列(A) → 顺序(O) → 置于此对象后(E)... 命令，可将选中的对象移动到➡形状所指对象的后面。

（9）选择菜单栏中的 排列(A) → 顺序(O) → 逆序(R) 命令，可将选中的多个对象的顺序颠倒一下。

4.6　切割与擦除对象

在 CorelDRAW X5 中，刻刀工具与擦除工具的作用很大，使用它们不但可以对矢量图进行相应的操作，还可以编辑位图图像。

4.6.1　使用刻刀工具

刻刀工具在 CorelDRAW X5 中的作用很大，使用刻刀工具可以把一个选择的图形对象拆分成两个对象或更多的对象。

1．将开放的曲线分割

分割曲线的方法很多，其中使用刻刀工具是一种非常有效且直观的方法。其具体的操作方法是：单击工具箱中的“刻刀工具”按钮，在其属性栏中单击“保留为一个对象”按钮，然后将光标移到曲线的任意一点，光标的刻刀形状变成竖直，表示已经对准了曲线，单击鼠标左键即可完成切割，曲线上的小黑框就是切割点，使用形状工具将鼠标光标移到切割点上，按住鼠标左键并拖动，即可向任意方向移开切割处的节点，如图 4.6.1 所示。

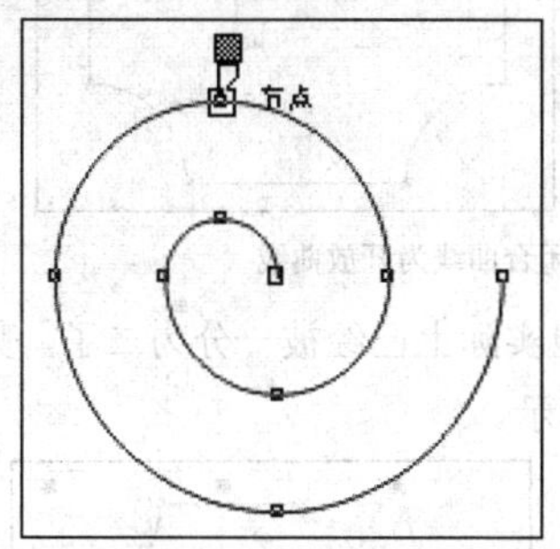

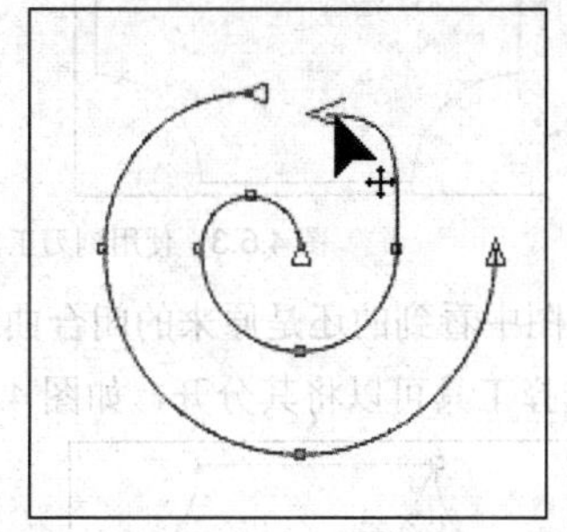

图 4.6.1　分割曲线

2．将曲线任意两点间的线段由曲变直

使用形状工具可以使相邻的两个节点间的曲线变直线，而使用刻刀工具则可以对任意两点间的曲线起作用。具体的操作方法是：单击工具箱中的“刻刀工具”按钮，再单击其属性栏中的“剪切时自动闭合”按钮，将光标移到曲线上任意处，当刻刀呈竖直状时单击鼠标左键，移动光标，将光标移到曲线上的另一位置，使光标的刻刀对准曲线且呈竖直状，此时光标对准的这一点到端点间的曲线没有变化，已经单击的这一点到端点间的曲线也没有变化，而曲线上的其他部分的颜色却变得很淡，单击鼠标左键，这样，两次单击的位置都会出现一个节点，并且这两个节点间生成一条直线段，原来的曲线中的一部分就变成直线段了，如图 4.6.2 所示。

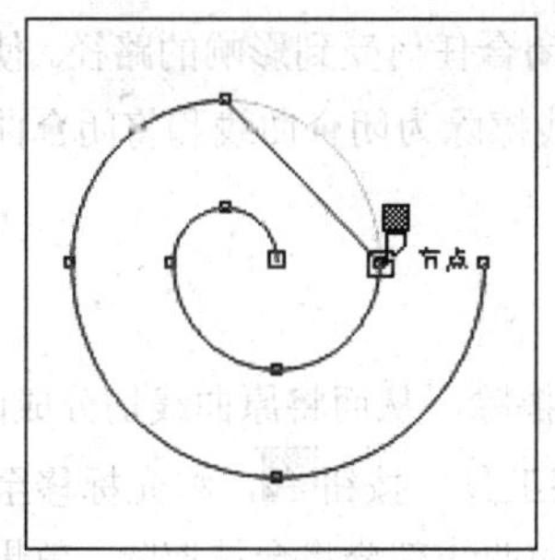

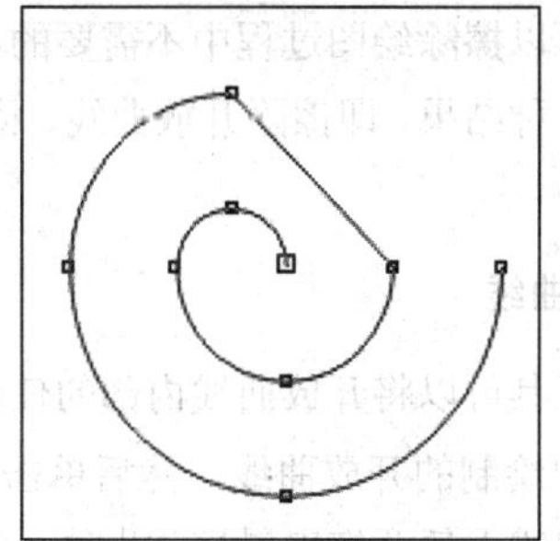

图 4.6.2　将曲线变直线

3．将闭合曲线分割成开放曲线

如果要将闭合曲线分割成开放曲线，可单击工具箱中的“刻刀工具”按钮，然后在属性栏中单击“保留为一个对象”按钮，再将鼠标光标移至曲线上的任意一处单击，即可添加一个分割点，此时表明，原来闭合曲线已经被分割成开放曲线了，使用形状工具拖动分割点即可看到分割后的曲线，如图 4.6.3 所示。

4．将闭合曲线分割成两条独立的闭合曲线

如果要将一条闭合曲线分割成两条独立的闭合曲线，可单击工具箱中的“刻刀工具”按钮，

再单击其属性栏中的“剪切时自动闭合”按钮，将鼠标光标移到曲线上的任意一点单击，最后再移动鼠标到另一位置单击，此时在这两个切割点之间即生成一条直线，如图 4.6.4 所示。

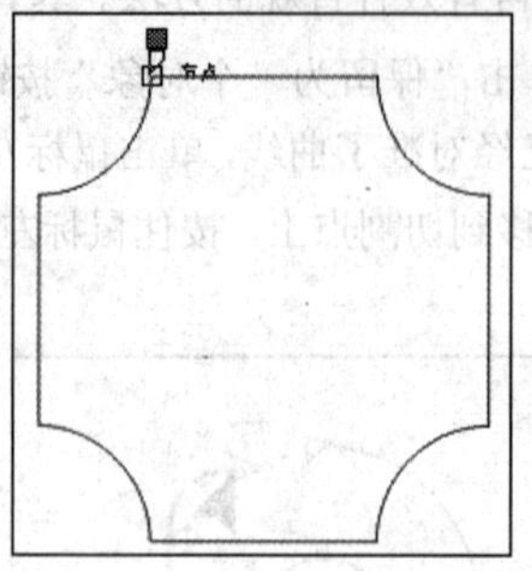
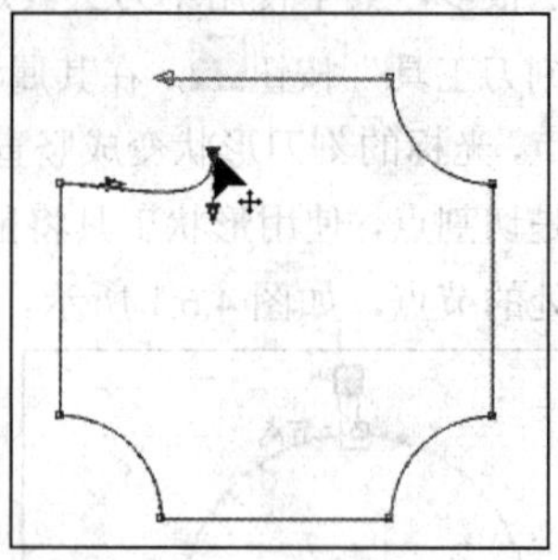

图 4.6.3　使用刻刀工具分割闭合曲线为开放曲线

这时，虽然从图中看到的还是原来的闭合曲线，但实际上已经被一分为二了，变成了两条独立的闭合曲线，使用选择工具可以将其分开，如图 4.6.5 所示。

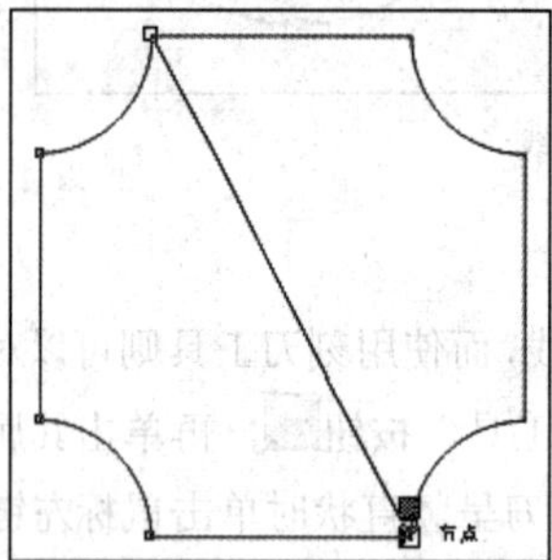

图 4.6.4　在分割点之间分割曲线

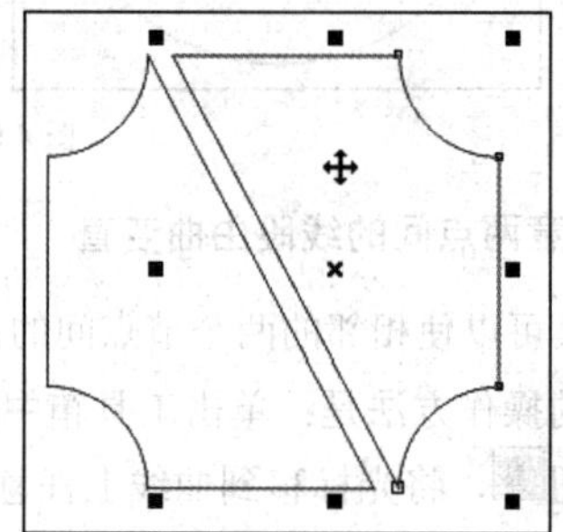

图 4.6.5　分割闭合曲线为两条闭合曲线

4.6.2　使用橡皮擦工具

橡皮擦工具可以擦除绘图过程中不需要的部分，并闭合任何受到影响的路径。使用橡皮擦工具擦除曲线可以得到 3 种结果，即擦除开放曲线、将闭合曲线擦除为闭合曲线和将闭合曲线擦除为两条闭合曲线。

1. 擦除开放曲线

使用橡皮擦工具可以将开放曲线内部的任意一部分擦除，从而将原曲线切分成两段开放的曲线。使用选择工具选中绘制的开放曲线，然后单击“橡皮擦工具”按钮，将光标移至曲线的一侧，再按住鼠标左键在曲线上任意拖曳鼠标，此时，光标经过的曲线部分将会被擦除，效果如图 4.6.6 所示。

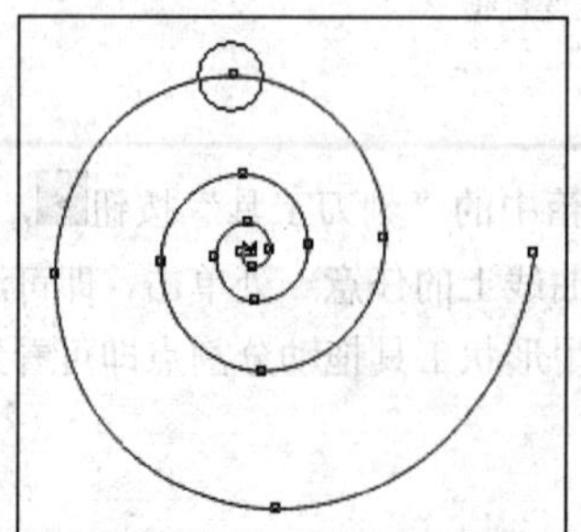
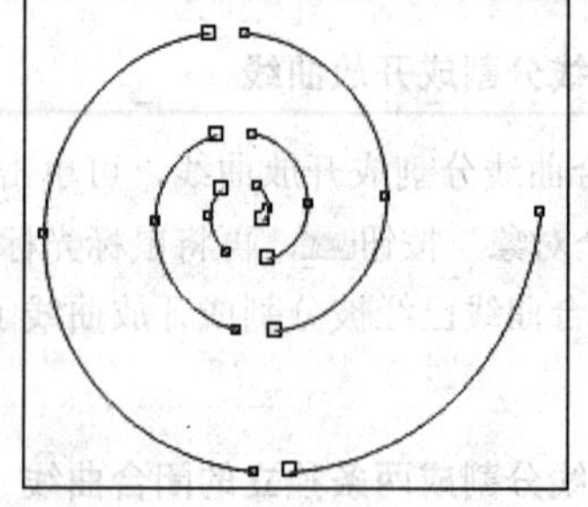

图 4.6.6　擦除开放曲线效果

2．将闭合曲线擦除为闭合曲线

对于闭合曲线，使用橡皮擦工具可以擦除曲线的一部分，在曲线内部沿着擦除的轨迹会生成一段曲线，这样，擦除的部分便自动生成闭合曲线。使用选择工具选中绘制的闭合的曲线，然后单击工具箱中的“橡皮擦工具”按钮，将鼠标光标移至曲线上单击，曲线上就会显示出所有的节点，表示该曲线已经被选中，接下来将鼠标光标移至闭合曲线的内部，然后按住鼠标左键向任意方向拖动，这样，光标经过之处的曲线将被擦除，如图 4.6.7 所示。

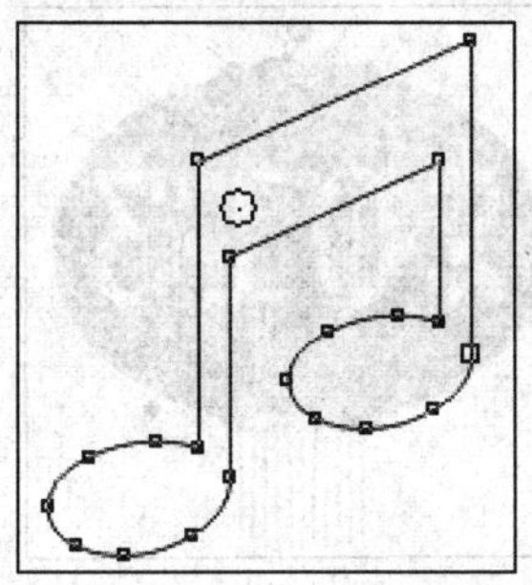
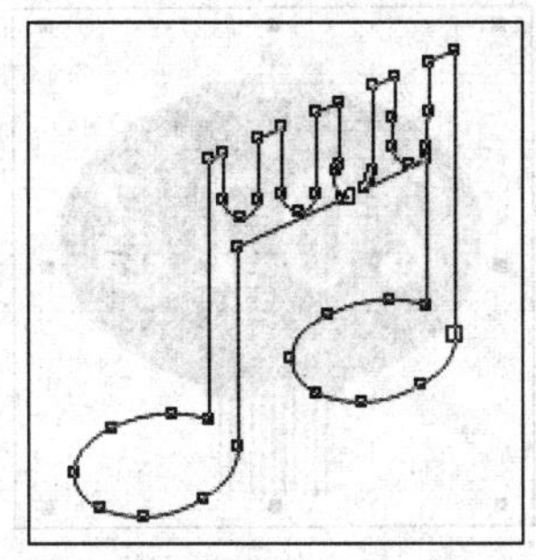

图 4.6.7　擦除闭合曲线为闭合曲线

3．将闭合曲线擦除为两条闭合曲线

使用橡皮擦工具可以横穿整条曲线，从而使其变成两条闭合曲线。单击工具箱中的“橡皮擦工具”按钮，将鼠标光标移至曲线上单击，曲线上的节点全部显示出来，即表示该曲线已经被选中。然后将鼠标移至曲线的外部，按住鼠标左键并拖动鼠标使其经过闭合曲线内部直到曲线另一位置，然后释放鼠标，这时，鼠标光标经过之处的曲线会被擦除，原来的闭合曲线就被分割成两条闭合曲线，如图 4.6.8 所示。

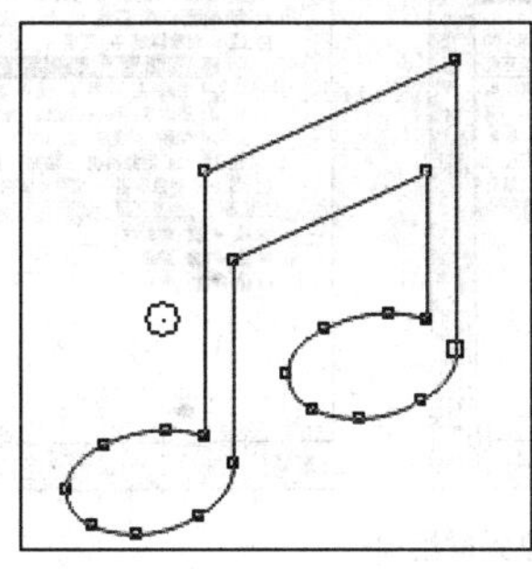
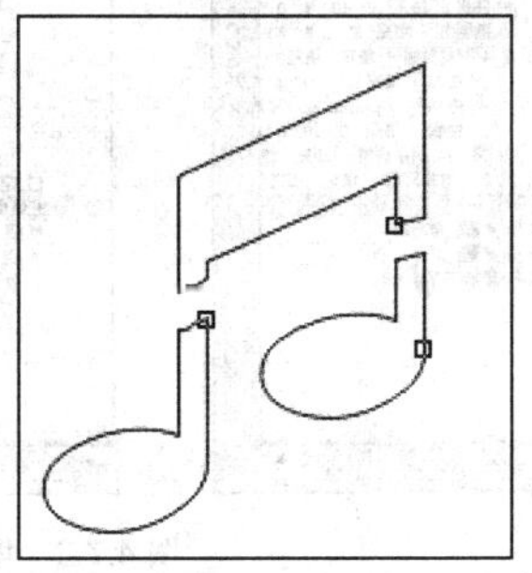

图 4.6.8　将闭合曲线擦除为两条闭合曲线

4.7　群 组 对 象

在 CorelDRAW X5 中可以将多个图形对象进行群组，形成一个对象，这样就可以将它们当成一个整体对象来处理，不仅可以方便操作，还可以制作出许多特殊的效果。

4.7.1　群组对象

群组就是将多个选中的对象或一个对象的各部分组合成一个整体。这样对于整体对象，就可以像对单个对象那样进行各种操作。

如果要群组对象，首先应将要群组的对象全部选择，然后选择菜单栏中的 排列(A)→群组(G) 命令，也可单击相应属性栏中的“群组”按钮，即可将选中的多个对象群组在一起。

此外，群组可以嵌套，即几个对象群组在一起后，还可以将多个群组对象再群组成一个大的整体对象。

如果要选择一个群组中的某个对象，只须在按住“Ctrl”键的同时单击所要选择的某个对象，此时该对象周围的控制点将会变成小圆点，如图 4.7.1 所示。

图 4.7.1 选择群组对象中的某个对象

如果要将一个单独的对象添加到一个群组中，可选择菜单栏中的 窗口(W)→泊坞窗(D)→对象管理器(N) 命令，打开“对象管理器”泊坞窗。在此泊坞窗中单击“显示对象属性”按钮，然后在该泊坞窗中单击要添加的单独对象的名称，并将其拖至要添加的群组名称上，释放鼠标即可将该对象添加到群组中，如图 4.7.2 所示。

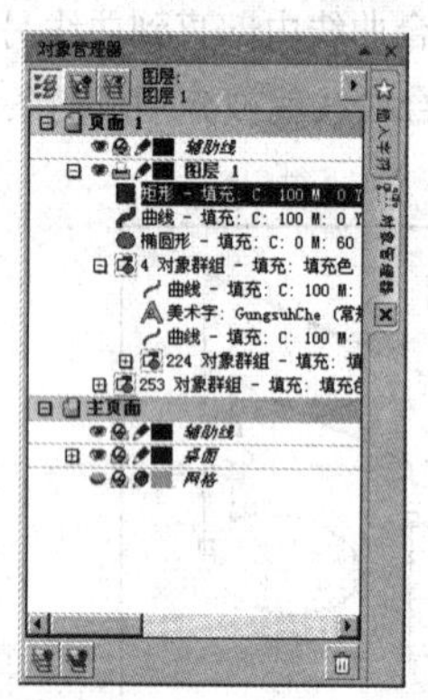
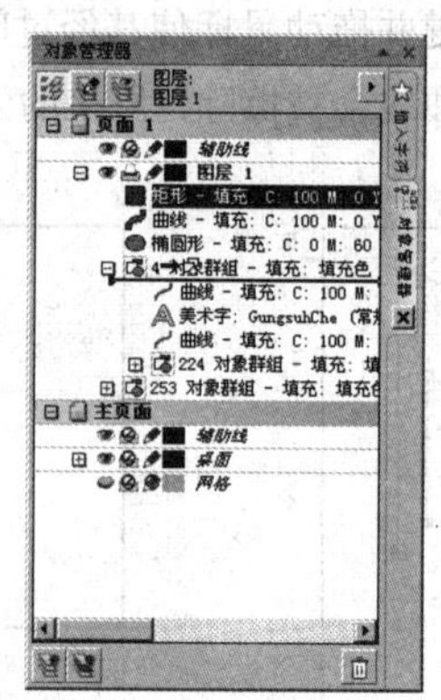
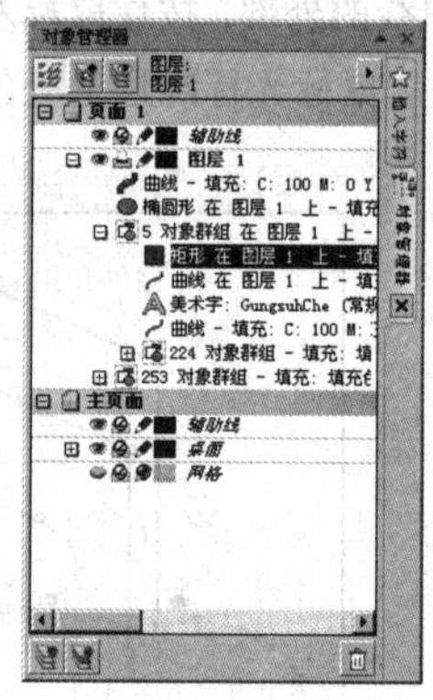

图 4.7.2 增加单独对象到群组中

如果要将某个对象从群组中移出，可以在打开“对象管理器”泊坞窗中单击“显示对象属性”按钮，然后在该泊坞窗中单击群组的名称，可显示出该群组中包含的所有对象，再单击要移出的对象名称，按住鼠标左键将其拖至群组外的位置即可。

4.7.2 取消群组

取消群组就是将对象的群组状态取消，先选中群组的对象，然后选择菜单栏中的 排列(A)→取消群组(U) 命令，或单击其属性栏中的“取消群组”按钮，就可以将群组在一起的多个对象取消群组。

如果要将一个多层群组中的所有群组取消，使每个对象都成为独立的对象，可选择菜单栏中的 排列(A)→取消全部群组(N) 命令，即可将多层群组一次性全部解散。

4.8 合并与拆分对象

在 CorelDRAW X5 中，可以将多个对象合并在一起，制作一些特殊的效果，也可以将合并后的对象进行拆分，使其成为单独的对象。

4.8.1 合并对象

使用合并功能可以将多个对象合并为一个单独的对象，它与群组对象不同的是，群组对象内每个对象依然相对独立，且保留着原有的属性，如形状、颜色以及轮廓等，而合并对象将使多个对象融合在一起，成为一个全新形状的对象，并且不再具有原有的属性。合并对象的方法有以下 4 种：

（1）使用选择工具选择将要合并的对象，然后选择菜单栏中的 排列(A) → 合并(C) 命令，即可合并对象，如图 4.8.1 所示。

图 4.8.1 合并对象效果

（2）选择两个或多个对象后，按“Ctrl+L”键即可。

（3）选择两个或多个对象后，在其属性栏中单击“合并”按钮。

（4）选择两个或多个对象后，在其上单击鼠标右键，在弹出的快捷菜单中选择 合并(C) 选项。

4.8.2 拆分对象

使用拆分命令可以将合并后的对象拆分，将其分离为合并前的单独对象状态。当文本对象与矩形、多边形或椭圆等图形对象合并时，文本会被转换为曲线后再与其他对象合并。因此，将合并过的文本对象拆分后，单独的文字会变成破碎的曲线对象，此时可以使用形状工具来编辑文本对象。拆分对象的方法有以下 4 种：

（1）使用选择工具选择将要拆分的对象，选择菜单栏中的 排列(A) → 拆分曲线(B) 命令即可。

（2）选择要拆分的对象，按“Ctrl+K”键即可。

（3）选择要拆分的对象，单击工具属性栏中的“拆分”按钮。

（4）选择要拆分的对象，在其上单击鼠标右键，在弹出的快捷菜单中选择 拆分曲线(B) 选项。

4.9 锁定与转换对象

在编辑对象时，还可以将对象锁定或转换，以适应创作的需要，下面对其进行具体介绍。

4.9.1 锁定对象

在进行创作时，对于已编辑完成的对象不需要再进行编辑操作，可以将其锁定，锁定的对象可以是一个或多个对象，也可以是群组的对象。锁定的方法介绍如下：

（1）使用选择工具选中要锁定的对象。

（2）选择菜单栏中的 排列(A) → 锁定对象(L) 命令，当该对象四周出现🔒标记时，则表示该对象已被锁定，如图 4.9.1 所示。

图 4.9.1 锁定对象

4.9.2 解除锁定对象

使用选择工具选中要解锁的对象。解锁对象的方法有以下 3 种：

（1）选择菜单栏中的 排列(A) → 解除锁定对象(K) 命令即可。

（2）在要解锁的对象上单击鼠标右键，在弹出的快捷菜单中选择 解除锁定对象(K) 选项。

（3）如果有多个锁定的对象需要编辑，可选择菜单栏中的 排列(A) → 解除锁定全部对象(J) 命令，解除所有对象的锁定。

4.9.3 转换对象

在 CorelDRAW X5 中用户可以将对象转换为曲线或轮廓线，然后对曲线或轮廓线进行编辑，从而制作出一些特殊的效果。

（1）使用选择工具选中要转换为曲线的对象。

（2）选择菜单栏中的 排列(A) → 转换为曲线(V) 命令，即可将选中的对象转换为曲线。

（3）选择菜单栏中的 排列(A) → 将轮廓转换为对象(E) 命令，可以将选中的图形和轮廓分离，用户可以用鼠标将分离出的对象从轮廓中拖曳出来，并对其单独进行编辑。

4.10 应用实例——绘制齿轮标志

本节主要利用所学的知识绘制齿轮标志，最终效果如图 4.10.1 所示。

图 4.10.1 最终效果图

操作步骤

（1）单击工具箱中的“椭圆形工具”按钮，按住“Ctrl”键在绘图区中绘制一个圆形，如图 4.10.2 所示。

（2）按“+”键复制一个圆形，然后按住“Shift”键缩小复制的圆形，如图 4.10.3 所示。

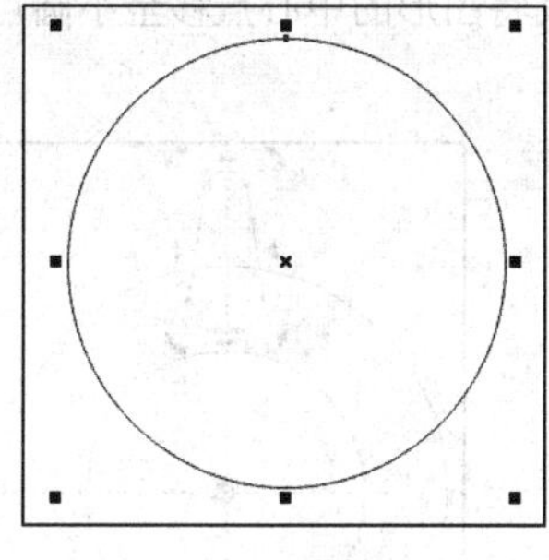

图 4.10.2 绘制圆形

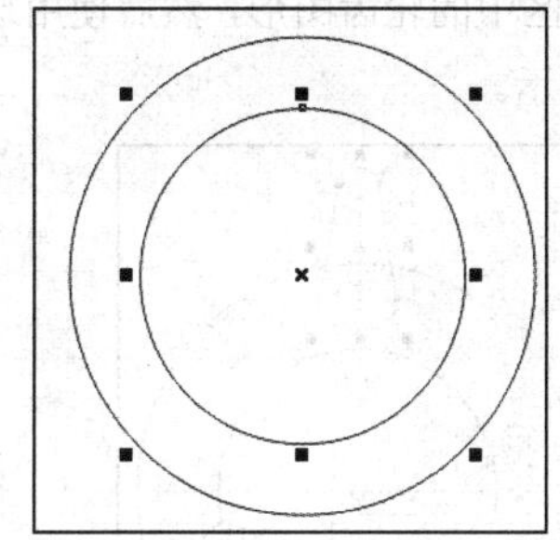

图 4.10.3 复制并缩小圆形

（3）重复步骤（2）的操作，复制并缩小圆形至中心点，如图 4.10.4 所示。

（4）分别从水平标尺和垂直标尺上拖曳出两条辅助线，并将其交叉点与小椭圆点重合，如图 4.10.5 所示。

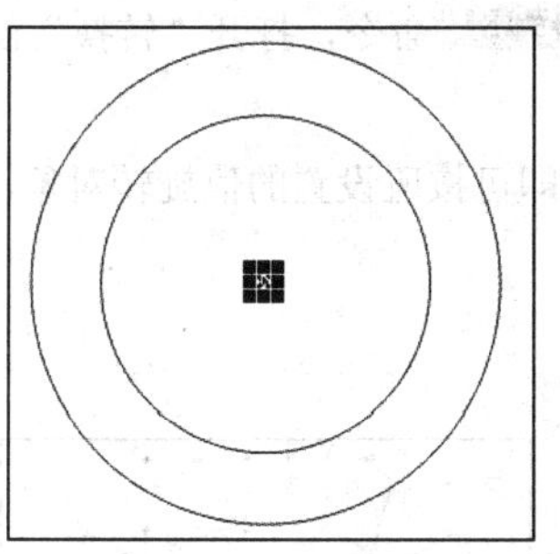

图 4.10.4 缩小圆形至中心点

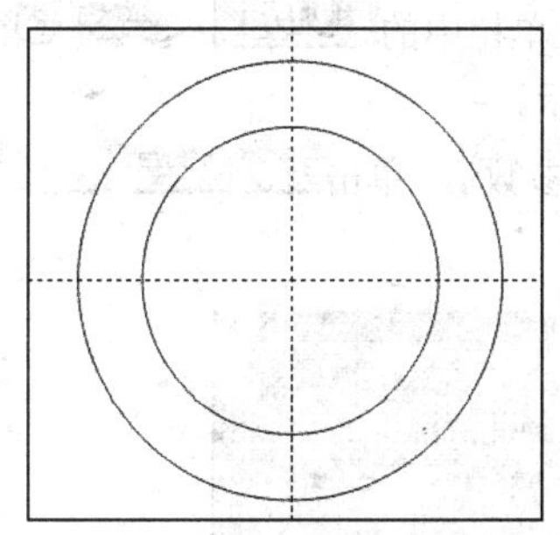

图 4.10.5 创建辅助线

（5）单击工具箱中的“矩形工具”按钮，设置其属性栏参数如图 4.10.6 所示。

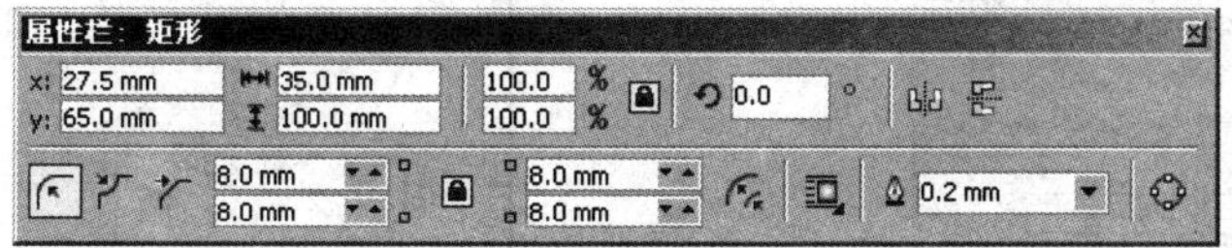

图 4.10.6 “矩形工具”属性栏

（6）设置好参数后，在绘图区中绘制一个圆角矩形，然后使用形状工具调整圆角矩形的形状，效果如图 4.10.7 所示。

（7）选择菜单栏中的 排列(A) → 对齐和分布(A) → 对齐与分布(A)... 命令，弹出“对齐与分布”对话框，设置其对话框选项如图 4.10.8 所示。

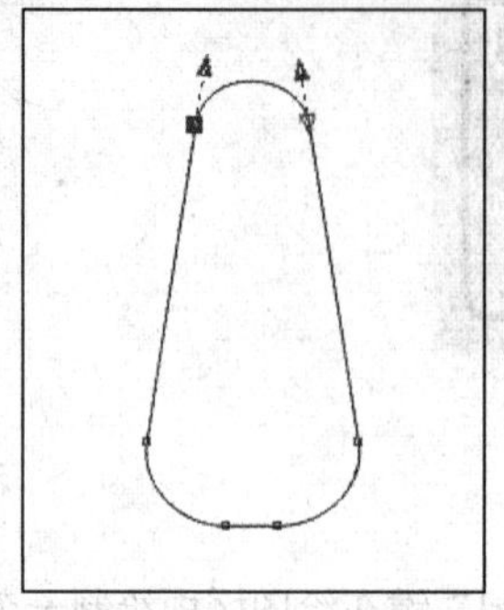

图 4.10.7 绘制轮齿效果

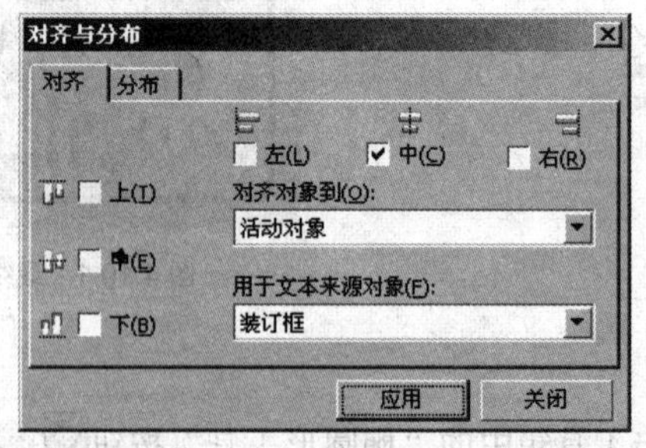

图 4.10.8 “对齐与分布”对话框

（8）设置好参数后，单击 应用 按钮，即可按指定方式对齐对象，效果如图 4.10.9 所示。

（9）单击绘图区中的轮齿图形，然后使用选择工具将图形的中心点移至小圆点上，并与其重合，效果如图 4.10.10 所示。

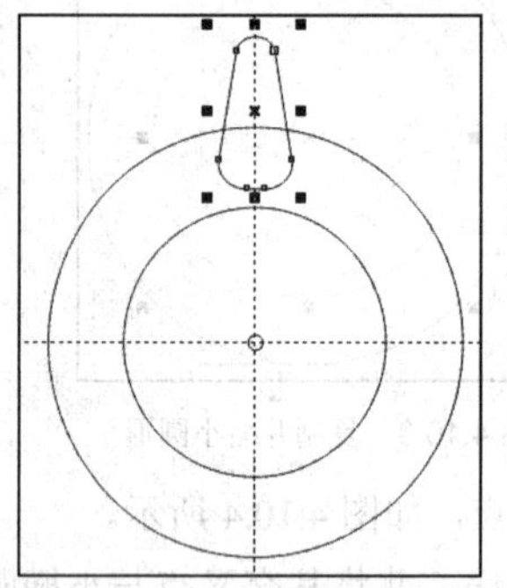

图 4.10.9 对齐图形

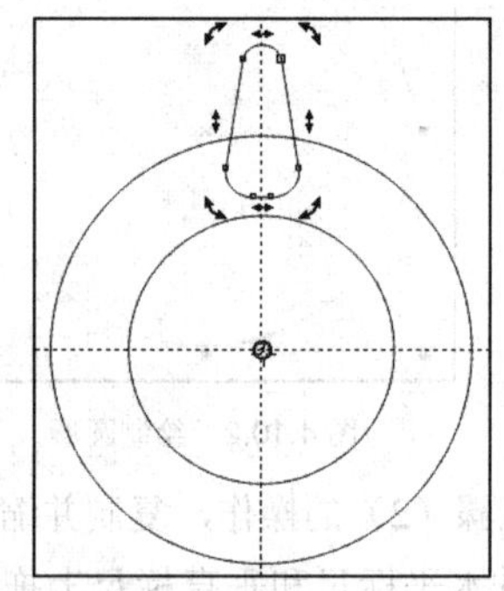

图 4.10.10 调整轮齿圆点位置

（10）选择菜单栏中的 排列(A) → 变换(F) → 旋转(R) 命令，打开“转换”泊坞窗，设置其参数如图 4.10.11 所示。

（11）设置好参数后，单击 应用 按钮，即可按所设置的值旋转对象，效果如图 4.10.12 所示。

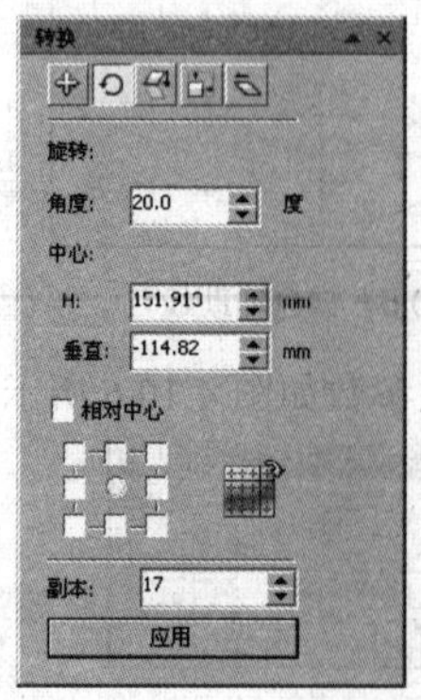

图 4.10.11 “转换”泊坞窗

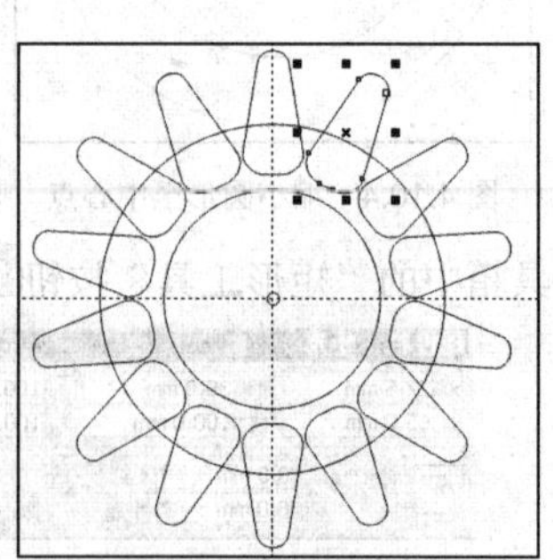

图 4.10.12 复制并旋转对象

（12）使用选择工具选中绘制的大圆和轮齿图形，然后选择菜单栏中的 排列(A) → 造形(P) → 合并(W) 命令，效果如图 4.10.13 所示。

（13）去除辅助线，然后按住“Shift”键将绘图区中的小圆放大一定的距离，如图 4.10.14 所示。

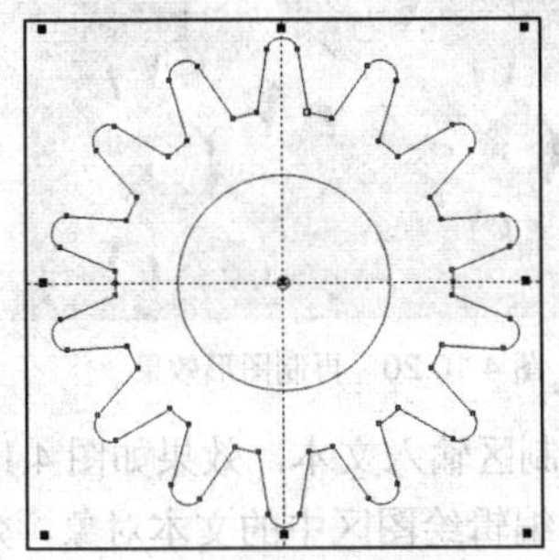
图 4.10.13 绘制轮齿和轮盘效果

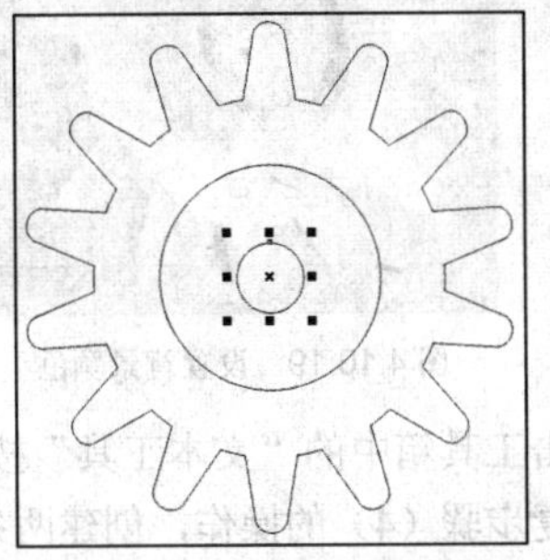
图 4.10.14 调整小圆形大小

（14）使用选择工具框选绘图区中的所有图形，然后选择菜单栏中的 排列(A) → 合并(C) 命令，效果如图 4.10.15 所示。

（15）按“F11”键，弹出“渐变填充”对话框，设置其对话框参数如图 4.10.16 所示，其中设置第一个色标值为“40%黑”，第 2 个色标值为“白色”，然后分别设置成金属颜色。

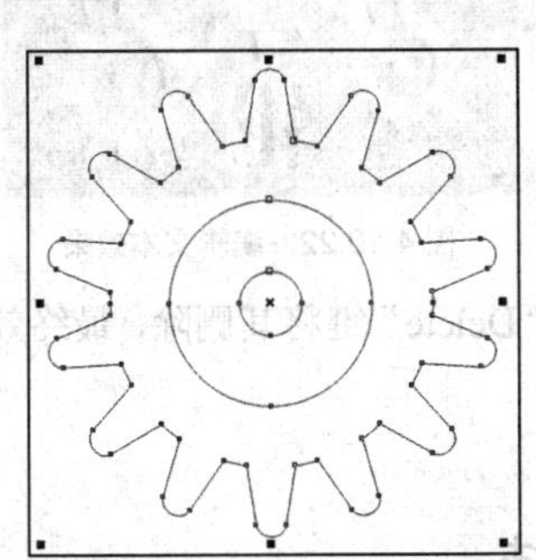
图 4.10.15 合并对象效果

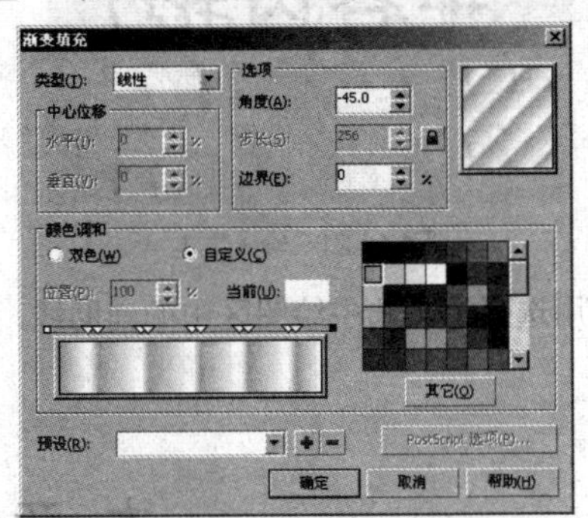

图 4.10.16 “渐变填充”对话框

（16）设置好参数后，单击 确定 按钮，应用渐变填充效果如图 4.10.17 所示。

（17）单击工具箱中的“立体化工具”按钮，为绘图区中的齿轮图形添加立体效果，如图 4.10.18 所示。

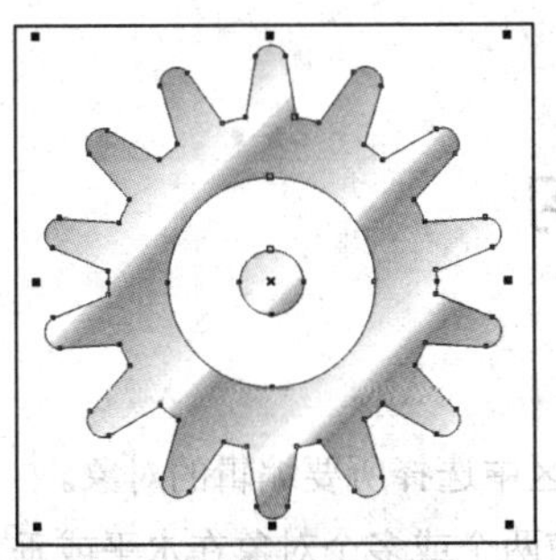
图 4.10.17 为齿轮添加金属效果

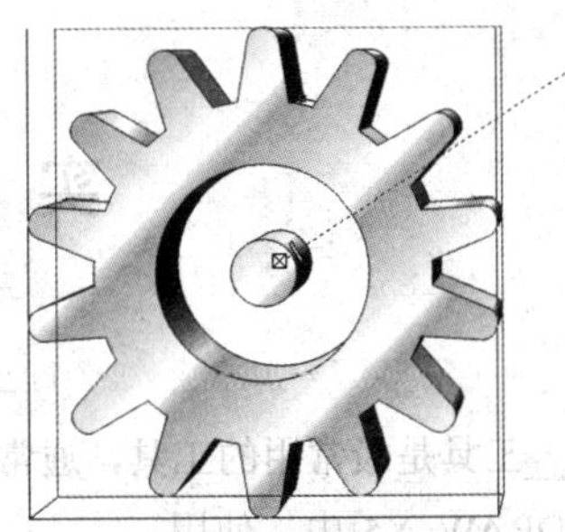
图 4.10.18 为齿轮添加立体效果

（18）选中绘制的齿轮图形，然后去除其轮廓色，并将页面背景填充为橘黄色，效果如图 4.10.19 所示。

（19）选中绘制的齿轮图形，然后按“Ctrl+D”键两次再制两个齿轮图形副本，并调整其大小及位置，效果如图 4.10.20 所示。

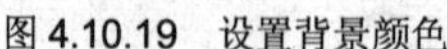

图 4.10.19　设置背景颜色

图 4.10.20　再制图形效果

（20）单击工具箱中的“文本工具”按钮，在绘制区输入文本，效果如图 4.10.21 所示。

（21）重复步骤（4）的操作，创建两条辅助线，并编辑绘图区中的文本对象，效果如图 4.10.22 所示。

图 4.10.21　输入文本

图 4.10.22　编辑文本效果

（22）使用选择工具选中绘图区中的辅助线，然后按“Delete”键将其删除，最终效果如图 4.10.1 所示。

本 章 小 结

本章主要介绍了 CorelDRAW X5 中图形对象的编辑方法，包括对象的选择、复制、变形、排列、对齐与分布以及切割等操作技巧。通过本章的学习，读者应熟练掌握对象的这些操作技巧，从而提高设计作品的效率。

实 训 练 习

一、填空题

1．＿＿＿＿＿工具是最常用的工具，通常用于在绘图区中选择所要编辑的对象。

2．在 CorelDRAW X5 中，使用＿＿＿＿＿功能可以使两个或多个对象在水平或垂直方向上根据所做设置均匀地分布。

3．使用＿＿＿＿＿命令不仅可以复制对象，还可复制对象的旋转、移动以及缩放等属性。

4．使用＿＿＿＿＿命令可以同时创建多个副本对象，其快捷键为＿＿＿＿＿。

5．锁定对象后原来的黑色控制方块将变为＿＿＿＿＿＿图形，这时图形将不能做任何修改。

6．在 CorelDRAW X5 中，使用__________功能可以将多个对象合并为一个单独的对象。

二、选择题

1．不改变对象属性将对象组织在一起，可使用（ ）操作。

（A）群组对象　（B）合并对象

（C）合并对象　（D）组合对象

2．对齐和分布对象要（ ）对象才可以执行。

（A）3 个　（B）2 个或 2 个以上

（C）1 个　（D）4 个以上

3．群组和合并的对象要在（ ）以上。

（A）1 个或 2 个　（B）3 个

（C）1 个　（D）4 个

4．按（ ）键，可以将目前选择的对象前移一位。

（A）Ctrl+PageUP　（B）Shift+PageUp

（C）Ctrl+PageDown　（D）Shift+PageUp

5．在 CorelDRAW X5 中用户不但可以将轮廓线转换为对象，还可以（ ）。

（A）将对象转换为曲线或轮廓　（B）拆分对象

（C）分离对象　（D）合并对象

三、简答题

1．简述在 CorelDRAW X5 中如何同时选择多个对象。

2．简述在 CorelDRAW X5 中复制对象的方法。

3．简述刻刀工具在 CorelDRAW X5 中的作用。

四、上机操作题

1．在绘图区中绘制多个图形对象，然后对这些对象进行合并与群组，并比较群组与合并命令的区别。

2．练习使用本章所学的知识，在绘图区中绘制一幅如题图 4.1 所示的效果。

题图 4.1

第 5 章　图形的轮廓与填充

在 CorelDRAW X5 中，使用绘图工具绘制好图形对象后，不仅可以设置对象的轮廓线宽度、样式、箭头以及填充色等属性，还可以设置对象的内部色彩，从而设计出丰富多彩的平面作品。

知识要点

- 图形的轮廓
- 图形的填充
- 交互式填充
- 智能填充工具
- 颜色滴管与属性滴管工具

5.1　图形的轮廓

在 CorelDRAW X5 中提供了一组轮廓工具，用来配合基本绘图工具设置图形对象的轮廓线宽度、样式、箭头形状以及轮廓颜色等。

5.1.1　轮廓笔

使用手绘工具或基本绘图工具绘制图形对象时，其默认的轮廓都很细，此时可以通过“轮廓笔”对话框来设置轮廓线的粗细、样式以及线端样式和转角样式。

1．设置轮廓线的粗细

单击工具箱中的“轮廓笔工具”按钮，弹出“轮廓笔”对话框，如图 5.1.1 所示。在毫米下拉列表中选择单位，然后在细线下拉列表中选择线宽，也可直接输入轮廓线的宽度数值。例如，要将如图 5.1.2 所示的对象的轮廓线设置为 25 像素，其具体的操作方法如下：

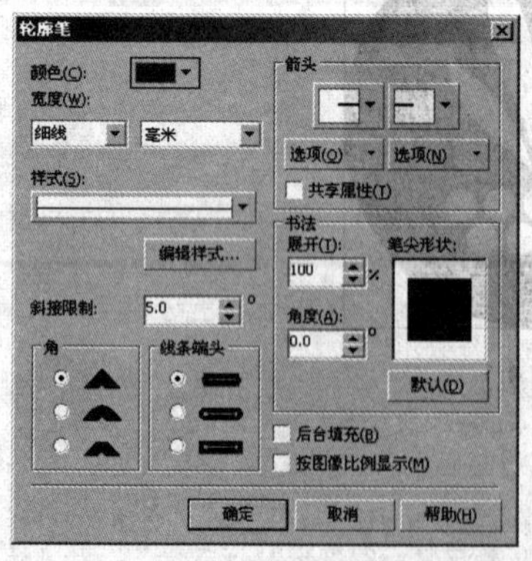

图 5.1.1　“轮廓笔”对话框

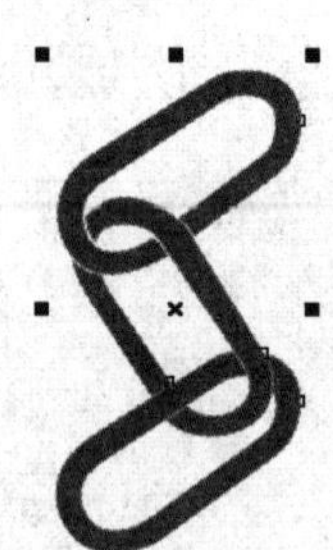

图 5.1.2　轮廓宽度为细线

（1）单击工具箱中轮廓工具组中的“轮廓笔工具”按钮，或按“F12”键可弹出“轮廓笔”

对话框。

（2）单击毫米下拉列表，在弹出的如图 5.1.3 所示的下拉列表框中选择单位为“像素”，在细线下拉列表框中选择或输入数值“25”。

（3）设置好参数后，单击确定按钮，即可改变轮廓线的宽度，效果如图 5.1.4 所示。

图 5.1.3　单位下拉列表框

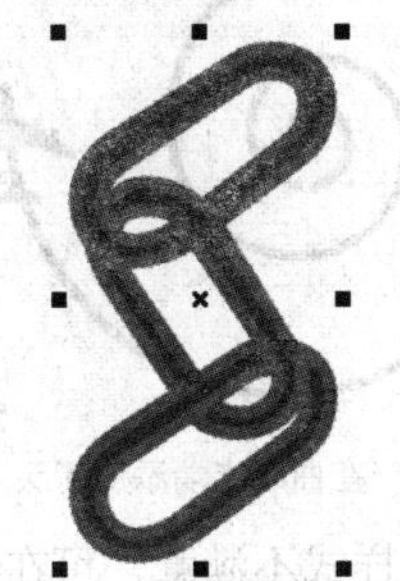

图 5.1.4　设置轮廓线的粗细效果

2．设置轮廓线的样式

CorelDRAW X5 中有多种轮廓线样式可供选择，只须在“轮廓笔”对话框中单击样式(S):下拉列表，在弹出的下拉列表中选择所需的样式，单击确定按钮，即可改变所选对象的轮廓线样式，如图 5.1.5 所示。

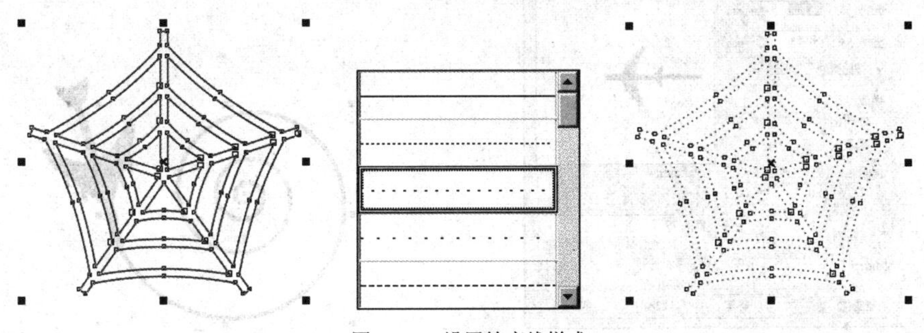

图 5.1.5　设置轮廓线样式

3．线端与箭头样式的设置

线端样式与箭头样式只针对线条对象而言，对于闭合图形对象则看不出任何效果。设置线端与箭头样式的具体操作方法如下：

（1）单击工具箱中的“螺纹工具”按钮，在绘图区中拖动鼠标绘制如图 5.1.6 所示的曲线。

（2）单击工具箱中的“轮廓笔工具”按钮，弹出“轮廓笔”对话框。

（3）在线条端头选项区中选中单选按钮，使曲线端头呈圆滑状，在箭头选项区中单击下拉列表框，可从弹出的下拉列表中选择一种箭头样式，如图 5.1.7 所示。

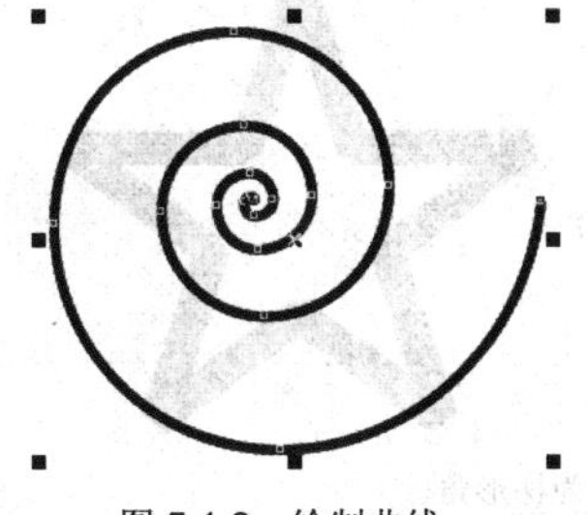

图 5.1.6　绘制曲线

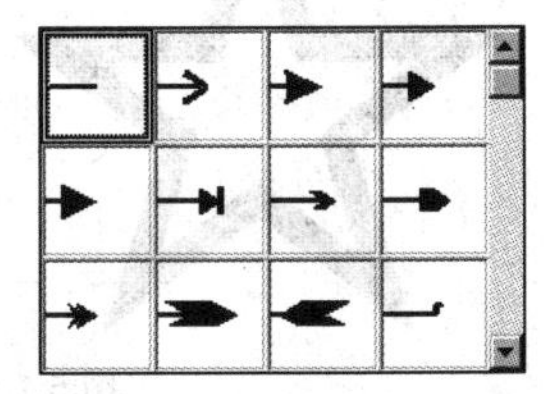

图 5.1.7　箭头样式下拉列表

（4）单击按钮，即可在曲线的末端添加箭头，如图 5.1.8 所示。

如需要在曲线的起点位置添加箭头，而末端为圆滑状，可通过以下方法来完成：单击工具箱中的“形状工具”按钮，并在属性栏中单击“反转方向”按钮即可，效果如图 5.1.9 所示。

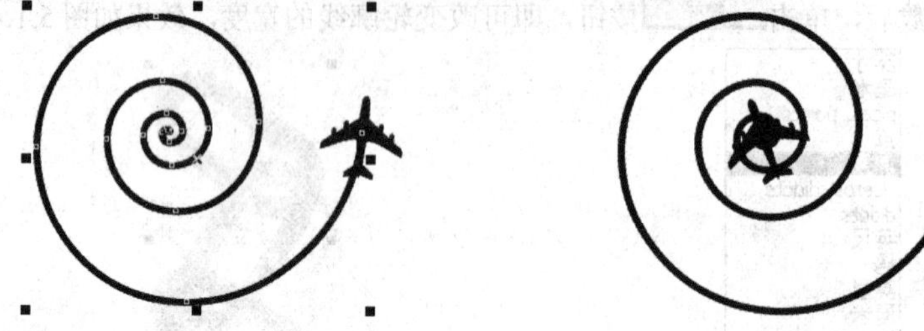

图 5.1.8　在曲线末端添加箭头　　图 5.1.9　反转曲线方向

如果对预设的箭头样式不满意，可在原有箭头的基础上进行修改，如将箭头缩小、放大、镜像、偏移等，其方法为：在“轮廓笔”对话框中的选项区中单击下拉列表框，从弹出的下拉列表中选择一种箭头样式，然后单击按钮，在弹出的下拉菜单中选择命令，弹出“箭头属性”对话框，如图 5.1.10 所示。在此对话框中可以通过设置各选项参数来编辑箭头的样式，编辑完成后，单击按钮，即可在绘图区中看到改变形状后的箭头，如图 5.1.11 所示。

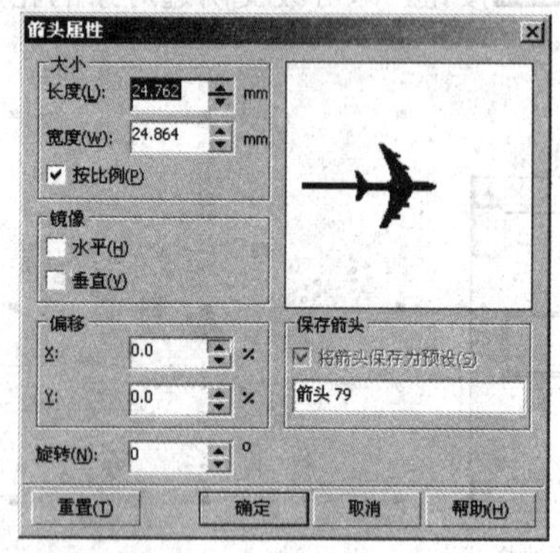

图 5.1.10　“箭头属性”对话框

图 5.1.11　设置箭头形状效果

4．设置转角样式

在“轮廓笔”对话框中可以设置转角的样式，如锐角、圆角或梯形角，但转角的样式只能应用于两边都是直线的转角。如要将星形的转角样式设为梯形角，其具体的操作方法如下：

（1）单击工具箱中的“星形工具”按钮，在绘图区中拖动鼠标绘制一个星形。

（2）单击工具箱中的“轮廓笔工具”按钮，弹出“轮廓笔”对话框，在选项区中选中单选按钮，单击按钮，即可改变星形的转角为梯形角，如图 5.1.12 所示。

图 5.1.12　设置转角为梯形角

5.1.2 轮廓颜色

对象轮廓线的颜色与填充颜色一样，都需要在精确设置好颜色后再进行填充。但与填充颜色不同的是，轮廓线只能进行单色填充，而不能进行渐变或图案等填充。要想精确设置轮廓线颜色，可通过轮廓工具组中的轮廓颜色对话框工具和颜色泊坞窗工具来实现。

1．使用轮廓颜色对话框工具

选择要设置颜色的线条或图形，单击工具箱中轮廓工具组中的“轮廓色”按钮，弹出“轮廓颜色”对话框，如图 5.1.13 所示。

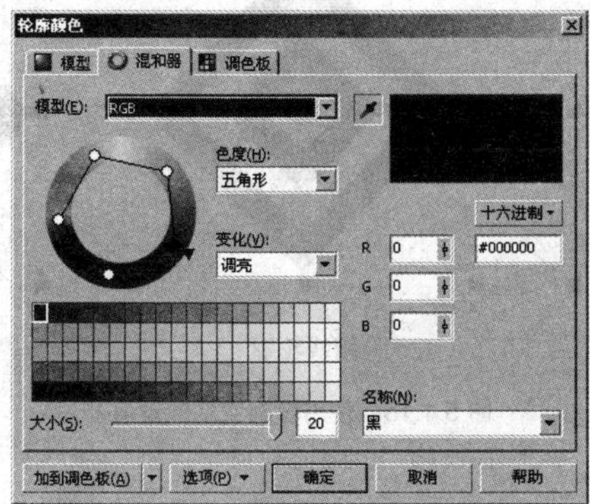

图 5.1.13 “轮廓颜色”对话框

通过选择 模型 、 混和器 和 调色板 选项卡，可在相应的选项卡中对线条的颜色做精确的设置，设置好后，单击 确定 按钮，即可将其应用于所选的线条或图形的轮廓上。

2．使用颜色泊坞窗

在 CorelDRAW X5 中除了可以使用轮廓颜色对话框工具设置颜色外，还可以使用颜色泊坞窗工具来精确设置颜色。

选择线条或图形对象后，单击轮廓工具组中的“彩色”按钮，打开“颜色”泊坞窗。在此泊坞窗中单击“显示颜色滑块”按钮、“显示颜色查看器”按钮或“显示调色板”按钮，可选择设置颜色的方式，然后即可设置颜色。

单击 CMYK 下拉列表框，可从弹出的下拉列表中选择色彩模式，然后依次拖动滑块或在其后的输入框中输入数值来设置颜色的 CMYK 值。

设置好颜色后，单击 轮廓(O) 按钮，即可为所选的对象设置轮廓颜色，如图 5.1.14 所示。

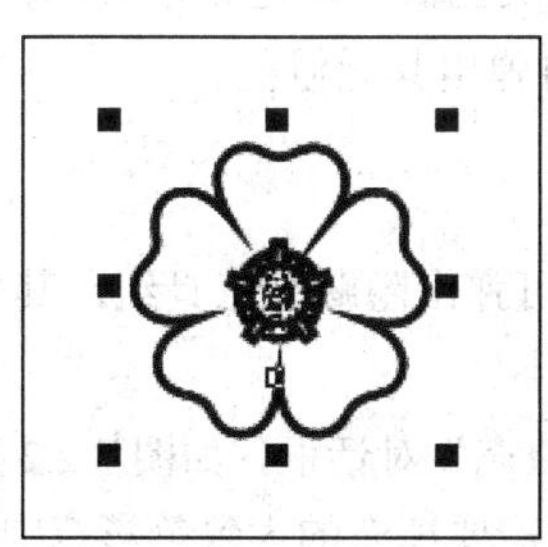
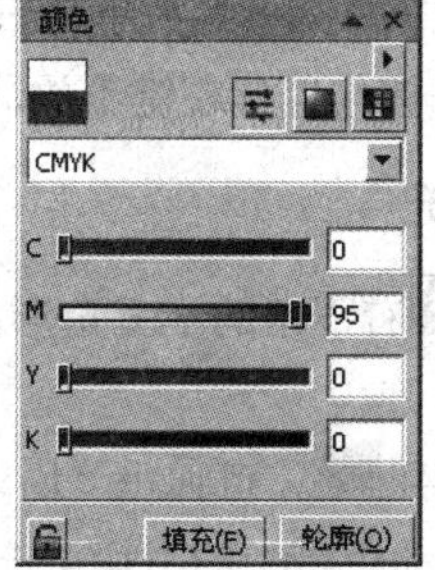

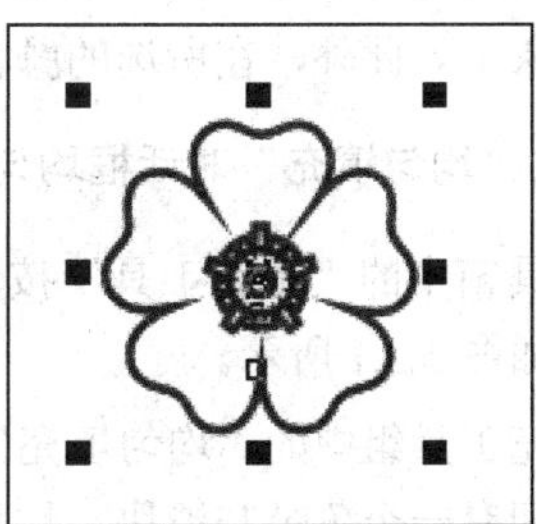

图 5.1.14 通过颜色泊坞窗设置对象轮廓颜色

5.1.3 无轮廓和轮廓预设值

使用挑选工具选取要清除轮廓的图形对象，在调色板中使用鼠标右键单击“无轮廓”按钮☒，即可清除轮廓属性；也可以在轮廓工具组中单击“无轮廓工具”按钮，即可清除轮廓。

轮廓工具组中包含了一些轮廓宽度预设值，分别是无轮廓、细线轮廓、0.1mm、0.2mm、0.25mm、0.5mm、0.75mm、1mm、1.5mm、2mm和 2.5mm使用这些预设值也可以改变图形的轮廓线宽度，如图 5.1.15 所示。

图 5.1.15 使用轮廓宽度预设值

5.2 图形的填充

在 CorelDRAW X5 中绘制好图形对象后，可以对其进行任何单一色彩的填充、渐变填充、图样填充、底纹填充以及 PostScript 底纹填充等。

5.2.1 均匀填充

均匀填充是一种最简单的填充方式，可在封闭的图形对象内填充单一的颜色，还可以方便地通过调色板、对话框或泊坞窗方式实现均匀填充。

1．通过调色板均匀填充对象

在 CorelDRAW X5 中的工作窗口右侧的调色板是多个纯色的集合，如果色盘未打开，可以选择菜单栏中的 窗口(W) → 调色板(L) → 默认 调色板 命令，即可打开调色板。

通过使用挑选工具选择需要填充颜色的对象，然后单击右侧调色板中的色彩方块，即可将所选颜色应用到对象上。此外，在所选的颜色上按住鼠标左键不放，可弹出其近似色。

2．通过“均匀填充”对话框均匀填充

单击工具箱中的“填充工具”按钮右下角的小三角形，可弹出隐藏的工具组，其中包括多种填充工具，如图 5.2.1 所示。

单击填充工具组中的“均匀填充”按钮，可弹出“均匀填充”对话框，如图 5.2.2 所示。在此对话框的中间有一个色带与滑块，上下拖动色带上的滑块可选择需要填充的大致色彩范围；在左边的色彩选择区中，有一个用于选择色彩的小方框，拖动此方框可以精确地选择需要的色彩。

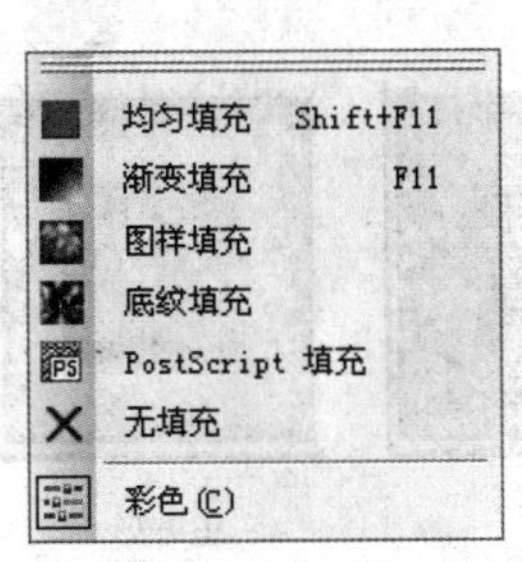

图 5.2.1　填充工具组

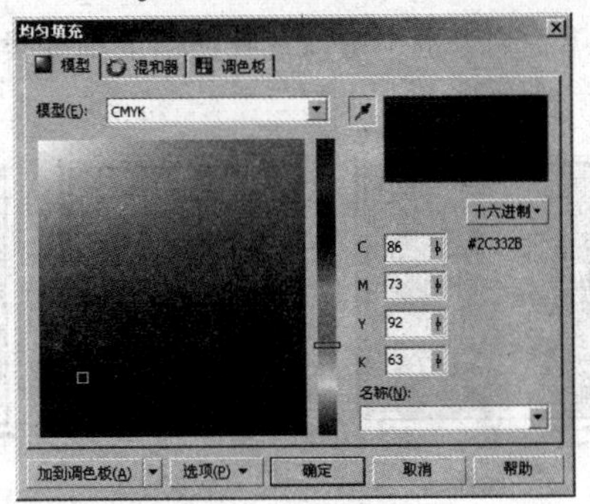

图 5.2.2　“均匀填充”对话框

也可直接在“均匀填充”对话框右侧的色彩模式输入框中可以输入相应的数值来设置所要填充的色彩。设置好参数后，单击 确定 按钮，即可对所选的对象进行均匀填充。

3．通过颜色泊坞窗均匀填充

均匀填充与轮廓色的填充相似，可以通过“颜色”泊坞窗来进行均匀填充。先使用挑选工具选择要填充的对象，然后在填充工具组中单击“彩色”按钮，可打开“颜色”泊坞窗，如图 5.2.3 所示。

在此泊坞窗中拖动色带上的滑块，可选择需要填充的大致色彩范围；在色彩选择区中拖动选择色彩小方框，可精确地选择需要的颜色；最后单击 填充(F) 按钮，即可完成均匀填充，如图 5.2.4 所示。

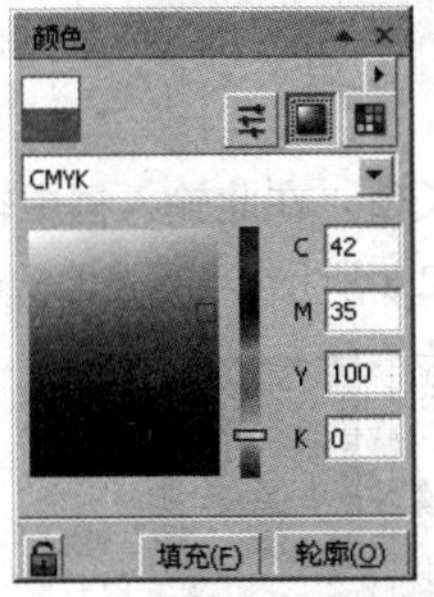

图 5.2.3　“颜色”泊坞窗

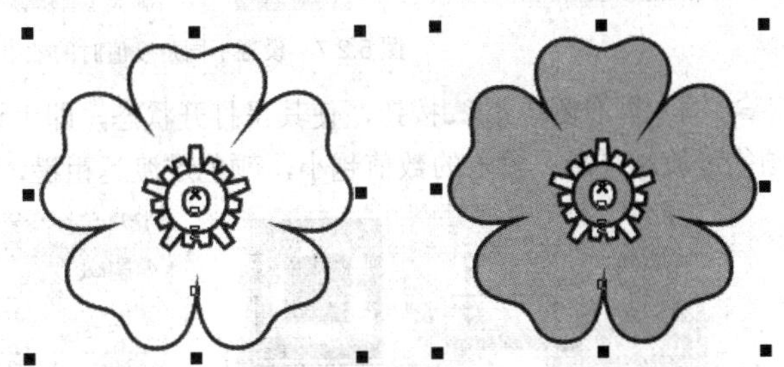

图 5.2.4　均匀填充效果

5.2.2　渐变填充

渐变填充包括线性、辐射、圆锥和正方形 4 种填充类型，利用它们可以为绘制的图形对象添加多种渐变填充效果。在填充工具组中单击“渐变填充”按钮，弹出“渐变填充”对话框，如图 5.2.5 所示。

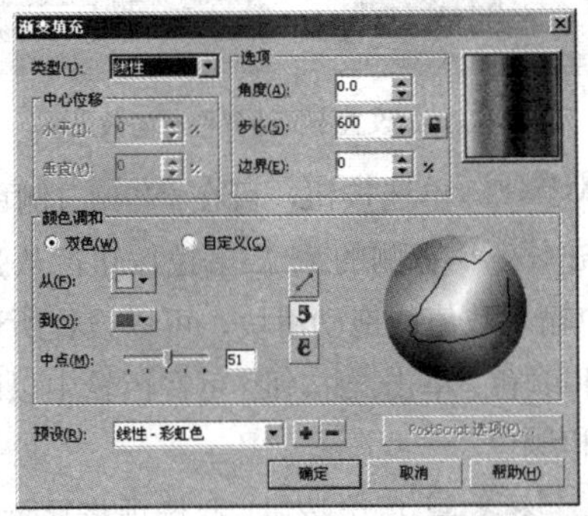

图 5.2.5　“渐变填充”对话框

在类型(T):下拉列表框中可以选择所需的渐变类型，如线性、辐射、圆锥或正方形，如图 5.2.6 所示。

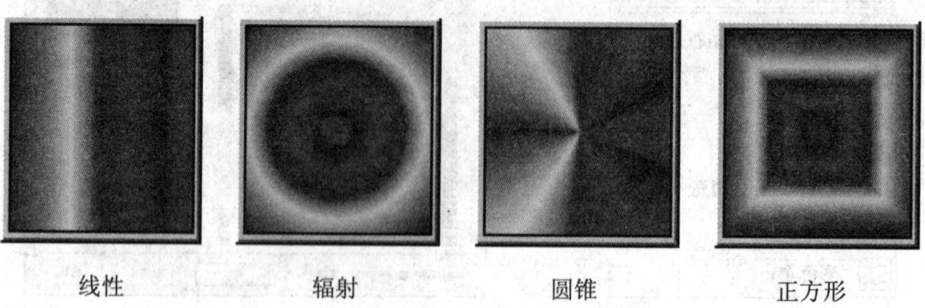

图 5.2.6　渐变填充的类型

在中心位移选项区中通过在水平(I):与垂直(V):输入框中输入数值，可以设置辐射、圆锥或正方形填充的中心在水平与垂直方向上的位移。

在角度(A):输入框中输入数值，可以设置线性、圆锥或正方形填充的角度，输入数值为正值时，可按逆时针旋转；输入数值为负值时，可按顺时针旋转，如图 5.2.7 所示。

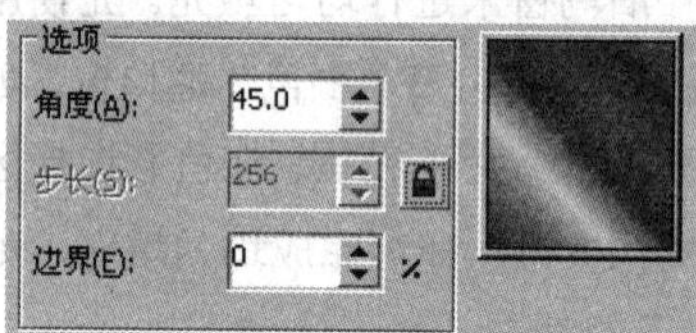

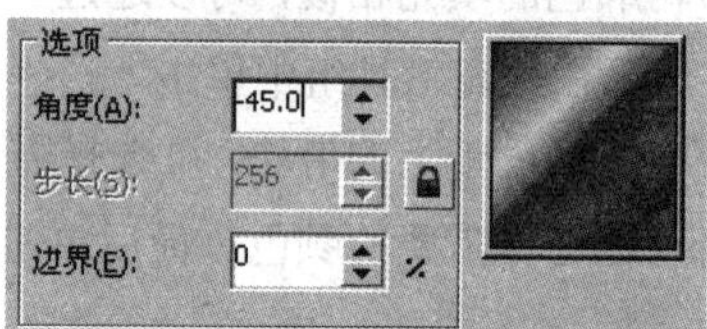

图 5.2.7　设置不同角度值时的效果

在步长(S):输入框右侧单击按钮，使其呈打开状态，即可设置步长值。在此输入框中输入的数值越大，颜色过渡越平滑；输入的数值越小，颜色过渡越粗糙，如图 5.2.8 所示。

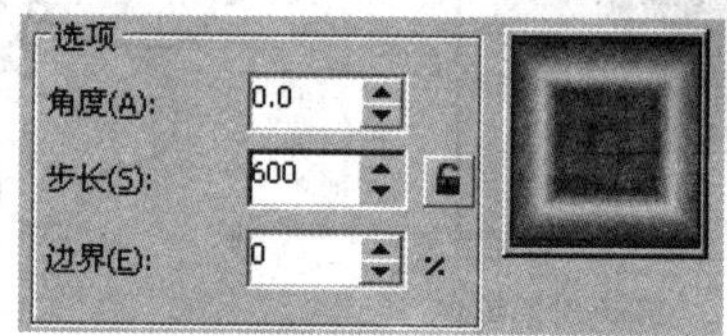

图 5.2.8　设置不同步长值时的效果

在边界(E):输入框中输入数值可设置线性、辐射或正方形填充方式的颜色调和比例，如图 5.2.9 所示。

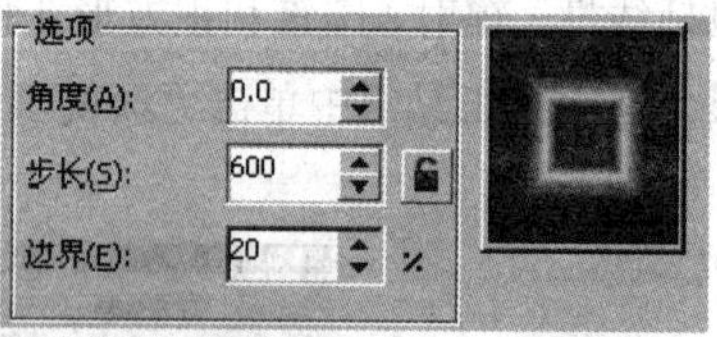

图 5.2.9　设置不同边界值时的效果

在颜色调和选项区中选中 双色(W) 单选按钮，可在从(F):右侧单击下拉按钮，从弹出的调色板中选择所需的起始颜色，单击到(O):右侧的下拉按钮，从弹出的调色板中选择所需的终止颜色。并通过在中点(M):输入框中输入数值或拖动滑块，可以设置所选两种颜色会聚的中心位置，单击按钮，可在色轮中沿直线调和颜色；单击按钮，可在色轮中以顺时针路径调和颜色；单击按钮，可在色轮中以逆时针路径调和颜色。

若在颜色调和选项区中选中 自定义(C) 单选按钮，此选项将显示为如图 5.2.10 所示的状态，从中可以自定义两种以上颜色之间的调和效果。

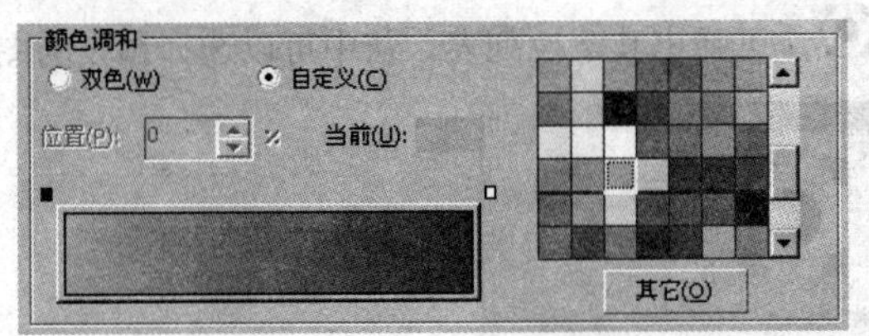

图 5.2.10　自定义颜色调和

渐变预览条上方有两个小方框，叫麦克笔。黑色方框表示处于选中状态，从右侧的调色板中选择深黄色，那么黑色方框所对应的颜色变成深黄。在渐变预览条上的两个小方框中间位置双击鼠标左键，可添加一个新的麦克笔，如图 5.2.11 所示，在右侧的调色板中选择白色，即可使中间麦克笔对应的颜色变为白色，如图 5.2.12 所示。

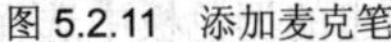
图 5.2.11　添加麦克笔

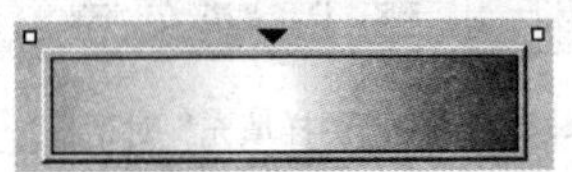
图 5.2.12　改变添加麦克笔的颜色

提示： 如果对麦克笔处添加的颜色不满意，在麦克笔处双击鼠标左键，即可删除麦克笔处添加的颜色。

在位置(P):输入框中输入数值，可设置选中的麦克笔在渐变条上的位置；在当前(U):颜色框中显示的是当前麦克笔所在位置的颜色；单击其它(O)按钮，可从弹出的“选择颜色”对话框中选择所需的颜色；在预设(R):下拉列表中可选择预设的渐变填充样式，这些样式预先设置了颜色、旋转角度、中心位置以及旋转的类型，根据自己的需要也可改变这些预设的渐变填充样式。

设置好渐变颜色后，单击确定按钮，即可将所设置的渐变颜色填充到所选的图形对象中，如图 5.2.13 所示。

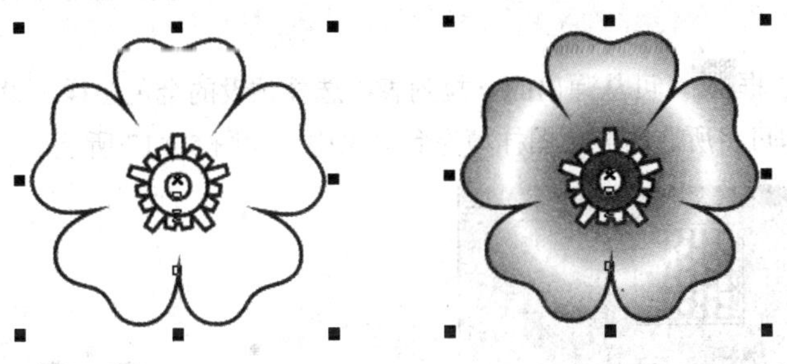

图 5.2.13　渐变填充效果

5.2.3　图样填充

除了均匀填充与渐变填充外，CorelDRAW X5 中还提供了图样填充功能，可以根据需要选择预设的图样填充封闭的对象，以产生一定的效果。图样填充包括双色填充、全色填充和位图填充。

1. 双色填充

双色填充可使用由两种颜色构成的图案进行填充。在填充工具组中单击“图样填充”按钮，弹出“图样填充”对话框，选中 双色(C) 单选按钮，可显示该选项参数，如图 5.2.14 所示。

单击图案下拉列表框，可弹出其下拉列表，从中可以选择预设的图案，如图 5.2.15 所示。

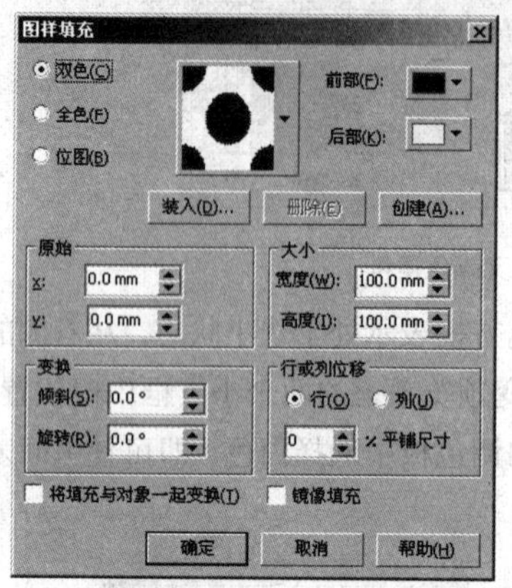

图 5.2.14 “图样填充”对话框

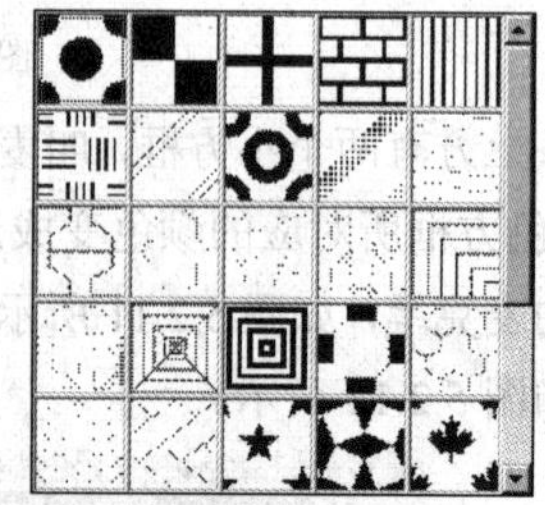

图 5.2.15 图案下拉列表框

单击前部(F):与后部(K):右侧的下拉按钮，可从弹出的调色板中选择双色图样所需的颜色。

在原始选项区中，通过设置 X，Y 输入框中的数值，可设置填充中点所在的坐标位置。

在大小选项区中，通过设置宽度(W):与高度(I):输入框中的数值，可以设置图案的大小。

在变换选项区中，通过设置倾斜(S):与旋转(R):输入框中的数值，可以改变图案的倾斜角度与旋转角度。

在行或列位移选项区中，选中 行(O) 单选按钮，可设置行平铺尺寸的百分比；选中 列(U) 单选按钮，可设置列平铺尺寸的百分比；调节平铺尺寸数值可指定行或列错位的百分比。

2．全色填充

全色图样支持更多的颜色，它使用两种以上的颜色和灰度填充对象。全色图样可以是矢量图案，也可以是位图图案。在“图样填充”对话框中选中 全色(F) 单选按钮，可显示出该选项参数，如图 5.2.16 所示。

单击图案下拉列表框，可从弹出的下拉列表中选择预设的全色图样。设置其他选项的参数，单击 确定 按钮，即可将所选的全色图样填充到对象中，如图 5.2.17 所示。

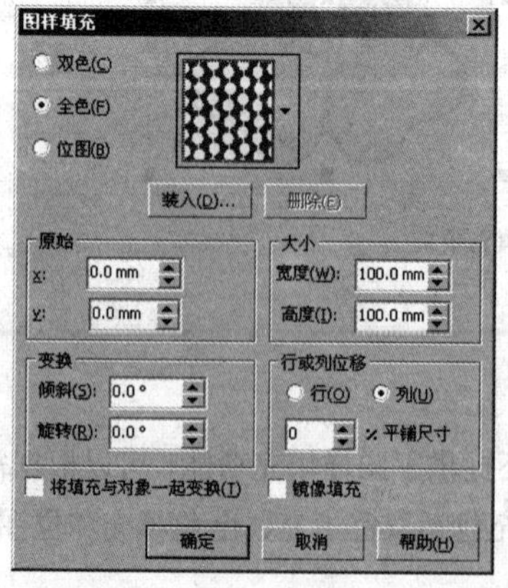

图 5.2.16 选中“全色”选项

图 5.2.17 全色填充

也可以从外部导入一幅图像将其转换为全色图样填充到图形对象中，其具体的操作方法如下：

（1）在“图样填充”对话框中选中 全色(F) 单选按钮后，单击 装入(D)... 按钮，弹出“导入”对话框，从中选择一幅需要导入的图像。

（2）单击 导入 按钮，在“图样填充”对话框中的图案下拉列表中可显示导入的图案，单击 确定 按钮，即可将该图样填充到所选的图形对象中，如图 5.2.18 所示。

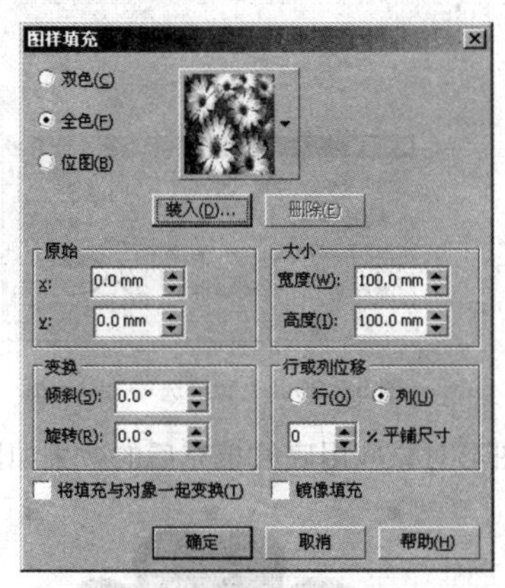

图 5.2.18　导入全色图样进行填充

提示：全色填充与双色填充不同，导入的全色图案不能被保存在图案下拉列表中，预设的全色图案也不能被删除。

3．位图填充

位图填充可使用预设的或导入的位图图像来填充对象，与全色填充不同的是，位图填充只能使用位图进行填充，而不能使用矢量图填充，且位图图样可以被保存或删除。

要使用位图图样填充对象，可在“图样填充”对话框中选中 位图(B) 单选按钮，然后在图案下拉列表中选择需要的预设图案，或单击 装入(D)... 按钮，从弹出的“导入”对话框中选择位图图像，单击 导入 按钮将其导入为位图图样，在“图样填充”对话框中设置其他选项参数，单击 确定 按钮，即可为对象填充位图图样。

5.2.4　底纹填充

底纹填充是随机产生的填充，它使用小块的位图填充图形对象，可以给图形对象一个自然的外观。单击工具箱中的“底纹填充”按钮，弹出“底纹填充”对话框，如图 5.2.19 所示。

使用底纹填充的具体操作方法如下：

（1）单击工具箱中的“底纹填充”按钮，弹出“底纹填充”对话框。

（2）在该对话框中的 底纹库(L): 下拉列表中选择底纹样本。

（3）在 底纹列表(T): 列表框中选择需要的底纹图案。

（4）在右侧的选项区中可进一步设置所选底纹样式的参数，单击 预览(V) 按钮，可预览参数设置的效果。

（5）单击 选项(O)... 按钮，可打开“底纹选项”对话框，如图 5.2.20 所示，在该对话框中可对底纹图案的分辨率和尺寸宽度进行设置。

（6）单击 平铺(I)... 按钮，可弹出“平铺”对话框，如图 5.2.21 所示，在该对话框中可设置底纹图案的拼接方式。

图 5.2.19 “底纹填充”对话框

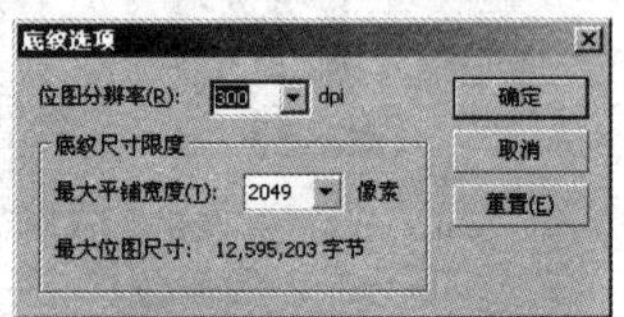

图 5.2.20 “底纹选项”对话框

（7）设置好参数后，单击 确定 按钮，对图形对象应用底纹填充后的效果如图 5.2.22 所示。

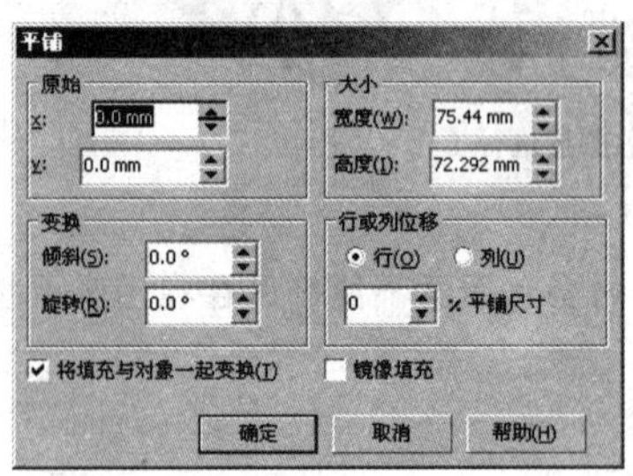

图 5.2.21 “平铺”对话框

图 5.2.22 底纹填充效果

5.2.5 PostScript 填充

PostScript 底纹填充是指用 PostScript 语言设计的一种底纹填充。单击工具箱中的“PostScript 底纹填充”按钮，弹出“PostScript 底纹”对话框，如图 5.2.23 所示。

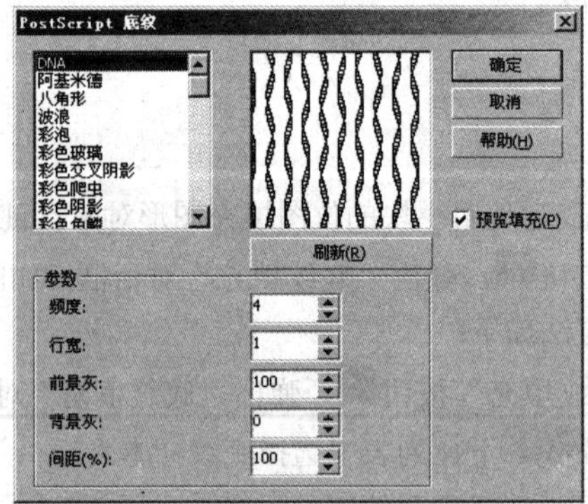

图 5.2.23 “PostScript 底纹”对话框

PostScript 底纹填充的方法如下：

（1）单击工具箱中的“PostScript 底纹填充”按钮，弹出“PostScript 底纹”对话框。

（2）在该对话框左侧的列表中选择所需的 PostScript 底纹，选中对话框右侧的 预览填充(P) 复选框，可在预览窗口中预览不同的底纹效果。

（3）在参数选项区中可对填充的 PostScript 底纹图案的外观、行宽、前景灰度和背景灰度进行调整。

（4）单击刷新(R)按钮，可在预览窗口中预览更改参数后的效果。

（5）设置好参数后，单击确定按钮，对图形对象应用 PostScript 底纹填充效果如图 5.2.24 所示。

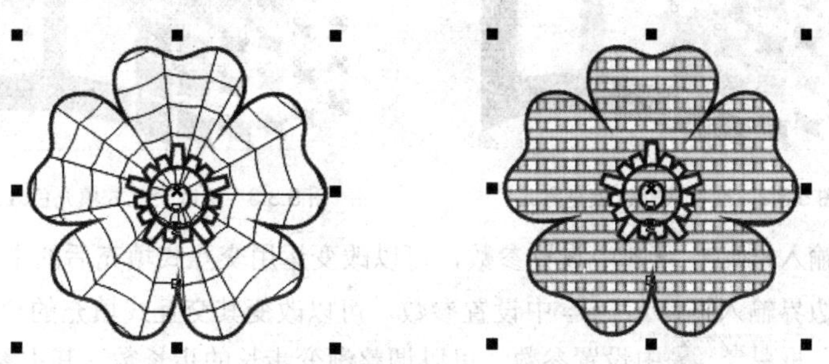

图 5.2.24 不同的 PostScript 底纹填充效果

5.3 交互式填充

在 CorelDRAW X5 中，使用交互式填充工具组可以对所选对象进行均匀填充，线性、辐射、圆锥、正方形、双色图样、全色图样、位图图样等多种交互式填充，还可以通过调和网状网格中的多种颜色或阴影来填充所选对象，使填充变得更加简单直观。

5.3.1 交互式填充工具

交互式填充工具可以通过绘图窗口和属性栏中的标记更改角度、终点和颜色来动态创建填充。单击工具箱中的“交互式填充工具”按钮，在其属性栏中单击均匀填充下拉列表框，可弹出如图 5.3.1 所示的下拉列表。

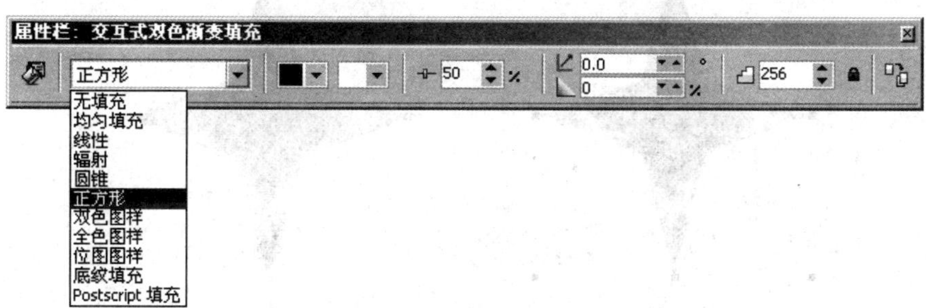

图 5.3.1 “交互式填充工具”属性栏

从中可选择填充的类型，如果选择“正方形”选项，系统将以默认的正方形填充方式填充所选的图形对象，如图 5.3.2 所示。其中，虚线连接的两个小方块代表着渐变色的起点与终点，在线条的中央有一个代表渐变填色中间点的控制条，当用鼠标移动渐变条上的起点或终点及中间点的位置时，就会将渐变填充的分布状况改变。

在属性栏中分别单击起点和终点下拉列表，可以从弹出的下拉列表框中为起点和终点选择不同的颜色，如图 5.3.3 所示。

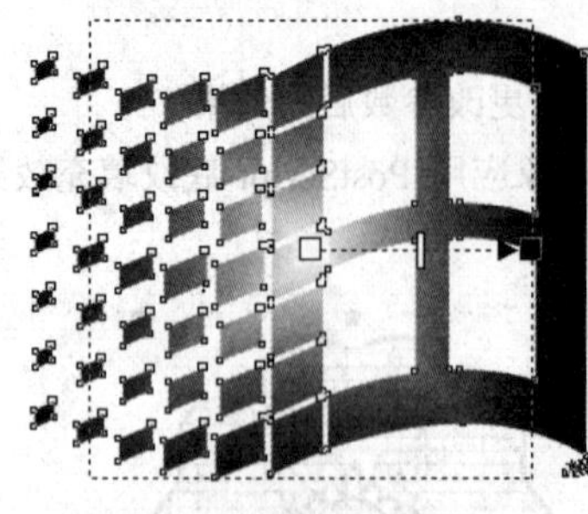

图 5.3.2　交互式默认填充方式

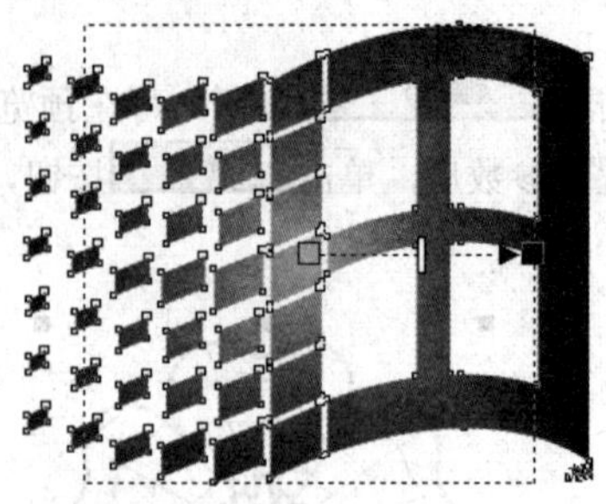

图 5.3.3　更改交互式填充色效果

在填充中心点输入框 中设置参数，可以改变运用交互式填充后的中心位置。

在填充角度和边界输入框 中设置参数，可以改变其交互式填充的角度和宽度。

在渐变步长输入框 中设置参数，可以调整渐变步长的步长数。其中参数值越大，渐变就越光滑。

单击“复制填充属性”按钮，可以将填充后的交互式填充属性复制到当前要进行交互式填充的图形上。

提示：使用鼠标还可将调色板中的颜色块拖至交互式填充的虚线上，当松开鼠标后，即可将所选颜色添加到对象中。

5.3.2　网状填充工具

使用网状填充工具可以更方便、更容易地对图形对象进行变形或填充。使用挑选工具选择图形对象后，单击工具箱中的“交互式填充工具”按钮右下角的小三角，在隐藏的工具组中单击“网状填充工具”按钮，此时将会在所选的图形对象上显示出一些网格，如图 5.3.4 所示。

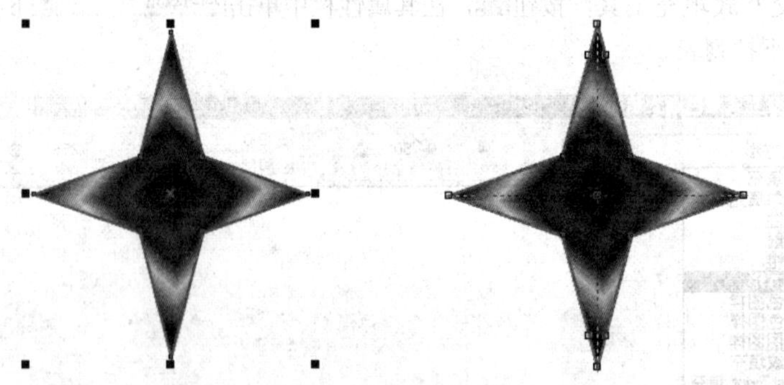

图 5.3.4　使用网状填充工具

在“网状填充工具”属性栏中可以对所选图形对象的填充属性进行设置，如图 5.3.5 所示。其各选项含义介绍如下：

图 5.3.5　“网状填充工具”属性栏

（1）在网格大小输入框 中输入数值，可以使网格的密度和数量发生变化。

（2）单击矩形下拉列表，可从弹出的下拉列表框中选择手绘或矩形选取范围模式。

（3）单击“添加交叉点”按钮，可以在网格线上添加一个节点。

（4）单击“删除节点”按钮，可以将网格线上的节点删除。

（5）在曲线平滑度输入框中输入数值，可以通过更改节点数量来调整曲线的平滑度。

（6）单击“平滑网状颜色”按钮，可以减少网状填充中的硬边缘。

（7）单击“选择颜色”按钮，可以从文档窗口中进行颜色取样。

（8）在透明度输入框中输入数值，可以显示所选节点区域下次的对象。

（9）单击“复制网状填充属性”按钮，可将图形的网格属性复制到新的图形上。

（10）单击“清除网状”按钮，可以移除对象中的网状填充。

使用鼠标在任意一个网格中单击，即可将该网格选中，此时在调色板中选择一种颜色，将会看到所选颜色以选中的网格为中心，向外分散填充，如图 5.3.6 所示。

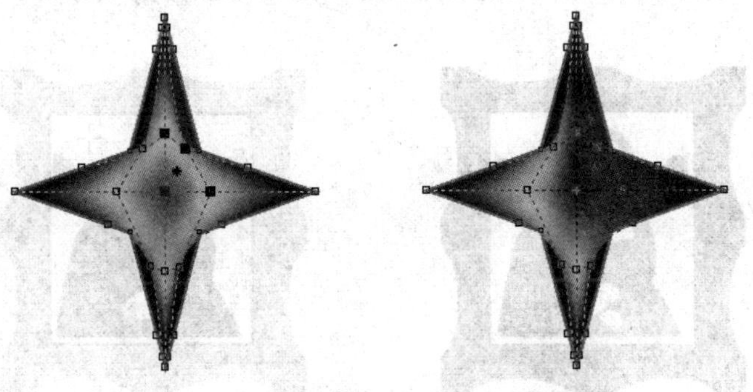

图 5.3.6 交互式网格填充

如果选中网格上的节点，则所选颜色将以该节点为中心向外分散填充，用鼠标调节网格上的节点，即可改变所填充区域的颜色，如图 5.3.7 所示。

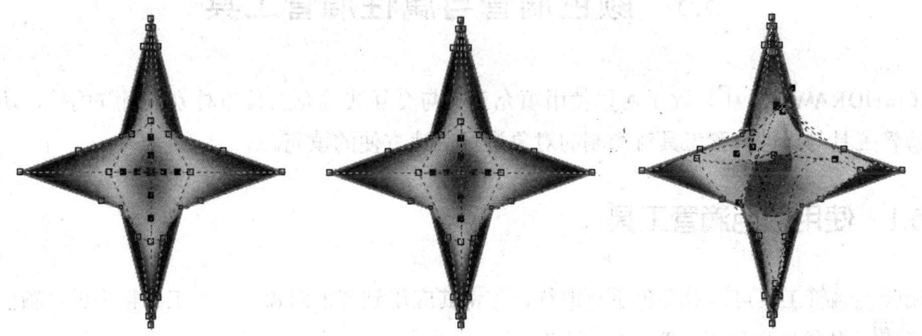

图 5.3.7 改变填充区域

提示：若要为一个开放曲线填充，可按“Ctrl+J”键弹出“选项”对话框，从常规选项中选中填充开放式曲线(F)复选框，单击确定按钮，即可为所选的开放曲线进行填充。

5.4 智能填充工具

智能填充工具可以用来填充封闭的对象，也可以对任意两个或多个对象的重叠区域进行填充，该功能对于从事动漫创作、矢量绘画、服装设计及 VI 设计工作的人来说，无疑是一个惊喜。单击工具箱中的“智能填充工具”按钮，其属性栏显示如图 5.4.1 所示。

图 5.4.1 “智能填充工具”属性栏

在其属性栏中的填充选项:右侧单击指定下拉列表，可从弹出的下拉列表中选择将默认或自定义填充属性应用到新对象，在填充色下拉列表框中可以选择要填充的颜色；在轮廓选项:右侧单击指定下拉列表，可从弹出的下拉列表中选择将默认或自定义轮廓设置应用到新对象，在0.1 mm下拉列表框中可以设置对象的轮廓宽度，在下拉列表框中可以选择对象的轮廓色。

设置好参数后，使用工具箱中的智能填充工具在要填充的图形对象上单击即可，填充效果如图 5.4.2 所示。

图 5.4.2 使用智能填充工具填充对象效果

5.5 颜色滴管与属性滴管工具

在 CorelDRAW X5 中，除了可以使用填充工具与交互式填充工具为对象填充颜色外，还可以使用颜色滴管工具与属性滴管工具对绘制的对象进行快速方便的填充。

5.5.1 使用颜色滴管工具

使用颜色滴管工具可以对颜色进行取样，并将其应用到其他对象。单击工具箱中的“颜色滴管工具”按钮，其属性栏显示如图 5.5.1 所示。

图 5.5.1 颜色滴管工具属性栏

单击“选择颜色”按钮，可以从绘图区中进行颜色取样。

单击“应用颜色”按钮，可以将所选颜色应用到另一个对象上。

单击按钮，表示单像素取样；单击按钮，表示对 2×2 像素区域中的平均颜色值进行取样；单击按钮，表示对 5×5 像素区域中的平均颜色值进行取样。

单击从桌面选择按钮，表示对应用程序外的颜色进行取样。

设置好参数后，将光标移至绘图区中，此时光标显示为形状，将光标放置在图像上方，会自动显示当前图像的颜色信息值，如果是 RGB 图像，会显示出 web 网页色值；如果是 CMYK 图像，则会显示 CMYK 值。在需要吸取颜色的对象上单击鼠标左键即可吸取颜色，吸取颜色后，“应用颜色”按钮会自动激活，用户可以立即将取样的颜色应用到另一个对象上，也可以将颜色直接从一个对象拖曳到另一个对象，填充后的颜色会自动保存到文档调色板色盘中，如图 5.5.2 所示。

图 5.5.2　使用颜色滴管工具填充对象效果

5.5.2　使用属性滴管工具

使用属性滴管工具可以复制对象属性，如填充、轮廓、大小和效果，并将其应用到其他对象。单击工具箱中的“属性滴管工具”按钮，其属性栏显示如图 5.5.3 所示。其属性栏中各选项含义介绍如下：

单击“选择对象属性”按钮，可以从绘图区中对对象属性，如轮廓、填充、文本等进行取样。

单击“应用对象属性”按钮，可以将所选的对象属性应用到另一个对象。

单击属性下拉列表，可从弹出的下拉列表框中选择要取样的对象属性，如图 5.5.4 所示。

图 5.5.3　属性滴管工具属性栏

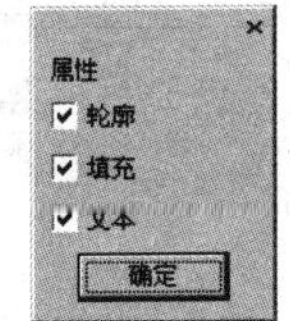

图 5.5.4　“属性”下拉列表

单击变换下拉列表，可从弹出的下拉列表框中选择要取样的对象变换，如图 5.5.5 所示。

单击效果下拉列表，可从弹出的下拉列表框中选择要取样的对象效果，如图 5.5.6 所示。

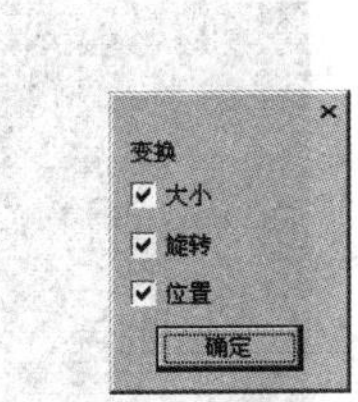

图 5.5.5　“变换”下拉列表

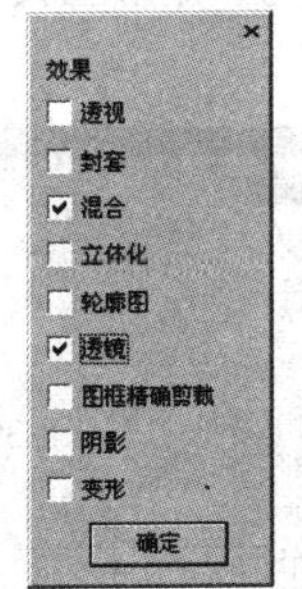

图 5.5.6　“效果”下拉列表

设置好参数后，将光标移至绘图区中，此时光标显示为形状，将该工具移至需要吸取对象的上方单击鼠标左键，此时，“应用对象属性”按钮会自动激活，用户可以立即将取样的对象属性应用到另一个对象上，效果如图 5.5.7 所示。

图 5.5.7 使用属性滴管工具填充对象效果

5.6 应用实例——绘制玻璃杯

本节主要利用所学的知识绘制玻璃杯，最终效果如图 5.6.1 所示。

图 5.6.1 最终效果图

操作步骤

（1）启动 CorelDRAW X5 应用程序，按“Ctrl+N”键，新建一个空白文档。

（2）单击工具箱中的“渐变填充工具”按钮，弹出“渐变填充”对话框，设置其对话框参数如图 5.6.2 所示。其中，设置上方的色标值为“#164205”、下方的色标值为“#7FFC00”。

（3）双击工具箱中的“矩形工具”按钮，即可在绘图区中绘制一个与页面大小相等的矩形，效果如图 5.6.3 所示。

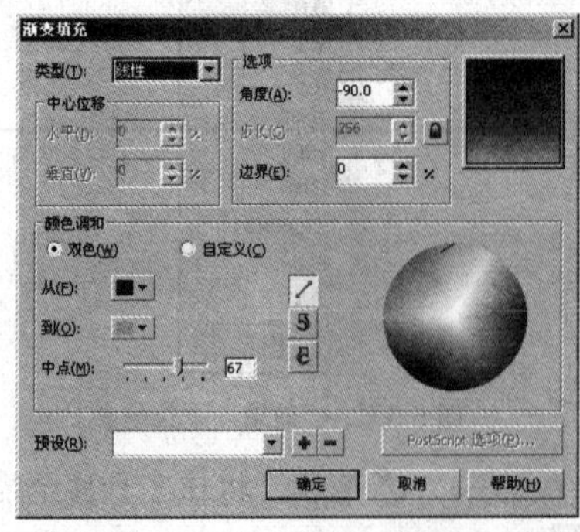

图 5.6.2 “渐变填充”对话框

图 5.6.3 绘制并填充矩形效果

（4）单击工具箱中的“矩形工具”按钮，设置其属性栏参数如图5.6.4所示。

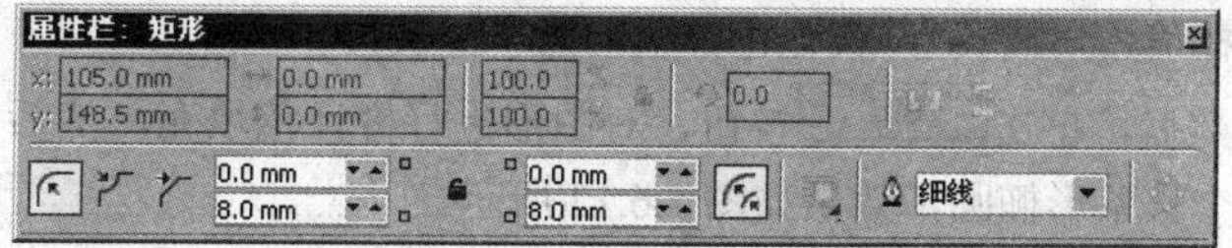

图5.6.4 “矩形工具”属性栏

（5）在绘图区中绘制一个如图5.6.5所示的图形，然后按“Ctrl+Q”键，将其转换为曲线。

（6）单击工具箱中的“形状工具”按钮，调整图形上方的两个节点，效果如图5.6.6所示。

图5.6.5 绘制图形

图5.6.6 调整节点位置

（7）单击工具箱中的“刻刀工具”按钮，在绘制的图形上方进行切割，并使用选择工具将切割后的图形向上移动一定的距离，效果如图5.6.7所示。

（8）按“F11”键，弹出“渐变填充”对话框，设置其对话框参数如图5.6.8所示。其中，设置左侧色标值为“20%黑”、中间色标值为“白色”、右侧色标值为“10%黑”。

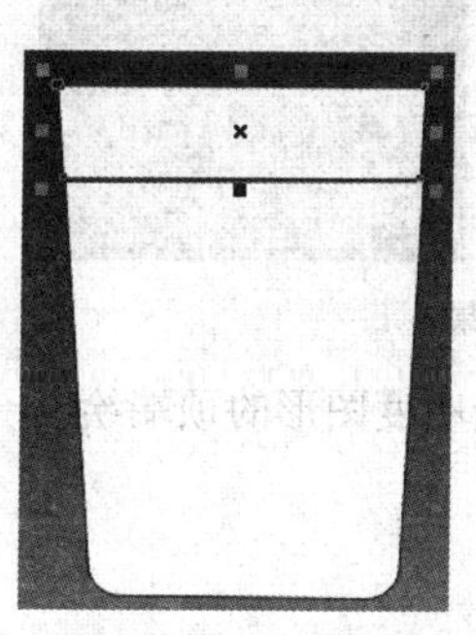

图5.6.7 切割图形效果

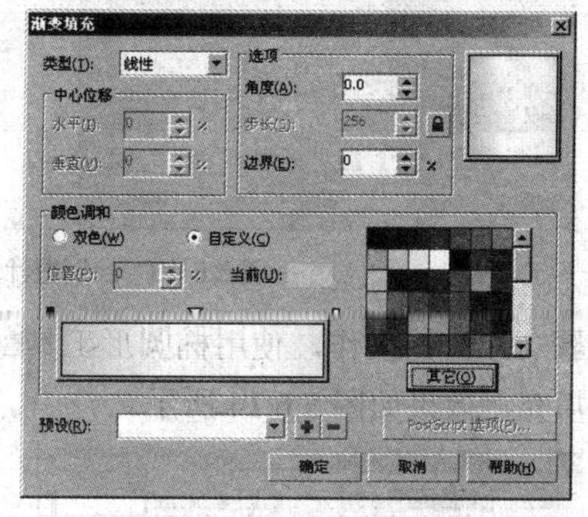

图5.6.8 设置玻璃渐变色

（9）设置好参数后，单击 确定 按钮，应用线性渐变填充效果如图5.6.9所示。

（10）单击工具箱中的“交互式透明工具”按钮，为图形添加透明效果，如图5.6.10所示。

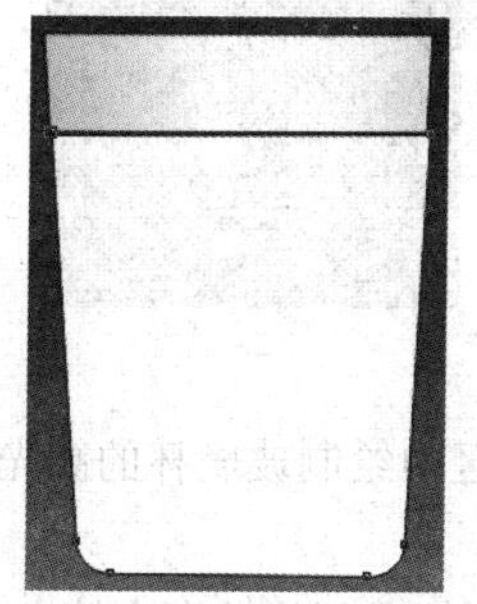

图5.6.9 应用线性渐变填充效果

图5.6.10 添加交互式透明度效果

（11）按“F11”键，弹出“渐变填充”对话框，设置其对话框参数如图 5.6.11 所示。其中，设置第 2 个和第 5 个色标值为“橘黄”，其他色标值均为“深黄”。

（12）设置好参数后，单击确定按钮，对图形进行橙汁色填充，然后使用椭圆工具在透明图形的下方绘制一个长条形椭圆，效果如图 5.6.12 所示。

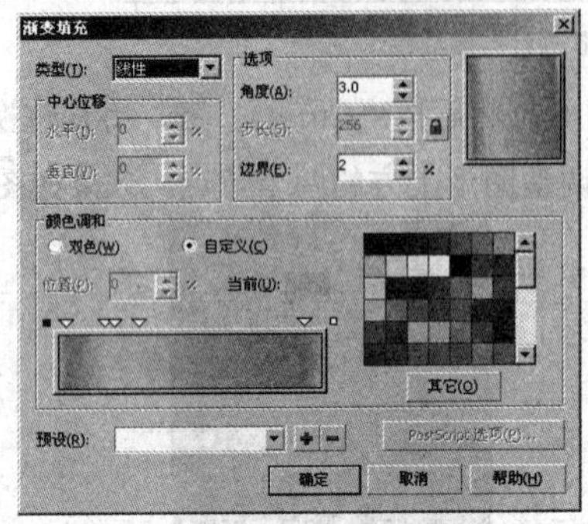

图 5.6.11　设置橙汁的颜色

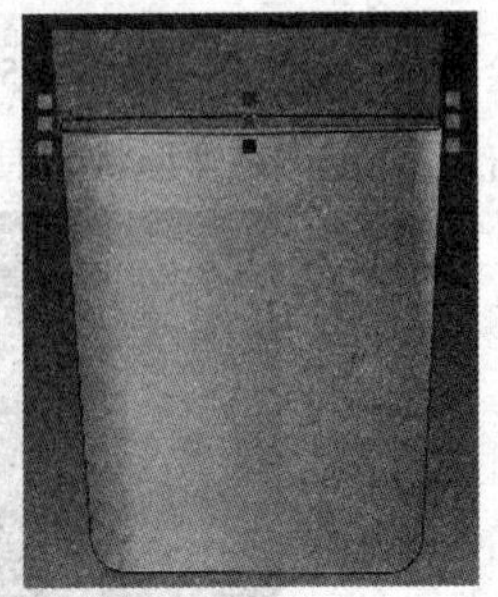

图 5.6.12　绘制长条形椭圆

（13）单击工具箱中的“底纹填充”按钮，在弹出的“底纹填充”对话框中设置第 1 色为“橘黄”、第 2 色为“深黄”，效果如图 5.6.13 所示。

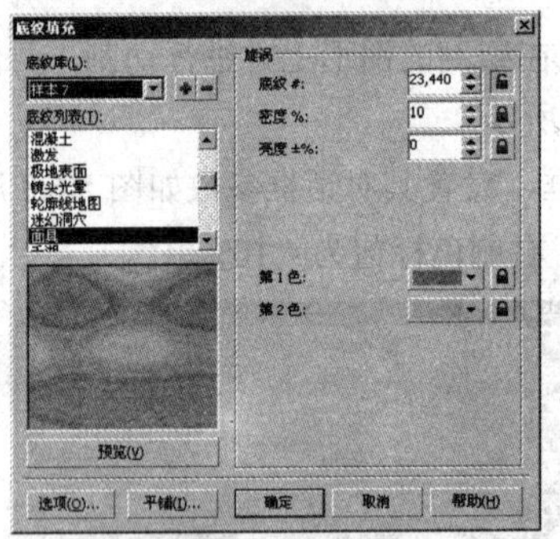

图 5.6.13　绘制橙汁表面效果

（14）重复步骤（12）的操作，使用椭圆形工具在透明度图形的顶端绘制一个长条椭圆，并对其进行线性渐变填充，效果如图 5.6.14 所示。

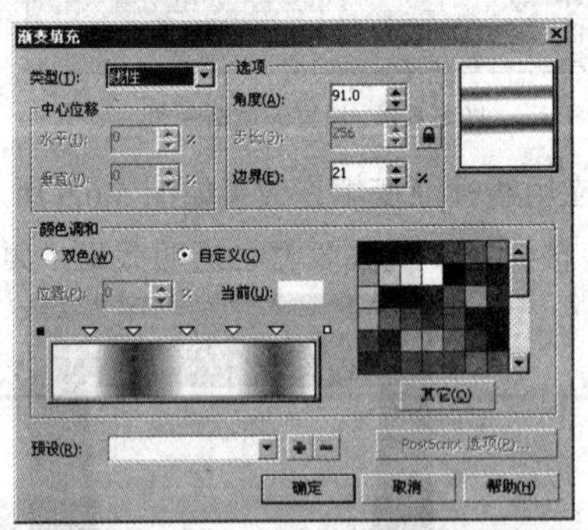

图 5.6.14　绘制玻璃杯边沿

（15）单击工具箱中的“贝塞尔工具”按钮，在绘图区中绘制玻璃杯的高光部分图形，效果如图 5.6.15 所示。

（16）重复步骤（8）的操作，分别对绘图区中绘制的高光图形进行线性渐变填充，效果如图 5.6.16 所示。

图 5.6.15 绘制高光部分图形

图 5.6.16 填充高光效果

（17）使用选择工具选中绘制的橙汁部分图形，然后按“+”键复制一个图形副本。

（18）使用工具箱中的交互式透明工具为图形副本添加透明度效果，如图 5.6.17 所示。

（19）单击工具箱中的“钢笔工具”按钮，在绘图区中绘制一个蓝色的吸管图形，并将其置于玻璃杯图形的下方，效果如图 5.6.18 所示。

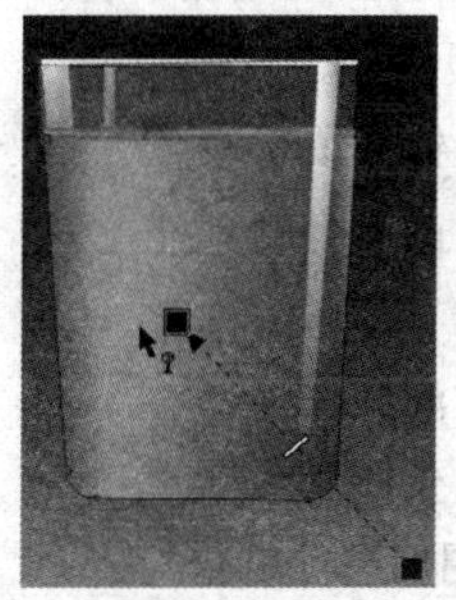
图 5.6.17 添加交互式透明度效果

图 5.6.18 绘制吸管图形

（20）按“Ctrl+I”键，在绘图区中导入一幅位图，并调整其大小及位置，效果如图 5.6.19 所示。

（21）单击工具箱中的“艺术笔工具”按钮，在绘图区中绘制花朵，效果如图 5.6.20 所示。

图 5.6.19 导入位图

图 5.6.20 绘制花朵

（22）按“Ctrl+K”键拆分艺术笔群组，然后将绘制的花朵移至合适的位置，最终效果如图 5.6.1 所示。

本 章 小 结

本章主要介绍了图形的轮廓与填充，包括图形的轮廓、图形的填充、交互式填充，以及智能填充工具、颜色滴管工具和属性滴管工具的使用方法与技巧。通过本章的学习，读者可以掌握并灵活运用各种填充工具创建出色彩丰富的图形效果。

实 训 练 习

一、填空题

1. ＿＿＿＿＿填充是在封闭路径的对象内填充单一的颜色，此填充也是最基本的填充方式。

2. 在 CorelDRAW X5 中渐变填充的方式有＿＿＿＿＿、＿＿＿＿＿、＿＿＿＿＿与＿＿＿＿＿。

3. 在“图样填充”对话框中，CorelDRAW X5 为用户提供了 3 种图案：＿＿＿＿＿、＿＿＿＿＿和＿＿＿＿＿。

4. 为图形填充渐变颜色之后，可利用＿＿＿＿＿对渐变效果的方向和范围进行调整。

二、选择题

1. 为对象填充图案样式时，用户不能够使图案样式（　）。

（A）改变大小　　（B）镜像填充
（C）改变角度　　（D）改变亮度

2. 使用颜色滴管工具可以选择的填充方式有（　）。

（A）单色　　（B）渐变
（C）图案　　（D）位图

3.（　）填充可以通过双色、全色或位图的方式对图形进行填充。

（A）底纹　　（B）均匀
（C）图样　　（D）PostScript 底纹

4. 在 CorelDRAW X5 中，其工具箱中的图标表示的是（　）。

（A）艺术笔工具　　（B）颜色滴管工具
（C）属性滴管工具　　（D）轮廓笔工具

三、简答题

1. PostScript 底纹图案填充与其他图案填充相比有哪些特殊性？

2. 颜色滴管工具和属性滴管工具的作用分别是什么？

四、上机操作题

1. 利用本章所学的知识，绘制一个如题图 5.1 所示的圆珠笔图形。

2. 利用本章所学的知识，绘制一个如题图 5.2 所示的气球图形。

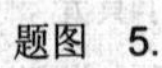

题图　5.1

题图　5.2

第 6 章　文本的输入与编辑

文本是具有特殊属性的图形对象，利用 CorelDRAW X5 的文本功能可以方便地编辑处理文本，并且可以轻松地将文本内容建立在图形中的指定位置，还可以制作出非常复杂的版式或特效文字。

知识要点

- 美术文本
- 段落文本
- 沿路径文本
- 文本的其他编辑操作

6.1　美 术 文 本

在 CorelDRAW X5 中，文本分为美术文本和段落文本两种。美术文本常用来作为文档的标题文字，或设计说明等少量的文字。美术文本的调整方式与普通的图形很相似，可以对美术文本应用几乎全部的图形效果，使美术文本更加美观。

6.1.1　输入美术文本

利用美术文本的各种特性，可以设计出各种文字效果。美术文本的输入方法比较简单，单击工具箱中的“文本工具”按钮字，在绘图区中单击鼠标左键插入输入文本的光标，然后选择相应的输入法，在绘图区中输入所需的文本即可，如图 6.1.1 所示。

图 6.1.1　输入美术文木

6.1.2　选择文本

使用文本工具选择文本的方式有两种，即选择整个文本和选择部分文本。在 CorelDRAW X5 中可以通过文本工具、选择工具、形状工具以及键盘上的“Tab”键来选择文本。单击工具箱中的“选择工具”按钮，在绘图区中单击输入的美术文本对象，此时，文本四周会出现 8 个控制点，即可选中整个文本，如图 6.1.2 所示。

图 6.1.2　选择整个文本

使用选择工具只能选择整个文本，而不能对部分文本进行选择。若要选择部分文本，只需使用文本工具字在所要选择的文本处按住鼠标左键，将其拖曳至要选择文本的结束处即可，被选择的文本呈现灰色状态，如图 6.1.3 所示。

图 6.1.3　选择部分文本

使用工具箱中的形状工具在文本上单击，即可选择文本，此时在每一个字符的左下方将出现一个空心的点，用鼠标单击空心点将会使其变成黑色，表示该字符被选中，这个空心点就是字符的节点，如图 6.1.4 所示。

图 6.1.4　选择字符

6.1.3　美术文本属性设置

在 CorelDRAW X5 中，使用文本工具属性栏可以设置选中的文本对象的对齐方式、文本方向、首字下沉和项目符号等。单击工具箱中的的“文本工具”按钮字，其属性栏如图 6.1.5 所示。

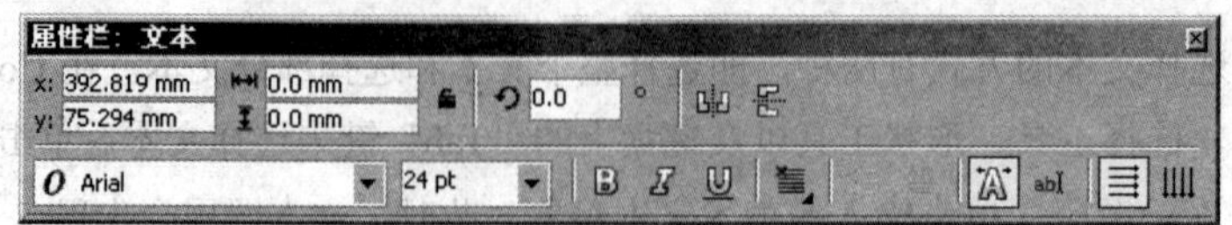

图 6.1.5　“文本工具”属性栏

该属性栏中的各选项含义介绍如下：

（1）在 180.0 ° 输入框中输入数值，可以设置文本的旋转角度。

（2）单击和按钮，可以对输入的文本进行水平或垂直镜像。

（3）在 Arial 下拉列表中可设置文本的字体，如图 6.1.6 所示。

图 6.1.6　设置文本字体

（4）在 24 pt 输入框中输入数值，可设置字体的大小，如图 6.1.7 所示。

图 6.1.7　设置字体大小

提示：当文字处于选中状态时，将鼠标移至其四角的任意一个控制点上，按住鼠标左键拖动，也可以改变文字的大小。

（5）单击按钮，可以分别为文字设置加粗、斜体和加下画线等效果，如图 6.1.8 所示。

（6）单击“文本对齐”按钮，可从打开的如图 6.1.9 所示的文本对齐面板中设置美术文本的对齐方式。

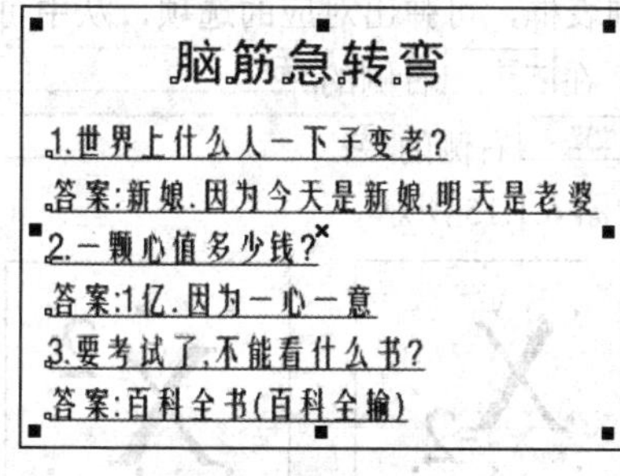

图 6.1.8　添加下画线效果

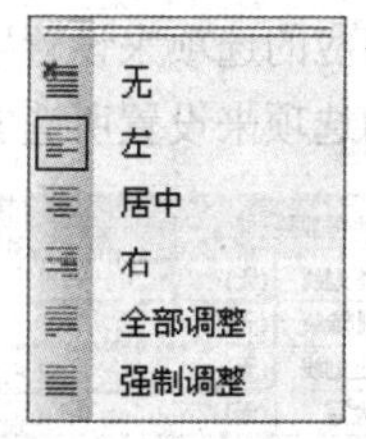

图 6.1.9　文本对齐面板

（7）单击“字符格式化”按钮，可从打开的“字符格式化”泊坞窗中设置文本的属性。

（8）单击“编辑文本”按钮，弹出“编辑文本”对话框，在该对话框中可以设置文本的字体、字号和各种字符效果等，如图 6.1.10 所示。

（9）单击按钮，可以使竖直放置的文本更改为水平放置，如图 6.1.11 所示。

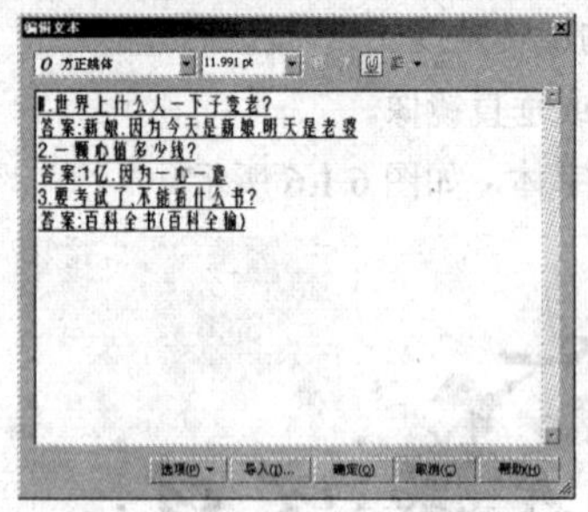

图 6.1.10 “编辑文本”对话框

图 6.1.11 更改文本方向

（10）单击按钮，可以使水平放置的文本更改为竖直放置。

6.1.4 字符格式化命令

选择菜单栏中的 文本(X) → 字符格式化(F) 命令，可打开“字符格式化”泊坞窗，在其中显示着设置字符的相关选项参数，如图 6.1.12 所示。

（1）在 常规 下拉列表中可设置字体的样式，如图 6.1.13 所示。

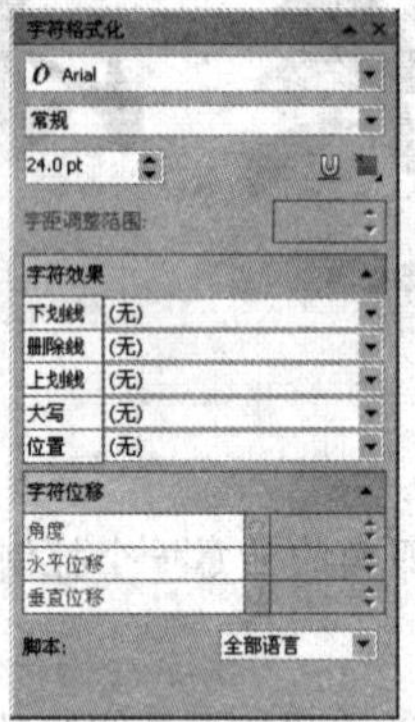

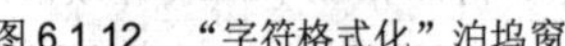

图 6.1.12 “字符格式化”泊坞窗

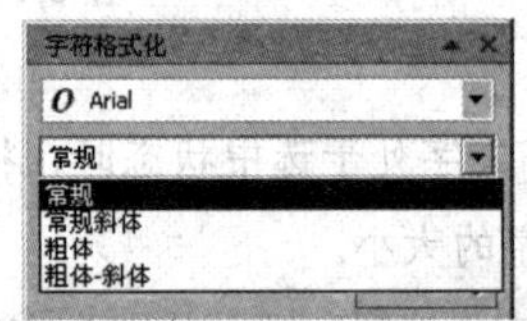

图 6.1.13 “常规”下拉列表

（2）在 字符效果 列表框中提供了 5 种设置字符属性的选项，如图 6.1.14 所示。在 下划线 、删除线 和 上划线 右侧单击 (无) 下拉列表框，可弹出对应的选项，从中可选择相应的线型对文本对象添加下画线、删除线以及上画线等；在 大写 右侧的 (无) 下拉列表中可以选择相应的选项来设置字母的大小写；在 位置 右侧的 (无) 下拉列表中可以选择相应的选项来设置所选文本的上下标，如图 6.1.15 所示。

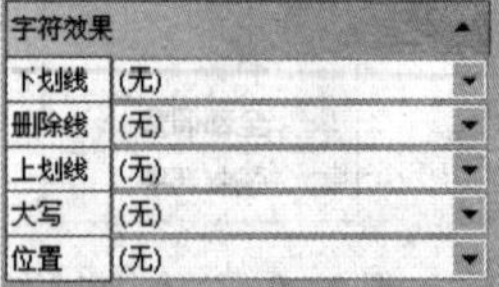

图 6.1.14 字符效果列表框

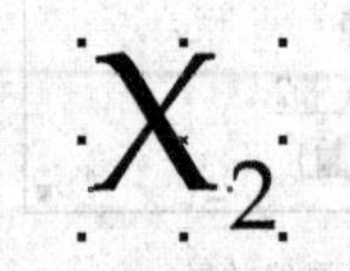

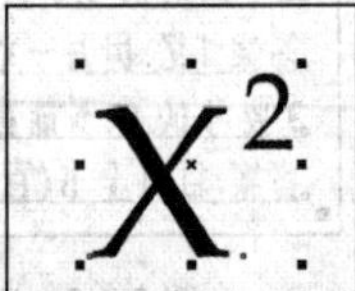

图 6.1.15 设置文本上下标

（3）在 字符位移 下拉列表中可设置字符的角度、水平与垂直偏移的方向。在 角度 输入框中输入正数，可使字符逆时针旋转，输入负数，可使字符顺时针旋转；在 水平位移 输入框中输入正数，字符向右移动，输入负数，字符向左移动；在 垂直位移 输入框中输入正数，字符向上移动，输入负数，字符向下移动，效果如图 6.1.16 所示。

图 6.1.16　字符位移效果

（4）在脚本:下拉列表框全部语言中可设置文本的属性，如亚洲、拉丁文、中东文等。

6.1.5　美术文本转换为曲线

将美术文本转换为曲线的操作方法为：单击工具箱中的“选择工具”按钮，选中需要转换的美术文本，然后单击鼠标右键，在弹出的快捷菜单中选择转换为曲线(V)命令或按“Ctrl+Q”键，即可将选定的文本转换为曲线。转换为曲线后，可选择形状工具对其进行调整。如图 6.1.17 所示为将美术文本转换为曲线后的编辑效果。

图 6.1.17　将美术文本转换为曲线后的编辑效果

提示：美术文本转换成曲线后，就不再具有任何文本属性，而且也不能再将其转换为美术文本。

6.2　段 落 文 本

段落文本是建立在美术文本模式的基础上的大块区域的文本，比较适合于在文档中添加大型文本，如报纸、宣传册及宣传单等。

6.2.1　输入段落文本

单击工具箱中的“文本工具”按钮，在绘图页中的适当位置单击鼠标左键并拖动出一个虚线矩形框后，即可在闪动光标后输入文字，如图 6.2.1 所示。

在默认情况下，无论输入多少文字，文本框的大小都会保持不变，而超出文本框范围的文字都将自动隐藏。要想将隐藏的文本全部显示出来，将鼠标放在图标上，按住鼠标左键不放的同时往下拖动即可将隐藏的文本显示出来。

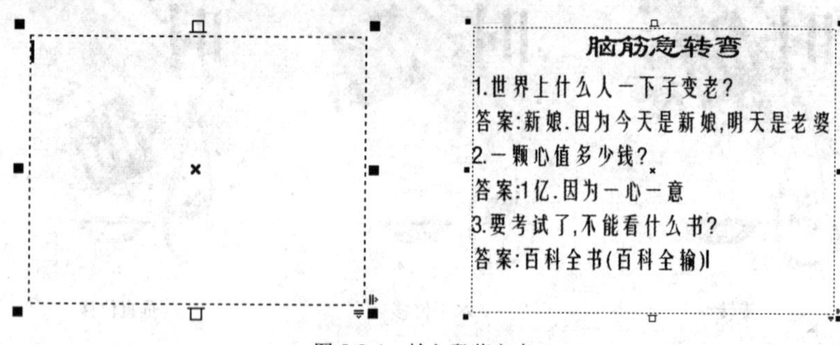

图 6.2.1 输入段落文本

6.2.2 段落格式化命令

输入段落文本后，可以对文本的段落间距、行间距、字符间距、对齐方式、文本方向、缩进效果等进行设置和调整，使文本达到最理想的排版效果。选择菜单栏中的 文本(X) → 段落格式化(P) 命令，打开“段落格式化”泊坞窗，如图 6.2.2 所示。

（1）在 对齐 下拉列表中，可以设置段落文本的对齐方式。单击 水平 右侧的下拉列表框，弹出段落文本对齐方式下拉列表，如图 6.2.3 所示。

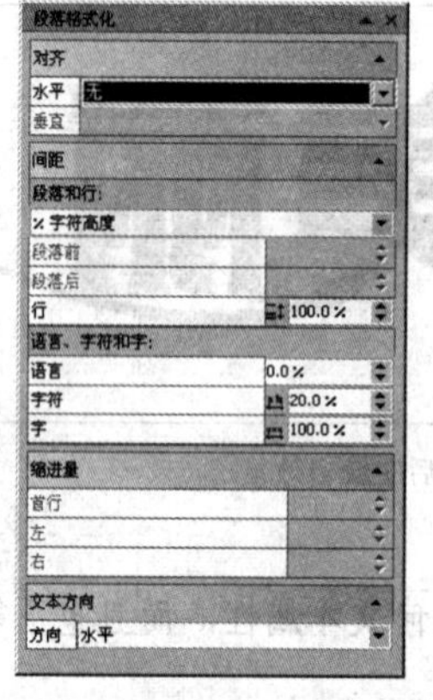

图 6.2.2 “段落格式化”泊坞窗

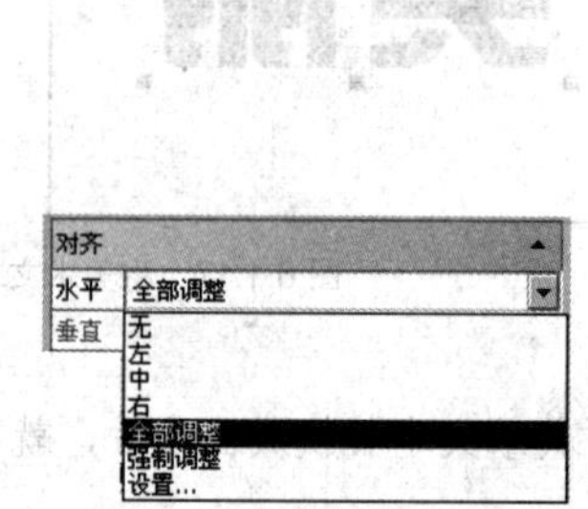

图 6.2.3 段落文本对齐方式下拉列表

从图 6.2.3 中可以看出，系统提供了 6 种段落文本对齐方式，用户可直接选择相应的选项来设置段落文本在水平方向上的对齐方式，效果如图 6.2.4 所示。

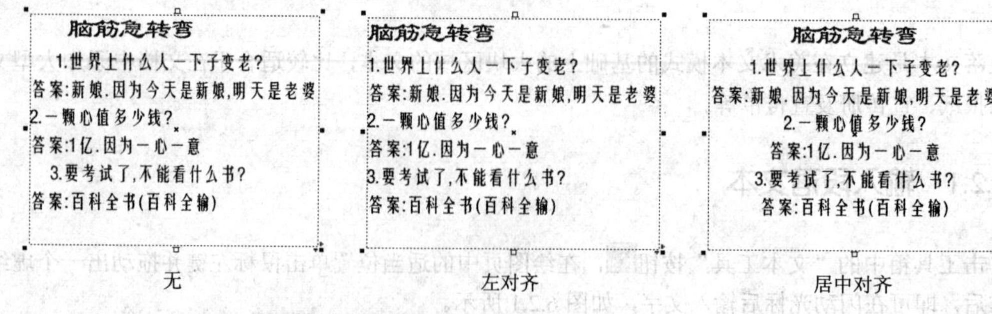

图 6.2.4 段落文本 6 种对齐方式

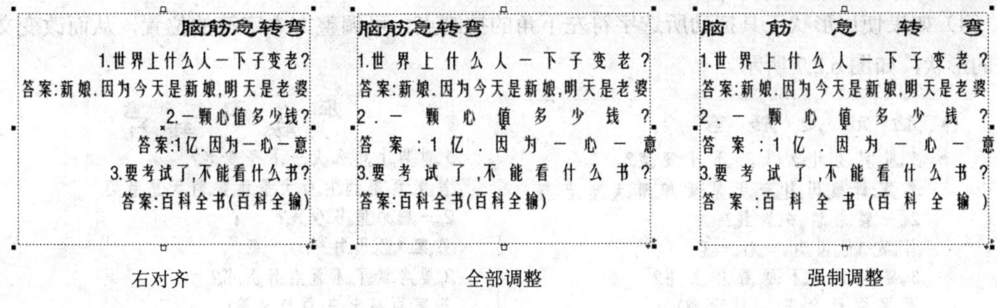

图 6.2.4 段落文本 6 种对齐方式（续）

提示：若输入的段落文本为垂直文本，则单击垂直右侧的下拉列表框，从弹出的下拉列表中选择相应的选项来设置段落文本在垂直方向上的对齐方式。

（2）在间距列表框中可以更改所选段落、整个段落文本框或美术文本中的字符和字间距，也可以更改段落文本中段前或段后的间距，还可以调整所选字符之间的距离。

（3）在缩进量列表框中可设置段落文本框与框内文本的距离。可以设置缩进的对象包括整个段落、段落的首行以及除段落首行外的其他各行（即悬挂式缩进），也可以设置从文本框的右侧缩进。

（4）在文本方向列表框中可以设置文本的排列方向。

6.2.3 使用形状工具设置段落属性

使用形状工具调整文本字间距的具体操作方法如下：

（1）使用文本工具在绘图区中输入段落文字，并设置字体与字号。

（2）单击工具箱中的“形状工具”按钮，此时文本对象中每个文字的左下角将显示一个控制点，同时显示垂直箭头符号与水平箭头符号，如图 6.2.5 所示。

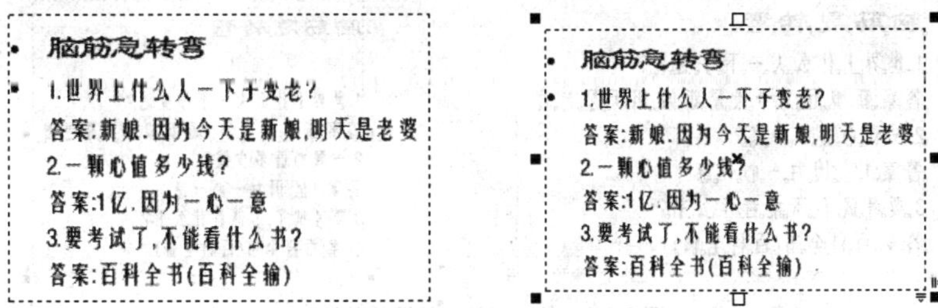

图 6.2.5 使用形状工具选择文本

（3）将鼠标指针移至水平箭头符号上，向右或向左拖动，即可增加或减小文本对象中所有字的字间距，如图 6.2.6 所示。

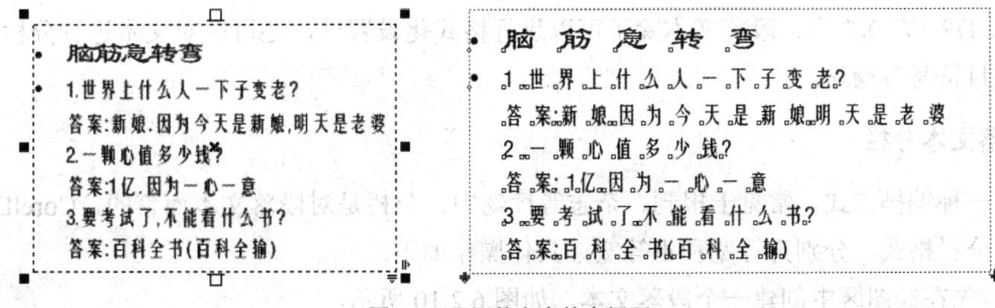

图 6.2.6 调整文本的字间距

（4）如果使用形状工具拖动所选字符左下角的控制点，可调整文本字符的位置，从而改变文本整体的形状，如图 6.2.7 所示。

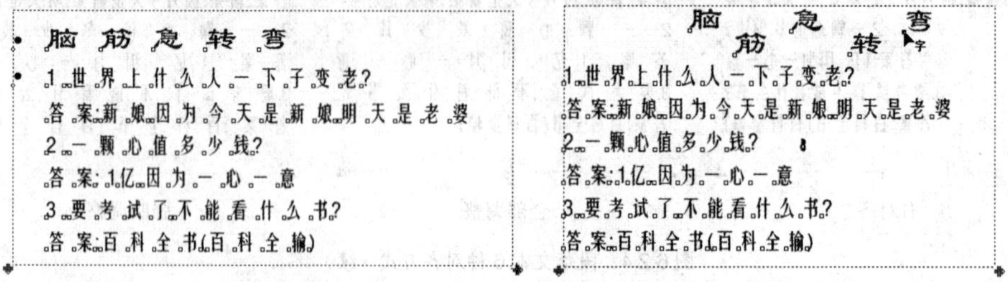

图 6.2.7 使用形状工具调整文本字符的位置

行间距是指两个相邻文本行与行基线之间的距离。要使用形状工具调整行间距，可先使用形状工具选择文本，将鼠标指针移至垂直箭头符号 上，按住鼠标左键向下或向上拖动，即可减小或增大行间距，如图 6.2.8 所示。

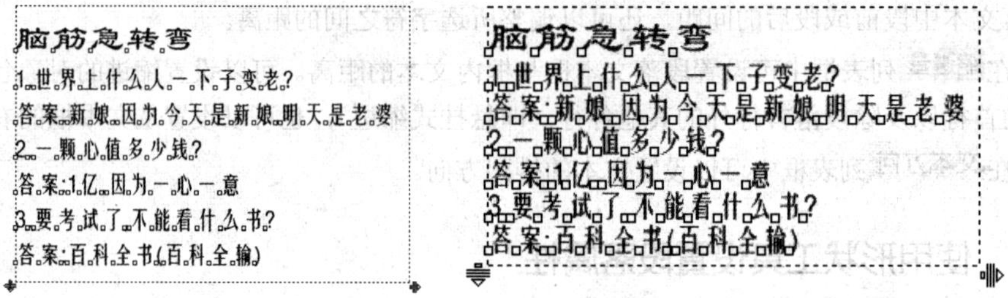

图 6.2.8 使用形状工具调整行间距

段间距是指两个段落之间的间隔量，在段落文本框中每按一次回车键就会创建一个段落。要使用形状工具调整文本段间距，可先使用形状工具选择文本，然后在按住“Ctrl”键的同时向下或向上拖动垂直箭头符号 ，即可调整段间距，如图 6.2.9 所示。

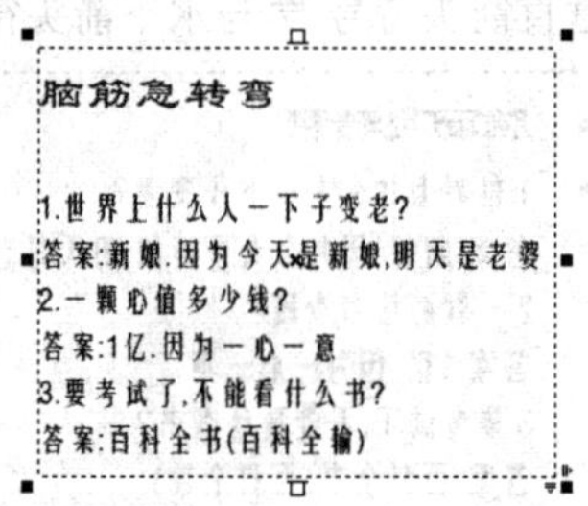

图 6.2.9 使用形状工具调整段间距

6.2.4 段落文本排版设置

在 CorelDRAW X5 中，段落文本除了可以进行格式化设置外，还可以对文本进行分栏、首字下沉、添加项目符号等操作。

1. 段落文本分栏

分栏是一种编排方式，常见于报刊、杂志等读物中。分栏是对段落文本而言的，CorelDRAW X5 提供了两种分栏格式，分别为等宽和不等宽。具体操作如下：

（1）首先在绘图区中创建一个段落文本，如图 6.2.10 所示。

（2）用选择工具选中文本，然后选择菜单栏中的 文本(X) → 栏(O)... 命令，弹出“栏设置”对话框，如图 6.2.11 所示。

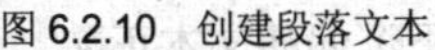
图 6.2.10 创建段落文本

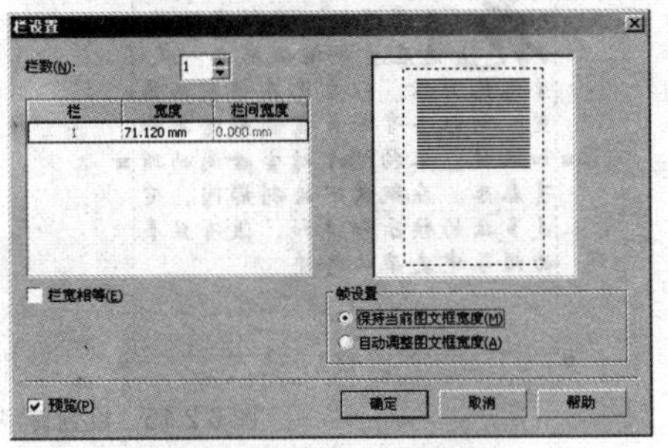

图 6.2.11 “栏设置”对话框

（3）在 栏数(N): 微调框中可以设置分栏的栏数，在此输入“2”。

（4）单击 宽度 下方的输入框，可以在弹出的微调框中设置栏的宽度，在此为默认值。

（5）选中 栏宽相等(E) 复选框，可以使分栏后的栏宽保持相等。

（6）设置好参数后，单击 确定 按钮，选中的文本将变成两栏的格式，如图 6.2.12 所示。

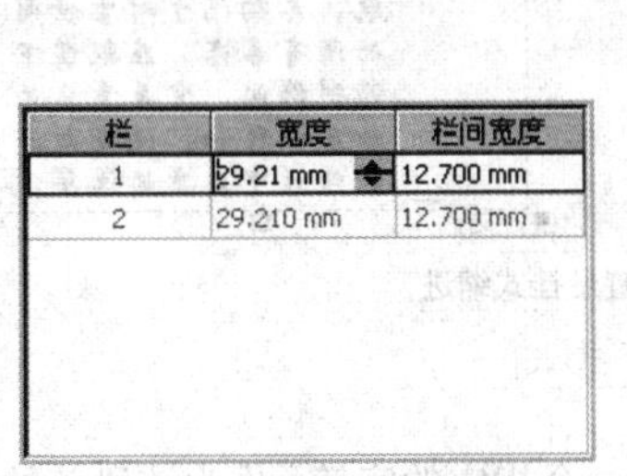

栏	宽度	栏间宽度
1	29.21 mm	12.700 mm
2	29.210 mm	12.700 mm

图 6.2.12 分两栏格式效果

2. 首字下沉

一般应用于段落第一行的第一个字，通过首字下沉使其变大，其余段落文字内容则根据首字下沉的行数而围绕首字排列。还可以设置首字的字体、颜色、底纹等效果，使文本更有吸引力，起到重点突出，引人注目的效果。选择菜单栏中的 文本(X) → 首字下沉(D)... 命令，弹出“首字下沉”对话框，如图 6.2.13 所示。

（1）在此对话框中的 外观 选项区中的 下沉行数(N): 微调框中输入数值，可设置首字下沉的行数，效果如图 6.2.14 所示。

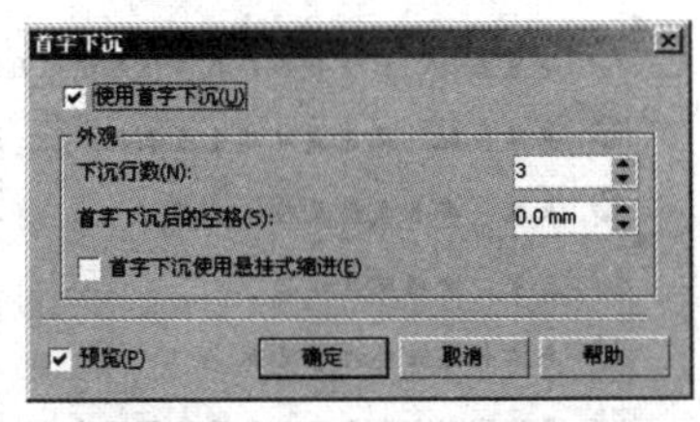

图 6.2.13 “首字下沉”对话框

图 6.2.14 应用下沉行数效果

（2）在 首字下沉后的空格(S): 输入框中输入数值，可设置首字下沉与文本正文之间的距离，效果如图 6.2.15 所示。

图 6.2.15 设置首字下沉后的空格

（3）选中 ☑首字下沉使用悬挂式缩进(E) 复选框，可设置首字下沉偏移文本正文，效果如图 6.2.16 所示。

图 6.2.16 设置悬挂式缩进

3．添加项目符号

项目符号是指给文稿每一个段落的第一行添加一个指定的字符，作为该段落的标识，目的是使段落文本的条目更加清楚，更具有条理性。选择菜单栏中的 文本(X) → 项目符号(U)... 命令，弹出“项目符号”对话框，如图 6.2.17 所示。

（1）在 外观 选项区中的 字体(F): 与 符号(S): 下拉列表中可选择需要的项目符号的类型与符号；在 大小(I): 输入框中输入数值，可设置项目符号的大小；在 基线位移(B): 输入框中输入数值，可设置项目符号从基线位移的距离。

（2）在 间距 选项区中可设置项目符号和文本之间或与文字框之间的距离。

（3）设置好参数后，单击 确定 按钮，可为文本添加项目符号，效果如图 6.2.18 所示。

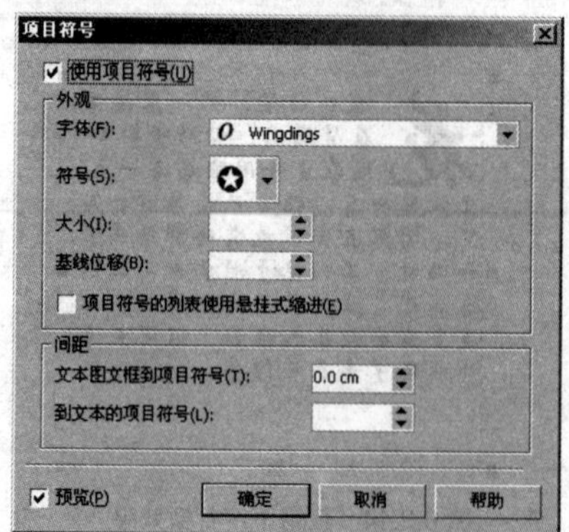

图 6.2.17 “项目符号”对话框

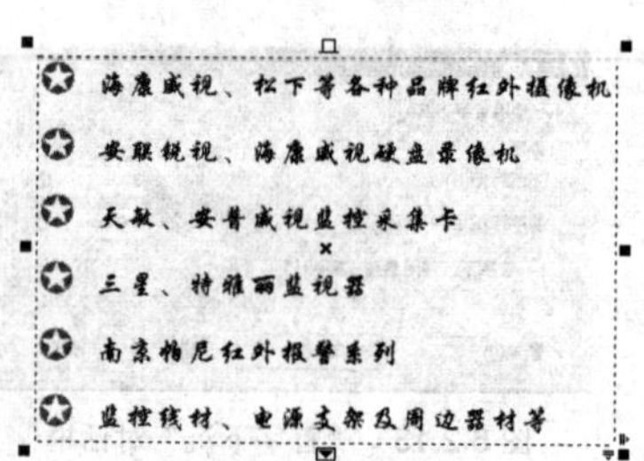

图 6.2.18 添加项目符号

4. 文本绕图

文本绕图是指图文混排时文字围绕图形排列，而不会被图片遮盖或遮盖图片。文本绕图常见于报纸和杂志中，在 CorelDRAW X5 中，文字围绕只适用于段落文本，要实现文本绕图效果，只需在图形或位图对象上设置。在段落文本中加入图形对象，并实现文字围绕的效果，其具体的操作方法如下：

（1）单击工具箱中的“文本工具”按钮字，在绘图区中输入段落文本。

（2）在绘图区中导入一幅位图图像或绘制一个基本图形，将其放到适当位置，如图 6.2.19 所示。

（3）使用选择工具选中位图图像，并单击鼠标右键，从弹出的快捷菜单中选择 段落文本换行(W) 命令，此时段落文本将环绕图形排列，如图 6.2.20 所示。

图 6.2.19 输入文字并导入位图

图 6.2.20 段落文本围绕图形排列

6.2.5 段落文本转换为曲线

段落文本也可以转换为曲线，其操作方法是：使用工具箱中的选择工具选中需要转换的段落文本，然后单击鼠标右键，在弹出的快捷菜单中选择 转换为曲线(V) 命令或按“Ctrl+Q”键，即可将选定的文本转换为曲线，如图 6.2.21 所示。转换为曲线后，可使用工具箱中的形状工具对其进行调整。

图 6.2.21 将段落文本转换为曲线效果

为了保证文件大小合理，转换为曲线的段落文本的字符数量最好不要超过 5 000 个。当文字转换为曲线后，即使在其他的计算机上没有安装所使用的艺术字体，也可以被显示出来。

6.3 沿路径文本

文本适合路径就是将美术文本沿着指定的对象排列，如曲线、椭圆以及多边形等。通过属性栏还可以调整适合路径后的文本方向与形状。

6.3.1 沿路径添加文本

要在路径上添加文本，其具体的操作方法如下：

（1）使用工具箱中的选择工具选中绘制的路径。

（2）选择菜单栏中的 文本(X) → 使文本适合路径(T) 命令，此时，将在路径上插入文本光标，如图 6.3.1 所示。

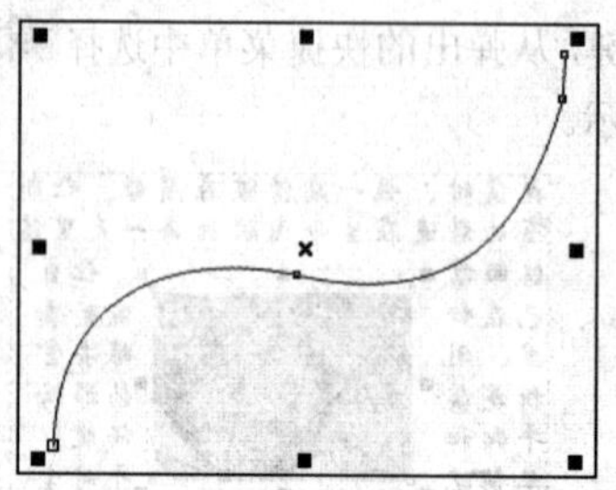
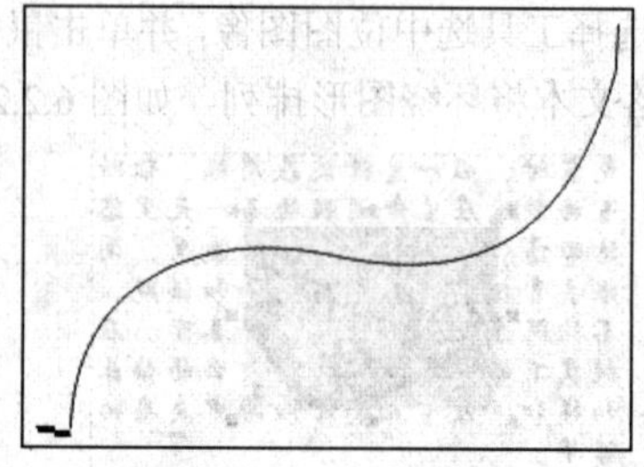

图 6.3.1 在路径上插入光标效果

提示： 如果路径是开放的，文本光标将插入到路径的起始位置；如果路径是闭合的，文本光标将插入到路径的中央。

（3）沿路径输入所需的文本即可，效果如图 6.3.2 所示。

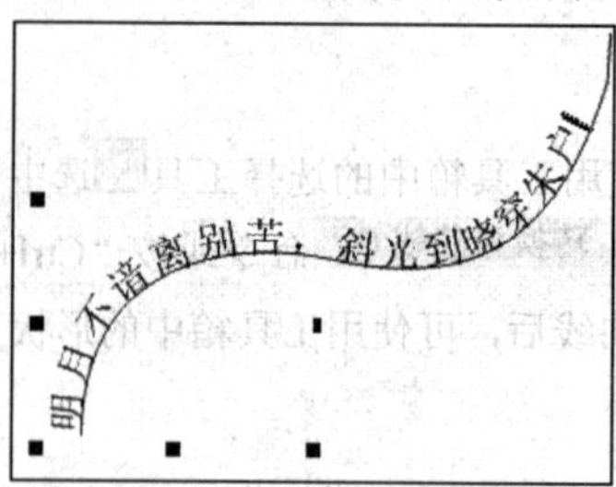

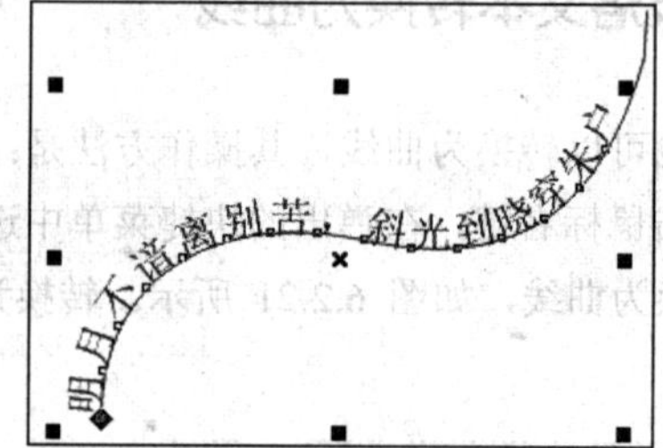

图 6.3.2 沿路径添加文本效果

6.3.2 使文本适合路径

要使美术文本适合路径，其具体的操作方法如下：

（1）使用工具箱中的选择工具选中文本对象。

（2）选择菜单栏中的 文本(X) → 使文本适合路径(T) 命令，此时指针显示为形状，将鼠标移至路径上，将显示文本适合路径的位置的预览。

（3）在路径上单击，即可制作出文本适合路径效果，如图 6.3.3 所示。

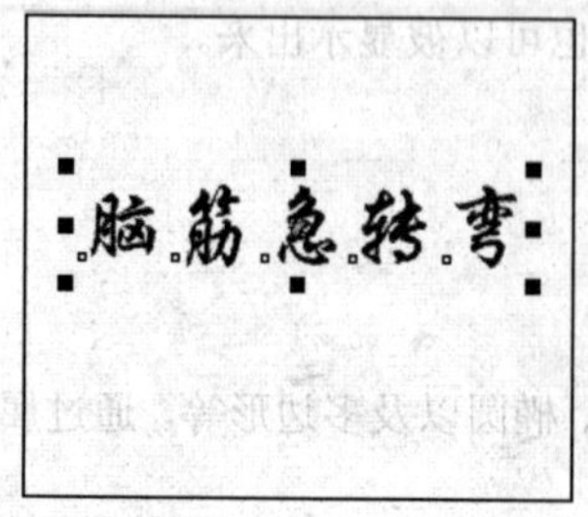

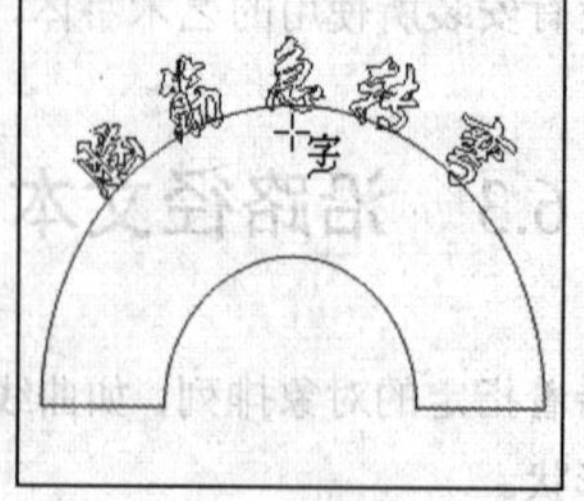
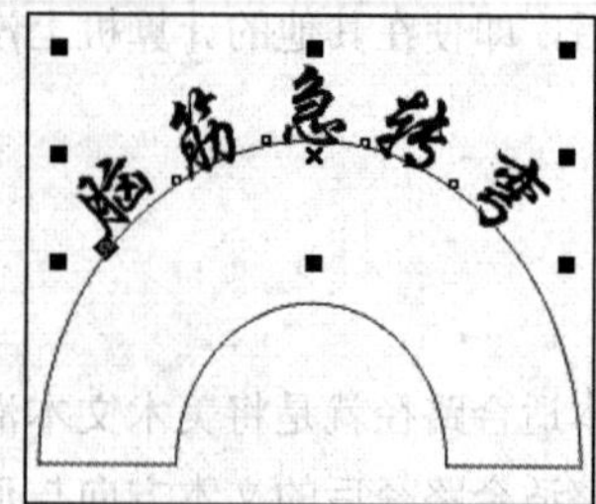

图 6.3.3 使文本适合路径

6.3.3　调整适合路径的文本位置

使文本适合于路径后，还可以修改其效果，如调整文字方向、与路径的距离以及水平偏移等。选择适合路径的文本，在其属性栏中的文本方向下拉列表 中提供了 5 种选项，如图 6.3.4 所示。通过选择相应的选项可设置文本在路径上放置的角度。

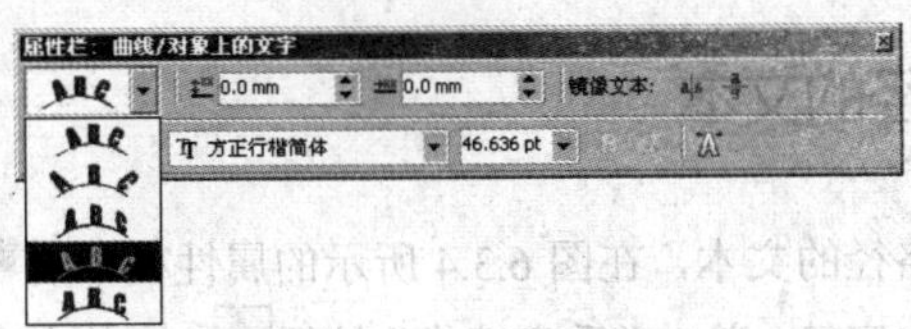

图 6.3.4　文本方向下拉列表

在图 6.3.4 所示的属性栏中通过调节路径距离值和水平偏移值，可以改变文字的位置，其具体的操作方法如下：

（1）使用选择工具选择适合于路径的美术文本与曲线。

（2）在属性栏中的与路径距离输入框 0.0 mm 中输入数值，可设置文本与路径之间的距离，效果如图 6.3.5 所示。

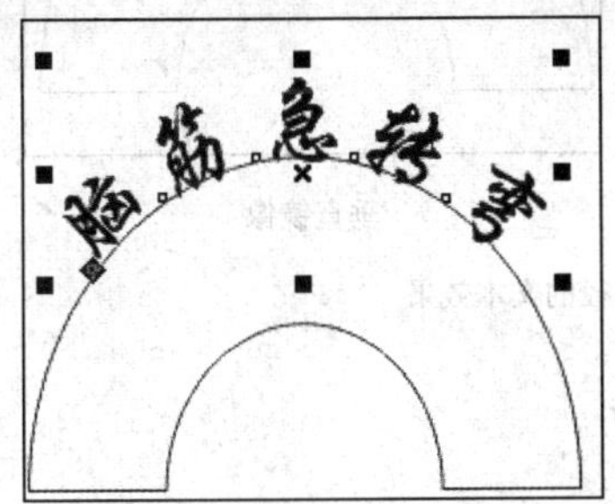

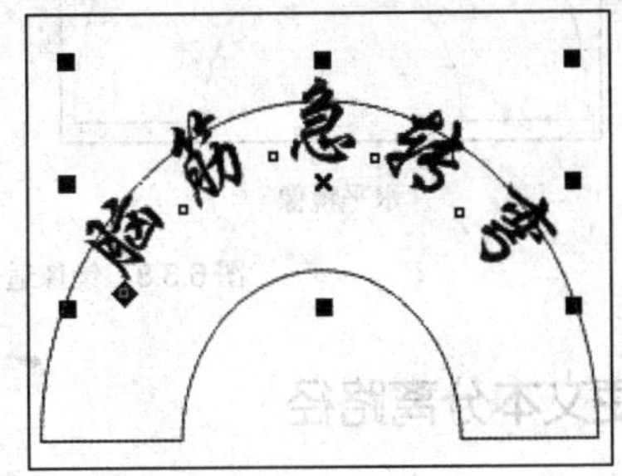

图 6.3.5　调整文本与路径间的距离

（3）在偏移输入框 0.0 mm 中输入数值，可通过指定正值或负值来移动文本，使其靠近路径的终点或起点，效果如图 6.3.6 所示。

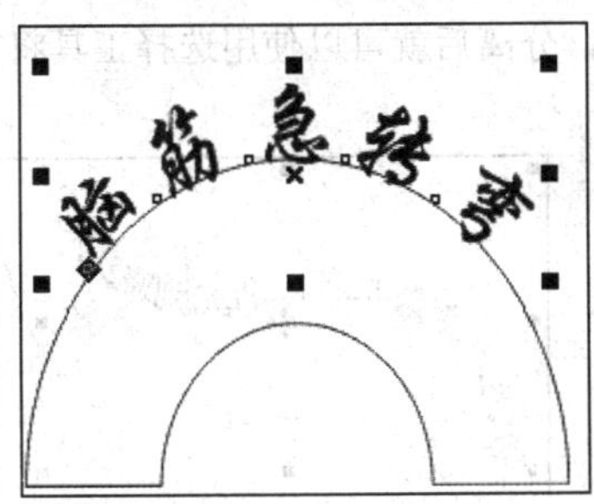

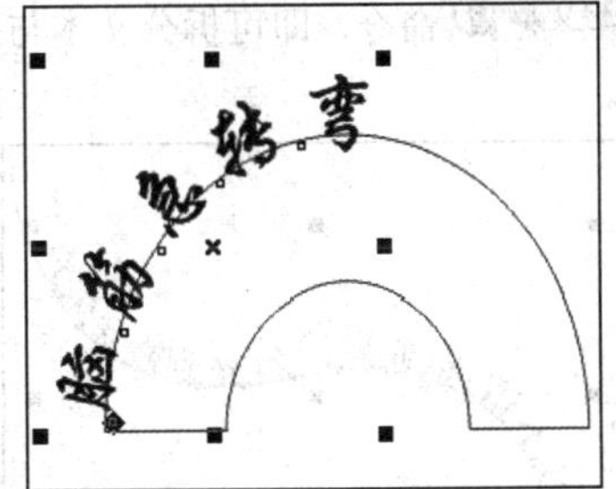

图 6.3.6　指定文本靠近起点效果

也可以通过属性栏中的记号间距功能来增加路径和文本之间的距离，其具体的操作方法如下：

（1）使用选择工具选中路径中的文本对象，然后在图 6.3.4 所示的属性栏中单击 贴齐标记 按钮，可打开贴齐标记面板，如图 6.3.7 所示。

（2）选中 打开贴齐记号 单选按钮，在 记号间距: 输入框中输入一个数值。

（3）在路径上移动文本时，文本将会按用户在 记号间距: 输入框中输入的数值进行增量移动。移动文本时，文本与路径间的距离显示在原始文本的下方。

图 6.3.7　贴齐标记面板

6.3.4　镜像适合路径的文本

使用选择工具选择适合路径的文本，在图 6.3.4 所示的属性栏中的镜像文本:区域单击“水平镜像”按钮，可从左向右翻转文本字符；单击“垂直镜像”按钮，可从上向下翻转文本字符，如图 6.3.8 所示。

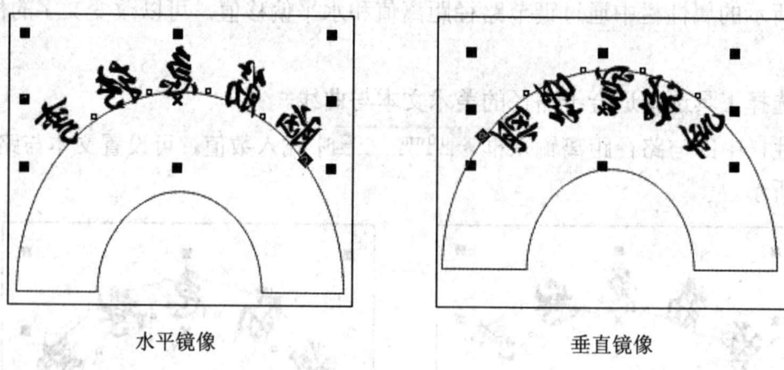

图 6.3.8　镜像适合路径的文本效果

6.3.5　使文本分离路径

CorelDRAW X5 将适合路径的文本视为一个对象。如果不需要使文本成为路径的一部分，也可以将文本与对象分离，且分离后的文本将保持它所适合于路径时的形状。

使用工具箱中的选择工具选中适合路径的文本，然后选择菜单栏中的 排列(A) → 拆分在一路径上的文本(B) 命令，即可拆分文本与路径，分离后就可以使用选择工具将文本移开，效果如图 6.3.9 所示。

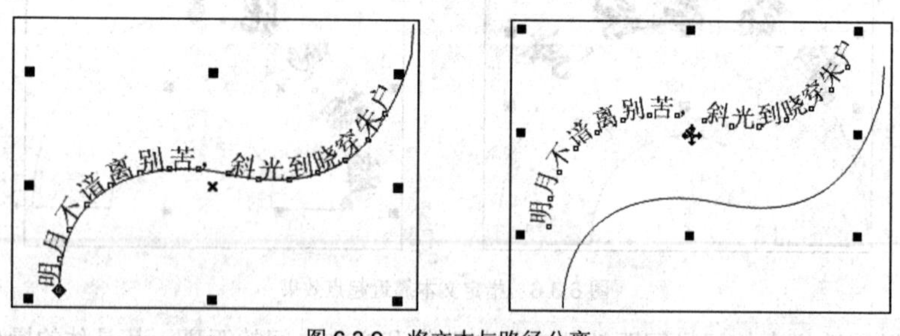

图 6.3.9　将文本与路径分离

6.4　文本的其他编辑操作

在 CorelDRAW X5 中，除了对美术文本、段落文本和路径文本进行基本编辑操作外，还可以对输入的文本进行对齐基线、矫正文本、链接文本框以及插入符号字符等编辑操作。

6.4.1　从外部导入文本

当需要处理大量的文字时，可以在其他文字处理软件中输入文字，然后使用 CorelDRAW X5 的导入功能，方便、快捷地将其他软件输入的文字导入使用。

1．通过剪贴板

要在 CorelDRAW X5 中导入文本，可先在 Word，WPS 等软件中输入文字，然后选择需要的文本，按“Ctrl+C”键复制文本到剪贴板上，在 CorelDRAW X5 中选择文本工具字，在绘图区中需要输入文字的区域单击，然后按“Ctrl+V”键将剪贴板中的文本粘贴到指定位置，即可完成文本的导入。

2．通过菜单命令

选择菜单栏中的 文件(F) → 导入(I)... 命令，或按“Ctrl+I”键，在弹出的“导入”对话框中选择需要导入的文件，如图 6.4.1 所示。单击 导入 按钮，此时，可弹出“导入/粘贴文本”对话框，如图 6.4.2 所示。

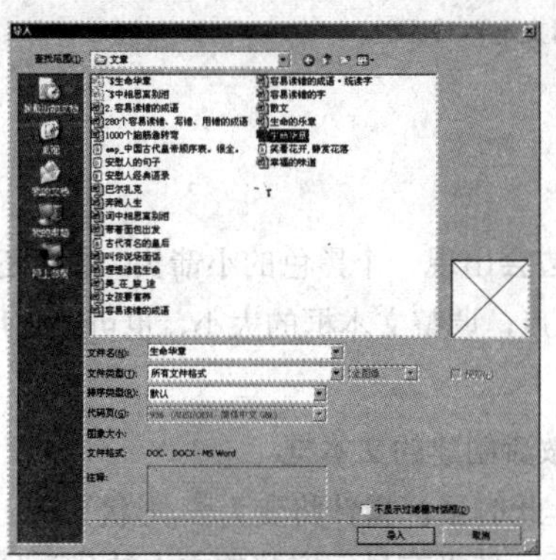

图 6.4.1　“导入”对话框

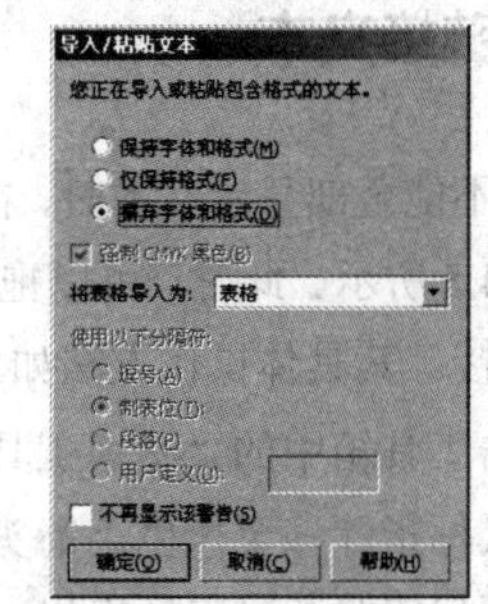

图 6.4.2　“导入/粘贴文本”对话框

选择需要的导入方式，单击 确定(O) 按钮，在绘图区中会显示提示光标，按住鼠标左键可拖曳出文本框，导入的文本将显示在文本框中，如图 6.4.3 所示。如果文本框的大小不合适，可将鼠标指针移至文本框的控制点上，通过拖动来调整文本框的大小。

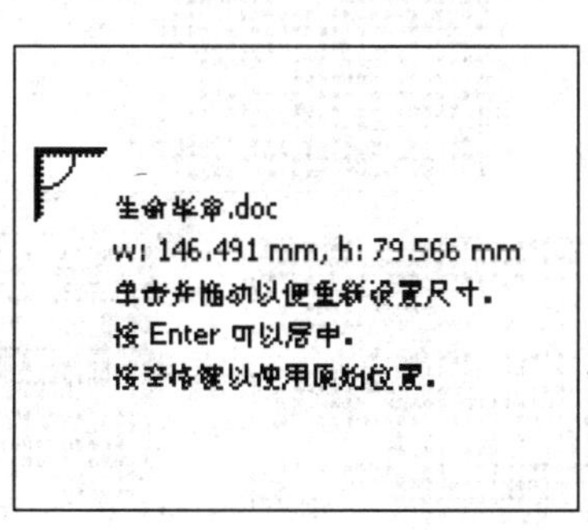

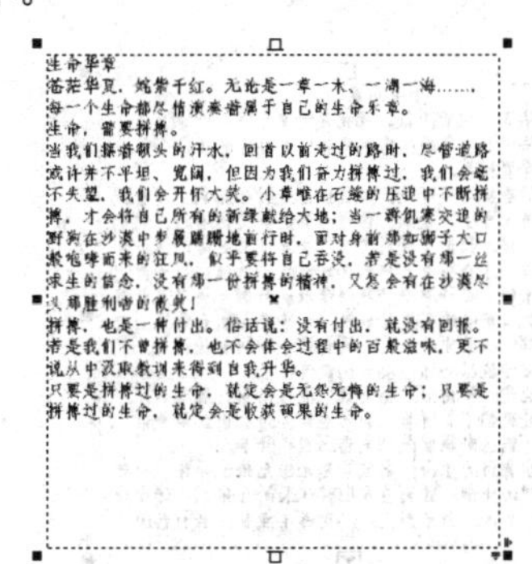

图 6.4.3　导入文本

提示：在导入文本太多时，绘图区中的文本框容纳不下这些文字，此时，CorelDRAW X5

会自动增加新页面，并建立相同的文本框，显示出剩余的文字。

3．通过编辑文本对话框

在“文本工具”属性栏中单击“编辑文本”按钮ab，弹出“编辑文本”对话框，在该对话框中单击导入(I)...按钮，可将选择的文本导入到“编辑文本”对话框中，如图 6.4.4 所示。单击确定(O)按钮，即可将外部文本导入到创建的文本框中。

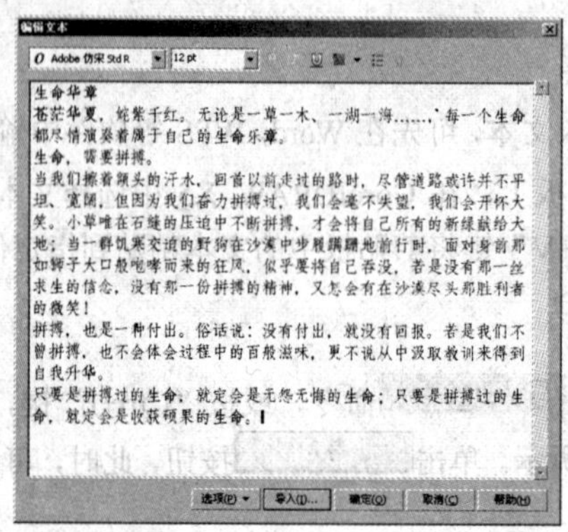

图 6.4.4 “编辑文本”对话框

6.4.2 链接文本

当文本框不能全部显示文本时，在文本框的下边会出现一个黑色的小箭头，说明还有文本没有显示完，如图 6.4.5 所示。此时，可以拖动黑色方形节点，调整文本框的大小，也可以使用链接文本框，对文本进行链接。其具体操作方法如下：

（1）单击工具箱中的“文本工具”按钮字，激活创建的文本框。

（2）将鼠标指针移至黑色小箭头处单击鼠标，此时鼠标指针将变为形状。

（3）在空白的绘图区中拖曳出一个矩形文本框，使没有显示完整的文本被分到另外一个文本框中，此时，在两个文本框之间有一条蓝色的连接线，即可将未显示的文本显示到另一个文本框中，效果如图 6.4.6 所示。

图 6.4.5 文本没有显示完整

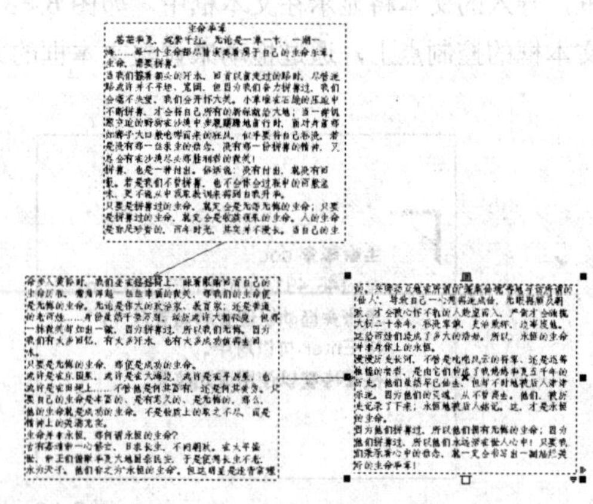

图 6.4.6 链接后的文本框

提示：如果要删除链接，只要选中文本框，按“Delete”键即可取消链接。

6.4.3　对齐基线

使用对齐基准功能可以将位置偏移基线的字符垂直对齐文本基准线。如果要使填入路径的文本对齐基准，可先将文本与路径进行拆分，然后使用选择工具选中文本，再选择菜单栏中的文本(X)→对齐基线(A)命令，效果如图 6.4.7 所示。

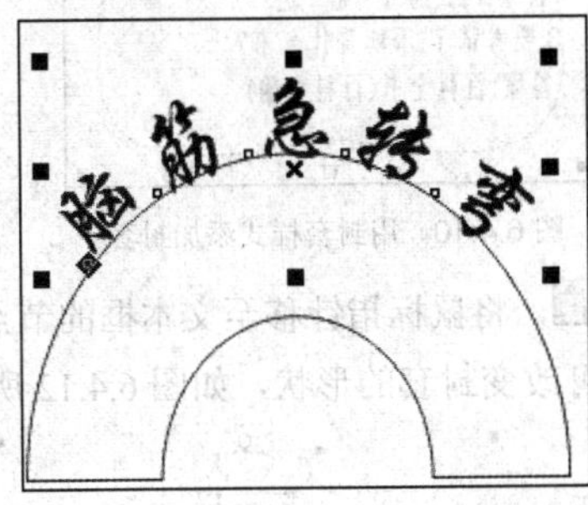

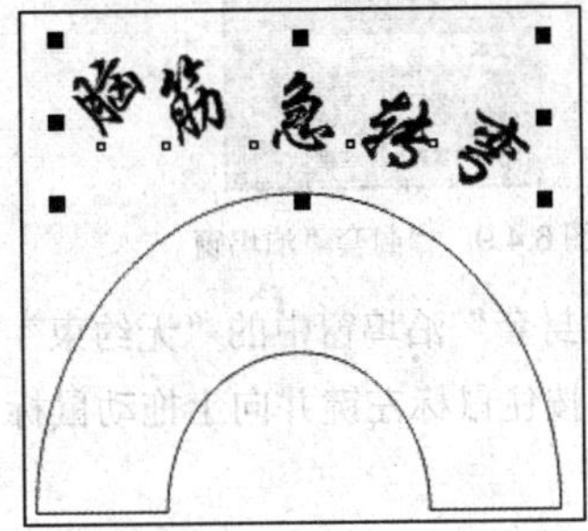

图 6.4.7　对齐基线效果

6.4.4　矫正文本

矫正文本功能与对齐基准功能相似，可以使错乱的文本排列得更整齐。使用选择工具选择错乱的文本后，选择菜单栏中的文本(X)→矫正文本(S)命令，可以使该文本变直，效果如图 6.4.8 所示。

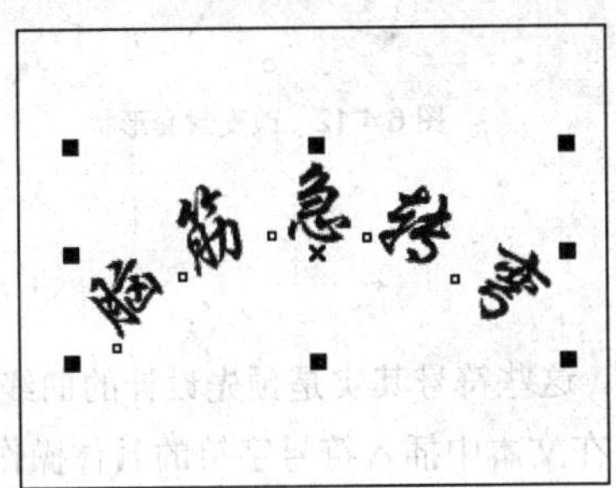

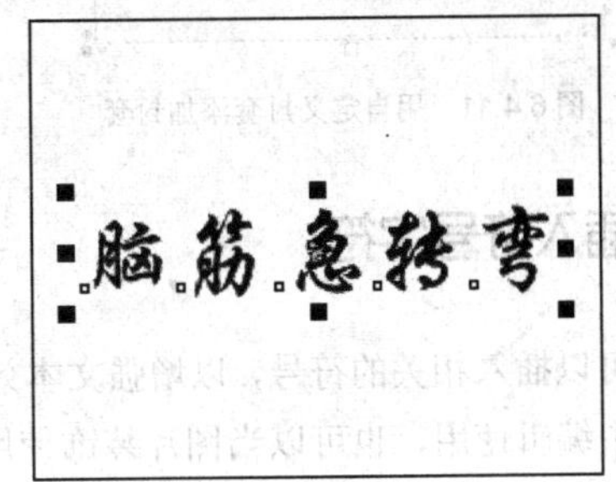

图 6.4.8　矫正文本效果

6.4.5　添加文本封套

在 CorelDRAW X5 中，若想任意改变美术字或段落文本的大小和形状，最好使用文本封套。添加文本封套的具体操作方法如下：

（1）单击工具箱中的“文本工具”按钮字，在绘图区中输入段落文本。

（2）选择菜单栏中的窗口(W)→泊坞窗(D)→封套(E)命令，弹出“封套”泊坞窗。

（3）若要使用系统内置的封套效果，单击添加预设按钮，可以从样式封套列表中选择所需的封套样式，如图 6.4.9 所示。

（4）单击应用按钮，即可将封套样式应用到所选择的文本框中，使用选择工具拖曳文本框的节点即可改变封套文本框的形状，如图 6.4.10 所示。

（5）若要自定义封套，可选择段落文本，然后单击“封套”泊坞窗中的添加新封套按钮，文本框轮廓将变成蓝色的虚线，并显示 8 个控制点，如图 6.4.11 所示。

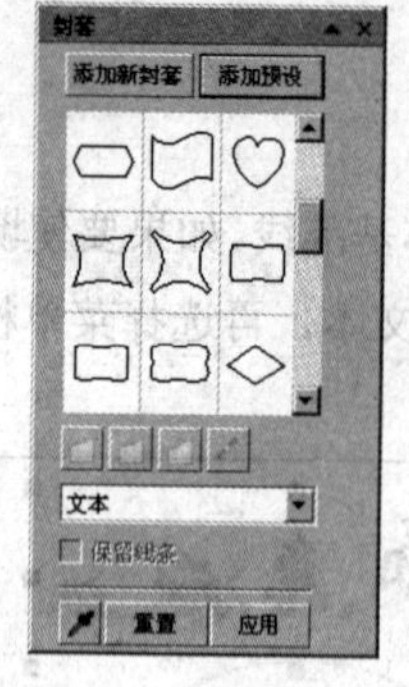

图 6.4.9 “封套“泊坞窗

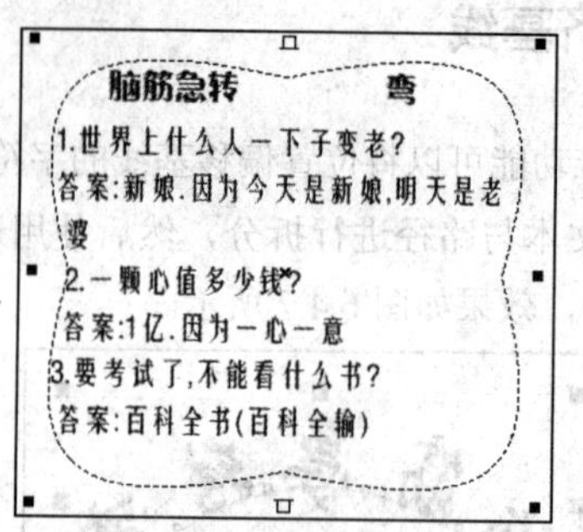

图 6.4.10 用封套样式添加封套

（6）单击“封套”泊坞窗中的“无约束”按钮，将鼠标指针移至文本框的节点上，当鼠标指针呈形状时，按住鼠标左键并向上拖动鼠标，即可改变封套的形状，如图 6.4.12 所示。

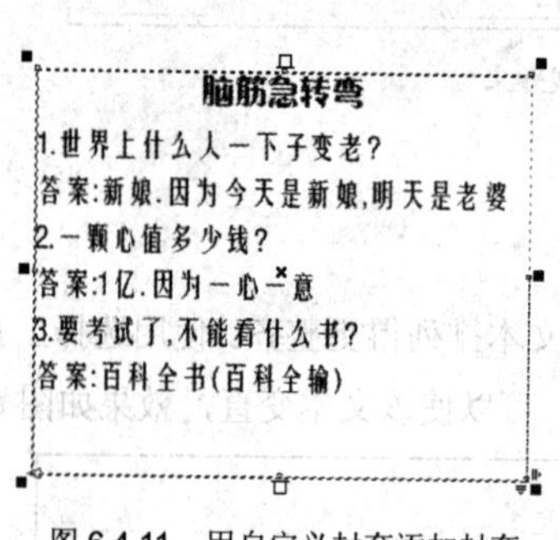

图 6.4.11 用自定义封套添加封套

图 6.4.12 改变封套形状

6.4.6 插入符号字符

在文本中可以插入相关的符号，以增强文本效果，这些符号其实是预先设计的曲线对象，既可以当字符在文本中编辑使用，也可以当图片装饰使用。在文本中插入符号字符的具体操作方法如下：

（1）在工具箱中单击“文本工具”按钮字，在文本中需要添加符号的位置单击鼠标左键，可出现插入符号，如图 6.4.13 所示。

（2）选择菜单栏中的 文本(X) → 插入符号字符(H) 命令，可打开“插入字符”泊坞窗，从中可选择需要的符号。

（3）选择符号后，单击 插入(I) 按钮，即可添加符号到文本中，如图 6.4.14 所示。

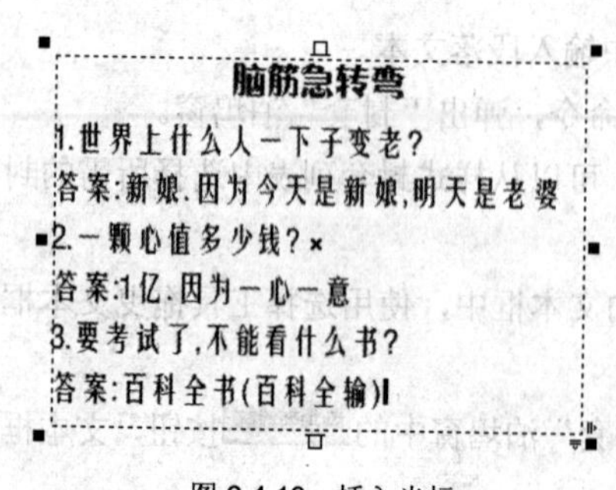

图 6.4.13 插入光标

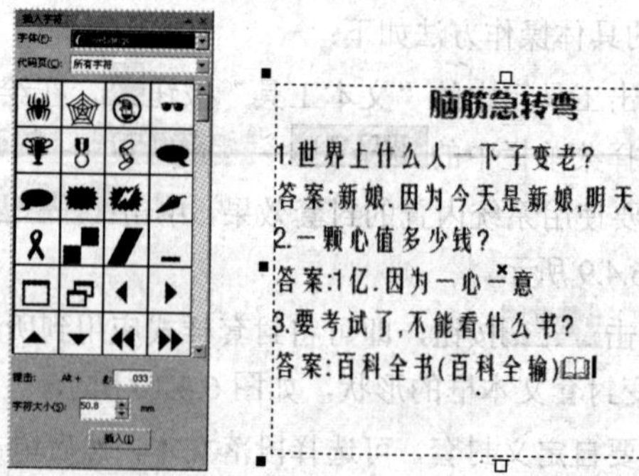

图 6.4.14 将所选的符号添加到文本中

6.4.7 转换文本

由于美术字文本与段落文本都有各自独特的编辑效果，因此它们之间经常需要转换。在页面中输入段落文本，使用选择工具选择该文本，然后在段落文本框上单击鼠标右键，可从弹出的快捷菜单中选择 转换为美术字(V) 命令，即可将段落文本转换为美术字，转换后的美术字每一行前面和空格处都会出现一个小节点，如图 6.4.15 所示。

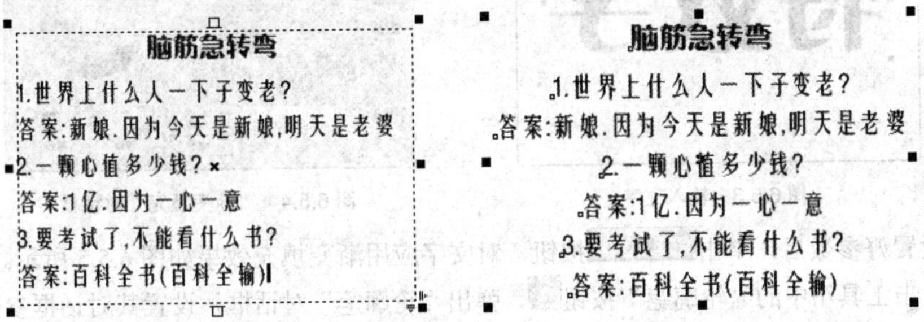

脑筋急转弯
1.世界上什么人一下子变老?
答案:新娘.因为今天是新娘,明天是老婆
2.一颗心值多少钱?
答案:1亿.因为一心一意
3.要考试了,不能看什么书?
答案:百科全书(百科全输)

脑筋急转弯
1.世界上什么人一下子变老?
答案:新娘.因为今天是新娘,明天是老婆
2.一颗心值多少钱?
答案:1亿.因为一心一意
3.要考试了,不能看什么书?
答案:百科全书(百科全输)

图 6.4.15 转换段落文本为美术字

同样，也可将美术字转换为段落文本，在美术字文本上单击右键，从弹出的快捷菜单中选择 转换为段落文本(V) 命令，即可转换美术字为段落文本。

6.5 应用实例——制作特效文字

本节主要利用所学的知识制作特效文字，最终效果如图 6.5.1 所示。

图 6.5.1 最终效果图

操作步骤

（1）启动 CorelDRAW X5 应用程序，按“Ctrl+N”键新建一个空白页面。

（2）单击工具箱中的“文本工具”按钮字，设置其属性栏参数如图 6.5.2 所示。

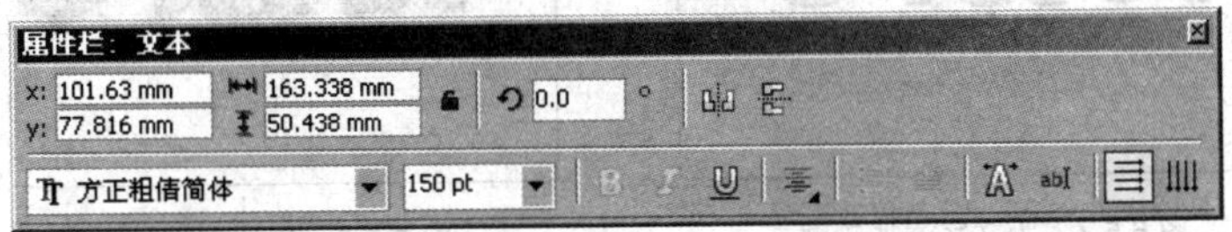

图 6.5.2 “文本工具”属性栏

（3）设置好参数后，在页面中输入文本，效果如图 6.5.3 所示。

（4）使用选择工具选中文本对象，单击工具箱中的“渐变填充”按钮，弹出“渐变填充”对话框，设置渐变色为海军蓝到白色的渐变，如图 6.5.4 所示。

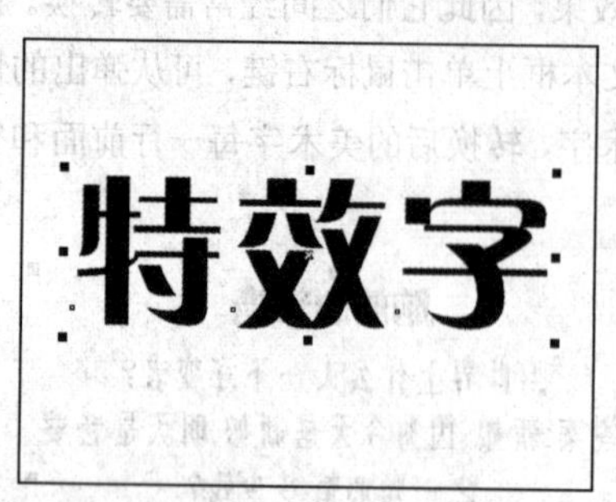

图 6.5.3　输入文字

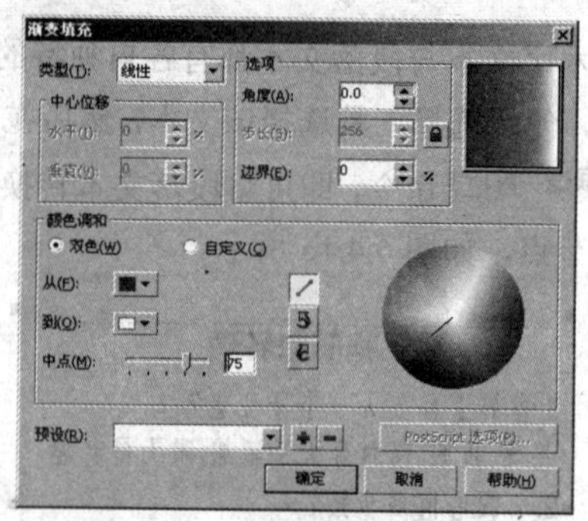

图 6.5.4　“渐变填充”对话框

（5）设置好参数后，单击 确定 按钮，对文字应用渐变填充效果如图 6.5.5 所示。

（6）单击工具箱中的“轮廓笔”按钮，弹出“轮廓笔”对话框，设置其对话框参数如图 6.5.6 所示。

图 6.5.5　应用渐变填充效果

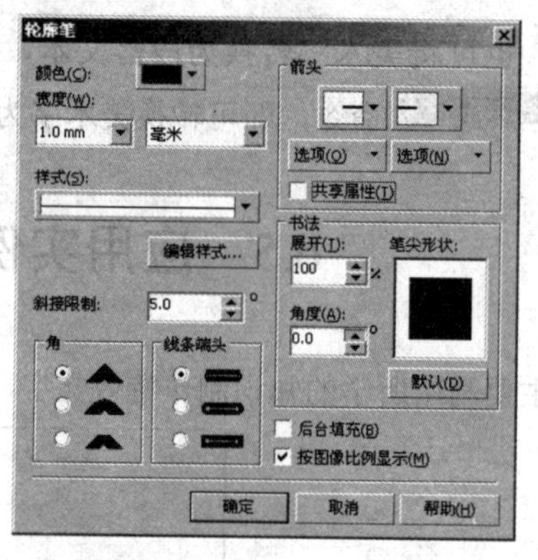

图 6.5.6　“轮廓笔”对话框

（7）设置好参数后，单击 确定 按钮，即可根据设置为文字添加黑色的边框，效果如图 6.5.7 所示。

（8）单击工具箱中的“交互式阴影工具”按钮，在其属性栏中设置阴影的不透明度为“70”、羽化值为“10”，然后在文字的中心按住鼠标左键向右下角拖曳鼠标，为文字添加阴影效果，如图 6.5.8 所示。

图 6.5.7　为文字添加轮廓

图 6.5.8　添加阴影后的效果

（9）选择菜单栏中的 排列(A) → 变换(F) → 位置(P) 命令，打开“变换”泊坞窗，设置其泊坞窗参数如图 6.5.9 所示。

（10）设置好参数后，单击 应用 按钮，移动并复制文字后的效果如图 6.5.10 所示。

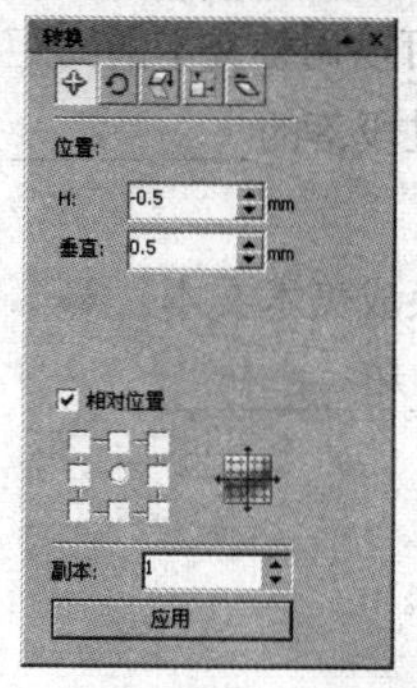

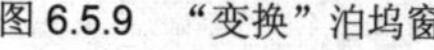

图 6.5.9　“变换”泊坞窗

图 6.5.10　移动并复制文字效果

（11）在调色板最上方单击☒图标，即可取消文字的填充色，再使用鼠标右键单击调色板中的白色，对文字轮廓进行填充，效果如图 6.5.11 所示。

（12）双击工具箱中的“矩形工具”按钮，即可绘制与页面大小相同的矩形。

（13）单击工具箱中的“底纹填充”按钮，弹出“底纹填充”对话框，设置其对话框参数如图 6.5.12 所示。

图 6.5.11　设置文字轮廓

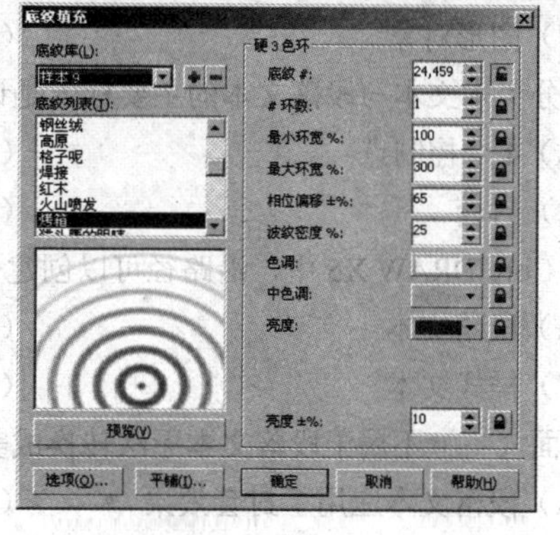

图 6.5.12　“底纹填充”对话框

（14）设置好参数后，单击 确定 按钮，最终效果如图 6.5.1 所示。

本 章 小 结

本章主要介绍了文本的输入与编辑，包括美术文本、段落文本以及路径文本等内容。通过本章的学习，可使读者熟练掌握文本的各种创建方法与编辑技巧，并能灵活运用文本工具创建出特殊的文字效果。

实 训 练 习

一、填空题

1．当美术文本转换为曲线对象以后就不再具有＿＿＿＿＿＿属性了，而是一个＿＿＿＿＿＿图形。

2．一般应用于段落第一行的第一个字，通过__________命令可使文字变大。

3．在 CorelDRAW X5 中，使用工具箱中的__________工具可以调整文本的间距。

4．段落文本不同于美术文本，当使用段落文本时，可以通过段落的__________来改变文本不同的效果。

5．__________或者是__________的情况不能将段落文本转换成美术文本。

6．CorelDRAW X5 提供了两种分栏格式，分别为__________和__________。

二、选择题

1．在 CorelDRAW X5 中，通常用于输入少量文字的是（　）。

（A）Web 文本　　（B）路径文本

（C）段落文本　　（D）美术文本

2．输入美术文本后，可以利用（　）调整文本的大小、位置及方向。

（A）形状工具　　（B）选择工具

（C）文本工具　　（D）轮廓工具

3．在 CorelDRAW X5 中，段落文本用于较多文字的输入，常用于（　）的编排。

（A）艺术字　　（B）标题

（C）图形对象　　（D）正文内容

4．区分美术文本与段落文本的主要标志是该文本四周是否有（　）。

（A）4 个控制点　　（B）8 个控制点

（C）封套　　（D）文本框

5．在 CorelDRAW X5 中，沿路径可以创建（　）文本。

（A）段落文本　　（B）任意文本

（C）样式文本　　（D）美术文本

6．下面（　）不属于段落文本无法转换成美术文本的原因。

（A）段落文本应用了封套效果　　（B）段落文本的框架与其他框架有链接

（C）段落文本的内容太多　　（D）段落文本在一个框架内没有全部显示出来。

三、简答题

1．简述将美术文本和段落文本转换为曲线的方法。

2．如何调整文本的字间距？

四、上机操作题

1．在 CorelDRAW X5 中导入一个 Word 文档，然后对其进行各种排版操作。

2．利用本章所学的知识，制作一个上岗工作证。

第 7 章　创建交互式效果

在 CorelDRAW X5 中，交互式工具组是 CorelDRAW 软件进行图形图像制作的法宝。其工具组包括交互式调和工具、交互式轮廓图工具、交互式变形工具、交互式封套工具、交互式立体化工具、交互式阴影工具以及交互式透明工具，使用这些工具可以创建丰富的特殊效果，以制作出精美的图形图像特效。

知识要点

- 交互式调和效果
- 交互式轮廓图效果
- 交互式变形效果
- 交互式封套效果
- 交互式立体化效果
- 交互式阴影效果
- 交互式透明效果

7.1　交互式调和效果

交互式调和工具是针对对象外框变形的工具，使用它可以在起始对象和结束对象之间创建一系列的轮廓和填充的渐变过渡效果。

7.1.1　简单的调和

交互式调和工具可以使两个单独的对象之间逐步产生调和化的叠影，中间的图形会有不同的颜色、线框以及填充效果。在工具箱中的交互式工具组中单击“交互式调和工具”按钮，将鼠标指针移至需要调和的两个对象中的其中一个图形上，此时鼠标指针显示为形状，按住鼠标左键并拖动鼠标至另一个图形对象上，当两个图形之间产生调和的黑色线框时，释放鼠标，即可对两个对象进行调和，如图 7.1.1 所示。

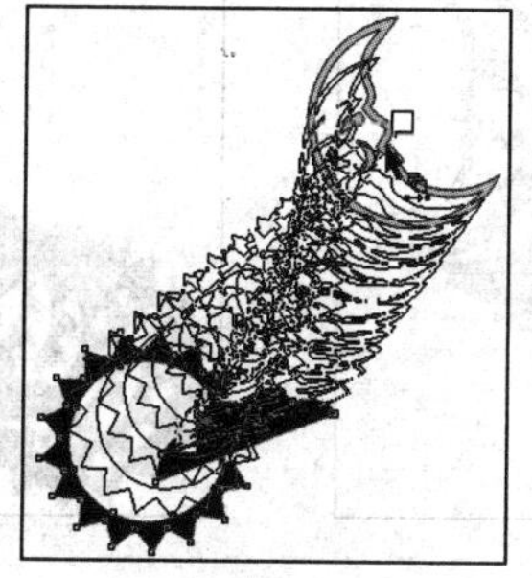
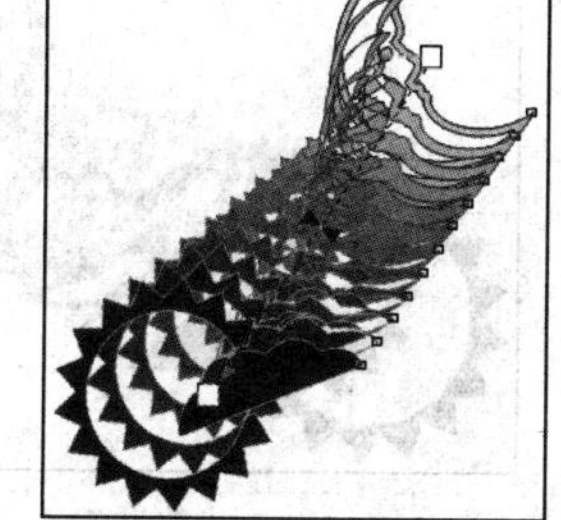

图 7.1.1　调和效果

也可以创建两个以上图形对象之间的调和，其具体的操作方法如下：

（1）使用椭圆形工具在绘图区中绘制一个圆形，再创建一个具有调和效果的图形对象，如图 7.1.2 所示。

（2）单击“交互式调和工具”按钮，将鼠标指针移至圆形对象上，按住鼠标左键向调和对象的起点图形或终点图形拖动，释放鼠标，即可产生两个以上对象间的调和效果，如图 7.1.3 所示。

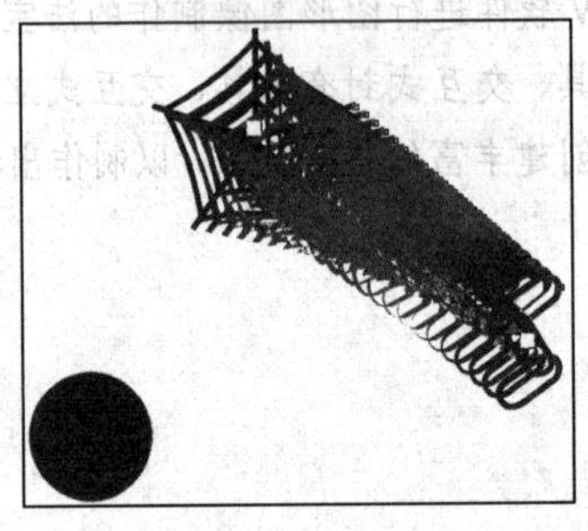

图 7.1.2 创建的图形

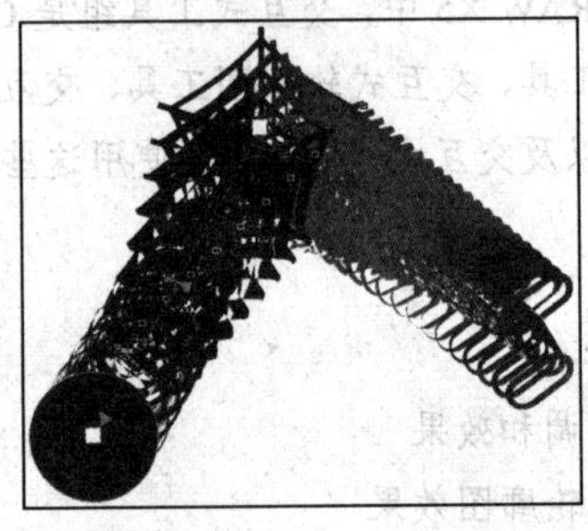

图 7.1.3 复合调和效果

7.1.2 调和效果的设置

创建了调和效果后，可以通过“交互式调和工具”属性栏对调和对象进行设置，其属性栏如图 7.1.4 所示。通过调整属性栏中的参数，可以完成调和步数的设置、调和方向的设置、使对象沿路径调和、分离调和以及设置调和形状之间的偏移量等编辑操作。

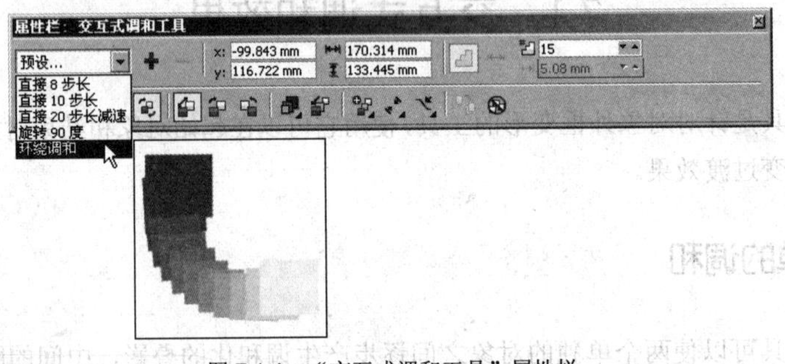

图 7.1.4 “交互式调和工具”属性栏

（1）在属性栏中单击预设...下拉列表框，可从弹出的下拉列表中选择预设的调和样式。

（2）在调和步数输入框 20 中输入数值，可设置调和对象之间的中间图形数量，步数值越大，中间的对象就越多，如图 7.1.5 所示。

步数为 5

步数为 15

图 7.1.5 设置不同调和步数值的效果

（3）在调和方向输入框 0.0 °中输入数值，可设置中间生成图形对象在调和过程中的旋转角度，如图 7.1.6 所示。

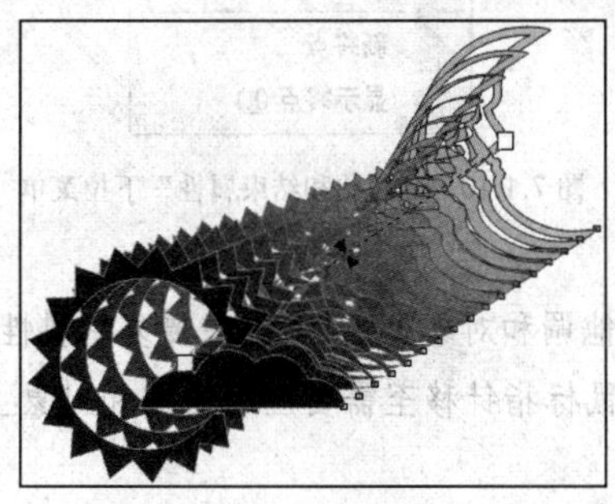
调和方向为 0

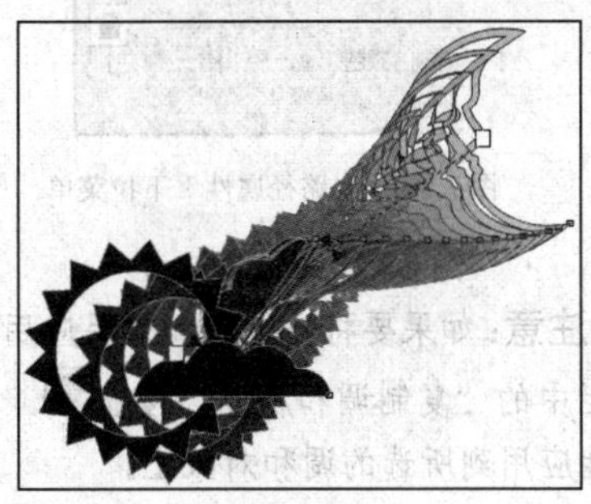
调和方向为 60

图 7.1.6　设置调和的方向

（4）设置调和方向后，可激活属性栏中的“环绕调和”按钮，单击此按钮，可使调和对象中间生成一种弧形旋转调和效果，如图 7.1.7 所示。

图 7.1.7　环绕调和效果

（5）在属性栏中还提供了 3 种类型的交互式调和顺序，即直接调和、顺时针调和和逆时针调和，选择不同的选项可以设置调和过程中图形色彩的变化，如图 7.1.8 所示。

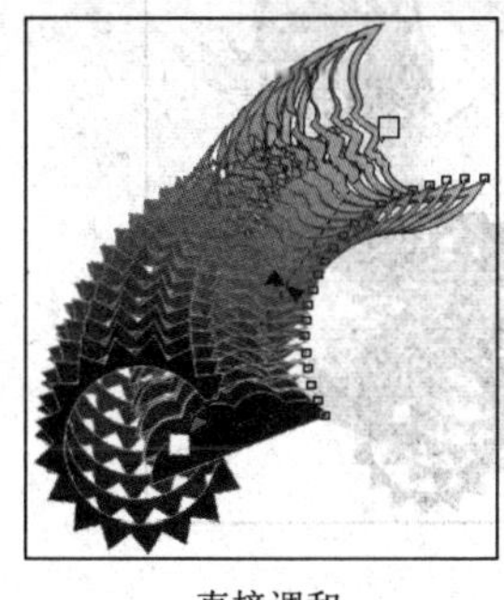
直接调和

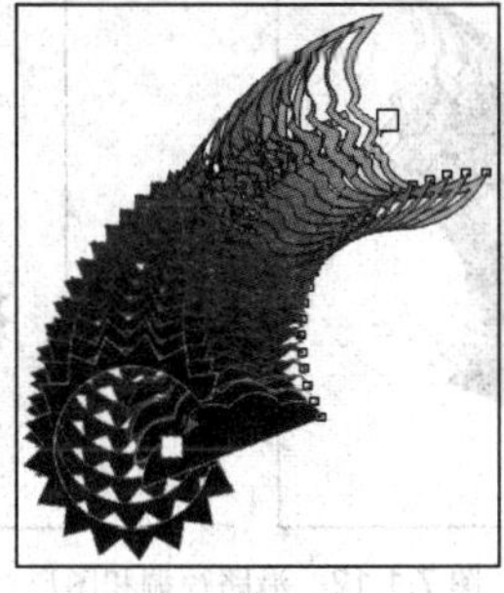
顺时针调和

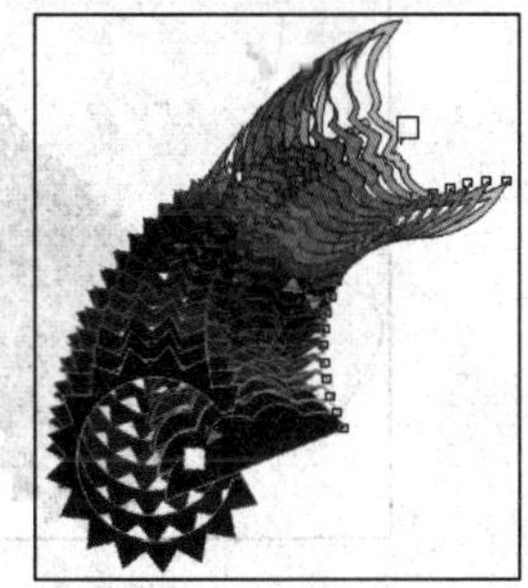
逆时针调和

图 7.1.8　3 种类型的交互式调和顺序效果

（6）单击“对象和颜色加速”按钮，将打开如图 7.1.9 所示的面板。用鼠标拖动 对象: 右侧的滑块，可设置调和的中间对象的分布；用鼠标拖动 颜色: 右侧的滑块，可设置调和对象颜色的渐变分布。单击按钮，使其成凸起状态，即可对 对象: 与 颜色: 滑块进行单独调整。

（7）单击“调整加速大小”按钮，可以加大调和对象中每个图形对象之间的距离。

（8）单击“起始和结束属性”按钮，弹出如图 7.1.10 所示的下拉菜单，可选择调和开始和结束对象。

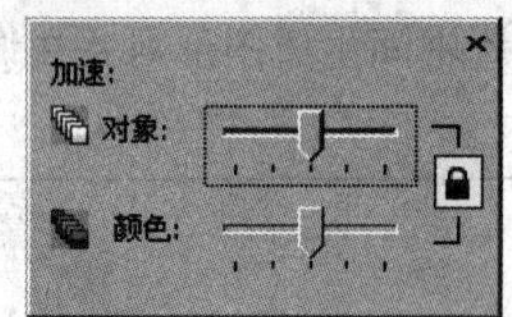

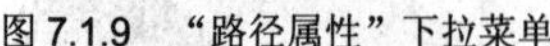

图 7.1.9 “路径属性”下拉菜单

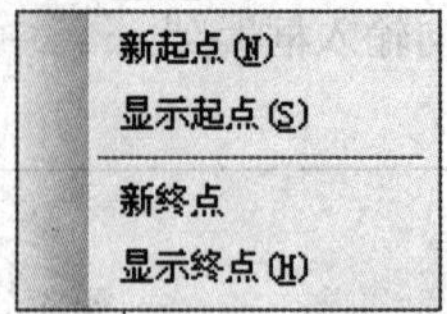

图 7.1.10 “起始和结束属性”下拉菜单

注意：如果要将一个调和效果应用于其他调和对象上，只需选中要复制属性的调和对象，再单击属性栏中的“复制调和属性”按钮，并将鼠标指针移至需要应用的调和对象上单击，即可将该调和属性应用到所选的调和对象上。

7.1.3 沿路径调和

运用调和处理时，可将调和对象沿着一条指定的路径进行调和。其具体操作方法如下：

（1）使用工具箱中的手绘工具在页面中随意绘制出一条曲线路径。

（2）选中已经完成调和的图形对象，单击属性栏中的“路径属性”按钮，可弹出其下拉菜单，如图 7.1.11 所示。

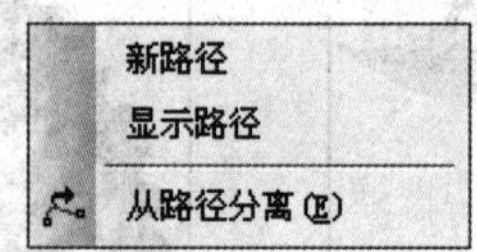

图 7.1.11 “路径属性”下拉菜单

（3）选择下拉菜单中的新路径命令，此时鼠标光标变为形状，然后在曲线路径上单击，可将已经完成的调和图形应用到绘制的曲线路径上，如图 7.1.12 所示。

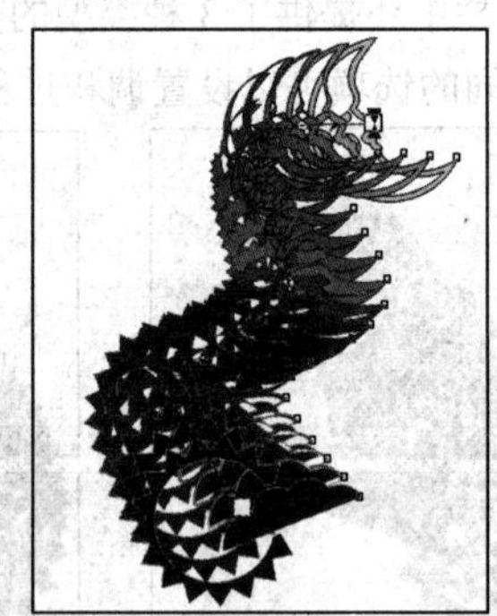

图 7.1.12 沿路径调和图形

7.1.4 调和效果的拆分

创建调和效果后，也可将调和效果的对象进行拆分，拆分就是将复合调和的对象分离为多个直接调和，其具体操作方法介绍如下：

（1）使用工具箱中的选择工具选中添加交互式调和效果后的图形对象。

（2）在选中的图形对象上单击鼠标右键，从弹出的快捷菜单中选择拆分路径群組上的 混合(B)命令，此时即可将调和中间的过渡对象拆分。

（3）按住鼠标左键拖动中间对象，效果如图 7.1.13 所示。

图 7.1.13　拆分调和效果

提示： 单击“交互式调和工具”属性栏中的“清除调和”按钮，可移除对象中的调和。

7.2　交互式轮廓图效果

交互式轮廓图工具可以使对象产生向内、向中心以及向外扩展的多层轮廓效果，使用此工具可以产生出许多特殊的图形效果。

7.2.1　添加轮廓图效果

单击调和工具组中的“交互式轮廓图工具”按钮，将鼠标指针移至对象上，按住鼠标左键并拖动，释放鼠标，即可为所选对象添加轮廓图效果，如图 7.2.1 所示。

图 7.2.1　添加交互式轮廓图效果

7.2.2　编辑轮廓图效果

使用交互式轮廓图工具选择对象后，其属性栏如图 7.2.2 所示，利用该属性栏，可以对图形的轮廓线间距、颜色与增加方式等进行相应的设置。

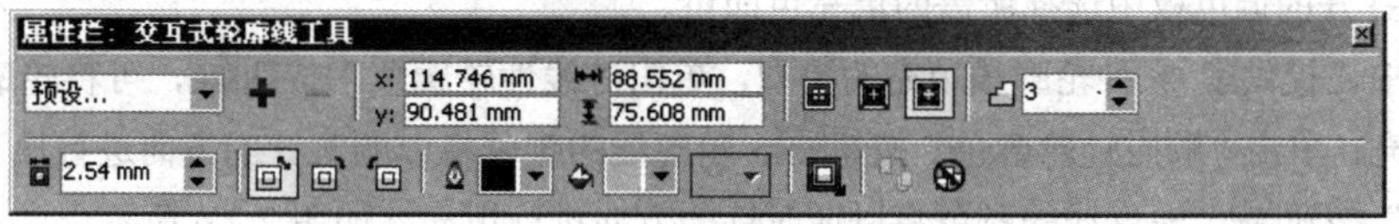

图 7.2.2　“交互式轮廓线工具”属性栏

在属性栏中单击“到中心”按钮，可以制作向图形中心扩展的轮廓图效果；单击“内部轮廓”按钮，可以制作向图形内部扩展的轮廓图效果；单击“外部轮廓”按钮，可以制作向图形外部扩展的轮廓图效果，如图 7.2.3 所示。

到中心　　内部轮廓　　外部轮廓

图 7.2.3　3 种轮廓图效果

在属性栏中的轮廓图步数微调框中输入数值，可设置轮廓线条数，如图 7.2.4 所示。

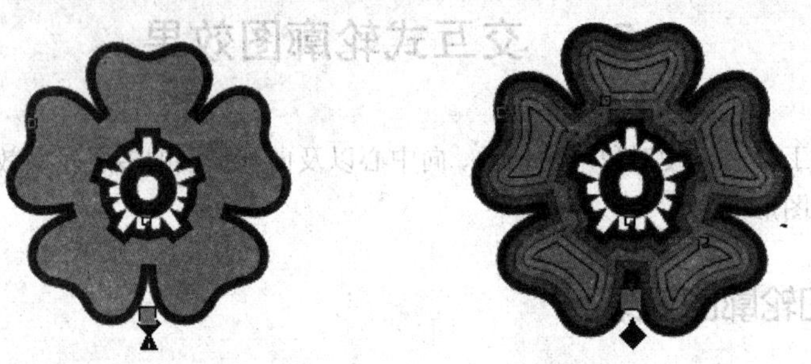

轮廓图步数值为 1　　轮廓图步数值为 4

图 7.2.4　改变轮廓图的步数值

在轮廓图偏移微调框 0.993 mm 中输入数值，可设置轮廓线之间的距离，如图 7.2.5 所示。

轮廓图偏移值为 2　　轮廓图偏移值为 4

图 7.2.5　改变轮廓线之间的距离

如果要对添加的轮廓线进行填充，可在属性栏中单击轮廓色下拉按钮，从打开的调色板中选择需要的颜色。如果要修改所创建的轮廓图对象的颜色，可在属性栏中单击填充色下拉按钮，从打开的调色板中选择所需的填充色即可。

属性栏中还提供了 3 种轮廓线填充的类型，单击“线性轮廓色”按钮，可将轮廓线的颜色以直线轮廓填充；单击“顺时针轮廓色”按钮，轮廓线的颜色将以顺时针的方向进行填充；单击“逆时针轮廓色”按钮，轮廓线的颜色将以逆时针的方向进行填充，如图 7.2.6 所示。

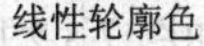

线性轮廓色　　顺时针轮廓色　　逆时针轮廓色

图 7.2.6　轮廓线填充类型

在属性栏中单击“对象和颜色加速”按钮，可打开加速面板，拖动相应的滑块可对轮廓图进行颜色加速设置。向左或向右拖动滑块，使轮廓图对象产生由外向内或由内向外的颜色渐变，如图 7.2.7 所示。

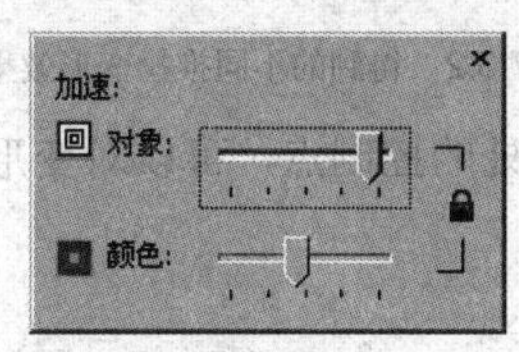

图 7.2.7　加速面板及变化后的效果

提示：若要移除对象的交互式轮廓效果，可单击“交互式轮廓工具”属性栏中的“清除调和”按钮，即可移除对象中的轮廓。

7.3　交互式变形效果

使用交互式变形工具可以快速地改变对象的外形。当选择交互式变形工具后，通过属性栏中显示的 3 种类型可对图形进行推拉变形、拉链变形以及扭曲变形，从而可创建出更复杂的图形对象。

7.3.1　推拉变形

推拉变形可以使图形对象产生推和拉两种变形效果，推是将图形的节点推离扭曲变形的中心；拉是指将图形的节点拉近扭曲变形的中心。为对象执行推拉变形操作的具体步骤如下：

（1）在绘图区中绘制图形对象，然后单击交互式工具组中的“交互式变形工具”按钮，并在其属性栏中单击“推拉变形”按钮。

（2）将鼠标指针移至图形对象上，单击鼠标左键并拖动，此时会在单击鼠标处产生一个菱形控制点，在鼠标当前位置产生一个方形控制点，该对象就会随着起始点的位置、控制点的拖拉方向及位移大小而变形，如图 7.3.1 所示。

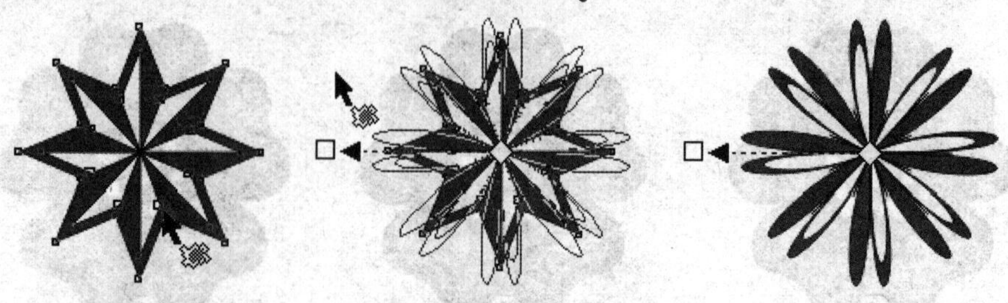

图 7.3.1 推拉变形效果

（3）当鼠标拖拉的方向与位移的大小不同时，将会得到不同的效果，如图 7.3.2 所示。

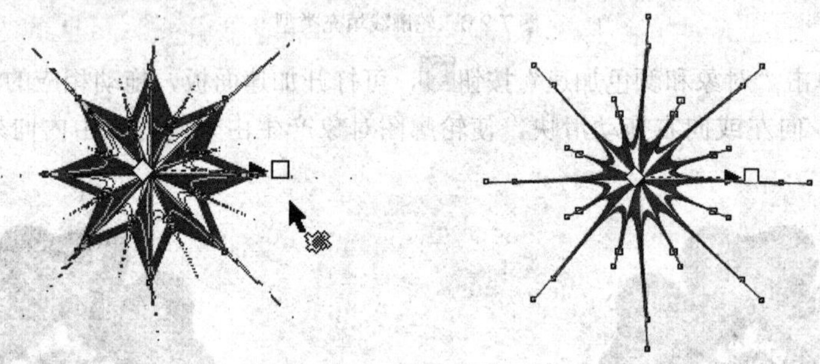

图 7.3.2 得到的不同推拉变形效果

（4）使用鼠标拖动起始处与终点处的控制点，可以对变形后的图形进行再次变形，如图 7.3.3 所示。

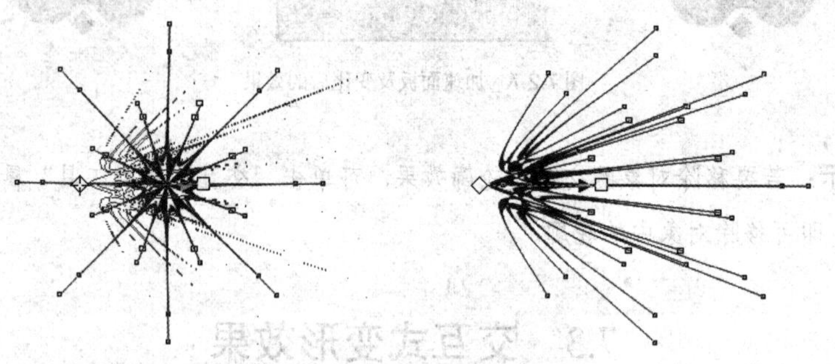

图 7.3.3 再次变形图形

单击属性栏中的“居中变形”按钮，可以将变形对象的起始点移到对象的中心，从而使对象的推拉变形从中心点开始，变为比较对称的图形，如图 7.3.4 所示。

图 7.3.4 居中变形

在属性栏中的推拉失真振幅输入框 -130 中输入数值，可以调节推拉变形对象的变形程度。

单击属性栏中的“添加新的变形”按钮，可以添加另外一个变形效果到所选择的已变形的图形对象上。

对图形进行对称变形后，如果需要进一步对变形后的图形进行调整，可单击属性栏中的“转换为曲线”按钮，即可将图形转换为曲线，然后通过调整各部位外框上的节点来任意修改其外形。

如要将一个推拉变形对象的属性应用到其他对象上，应先选择需要进行推拉变形的对象，然后在交互式变形工具属性栏中单击“复制变形属性”按钮，此时鼠标指针变为➡形状，将其移至推拉变形效果对象上单击，即可将该推拉变形效果的属性应用于所选对象上，如图 7.3.5 所示。

图 7.3.5　复制推拉变形属性

如果要清除推拉变形对象的变形效果，选中该对象后，在属性栏中单击“清除变形”按钮即可清除推拉变形效果。

7.3.2　拉链变形

拉链变形可使图形产生类似齿轮的外形轮廓。与推拉变形一样，在对象上按住鼠标左键向外拖动鼠标即可变形对象。为对象应用拉链变形的具体操作方法如下：

（1）选择要变形的对象，并在交互式变形工具属性栏中单击“拉链变形”按钮，此时属性栏显示如图 7.3.6 所示。

图 7.3.6　拉链变形属性栏

（2）将鼠标指针移至图形对象上，按住鼠标左键并拖动，即可产生拉链变形效果，如图 7.3.7 所示。

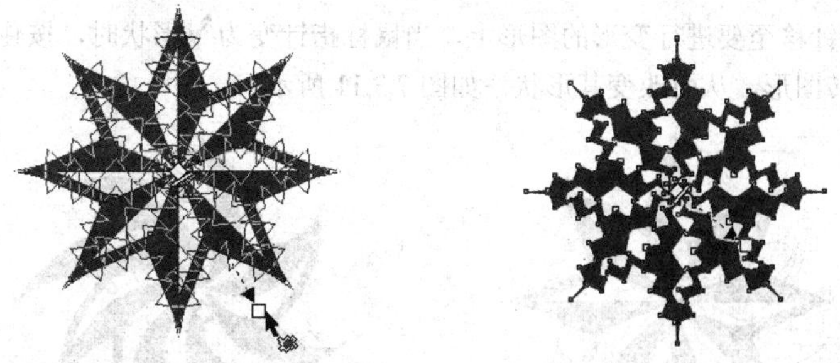

图 7.3.7　拉链变形效果

（3）通过在属性栏中的拉链失真频率输入框中输入数值，可以设置拉链变形所产生的波峰频率，如图 7.3.8 所示。

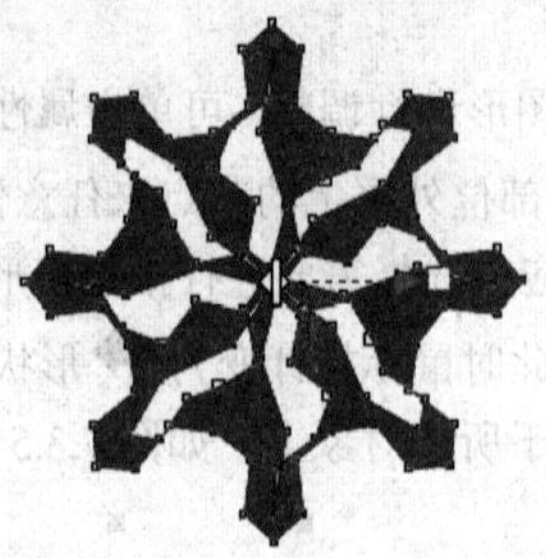

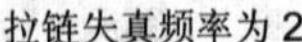

拉链失真频率为 2

拉链失真频率为 20

图 7.3.8 调节波峰频率

（4）通过单击属性栏中的“随机变形”按钮、“平滑变形”按钮和“局部变形”按钮，可以改变拉链变形的效果，如图 7.3.9 所示。

随机变形　　平滑变形　　局部变形

图 7.3.9 拉链变形的不同效果

7.3.3 扭曲变形

扭曲变形可使图形产生围绕旋转点的漩涡效果，其具体操作方法如下：

（1）选择要进行扭曲变形的图形对象，单击交互式变形工具属性栏中的“扭曲变形”按钮，此时属性栏显示如图 7.3.10 所示。

图 7.3.10 扭曲效果交互式变形属性栏

（2）将鼠标指针移至要进行变形的图形上，当鼠标指针变为形状时，按住鼠标左键并拖动，即可按一定方向旋转图形，从而改变其形状，如图 7.3.11 所示。

图 7.3.11 扭曲变形

（3）在属性栏中的完全旋转输入框中输入数值，可设置所选对象的旋转圈数；在附加角度输入框中输入数值，可设置所选对象在原来旋转基础上再旋转的角度。

（4）如果在属性栏中单击“顺时针旋转”按钮，所选择的扭曲对象将按顺时针旋转；如单击属性栏中的“逆时针旋转”按钮，所选扭曲对象将按逆时针旋转；单击“居中变形”按钮，所选择的扭曲对象将围绕中心旋转变形，如图 7.3.12 所示。

图 7.3.12　扭曲变形的 3 种变形方式

在 CorelDRAW X5 中除了使用交互式变形工具属性栏中的 3 种变形工具对对象进行变形外，还可以直接在交互式变形工具属性栏中单击预设...下拉列表框，从弹出的下拉列表中选择一种预置的变形效果，将其应用于所选的图形对象上，如图 7.3.13 所示。

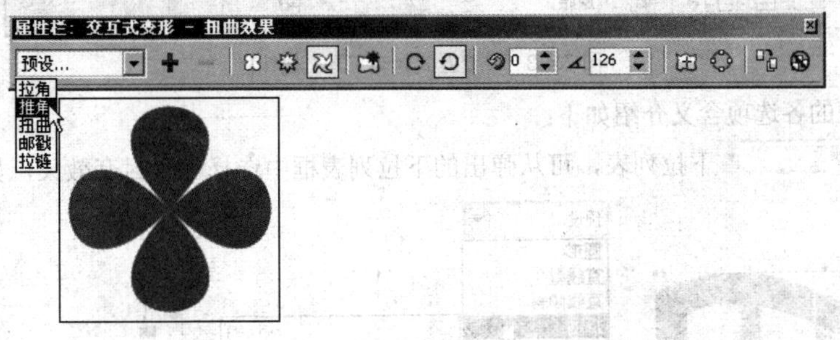

图 7.3.13　“预设”下拉列表

此外，创建了变形效果后，单击交互式变形工具属性栏中的“添加预设”按钮，可弹出“另存为”对话框，单击保存(S)按钮，即可将其添加到预置变形样式下拉列表中。

7.4　交互式封套效果

封套工具可简单快捷地改变图形形状，封套特性允许使用鼠标移动节点来改变对象的形状，通过向任意方向拖动节点重新调整对象的形状。

7.4.1　添加封套效果

交互式封套工具可以在对象轮廓外加入封套，通过调整封套可影响对象的形状，其具体操作方法介绍如下：

（1）单击工具箱中的“交互式封套工具”按钮，在需要添加封套的图形对象上单击鼠标左键，此时鼠标光标将变为形状，对象周围出现方形节点，如图 7.4.1 所示。

（2）将鼠标放在节点处，当鼠标光标变成形状时，拖动节点到合适位置，效果如图 7.4.2 所示。

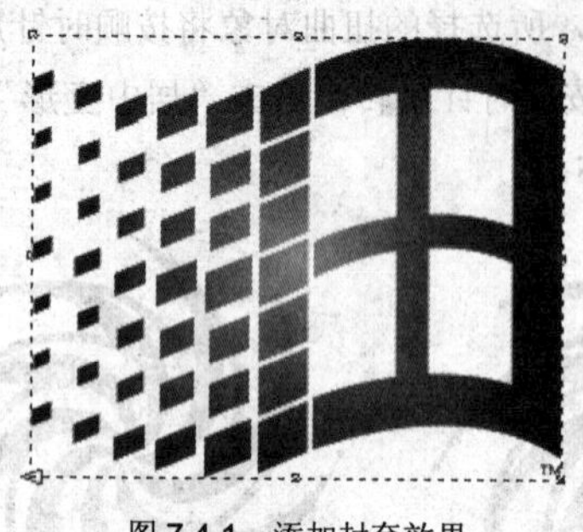

图 7.4.1 添加封套效果

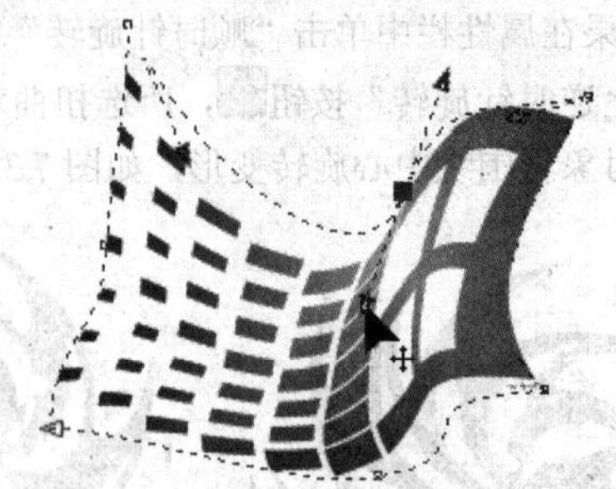

图 7.4.2 改变封套形状

7.4.2 封套效果的设置

创建了封套效果后，可以通过“交互式封套工具”属性栏对应用封套效果后的图形对象进行设置，其属性栏显示如图 7.4.3 所示。

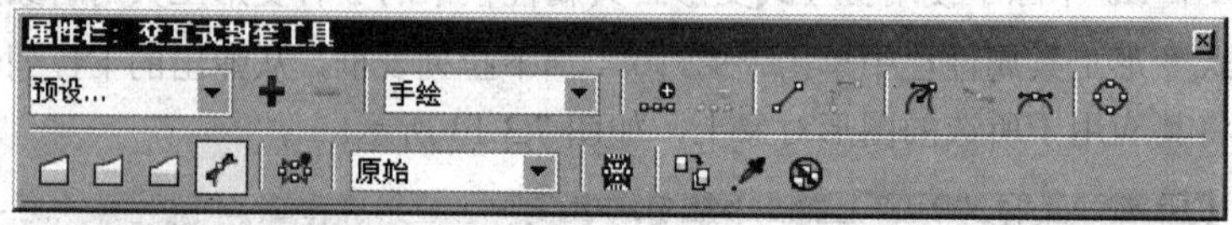

图 7.4.3 “交互式封套工具”属性栏

其属性栏中的各选项含义介绍如下：

（1）单击预设...下拉列表，可从弹出的下拉列表框中选择一种封套效果，如图 7.4.4 所示。

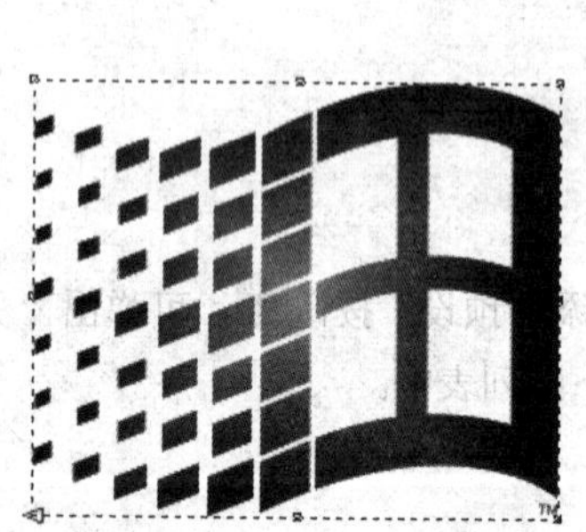

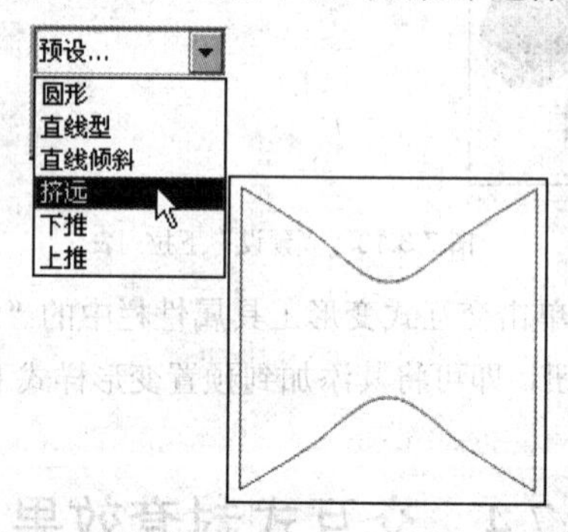

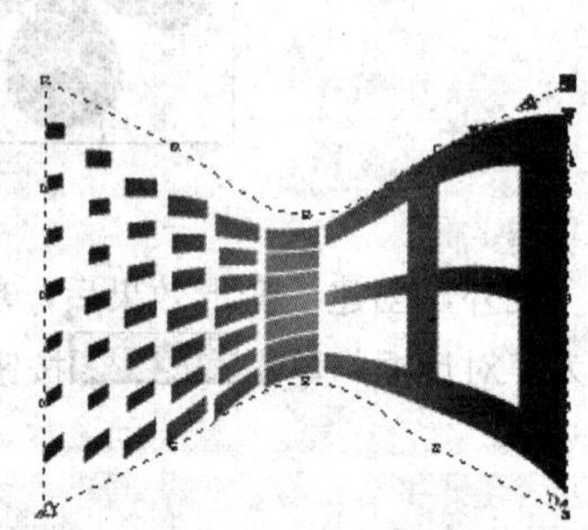

图 7.4.4 应用预设的封套效果

（2）单击“直线模式”按钮，可设置封套上线段的变化为直线，如图 7.4.5 所示。

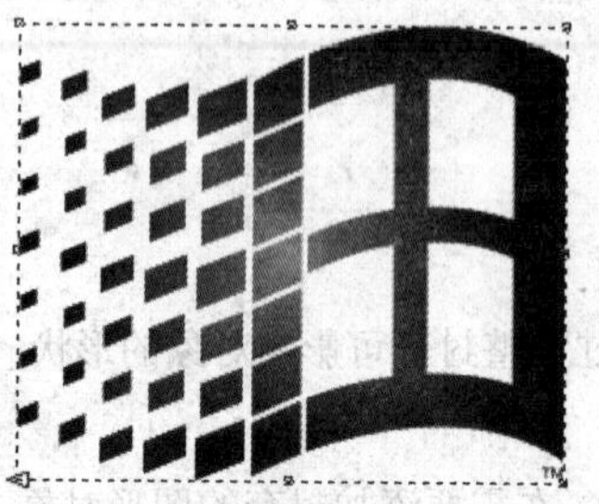

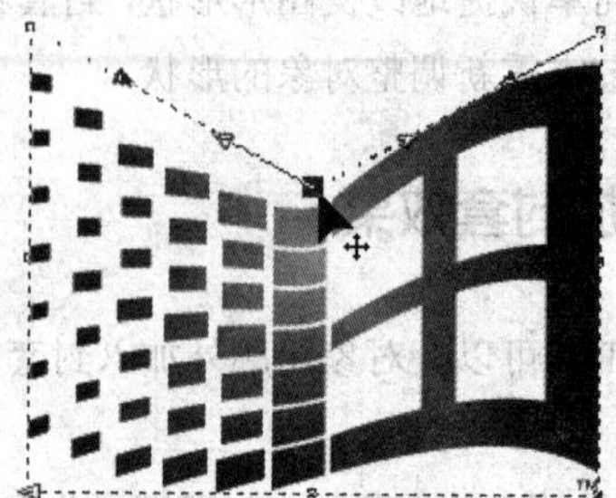

图 7.4.5 封套线段的变化为直线

提示：按住“Ctrl”键，使封套上的某节点和与之相对的节点有相同方向的变化；按住“Shift”键使某节点和与之相对的节点分别向相反的方向变化。

（3）单击“单弧模式”按钮，可设置封套上线段的变化为单弧线，如图7.4.6所示。

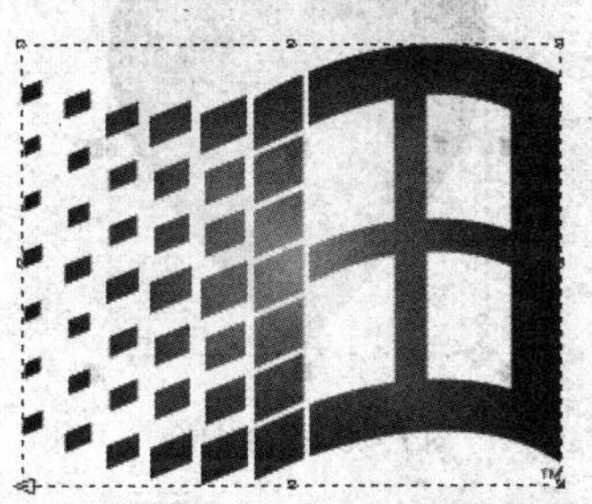

图7.4.6 封套线段的变化为单弧线

（4）单击“双弧模式”按钮，可设置封套上线段的变化为双弧线，如图7.4.7所示。

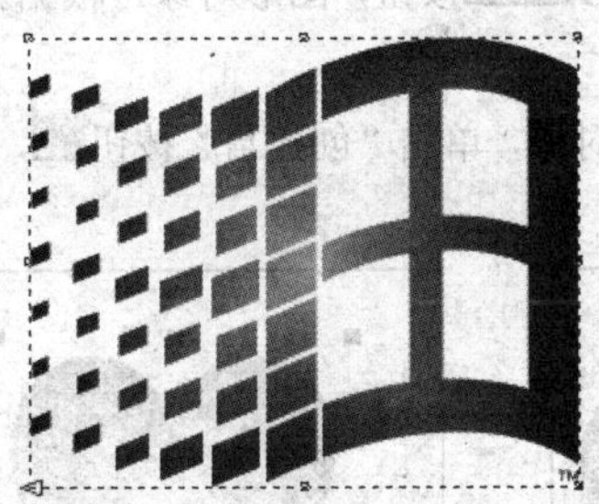
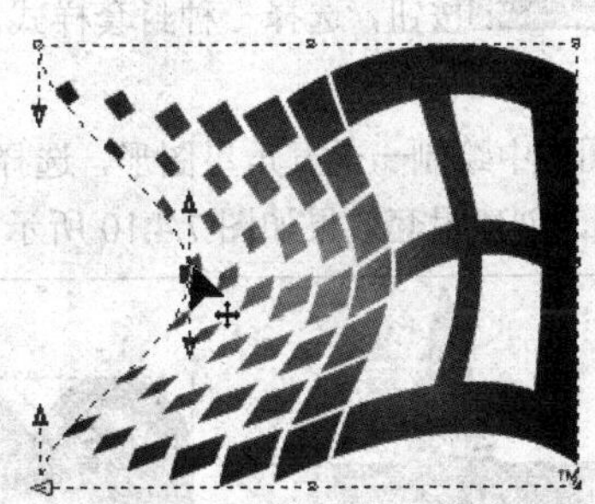

图7.4.7 封套线段变化为双弧线

（5）单击“非强制模式”按钮，可设置封套上线段的变化为非强制，单击此按钮后可将封套完全当成普通的曲线来编辑。

（6）单击“添加新封套”按钮，可固定已经调节好的封套效果，并增加一个新的矩形封套。

（7）单击 原始 下拉列表，可从弹出的下拉列表框中选择封套对象的调整模式。

1）水平模式：先使对象适合封套，再进行一定程度的水平方向的压缩。

2）原始模式：使对象上的节点映射到封套的曲线上，形成对应的变形关系。

3）自由变形模式：将对象选择框上的控制手柄映射到封套的边角节点上，形成对应变形关系。

4）垂直模式：先使对象适合封套，再进行一定程度的垂直方向的压缩。

（8）单击“保留线条”按钮，可在应用封套时保留直线。

（9）单击“复制封套属性”按钮，可将其他对象的封套复制过来。

（10）单击“创建封套自”按钮，可创建新的封套。

（11）单击“清除封套”按钮，可清除封套效果。

7.4.3 “封套”泊坞窗

在CorelDRAW X5中，可以使用封套泊坞窗对绘制的图形对象添加封套效果，并对创建的封套进行各种编辑操作，其具体操作方法如下：

（1）使用选择工具选中图形对象，选择菜单栏中的 效果(C) → 封套(E) 命令，弹出“封套”泊坞窗，如图7.4.8所示。

（2）单击添加新封套按钮，在图形的周围会出现虚线变形框，如图 7.4.9 所示。

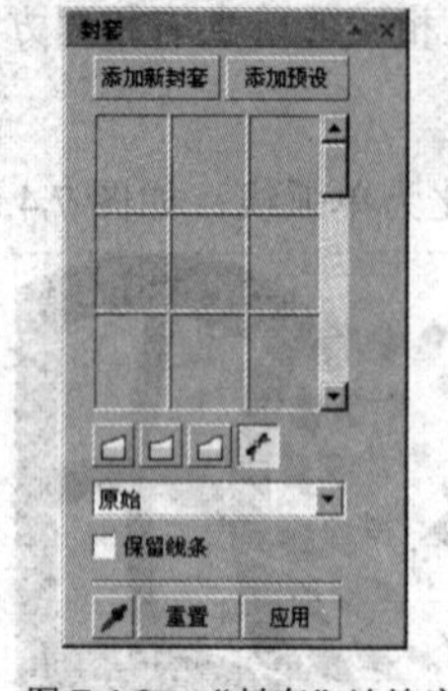

图 7.4.8 “封套”泊坞窗

图 7.4.9 添加封套

（3）在编辑模式中选择一种模式，调整节点位置，单击应用按钮，即可生成用户需要的效果。

（4）单击添加预设按钮，选择一种封套样式，单击应用按钮，图形对象可根据预设封套的形状改变。

（5）在绘图区中绘制一个五角星图形，选择封套对象，单击“创建自”按钮，出现黑色箭头，单击五角星图形，创建封套效果如图 7.4.10 所示。

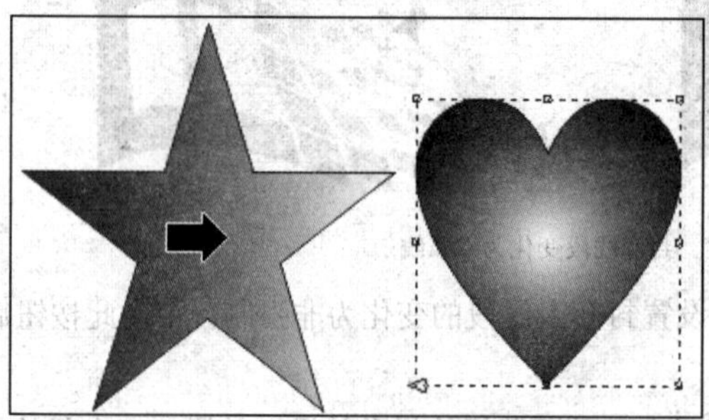

图 7.4.10 应用创建封套效果

（6）如果对封套效果不满意，可以单击重置按钮，重新设定封套。

7.4.4 节点的增加和删除

在 CorelDRAW X5 中，对图形对象应用封套效果后，用户可以对封套上的各节点进行编辑，以创建出不同样式的封套效果。

（1）用交互式封套工具选中对象，单击属性栏中的“非强制模式”按钮，选中一个节点。

（2）单击属性栏中的“添加节点”按钮，可在封套虚线上选中的位置增加一个节点。

（3）单击“减少节点”按钮，可删除选中的节点。

7.5 交互式立体化效果

使用交互式立体化工具可以为对象添加三维效果。创建立体化效果后，也可在属性栏中对立体化效果进行设置，如立体化的深度、方向、颜色以及灭点坐标等。

7.5.1　添加立体化效果

创建对象后，在交互式工具组中单击“交互式立体化工具”按钮，将鼠标指针移至对象上，此时鼠标指针显示为形状，按住鼠标左键拖动，即可产生立体化效果，如图 7.5.1 所示。

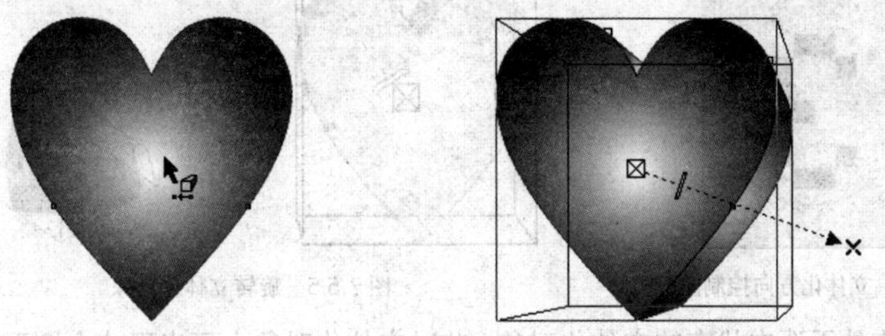

图 7.5.1　创建立体化效果

7.5.2　设置立体化类型

创建了立体化效果后，在 CorelDRAW X5 中还可以设置立体化的类型。在交互式立体化工具属性栏中单击立体化类型下拉列表，在弹出的下拉列表中可选择一种预设的立体化类型，如图 7.5.2 所示。

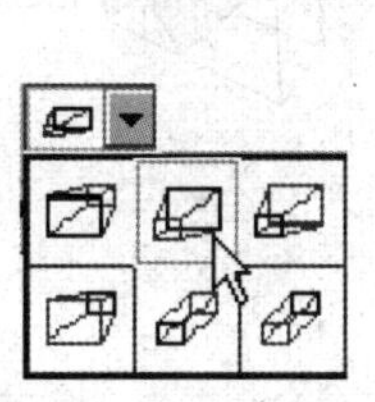

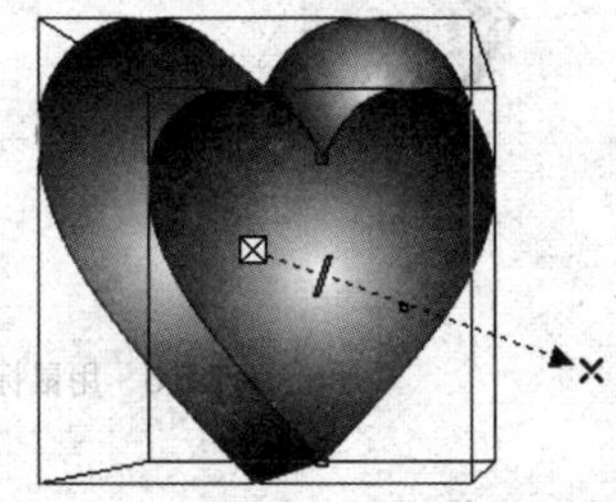

图 7.5.2　应用交互式立体化类型

在属性栏中单击预设下拉列表，从弹出的下拉列表中可选择一种预设的立体化样式，应用于所选的图形对象上，如图 7.5.3 所示。

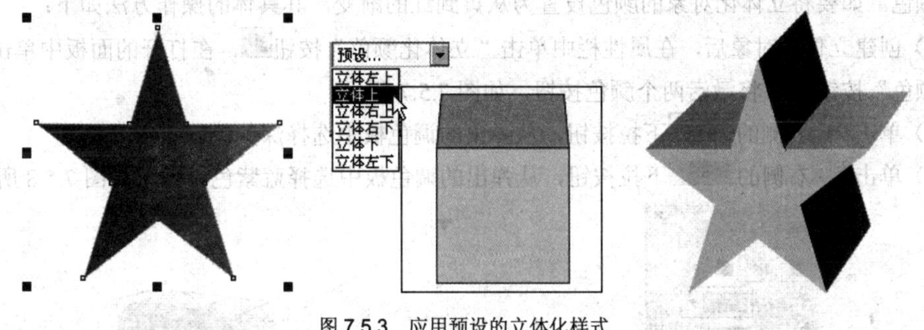

图 7.5.3　应用预设的立体化样式

7.5.3　设置立体化旋转

单击属性栏中的“立体的方向”按钮，可打开立体化方向控制面板，如图 7.5.4 所示，使用鼠标直接拖动该面板中的圆盘即可旋转立体化对象，即调整立体化对象的旋转方向，效果如图 7.5.5

所示。

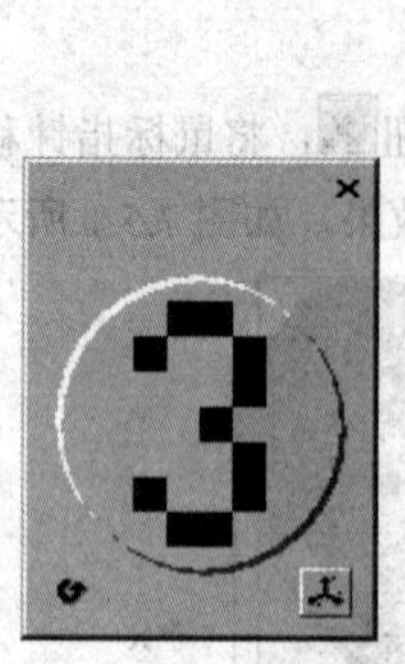

图 7.5.4 立体化方向控制面板

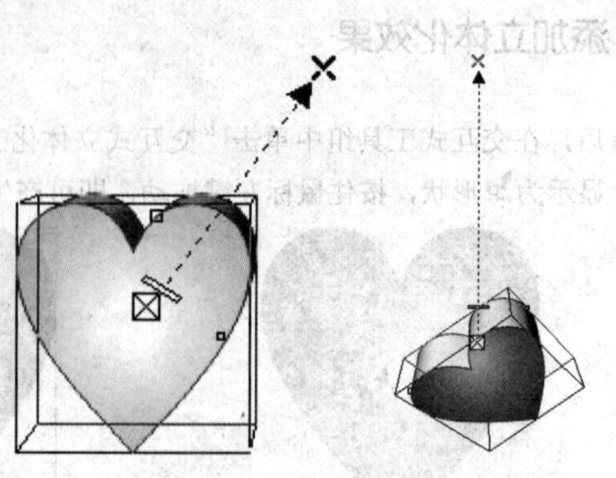

图 7.5.5 旋转立体化对象

使用鼠标单击处于选中状态的立体化对象，此时立体化对象上可出现一个圆形的旋转调节器，将鼠标指针移至旋转调节器 4 个控制点的任意一个上，按住鼠标左键并拖动，即可旋转立体化对象，如图 7.5.6 所示。将鼠标指针移至调节器内，鼠标指针变为形状，按住鼠标左键拖动，可以对立体对象进行任意角度的旋转。

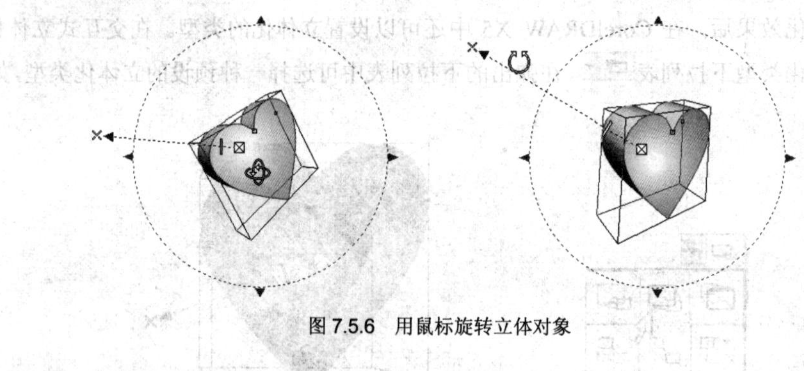

图 7.5.6 用鼠标旋转立体对象

7.5.4 设置立体化颜色

在交互式立体化工具属性栏中单击“立体化颜色”按钮，打开颜色面板，从中可设置立体化对象的颜色。如要将立体化对象的颜色设置为从黄到红的渐变，其具体的操作方法如下：

（1）创建立体化对象后，在属性栏中单击“立体化颜色”按钮，在打开的面板中单击“使用递减的颜色”按钮，将激活两个颜色按钮，如图 7.5.7 所示。

（2）单击从:右侧的下拉按钮，从弹出的调色板中选择深黄色。

（3）单击到:右侧的下拉按钮，从弹出的调色板中选择蓝紫色，效果如图 7.5.8 所示。

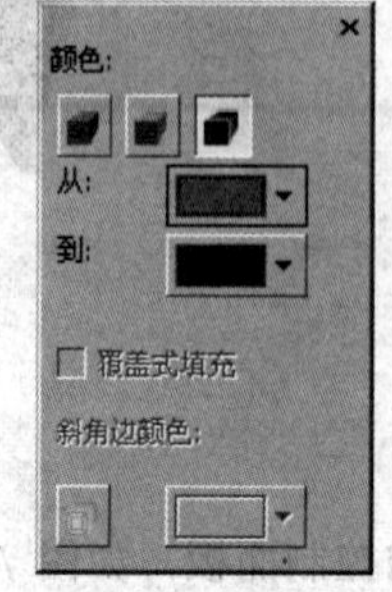

图 7.5.7 立体化颜色面板

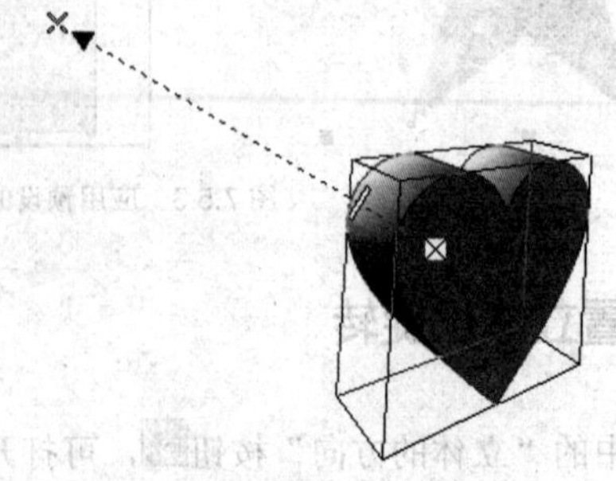

图 7.5.8 设置立体化对象颜色效果

7.5.5　设置立体化照明

使用交互式立体化工具可以为对象设置照明效果。在交互式立体化属性栏中单击“立体化照明”按钮，打开立体化照明控制面板，在此面板中提供了三盏可供使用的光源，从中选择相应的光源可制作出立体化照明效果。要设置照明效果，其具体的操作方法如下：

（1）在交互式立体化工具属性栏中单击“立体化照明”按钮，在打开的面板中单击“光源 1”按钮，添加光源，在光线强度预览框中将光源 1 移至适当位置，如图 7.5.9 所示。

（2）单击“光源 2”按钮，可添加光源 2，在光线强度预览框中将光源 2 移至适当位置，在强度:输入框中输入数值 50，以降低光的强度。

（3）单击“光源 3”按钮，可添加光源 3，在光线强度预览框中将光源 3 移至适当位置，在强度:输入框中输入数值 98，设置立体化照明效果如图 7.5.10 所示。

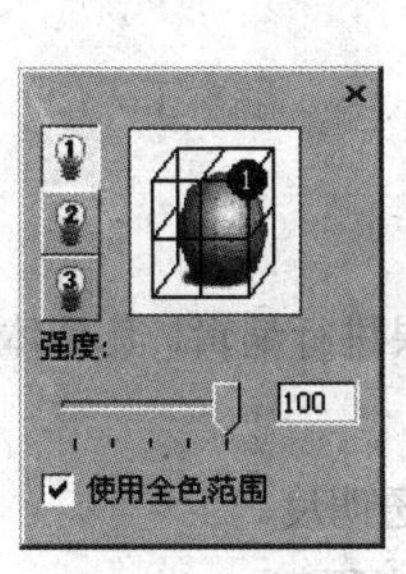

图 7.5.9　添加光源 1

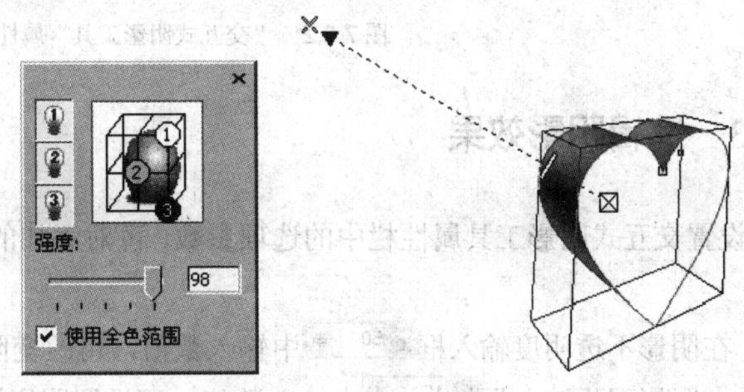

图 7.5.10　设置立体化照明效果

7.6　交互式阴影效果

使用交互式阴影工具可以为对象添加阴影，从而可增加对象的逼真程度。阴影可应用于单独的图形对象、群组的图形对象以及位图对象中。

7.6.1　添加阴影效果

要为对象添加阴影效果，可先选择需要添加阴影的对象，然后在交互式工具组中单击“交互式阴影工具”按钮，将鼠标指针移至对象上，按住鼠标左键拖动，即可为对象添加阴影效果，如图 7.6.1 所示。

图 7.6.1　添加阴影效果

7.6.2 阴影透视类型

在交互式阴影工具属性栏中单击 预设... 下拉列表框，可从弹出的下拉列表中选择一些预设的阴影类型，当移动鼠标光标至每一选项时，右侧将显示出该阴影类型的预览框，如图 7.6.2 所示。

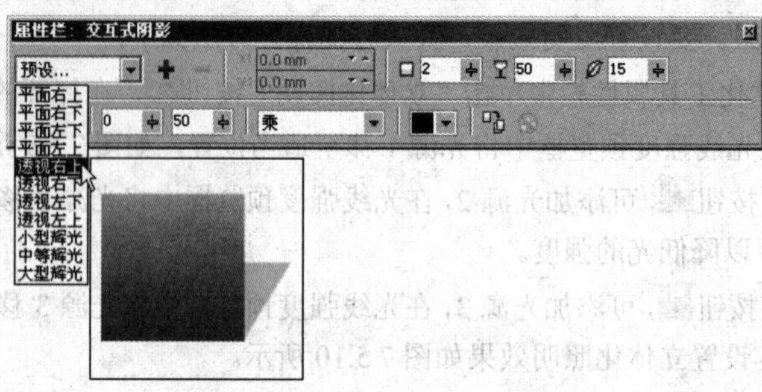

图 7.6.2 “交互式阴影工具”属性栏

7.6.3 编辑阴影效果

通过设置交互式阴影工具属性栏中的选项参数，可对添加的阴影效果进行编辑，其具体的操作方法如下：

（1）在阴影不透明度输入框 50 中输入数值，可改变阴影的不透明度。

（2）在阴影羽化输入框 15 中输入数值，可设置阴影边缘的清晰程度.。

（3）单击“羽化方向”按钮，可打开设置羽化方向面板，从中选择“向外”选项，可将羽化的方向设置为向外，如图 7.6.3 所示。

（4）在属性栏中单击阴影颜色下拉按钮，可从打开的调色板中选择阴影的颜色，编辑对象阴影后的效果如图 7.6.4 所示。

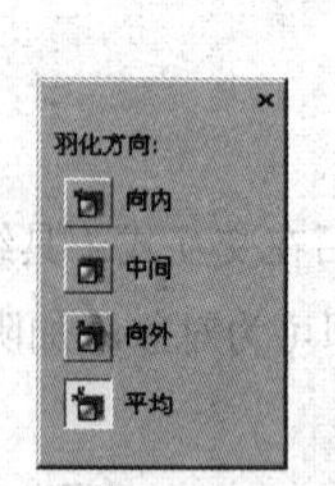

图 7.6.3 设置羽化方向

图 7.6.4 编辑阴影效果

7.7 交互式透明效果

在 CorelDRAW X5 中对对象添加透明效果主要通过交互式透明工具来实现，该工具可对对象进行各种透明效果的处理，其具体操作步骤如下：

（1）按“Ctrl+I”键，分别在绘图区中导入两幅如图 7.7.1 所示的位图，并将其重叠。

图 7.7.1 导入的两幅位图

（2）单击工具箱中的“交互式透明工具”按钮，在对象从上向下拖曳鼠标即可得到透明的效果，在该属性栏中的线性下拉列表中选择一种透明的类型，如图 7.7.2 所示。

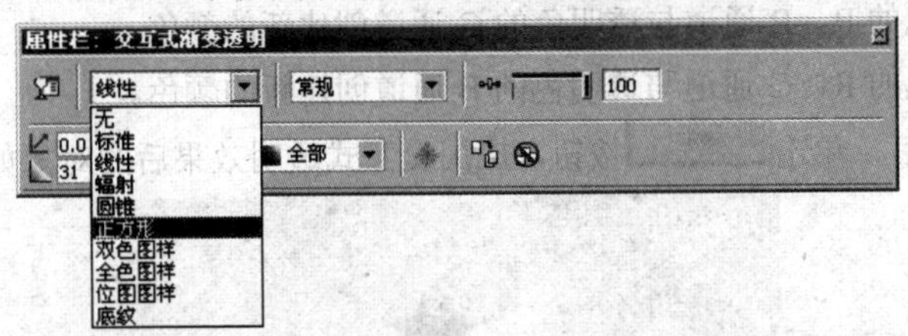

图 7.7.2 “透明度类型”下拉列表

（3）不同的透明类型对应不同参数设置的对话框，以线性透明为例，单击其属性栏中的“编辑透明度”按钮，弹出“渐变透明度”对话框，如图 7.7.3 所示，在该对话框中可进一步设置透明的效果。

（4）在全部下拉列表中选择相应的选项，可对对象的轮廓或填充单独进行透明处理。

（5）在常规下拉列表中可选择透明的颜色与下层对象的颜色的调和方式，以达到不同的效果，如图 7.7.4 所示。

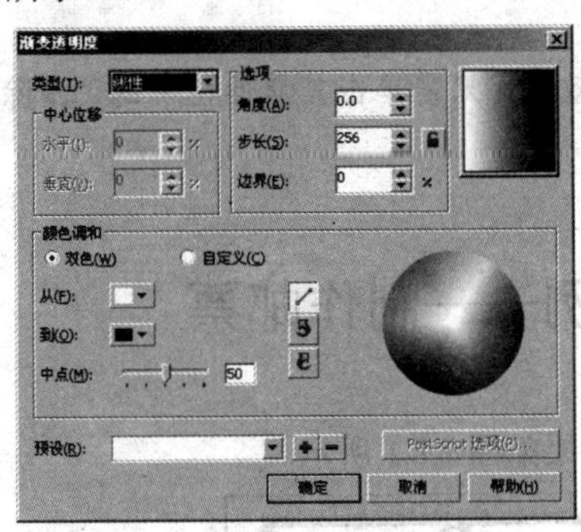

图 7.7.3 “渐变透明度”对话框

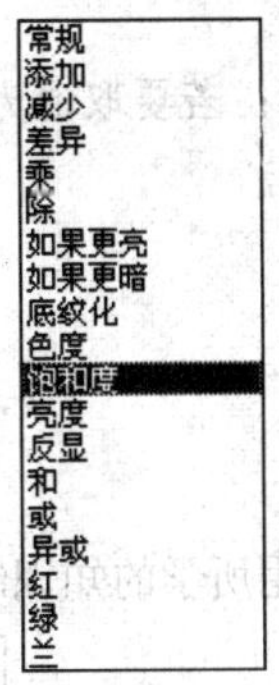

图 7.7.4 “常规”下拉列表

1）常规：在底色的上方直接应用透明色。

2）添加：用透明色与底色相加。

3）减少：把底色与透明色相加，然后减去 255。

4）差异：用底色减去透明色再乘以 255。

5）乘：用底色乘以透明色再除以 255，产生颜色加深效果。黑色乘以任何颜色为黑色，白色乘以任何颜色，颜色不变。

6）除：用底色除以透明色。

7）如果更亮：取底色和透明色颜色较亮的部分。

8）如果更暗：取底色和透明色颜色较暗的部分。

9）底纹化：把透明色转为灰阶，然后用底色与灰阶相乘。

10）色度：透明色的色度与底色的饱和度、亮度创建新的颜色。

11）饱和度：透明色的饱和度与底色的色度、亮度创建新的颜色。

12）亮度：透明色的光度与底色的色度、饱和度创建新的颜色。

13）反显：透明色的互补色创建新的颜色。

14）和：用底色与透明色应用布尔代数公式 AND。

15）或：用底色与透明色应用布尔代数公式 OR。

16）异或：用底色与透明色应用布尔代数公式 XOR。

17）红：用底色的 G，B 通道与透明色的 R 通道创建新的颜色。

18）绿：用底色的 R，B 通道与透明色的 G 通道创建新的颜色。

19）蓝：用底色的 R，G 通道与透明色的 B 通道创建新的颜色。

（6）设置好参数后，单击 确定 按钮，应用交互式透明效果后的对象如图 7.7.5 所示。

图 7.7.5　应用交互式透明效果

提示：若要取消为对象添加的透明效果，只需单击其属性栏中的“清除透明度”按钮即可。

7.8　应用实例——制作邮票

本节主要利用所学的知识制作邮票，最终效果如图 7.8.1 所示。

图 7.8.1　最终效果图

操作步骤

（1）启动 CorelDRAW X5 应用程序，新建一个图形文件，然后从标尺上拖曳出 4 条辅助线，如图 7.8.2 所示。

（2）单击工具箱中的“矩形工具”按钮，沿 4 条辅助线的交点绘制一个矩形对象，如图 7.8.3 所示。

图 7.8.2　创建辅助线

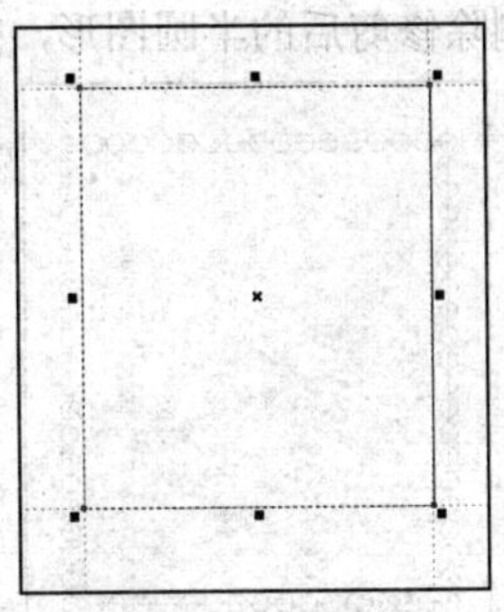

图 7.8.3　绘制矩形对象

（3）单击工具箱中的“椭圆形工具”按钮，按住“Shift+Ctrl”键的同时以矩形左上角点为圆心，按住鼠标左键并拖动，即可绘制出圆心在矩形左上角点上的圆形，如图 7.8.4 所示。

（4）按“+”键复制绘制的圆形，然后按住“Ctrl”键的同时用鼠标向左下角拖动复制的圆形，使圆心与矩形左下角点重合，如图 7.8.5 所示。

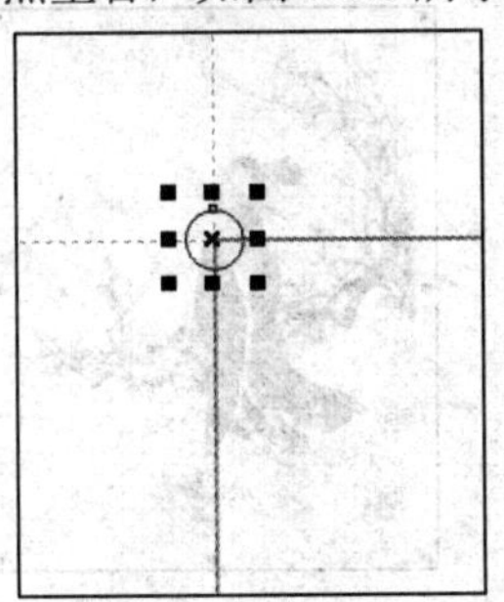

图 7.8.4　绘制圆形

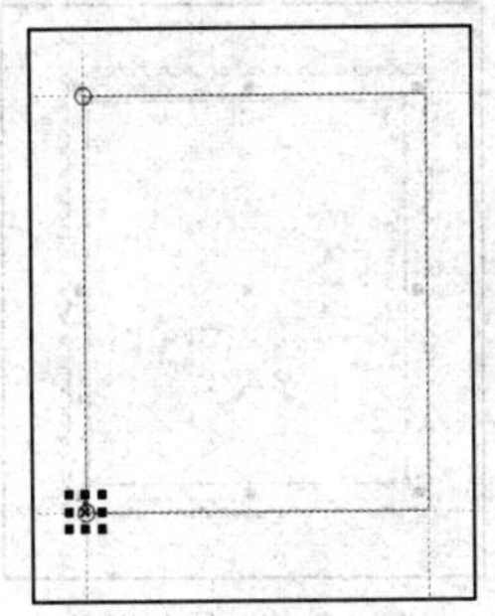

图 7.8.5　复制圆形并移动

（5）重复步骤（4）的操作，创建另外两个圆形对象，使它们的圆心分别在矩形右上与右下两个角点上，如图 7.8.6 所示。

（6）使用选择工具选择矩形某一条边上的两个圆形对象，然后单击工具箱中的“交互式调和工具”按钮，在属性栏中的调和步数输入框 20 中输入数值，再将鼠标移至一个圆形上按住鼠标左键向另一个圆形上拖动，即可产生调和效果，如图 7.8.7 所示。

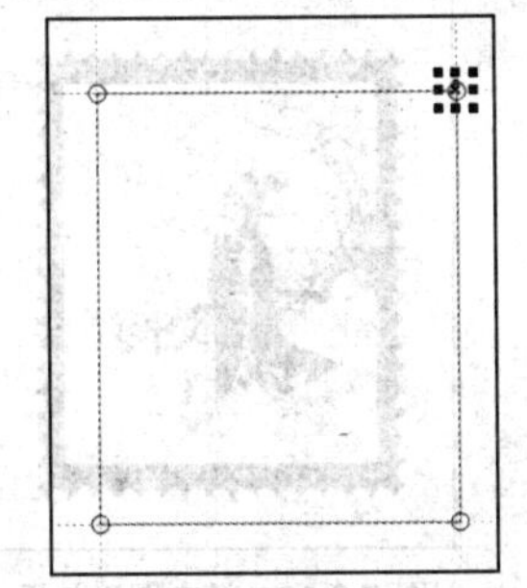

图 7.8.6　创建另外两个圆形对象

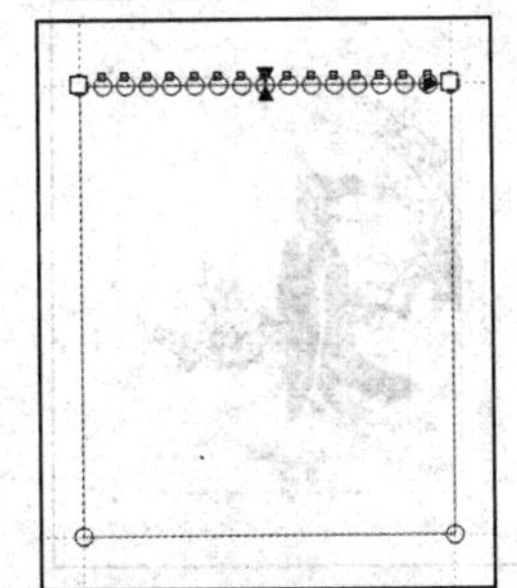

图 7.8.7　调和后的效果

（7）使用选择工具选择调和后的对象，单击鼠标右键，从弹出的快捷菜单中选择 拆分调和群组(B) 命令，将调和对象拆分为单个独立的对象。

（8）重复步骤（6）和（7）的操作，为其他 3 条边上的图形对象添加调和效果，并将其拆分为单个独立的对象，效果如图 7.8.8 所示。

（9）使用选择工具框选绘图区中的所有图形对象，然后单击属性栏中的“修剪”按钮，对图形进行修剪，再删除修剪后的半圆图形，效果如图 7.8.9 所示。

图 7.8.8　创建并拆分调和效果

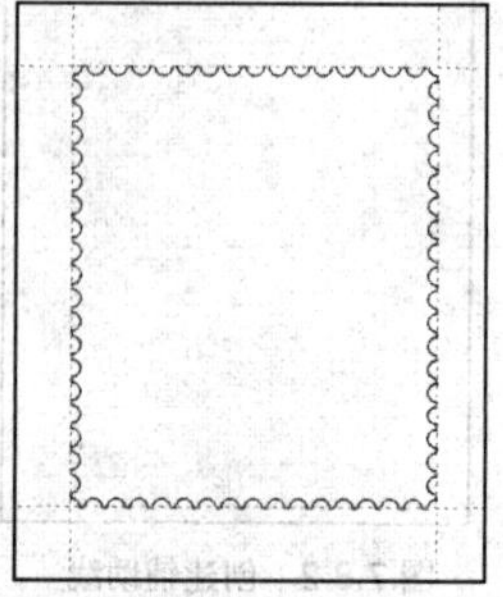
图 7.8.9　应用修剪图形效果

（10）重复步骤（2）的操作，使用矩形工具沿 4 条辅助线的交点绘制一个矩形图形，然后按住“Shift”键缩小矩形，效果如图 7.8.10 所示。

（11）按“Ctrl+I”键，导入一幅位图并调整其大小，如图 7.8.11 所示。

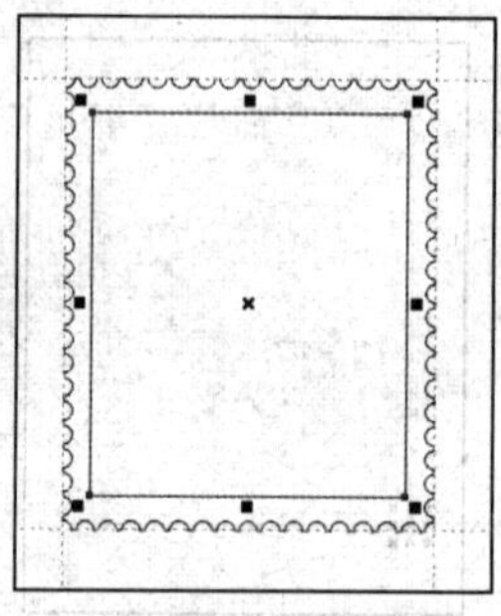
图 7.8.10　绘制矩形

图 7.8.11　导入位图

（12）选中位图，然后选择菜单栏中的 效果(C) → 图框精确剪裁(W) → 放置在容器中(P)... 命令，此时鼠标光标显示为➡形状，在矩形对象上单击，即可将所选的位图放置在容器中，效果如图 7.8.12 所示。

（13）使用选择工具框选绘图区中的图像，然后去除图形对象的轮廓线，再选中修剪后的图形对象，将其填充为“红色”，效果如图 7.8.13 所示。

图 7.8.12　应用图框精确剪裁效果

图 7.8.13　填充图形效果

（14）从标尺上拖曳出 2 条水平辅助线和 1 条垂直辅助线，将其作为文本的有效区域，如图 7.8.14

所示。

（15）单击工具箱中的“文本工具”按钮字，在属性栏中设置好属性参数后，在绘图区中输入文字，效果如图 7.8.15 所示。

图 7.8.14　创建辅助线

图 7.8.15　输入文本

（16）隐藏绘图区中的辅助线，然后使用选择工具框选绘制的邮票图形，按“Ctrl+G”键，对其进行群组。

（17）选择菜单栏中的 排列(A) → 变换(F) → 位置(P) 命令，打开“转换”泊坞窗，设置其泊坞窗参数如图 7.8.16 所示。

（18）设置好参数后，单击 应用 按钮，水平移动并复制邮票图形后的效果如图 7.8.17 所示。

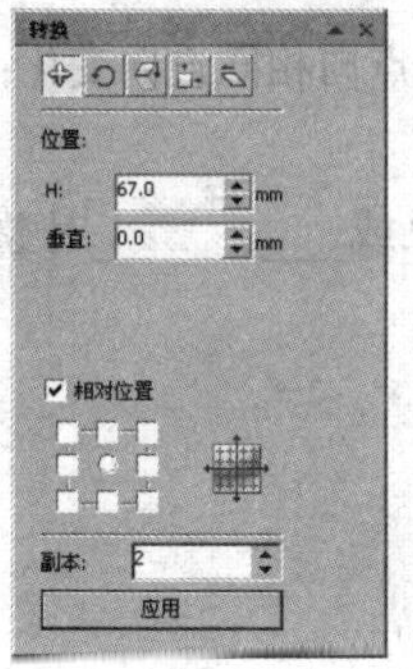

图 7.8.16　“转换”泊坞窗

图 7.8.17　水平移动并复制邮票效果

（19）群组绘图区中的所有图形对象，然后重复步骤（17）和（18）的操作，对其进行垂直移动，效果如图 7.8.18 所示。

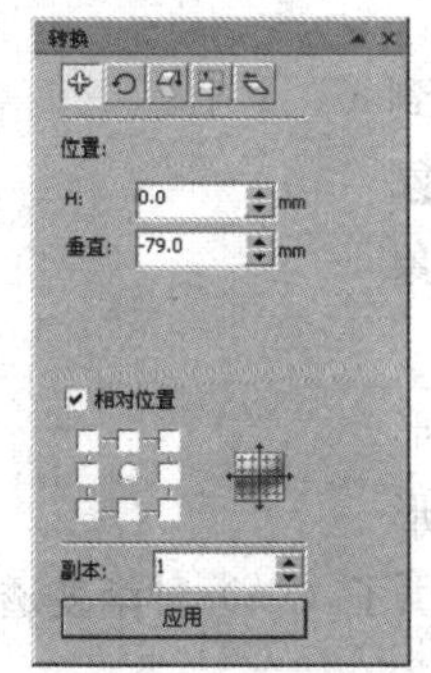

图 7.8.18　垂直移动并复制邮票效果

（20）群组绘图区中的所有图形对象，然后选择菜单栏中的 排列(A) → 对齐和分布(A) →

在页面水平居中(H) 命令，最终效果如图 7.8.1 所示。

本章小结

本章主要介绍了 CorelDRAW X5 中交互式效果的创建方法，包括交互式调和效果、交互式轮廓图效果、交互式变形效果、交互式封套效果、交互式立体化效果以及交互式透明效果。通过本章的学习，读者应熟练使用交互式工具为对象添加特殊效果。

实训练习

一、填空题

1. 交互式工具组包括__________、__________、__________、__________、__________、__________和__________7 种交互式特效工具。

2. 使用交互式变形工具可以对对象创建 3 种变形效果，即__________、__________和__________。

3. 在 CorelDRAW X5 中提供了 4 种封套模式，即__________、__________、__________和非强制模式。

4. 按住__________键，使封套上的某节点和与之相对的节点向相同方向变化；按住__________键，使某节点和与之相对的节点分别向相反方向变化。

5. 交互式立体化效果可以应用于单独的__________对象或__________对象，而不能应用于__________图像。

二、选择题

1. 在 CorelDRAW X5 中能进行调和的对象有（　）。

（A）群组对象　　（B）艺术笔对象

（C）网格填充对象　　（D）位图

2. 在（　）情况下，调和工具的属性栏无法调控物体。

（A）没有选中整个调和物体　　（B）对调和物体的交互式控制杆已做过调控

（C）调和物体拾取了新路径　　（D）都可以

3. 在 CorelDRAW X5 中不可以将交互式阴影效果应用到（　）上。

（A）链接的群组对象　　（B）修剪对象

（C）合并对象　　（D）群组对象

4. 使用交互式变形工具无法实现（　）效果。

（A）拉链变形　　（B）自由变形

（C）扭曲变形　　（D）推拉变形

5. 在“交互式透明工具”属性栏中的透明度类型中提供了（　）种渐变透明填充的方式。

（A）1　　（B）2

（C）3　　（D）4

6. 对直线应用立体化效果，然后拆分，结果是（　）。

（A）得到一条线和一条四边形　　（B）得到一个四边形
（C）得到五条线段　　（D）得到四条线段

三、简答题

1．可以对应用过交互式阴影效果的对象进行阴影分辨率的设置吗？应如何操作？
2．在 CorelDRAW X5 中清除交互式效果的方法有几种？分别是什么？
3．交互式透明工具为用户提供了哪几种填充方式？

四、上机操作题

1．使用交互式立体化工具为对象创建立体化效果，并为其制作一个修饰斜角效果。
2．利用本章所学的知识，制作如题图 7.1 所示的效果图。

题图 7.1　效果图

第 8 章　透镜和其他特殊效果

在 CorelDRAW X5 中，充分而熟练地利用好造形、透镜、透视和图框精确剪裁功能，不仅可以改善图形对象的效果、掩盖缺陷，还可以在原有对象的基础上产生许多特殊炫目的效果。

知识要点

- 透镜效果
- 透视特效
- 造形特效
- 图框精确剪裁特效

8.1　透 镜 效 果

CorelDRAW X5 中的透镜效果应用了日常所用的照相机镜头的原理，将镜头放在对象上，使对象在镜头的影响下产生出各种不同的效果，如放大、鱼眼以及反转等。但透镜只改变观察方式，而不能改变对象本身的属性。

8.1.1　添加透镜效果

透镜效果可应用于绘制的任何对象，如椭圆、矩形、多边形、文本以及位图对象等。添加透镜效果的具体操作步骤如下：

（1）打开或导入一幅图像，如图 8.1.1 所示，使用选择工具选择该图像，然后选择菜单栏中的 效果(C) → 透镜(S) 命令，打开“透镜”泊坞窗，如图 8.1.2 所示。

图 8.1.1　导入的图像

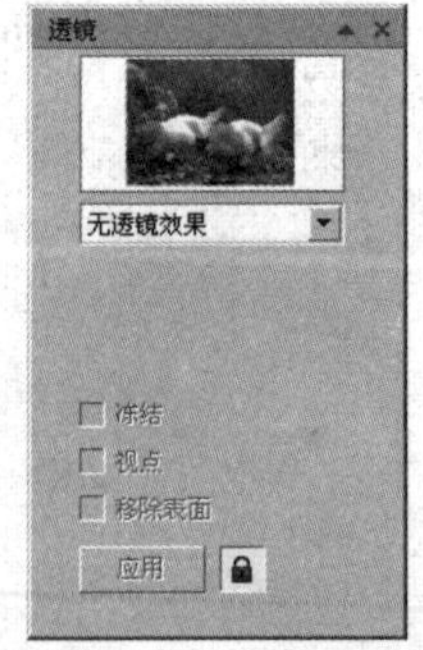

图 8.1.2　“透镜”泊坞窗

（2）使用基本绘图工具在图像上绘制图形对象，并填充颜色，将其作为透镜的镜头，如图 8.1.3 所示。

（3）在“透镜”泊坞窗中的透镜类型下拉列表 无透镜效果 中选择 变亮 选项，单击 应用 按钮，即可为镜头添加变亮透镜效果，如图 8.1.4 所示。

图 8.1.3　创建透镜的镜头

图 8.1.4　添加透镜效果

8.1.2　编辑透镜

添加透镜效果后，如果对其不满意，可以根据需要进行相应的编辑，从而达到所需的效果。在 CorelDRAW X5 中可以对某些透镜类型进行冻结、视点或移除表面等操作。

1. 冻结

冻结一般用于固定透镜中的内容，可在移动透镜时不改变通过透镜显示的内容。添加一种透镜效果后，在其相应的"透镜"泊坞窗中选中☑冻结复选框，单击 应用 按钮，即可将透镜中的内容冻结，冻结后可以移动并复制透镜，如图 8.1.5 所示。

图 8.1.5　应用冻结透镜效果

2. 视点

可在透镜本身不移动的情况下移动视点以显示透镜下图像的任意部分。创建好一个透镜后，在"透镜"泊坞窗中选中☑视点复选框，此时该复选框右侧可出现一个 编辑 按钮，单击该按钮，此时按钮将变为 结束 按钮，透镜中心将会出现 ✕ 标记，通过在 X: 与 Y: 输入框中输入数值，可设置视点的位置，设置好参数后，单击 结束 按钮，再单击 应用 按钮，得到如图 8.1.6 所示的效果。

图 8.1.6　应用视点透镜效果

3. 移除表面

设置移除表面后只在透镜覆盖对象的位置显示透镜效果。也就是说，将透镜移至其他位置，即改变透镜的作用对象。因此，在对象外将看不到该效果。创建透镜效果后，在“透镜”泊坞窗中选中 ☑移除表面 复选框，单击 应用 按钮，得到的效果如图 8.1.7 所示。

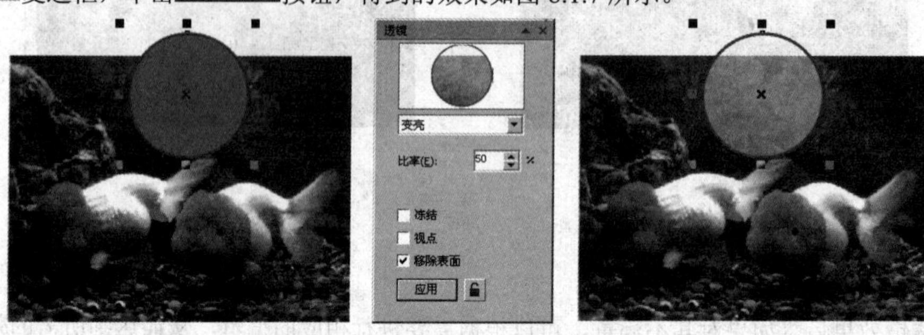

图 8.1.7 应用移除表面透镜效果

8.1.3 其他透镜效果

CorelDRAW X5 中还提供了多种其他透镜效果，在“透镜”泊坞窗中的透镜类型下拉列表 变亮 中可选择其他透镜类型，下面以图 8.1.3 为例分别进行介绍。

1. 颜色添加

颜色添加透镜模拟加色光线的模式，可使透镜对象区域变为其他颜色。这些光线的颜色可以根据自己的需要来设置。

在“透镜”泊坞窗中的透镜类型下拉列表中选择 颜色添加 选项，通过在 比率(E): 输入框中输入数值，可设置颜色添加程度，值越大，效果越强。通过单击 颜色: 右侧的 下拉按钮，可从打开的调色板中选择透镜的颜色，单击 应用 按钮，得到如图 8.1.8 所示的效果。

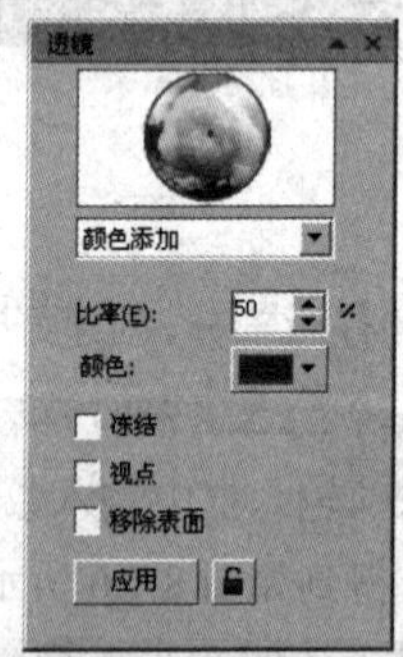

图 8.1.8 应用颜色添加透镜效果

2. 自定义彩色图

自定义彩色图就是将透镜对象以设置的两种颜色范围之间的颜色来显示。

在“透镜”泊坞窗中选择 自定义彩色图 选项，通过单击 从: 与 到: 下方的 下拉按钮，可从打开的调色板中为透镜选择两种颜色范围，单击 <> 按钮，可将所选的 从: 与 到: 的两种颜色互换，也可在 直接调色板 下拉列表中选择这两种颜色的变化过程。单击 应用 按钮，得到如图 8.1.9 所示的效果。

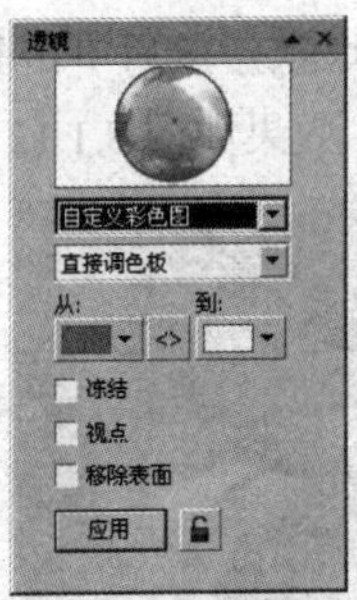

图 8.1.9　应用自定义彩色图透镜效果

3．色彩限度

色彩限度透镜只显示透镜本身的颜色与黑色，而其他的颜色将被转换成透镜的颜色。

在“透镜”泊坞窗中的透镜类型下拉列表中选择色彩限度选项，通过在比率(E):输入框中输入数值，可设置透镜的深度，单击颜色:右侧的下拉按钮，从弹出的调色板中可选择透镜的颜色。单击应用按钮，得到如图 8.1.10 所示的效果。

图 8.1.10　应用色彩限度透镜效果

4．放大

放大透镜就像用放大镜查看物体，使放大透镜下的对象可以按指定的倍数放大。但这种放大只是一种视觉效果，实际上对象属性并没有发生变化。

在“透镜”泊坞窗中的透镜类型下拉列表中选择放大选项，并通过在数量(U):输入框中输入数值，来设置放大的倍数。单击应用按钮，应用放大透镜效果如图 8.1.11 所示。

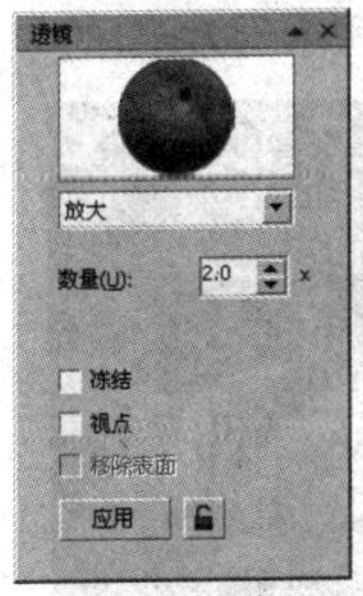

图 8.1.11　应用放大透镜效果

5．灰度浓淡

灰度浓淡透镜可以以指定的颜色将透镜对象的颜色变为等值的灰度。如要将一张彩色相片透镜对象区域的颜色替换为等值的灰色。

在“透镜”泊坞窗中的透镜类型下拉列表中选择灰度浓淡选项，然后单击颜色:右侧的下拉按钮，从打开的调色板中选择黑色，单击应用按钮即可，效果如图 8.1.12 所示。

图 8.1.12　应用灰度浓淡透镜效果

6. 透明度

透明度透镜可以使透镜对象区域的颜色像透过有色玻璃一样进行显示。

在“透镜”泊坞窗中的透镜类型下拉列表中选择透明度选项，然后在比率(E):输入框中输入数值可设置透明的程度，数值越大，则透明效果越明显。单击颜色:右侧的下拉按钮，可从弹出的调色板中选择一种作为透明度透镜的颜色。单击应用按钮，得到如图 8.1.13 所示的效果。

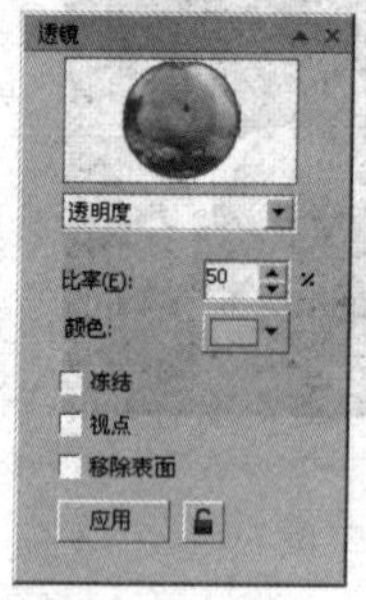

图 8.1.13　应用透明度透镜效果

7. 热图

热图在透镜对象区域模仿颜色的冷暖等级，以此来创建红外线图像的效果。

在“透镜”泊坞窗中的透镜类型下拉列表中选择热图选项，通过在调色板旋转:输入框中输入数值，可设置所需的颜色。单击应用按钮，得到如图 8.1.14 所示的效果。

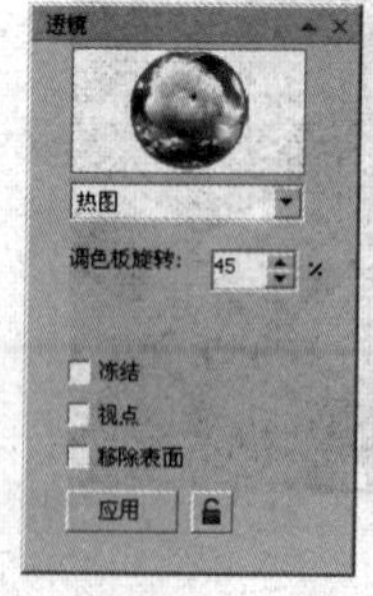

图 8.1.14　应用热图透镜效果

8. 反显

反显透镜的原理是将透镜下方的颜色变为它的互补色，这种互补色是基于 CMYK 颜色模式的，因此可显示出照片的底片效果。

在“透镜”泊坞窗中的透镜类型下拉列表中选择反显选项，单击应用按钮，效果如图 8.1.15 所示。

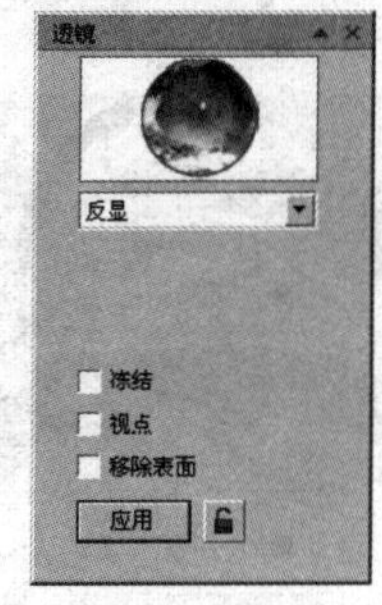

图 8.1.15 应用反显透镜效果

9．鱼眼

鱼眼透镜可以使透镜后面的对象产生放大或缩小的效果。在“透镜”泊坞窗中的透镜类型下拉列表中选择鱼眼选项，通过在比率(E):输入框中输入数值，可放大或缩小透镜后面的对象。其取值范围为-1 000%～1 000%，输入正值时可放大，输入负值时可缩小。

10．线框

线框透镜可使透镜下对象的填充颜色和轮廓色显示为透镜的填充色和轮廓色。使用线框透镜效果时，透镜对象下方的对象应为矢量图。在“透镜”泊坞窗中的透镜类型下拉列表中选择线框选项，选中☑轮廓:复选框，单击其右侧的下拉按钮，从打开的调色板中选择所需的轮廓颜色，选中☑填充:复选框，单击其右侧的下拉按钮，从弹出的调色板中选择所需的填充颜色，也可以只选择填充或轮廓颜色，而效果是不一样的。

8.2 透视特效

在 CorelDRAW X5 中，使用“添加透视”命令可以通过改变图形的透视点，制作出具有三维空间距离和深度的视觉透视效果。其具体操作方法介绍如下：

（1）选择菜单栏中的文件(F)→打开(O)...命令，打开创建的矢量图形文件，如图 8.2.1 所示。

（2）选中要添加透视效果的对象，选择菜单栏中的效果(C)→添加透视(P)命令，此时对象四周出现一个虚线外框和 4 个控制点，如图 8.2.2 所示。

图 8.2.1 打开的 CorelDRAW 文件

图 8.2.2 选择透视对象

（3）使用鼠标拖曳控制点，直到出现满意的透视效果，释放鼠标，透视图中对象两条边在有限远处交汇，这个交汇点叫作透视点，也叫灭点，如图 8.2.3 所示。

（4）完成透视点的设置后，按空格键即可，效果如图 8.2.4 所示。

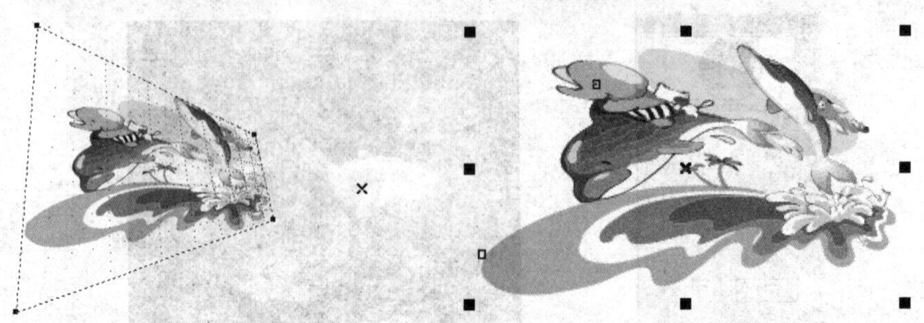

图 8.2.3　拖曳控制点效果　　图 8.2.4　对图形应用透视效果

提示：在使用鼠标拖曳控制点时，如果按住“Ctrl+Shift”键的同时拖动控制点，可将相邻的一组节点进行相向方向的移动。

如果要修改透视效果，可选中图形对象，然后使用形状工具对控制点或消失点进行调整。此外，如果要取消透视效果，可选择菜单栏中的 效果(C) → 清除透视点(R) 命令，即可使对象恢复为原始状态。

8.3 造形特效

当绘制图形对象时，总需要对其进行一些造形操作，例如用一个图形修剪另一个图形或者将两个图形进行焊接等。CorelDRAW X5 提供了多个造形命令，选择菜单栏中的 排列(A) → 造形(P) 命令，可弹出其子菜单，如图 8.3.1 所示。从该子菜单中可以选择所需要的命令直接对图形进行相应的操作，也可以选择菜单栏中的 排列(A) → 造形(P) → 造形(P) 命令，打开如图 8.3.2 所示的“造形”泊坞窗，对图像对象进行各种焊接或修剪操作。

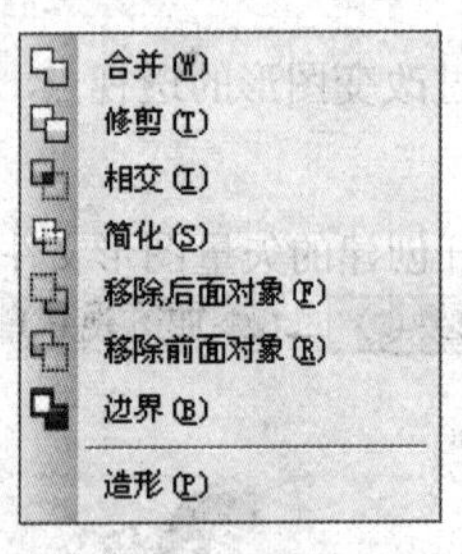

图 8.3.1　“造形”子菜单

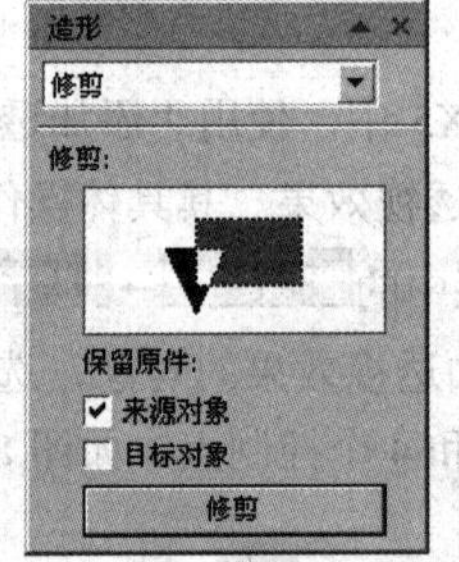

图 8.3.2　“造形”泊坞窗

8.3.1 焊接

使用焊接命令可以将两个或多个对象结合在一起，从而创建一个独立的对象，也就是将对象的交叉线取消形成一个图形对象。如果结合对象有重叠部分，则会形成拥有共同轮廓的对象；如果它们没有重叠部分，则会形成一个结合群组，可以将其视为一个独立的对象进行各种操作。

使用选择工具在页面中选择要进行焊接的对象，然后在打开的“造形”泊坞窗中单击 修剪 下拉列表，从弹出的下拉列表框中选择 焊接 选项，如图 8.3.3 所示。

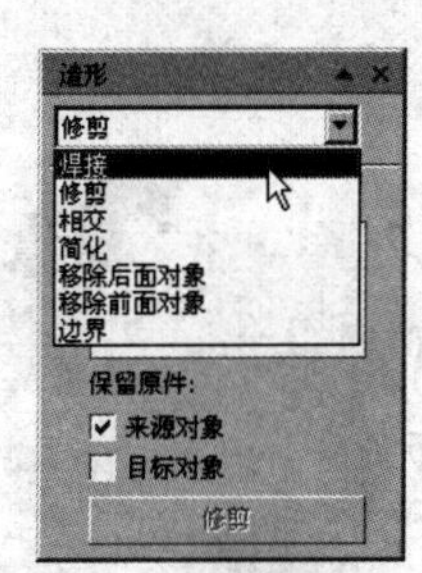

图 8.3.3 “造形”泊坞窗中的“焊接”选项

单击 焊接到 按钮，此时鼠标光标显示为形状，单击目标对象，即可将所选的对象焊接到目标对象中，从而成为一个整体对象，如图 8.3.4 所示。

图 8.3.4 焊接对象

在进行焊接前，在“造形”泊坞窗中选中 来源对象 复选框，可保留被选中的对象以外的其余对象；选中 目标对象 复选框，可保留目标对象，则被选中的对象被保留，其余对象不被保留；如果同时选中两个复选框，则被焊接的对象全部被保留。

8.3.2 修剪

使用修剪命令可以将目标对象与其他对象重叠的区域从目标对象中修剪掉，但目标对象仍保留着填充属性和轮廓属性。

使用选择工具选择来源对象，然后在“造形”泊坞窗中的 修剪 下拉列表中选择 修剪 选项，单击 修剪 按钮，此时鼠标光标呈形状，在目标对象上单击，即可对目标对象进行修剪，如图 8.3.5 所示。

图 8.3.5 修剪对象

未修剪前，在“造形”泊坞窗中选中 ☑ 来源对象 复选框，单击 修剪 按钮，此时鼠标光标变为形状，在多边形对象上单击，即可将多边形进行修剪，并保留来源对象，拖动图形可看见修剪后的效果，如图 8.3.6 所示。

图 8.3.6 选中“来源对象”复选框后的修剪效果

8.3.3 相交

使用相交命令可以将两个或多个对象的重叠区域保留，创建出新的图形对象。

使用选择工具选择来源对象，在“造形”泊坞窗中的 修剪 下拉列表中选择 相交 选项，如果不选中 □ 来源对象 复选框，单击 相交 按钮，将鼠标移至目标对象并单击，此时只将两个对象相交的区域保留，而不保留来源对象，如图 8.3.7 所示。

图 8.3.7 未选中“来源对象”复选框的相交效果

在对象未相交前选中 ☑ 来源对象 复选框，单击 相交 按钮，将鼠标移至目标对象并单击，此时就可以将两个对象相交的区域保留，并保留来源对象，拖动图形可看见相交后的效果，如图 8.3.8 所示。

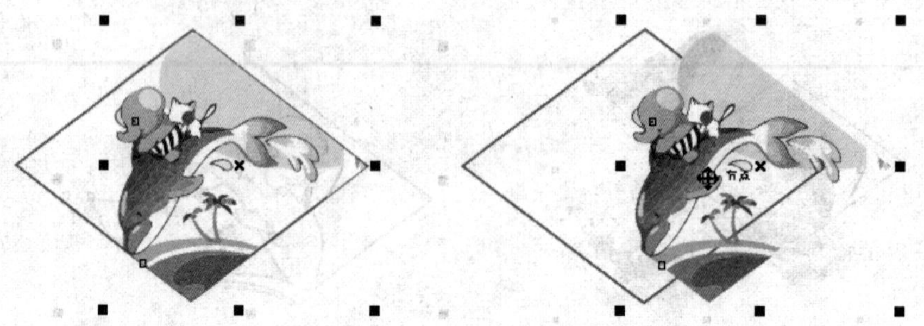

图 8.3.8 选中“来源对象”复选框的相交效果

8.3.4　简化

使用简化命令可以将多个对象通过修剪命令拆分成单一的对象。这些对象的修剪操作是按图形绘制的先后顺序进行的，也就是说后绘制的图形会减去最先绘制的图形。

使用选择工具选中需要简化的两个或多个图形对象，在“造形”泊坞窗中的修剪下拉列表中选择简化选项，然后单击应用按钮，会发现 4 个图形对象好像没有发生什么变化，这时可使用选择工具将各个对象移动一定距离，这样就可看出简化后的效果，如图 8.3.9 所示。

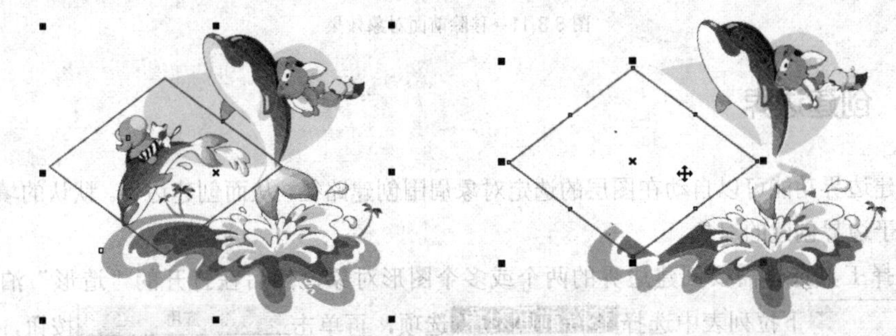

图 8.3.9　简化对象效果

8.3.5　移除后面对象

使用移除后面对象命令可用前面的图形对象减去后面的图形对象，并减去前后对象的重叠区域，保留前面的对象。

使用选择工具选择需要移除后面对象的两个或多个图形对象，然后在“造形”泊坞窗中的修剪下拉列表中选择移除后面对象选项，再单击应用按钮，前面的图形对象将会减去后面的图形对象，如图 8.3.10 所示。

图 8.3.10　移除后面对象效果

8.3.6　移除前面对象

使用移除前面对象命令可以用后面的图形对象减去前面的图形对象，并减去前后对象的重叠区域，保留后面的对象。

使用选择工具选择需要移除前面对象的两个或多个图形对象，然后在“造形”泊坞窗中的修剪下拉列表中选择移除前面对象选项，再单击应用按钮，此时生成的新图形如图 8.3.11 所示。

图 8.3.11　移除前面对象效果

8.3.7　创建边界

使用创建边界功能可以自动在图层的选定对象周围创建路径，从而创建边界。默认的填充和轮廓属性将应用于边界创建的对象。

使用选择工具选择需要创建边界的两个或多个图形对象，然后在打开的“造形”泊坞窗中的 修剪 下拉列表中选择 移除前面对象 选项，再单击 应用 按钮，此时生成的新图形如图 8.3.12 所示。

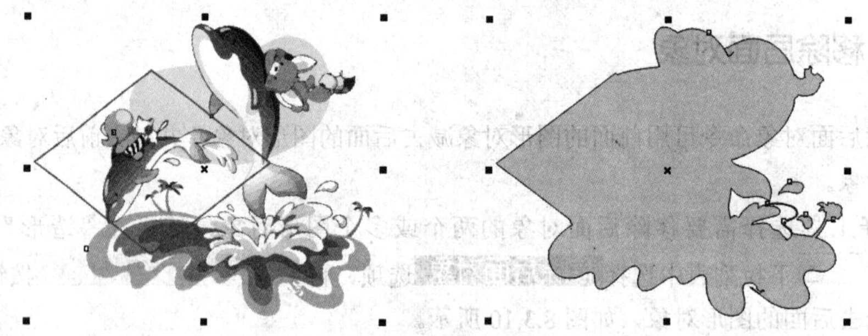

图 8.3.12　创建边界效果

8.4　图框精确剪裁特效

使用图框精确剪裁命令可将矢量图像或位图图像放置到指定的图形对象中。选择菜单栏中的 效果(C) → 图框精确剪裁(W) 命令，可弹出其子菜单，如图 8.4.1 所示。使用这些命令，可以将图形放置在其他对象中。

图 8.4.1　“图框精确剪裁”子菜单

8.4.1　精确剪裁

如果要将对象放置在指定的容器中，可先使用选择工具 选择要置于容器中的对象，然后选择

菜单栏中的 效果(C) → 图框精确剪裁(W) → 放置在容器中(P)... 命令，此时，鼠标指针显示为➡形状，将鼠标指针移至要置入对象的容器上并单击，即可完成图框精确剪裁，如图 8.4.2 所示。

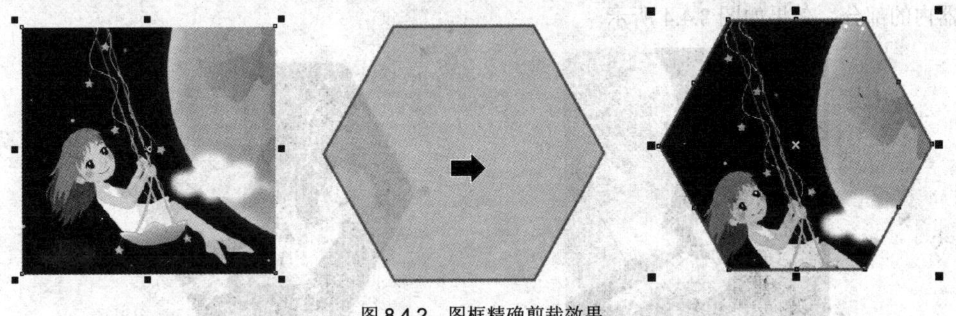

图 8.4.2　图框精确剪裁效果

提示：当放置在容器中的对象比容器大时，在容器外的内容就会被剪裁掉，以适应容器。此外，作为精确剪裁的容器必须是封闭的路径对象，如矩形、椭圆、美术字等。

如果要将美术字作为精确剪裁的容器，可先使用选择工具选择要置入的对象，然后选择菜单栏中的 效果(C) → 图框精确剪裁(W) → 放置在容器中(P)... 命令，移动鼠标到美术字上并单击即可。

8.4.2　提取内容

将对象放置在指定的容器中后，还可以将其提取出来。其操作方法很简单，只需使用选择工具选中容器与对象，再选择菜单栏中的 效果(C) → 图框精确剪裁(W) → 提取内容(X) 命令，即可将对象从精确剪裁的容器中提取出来，此时，内置的对象和容器又分为两个对象。

8.4.3　编辑内容

制作精确剪裁对象后，可以将其从容器中提取出来，也可以对其进行编辑操作，在删除或修改内容时不影响容器。使用“编辑内容”命令可以对放置在容器中的对象进行编辑；使用“结束编辑”命令可以结束对象的编辑，使对象重新放置在容器中。这两个命令通常结合在一起使用，具体的操作方法如下：

（1）使用选择工具选中应用精确剪裁效果的图形。

（2）选择菜单栏中的 效果(C) → 图框精确剪裁(W) → 编辑内容(E) 命令，此时，放置在容器中的对象被完整地显示出来，容器将以灰色线框模式显示，如图 8.4.3 所示。

图 8.4.3　应用编辑内容命令后的效果

（3）对显示出来的对象进行编辑，即进行移动、放大或缩小等操作。编辑完成后，选择菜单栏中的 效果(C) → 图框精确剪裁(W) → 结束编辑(F) 命令，结束对容器中对象的编辑，此时将只显示包含在容器内的部分，效果如图 8.4.4 所示。

图 8.4.4 结束编辑命令后的效果

8.5 应用实例——制作放大镜效果

本节主要利用所学的知识制作放大镜效果，最终效果如图 8.5.1 所示。

图 8.5.1 最终效果图

操作步骤

（1）启动 CorelDRAW X5 应用程序，新建一个图形文件。

（2）单击工具箱中的“多边形工具”按钮，在绘图区中绘制一个边数为“55”的多边形，如图 8.5.2 所示。

（3）单击工具箱中的“交互式变形工具”按钮，设置其属性栏参数如图 8.5.3 所示。

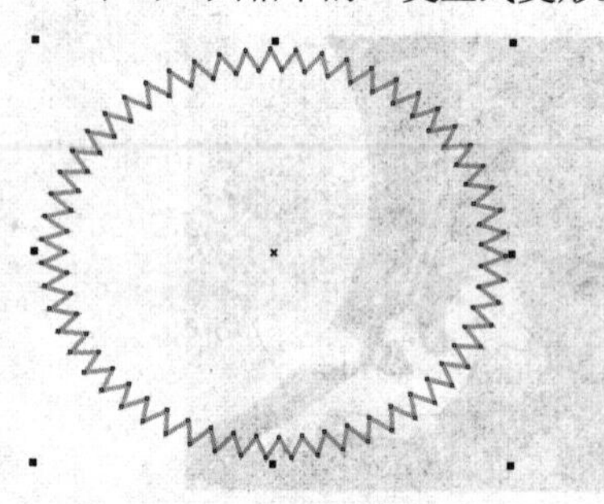

图 8.5.2 绘制多边形效果

图 8.5.3 “交互式变形工具”属性栏

（4）设置好参数后，为绘制的多边形图形添加交互式变形效果，如图 8.5.4 所示。

（5）按“Ctrl+I”键，在绘图区中导入一幅位图，如图 8.5.5 所示。

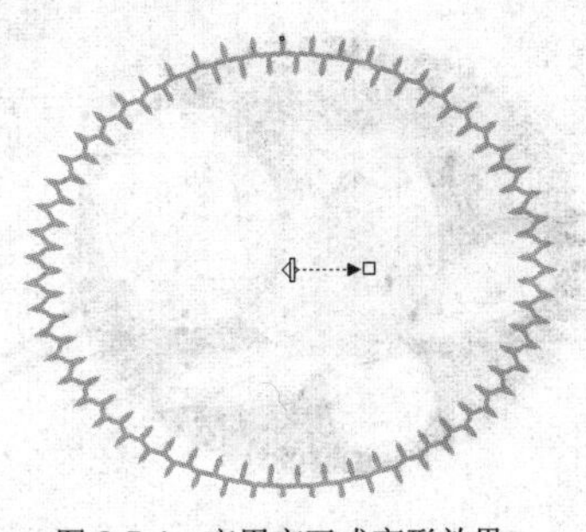

图 8.5.4　应用交互式变形效果

图 8.5.5　导入位图

（6）使用选择工具选中位图，选择菜单栏中的 效果(C) → 图框精确剪裁(W) → 放置在容器中(P)... 命令，然后单击绘制的多边形，将导入的位图放置在容器中，效果如图 8.5.6 所示。

（7）使用椭圆形工具在绘图区中绘制圆形对象，然后按“+”键复制圆形，再按“Shift”键缩小复制的圆形。

（8）使用选择工具框选两个圆形对象，单击属性栏中的“合并”按钮，合并绘制的圆形，效果如图 8.5.7 所示。

图 8.5.6　应用图框精确剪裁效果

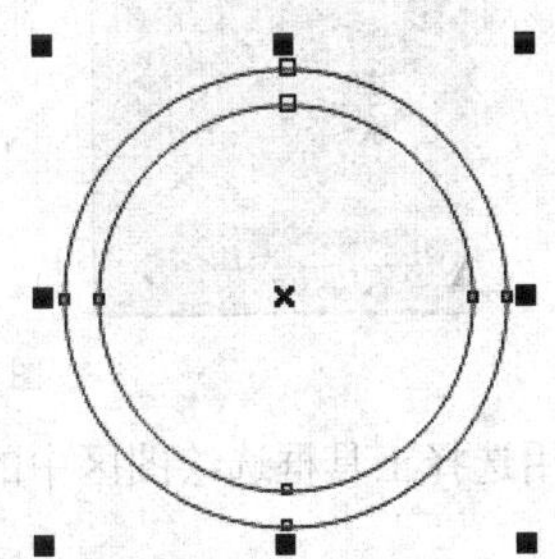

图 8.5.7　绘制圆环形

（9）使用矩形工具在绘制的圆环下方绘制两个矩形，然后按“F11”键，弹出“渐变填充”对话框，对绘制的圆环和矩形分别进行金属银和金属绿填充，效果如图 8.5.8 所示。

（10）选中绘制的圆环对象，使用交互式立体化工具对其添加立体化效果，效果如图 8.5.9 所示。

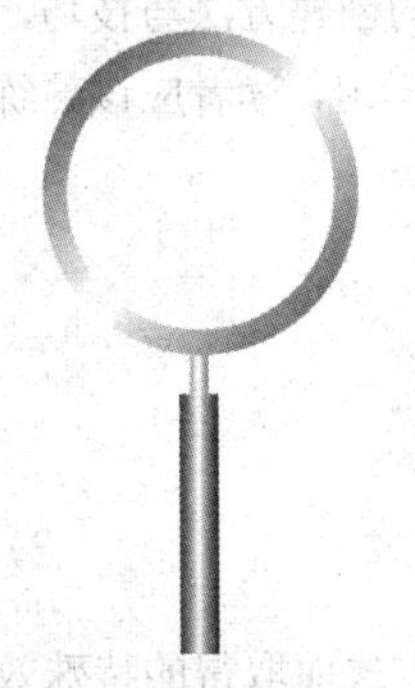

图 8.5.8　绘制放大镜图形

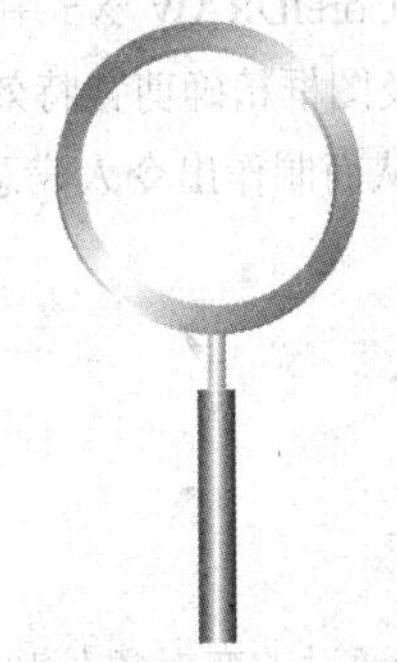

图 8.5.9　应用交互式立体化效果

（11）使用选择工具框选绘制的放大镜图形，然后将其移至位图中的蜜蜂图形上，并对其进行旋转，效果如图 8.5.10 所示。

（12）重复步骤（7）的操作，复制一个圆环对象，并将其填充为淡黄色，然后对其进行拆分，效果如图 8.5.11 所示。

图 8.5.10 移动并旋转放大镜图形

图 8.5.11 拆分复制的圆环效果

（13）选中淡黄色圆形，选择菜单栏中的 效果(C) → 透镜(S) 命令，打开“透镜”泊坞窗，为圆形添加“放大”透镜效果，如图 8.5.12 所示。

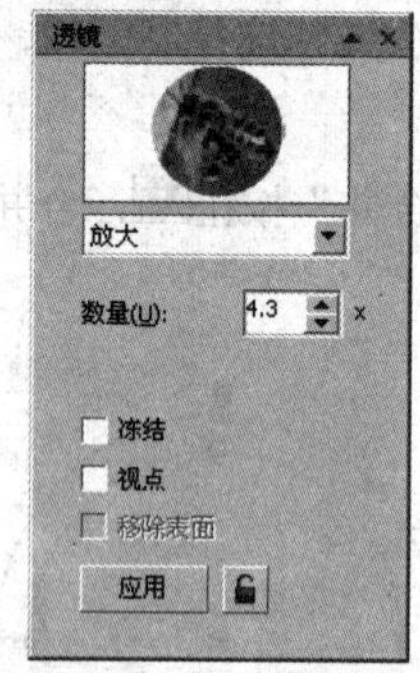

图 8.5.12 应用放大透镜效果

（14）使用选择工具框选绘图区中的对象，然后按“Ctrl+G”键将其群组，最终效果如图 8.5.1 所示。

本 章 小 结

本章主要介绍了 CorelDRAW X5 中透镜和其他特殊效果的创建方法与技巧，包括透镜效果、透视特效、造形特效以及图框精确剪裁特效等内容。通过本章的学习，读者应该熟练掌握各种特殊效果的创建与编辑功能，从而制作出令人满意的作品。

实 训 练 习

一、填空题

1. 透镜效果是指通过改变对象外观或改变__________的方式而取得的特殊效果，但不会改变对象实际属性。

2. 透镜特效只能用于__________的对象，而不能应用于添加了立体化、轮廓图或调和效果的对象上。

3. ＿＿＿＿＿透镜类型可以使对象区域变亮或变暗，并可设置对象区域亮度或暗度的比率。

4. 在 CorelDRAW X5 中，使用＿＿＿＿＿命令可以制作出具有三维空间距离和深度的视觉透视效果。

5. 在 CorelDRAW X5 中，使用＿＿＿＿＿命令可以将两个或多个对象结合在一起，从而创建一个独立的对象。

6. 使用＿＿＿＿＿命令，可以将一个矢量对象或位图图像放置到其他图形对象中。

二、选择题

1.（ ）透镜效果类似于用放大镜观察物体。

（A）鱼眼　（B）热图

（C）放大　（D）反显

2.（ ）对象是将多个对象通过修剪命令拆分成单一的对象。

（A）修剪　（B）相交

（C）简化　（D）焊接

3. 为对象添加透视点后，按住（ ）键的同时拖动控制点，可将相邻的一组节点进行相向方向的移动。

（A）Ctrl　（B）Ctrl+Shift

（C）Alt　（D）Alt+Ctrl

4. 做为精确裁剪的容器，可以是（ ）。

（A）创建的矢量对象　（B）位图

（C）段落文字　（D）未封闭的曲线

5. “图框精确裁剪”命令不可用于下列（ ）对象。

（A）点陈图对象　（B）矢量图对象

（C）再制对象　（D）仿制对象

三、简答题

1. 如何为对象添加造形特效？

2. 如何为对象添加透视效果？

3. 如何为对象添加图框精确剪裁效果？

四、上机操作题

1. 导入一幅位图对象，然后在对象上绘制一个基本图形，练习为对象添加各种透镜效果。

2. 利用本章所学的知识，制作一个具有立体感的水晶相框。

第 9 章　位图的编辑

在 CorelDRAW X5 中，可以将矢量图转换为位图，也可以对指定的位图进行裁剪、遮罩、重新取样等编辑操作，还可以使用滤镜功能为位图添加各种特殊效果。

知识要点

- 位图处理
- 三维效果滤镜
- 艺术笔触滤镜
- 模糊滤镜
- 轮廓图滤镜
- 创造性滤镜
- 扭曲滤镜
- 杂点滤镜
- 鲜明化滤镜

9.1 位 图 处 理

在设计过程中，位图的使用也占了一定的位置，在 CorelDRAW X5 中编辑和使用位图之前必须首先将其导入（CorelDRAW 支持多种位图格式的导入）。用户可以导入一幅位图，也可以同时导入多幅位图，并将它们放在同一个页面中处理，还可以在导入位图之前对对象进行裁剪。

9.1.1 位图导入及矢量图导出

在 CorelDRAW X5 中创建的对象都是矢量图，而不是位图，因此就需要将矢量图转换为位图，或直接导入位图。

1. 位图的导入

在导入位图时，允许对位图进行一些调整，其具体操作方法如下：

（1）选择菜单栏中的 文件(F) → 导入(I)... 命令，或在工具栏中单击“导入”按钮，弹出“导入”对话框。

（2）在对话框中的 查找范围(I): 下拉列表中可选择需要的文件夹，在文件夹中选择需要的位图文件，在右侧的预览框中可以预览到该位图的图像，如图 9.1.1 所示。

（3）单击 导入 按钮，在绘图区中单击或拖动鼠标，可直接在“导入”对话框中将所选的位图对象导入到绘图区中，如图 9.1.2 所示。

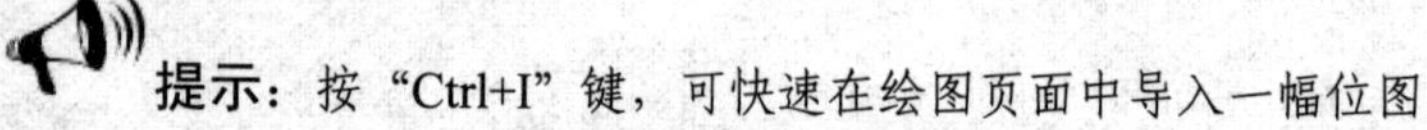

提示：按“Ctrl+I”键，可快速在绘图页面中导入一幅位图。

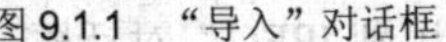

图 9.1.1 “导入”对话框

图 9.1.2 导入位图

如果只需要在绘图页面中导入位图中的某一区域，可在导入时对位图进行裁剪或重新取样。先在“导入”对话框中的全图像下拉列表中选择要执行的操作，这里选择裁剪，再单击导入按钮，可弹出“裁剪图像”对话框，在此对话框中有一个由裁切框包围的图像缩览图，通过拖动裁切框，可以实现图像的裁剪，如图 9.1.3 所示。

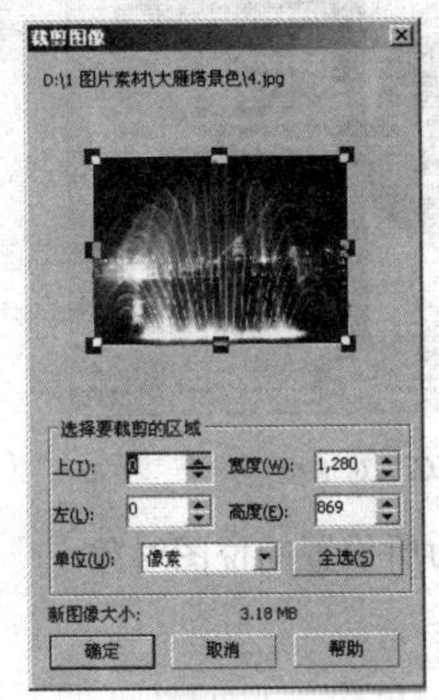

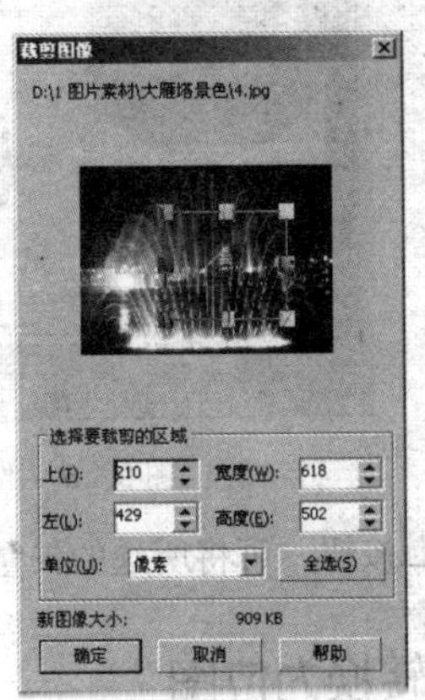

图 9.1.3 “裁剪图像”对话框

如果要精确裁剪图像，可在“裁剪图像”对话框中的上(T):、宽度(W):、左(L):和高度(E):输入框中输入具体的数值，单击确定按钮，即可将裁剪后的位图导入到绘图区中。

2．矢量图导出为位图

在 CorelDRAW X5 中，所绘制的图形都是矢量图，如果要将矢量图输入到其他图像处理软件中进行编辑，则需要将其导出为所需的位图格式。其具体的操作方法如下：

（1）在 CorelDRAW X5 中绘制矢量图对象，如图 9.1.4 所示。

（2）使用选择工具选中矢量图对象，选择菜单栏中的文件(F)→导出(E)...命令，弹出“导出”对话框，如图 9.1.5 所示。

1）在文件名(N):输入框中，可输入导出对象的名称。

2）在保存类型(T):下拉列表中，可选择需要导出的文件类型，包括 JPG，TIF，BMP，GIF 等，此处选择 JPG。

3）在排序类型(R):下拉列表中，可选择一种排序类型。

图 9.1.4 绘制的矢量图

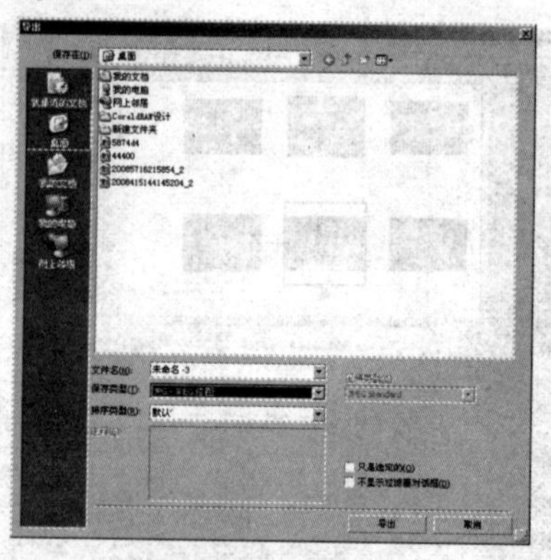
图 9.1.5 “导出”对话框

（3）设置好参数后，单击 导出 按钮，可弹出“导出到 JPEG”对话框，如图 9.1.6 所示。

图 9.1.6 “导出到 JPEG”对话框

（4）单击 确定 按钮，可将所选的矢量图导出为所设置的位图对象。

9.1.2 矢量图转换为位图

在 CorelDRAW X5 中可将矢量图转换为位图，这样就可以对矢量图执行位图的一些操作，其转换方法如下：

（1）使用选择工具选中需要转换的矢量图，如图 9.1.7 所示。

（2）选择菜单栏中的 位图(B) → 转换为位图(P)... 命令，弹出“转换为位图”对话框，如图 9.1.8 所示。

图 9.1.7 选中矢量图

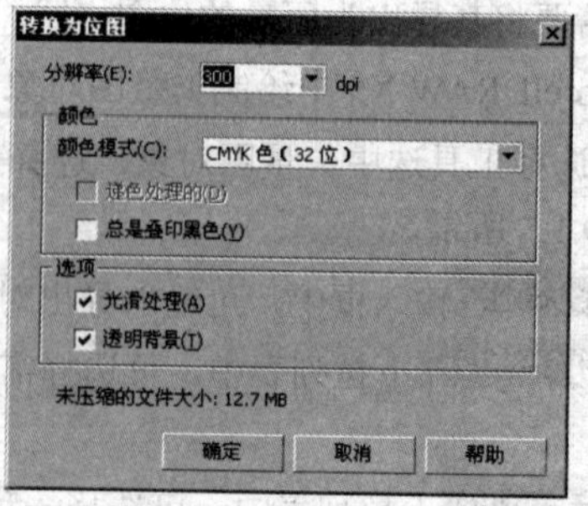

图 9.1.8 “转换为位图”对话框

（3）在颜色:下拉列表中选择矢量图转换为位图后的色彩类型。

（4）在分辨率(E):下拉列表中选择矢量图转换为位图后的分辨率。

（5）选中☑透明背景(T)复选框，可使背景透明；选中☑光滑处理(A)复选框可消除锯齿。

（6）单击确定按钮即可，得到如图 9.1.9 所示的效果。

（7）选择菜单栏中的位图(B)→艺术笔触(A)→蜡笔画(R)...命令，对转换后的位图添加蜡笔画滤镜效果，如图 9.1.10 所示。

图 9.1.9 矢量图转换为位图

图 9.1.10 添加蜡笔画滤镜效果

注意：对于矢量图转换而成的位图进行特效处理时要求比较高，在转换时必须将颜色设置在 24 位以上，分辨率设置在 200 dpi 以上才可以对其应用位图特效。

9.1.3 位图模式的转换

位图的色彩模式有 RGB 模式、CMYK 模式、灰度模式、双色模式及 Lab 模式等，在 CorelDRAW X5 中可以将位图的色彩模式进行转换。

根据需要可以选择不同的位图色彩模式，如要在显示器上查看图像，可使用 RGB 模式；而需要输出印刷时则应使用 CMYK 模式。

在 CorelDRAW X5 中可对位图的色彩模式进行转换，其具体的操作方法如下：

（1）使用选择工具选中如图 9.1.11 所示的位图对象，然后选择菜单栏中的位图(B)→模式(D)命令，弹出其子菜单，如图 9.1.12 所示。

图 9.1.11 选中位图

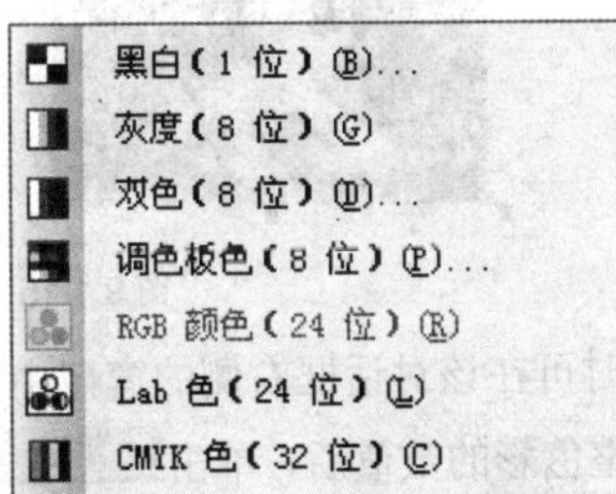

图 9.1.12 “模式”子菜单

（2）从弹出的子菜单中可以看到“RGB 颜色（24 位）”显示为灰色，表示当前所选位图的色彩模式为 RGB 模式。如果要将位图的色彩模式转换为 CMYK 模式，只需要将鼠标移至

CMYK 色（32 位）(C) 命令上单击即可将 RGB 模式转换为 CMYK 模式。

9.1.4 调整位图颜色

位图颜色调整包括图像的色彩、亮度、对比度和饱和度等。在 CorelDRAW X5 中，通过选择菜单栏中的 效果(C) → 调整(A) 命令，可从弹出的子菜单中选择相应的命令，来调整位图对象的颜色。

1. 高反差

使用高反差命令可使图像的颜色达到平衡的效果，其操作方法如下：

（1）选中需要调整色彩的图像。

（2）选择菜单栏中的 效果(C) → 调整(A) → 高反差(C)... 命令，弹出“高反差”对话框，如图 9.1.13 所示。

（3）在“高反差”对话框中的 RGB 通道 下拉列表中选择合适的颜色类型。

（4）单击 选项(T)... 按钮，弹出“自动调整范围”对话框，如图 9.1.14 所示，在该对话框中可通过在 黑色限定(B): 和 白色限定(W): 微调框中输入数值来设置图像应用调整的强度。

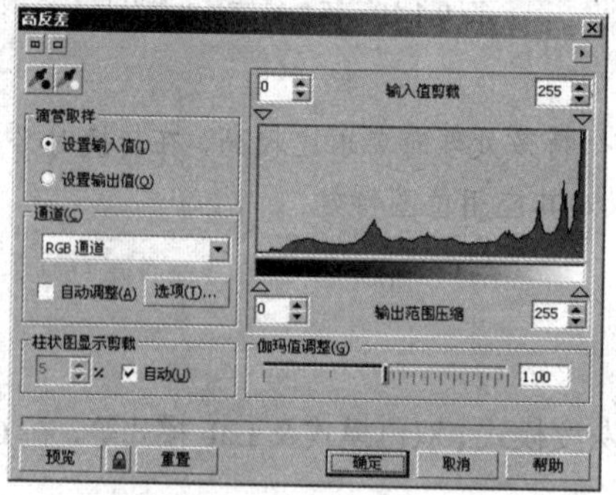

图 9.1.13 “高反差”对话框

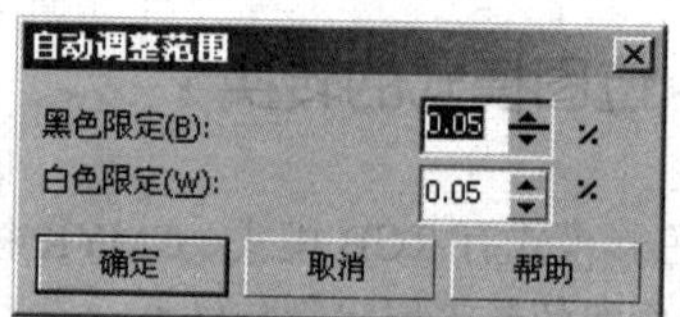

图 9.1.14 “自动调整范围”对话框

（5）调整 伽玛值调整(G) 选项区的滑块可改变图像的明暗程度，如图 9.1.15 所示。

图 9.1.15 调整伽玛值效果

（6）在调整时可在该对话框右侧的窗口中观察调整图像色彩时的曲线变化。

（7）设置调整色彩的数值后，单击 预览 按钮可对其效果进行预览，如果合适，单击 确定 按钮应用该设置；若不合适，单击 重置 按钮，将其恢复。

2. 局部平衡

使用局部平衡命令可使图像边缘的部分颜色等化，其操作方法如下：

（1）选中需要调整的图像。

（2）选择菜单栏中的 效果(C) → 调整(A) → 局部平衡(O)... 命令，可弹出“局部平衡”对话框。

（3）单击该对话框中的按钮，使其解除锁定状态。

（4）调整 宽度(W): 和 高度(H): 的数值，单击 确定 按钮，得到如图 9.1.16 所示的效果。

图 9.1.16　局部平衡效果

3．调合曲线

使用调合曲线命令可以改变位图对象色彩的色调，其操作方法如下：

（1）选中需要调整的图像。

（2）选择菜单栏中的 效果(C) → 调整(A) → 调合曲线(T)... 命令，弹出“调合曲线”对话框。

（3）在 活动通道(C): 下拉列表中选择一种颜色通道，如混合通道 RGB 与各个单色通道。

（4）在 样式: 下拉列表中提供了曲线、直线、手绘、伽玛值 4 种曲线样式。

（5）单击与按钮，可以将调节的色调曲线旋转 90°，如再次单击这两个按钮，可将曲线恢复为原来设置。

（6）单击 重置活动通道(R) 按钮，曲线将恢复到零值，即不改变图像色调。

（7）选中 显示所有色频(A) 复选框，曲线框中将出现一条蓝色的直线，以显示曲线的原始位置。

（8）设置完参数后，单击 预览 按钮可对其效果进行预览，若效果满意则单击 确定 按钮应用即可，如图 9.1.17 所示。

图 9.1.17　调合曲线效果

4．亮度/对比度/强度

使用亮度/对比度/强度命令可以调整图形的亮度、对比度和强度，其操作方法如下：

（1）选中需要调整的图形。

（2）选择菜单栏中的 效果(C) → 调整(A) → 亮度/对比度/强度(I)... 命令，弹出“亮度/对比度/强度”对话框。

（3）调整该对话框中的亮度(B):数值可调整图形的明暗度；调整对比度(C):数值可调整图像中最亮和最暗像素间的差距；调整强度(I):数值可在不影响深色区域亮度的前提下调整图像浅色区域的亮度。

（4）设置完参数后，单击预览按钮可对其效果进行预览，若效果满意则单击确定按钮应用即可，如图 9.1.18 所示。

图 9.1.18　调整图形亮度/对比度/强度效果

5．颜色平衡

使用颜色平衡命令可使图形的色彩得到平衡，其操作方法如下：

（1）选中需要调整的图形。

（2）选择菜单栏中的效果(C)→调整(A)→颜色平衡(L)...命令，弹出“颜色平衡”对话框。

（3）在范围选项区中调整图形色彩的范围。

（4）通过调整颜色通道选项区中的数值来调整图形的颜色。

（5）设置完参数后，单击预览按钮可对其效果进行预览，若效果满意则单击确定按钮应用即可，如图 9.1.19 所示。

图 9.1.19　使用颜色平衡效果

6．伽玛值

使用伽玛值命令可调整图形的色调，其操作方法如下：

（1）选中需要调整色彩的图形。

（2）选择菜单栏中的效果(C)→调整(A)→伽玛值(G)...命令，弹出“伽玛值”对话框。

（3）在伽玛值(G):输入框中输入数值，可设置中间色调的偏移，数值越大，其中间色调越浅；数值越小，中间色调越深。

（4）设置完参数后，单击预览按钮可对其效果进行预览，若效果满意则单击确定按钮应用即可，如图 9.1.20 所示。

图 9.1.20 调整伽玛值效果

7．色度/饱和度/光度

使用色度/饱和度/光度命令可调整图形的色度、饱和度和光度，其操作方法如下：

（1）选中需要调整色彩的图形。

（2）选择菜单栏中的 效果(C) → 调整(A) → 色度/饱和度/亮度(S)... 命令，弹出“色度/饱和度/光度”对话框。

（3）选中 通道 选项区中相应的单选按钮，可选择合适的色彩作为调整对象。

（4）设置 色度(H): 、 饱和度(S): 和 亮度(L): 的参数可调整图形的色度、饱和度和光度。

（5）设置完参数后，单击 预览 按钮可对其效果进行预览，若效果满意则单击 确定 按钮应用即可，如图 9.1.21 所示。

图 9.1.21 使用色度/饱和度/光度命令的效果

8．所选颜色

所选颜色命令用于校正图像中的色彩平衡并调整颜色。通过增加或减少任何原色中印刷色的数量，而不会影响其他原色。例如，可以使用所选颜色命令增加图像中的黄色成分，同时保留绿色成分中的黄色不变。其操作方法如下：

（1）选中需要调整色彩的图形。

（2）选择菜单栏中的 效果(C) → 调整(A) → 所选颜色(V)... 命令，弹出“所选颜色”对话框。

（3）在 色谱 选项区中，可以选择一种合适的颜色光谱，或在 灰 选项区中选择一种色调范围。

（4）在 调整 选项区中，可以调整各颜色的参数值以改变图像颜色。

（5）在 彩色预览 选项区中的 原始颜色: 颜色条上可显示出原始颜色，在 新建颜色: 颜色条上可显示出新调整的颜色。

(6)）设置完参数后，单击预览按钮可对其效果进行预览，若效果满意则单击确定按钮应用即可，如图 9.1.22 所示。

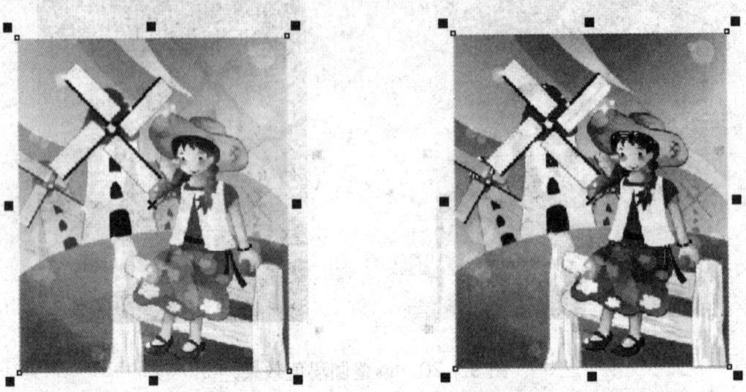

图 9.1.22 调整所选颜色前后效果对比

9.1.5 重新取样

重新取样位图可以改变图像的属性，即重新设置位图的尺寸大小和分辨率。重新取样的具体操作方法如下：

（1）使用选择工具选择需要重新取样的图像。

（2）选择菜单栏中的位图(B)→重新取样(R)...命令，可弹出“重新取样”对话框，如图 9.1.23 所示。

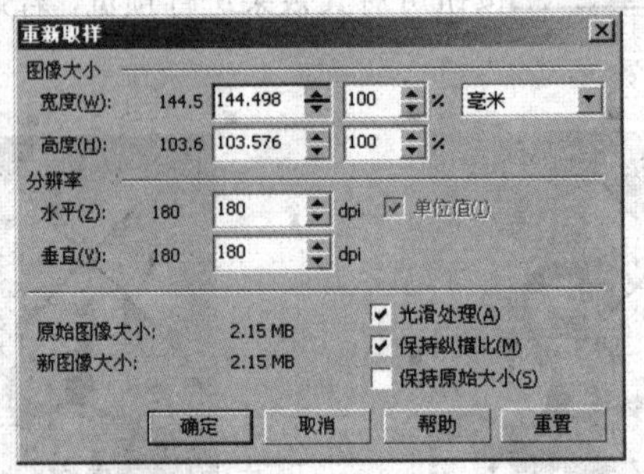

图 9.1.23 “重新取样”对话框

1）在图像大小选项区中的宽度(W):与高度(H):输入框中可设置图像的尺寸以及使用的单位。

2）在分辨率选项区中的水平(Z):与垂直(V):输入框中可设置图像水平与垂直方向的分辨率。

3）选中光滑处理(A)复选框，可以光滑图像的边缘。

4）选中保持纵横比(M)复选框，可以在变换的过程中保持原图像的大小比例。

5）选中保持原始大小(S)复选框，可以使变换后的图像仍保持原来的尺寸。

（3）设置好参数后，单击确定按钮，可显示重新取样结果。

9.1.6 裁剪位图

在导入一幅位图图像时，也可以使用图片的裁剪功能，将需要的部分进行裁剪后再导入，也就是说，可以将位图轮廓裁剪成任意形状，而不会影响图像的分辨率，也不会修改保留部分的显示效果。其操作方法如下：

（1）选中需要裁剪的位图。

（2）单击工具箱中的“形状工具”按钮，拖动其四角的节点。

（3）选择菜单栏中的 位图(B) → 裁剪位图(T) 命令，即可将位图裁剪，效果如图 9.1.24 所示。

图 9.1.24　裁剪位图效果

9.1.7　扩充位图

在 CorelDRAW X5 中对位图图像进行特殊效果处理时，有时会在图像的边缘或边角上出现没有进行特效处理的现象，此时就可以使用扩充位图命令对位图做适当的扩充处理，从而使所有的特效都能应用于整个图像。其操作方法如下：

（1）使用选择工具选中图 9.1.24 左侧所示的图像。

（2）选择菜单栏中的 位图(B) → 位图边框扩充(F) → 自动扩充位图边框(A) 命令，可自动地为位图扩充出默认的边沿；也可选择 位图(B) → 位图边框扩充(F) → 手动扩充位图边框(M)... 命令，将弹出“位图边框扩充”对话框，如图 9.1.25 所示。

（3）在 宽度: 与 高度: 输入框中可输入所选图像扩充的大小或百分比。

（4）选中 ☑ 保持纵横比 复选框，可设置是否按比例扩充位图。

（5）设置好参数后，单击 确定 按钮即可扩充位图，效果如图 9.1.26 所示。

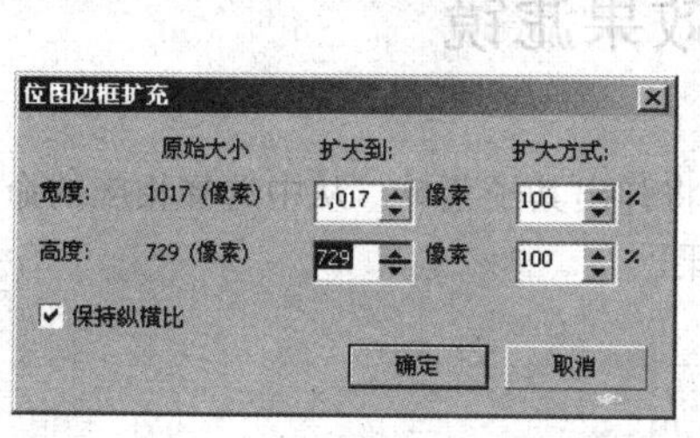

图 9.1.25　“位图边框扩充”对话框

图 9.1.26　位图边框扩充效果

9.1.8　遮罩位图

使用位图颜色遮罩，可将图像中的某个部分（如背景）隐藏，其使用方法如下：

（1）选中需要设置位图颜色遮罩的图像，如图 9.1.27 所示。

（2）选择菜单栏中的 位图(B) → 位图颜色遮罩(M) 命令，打开“位图颜色遮罩”泊坞窗，如图 9.1.28 所示。

（3）单击“位图颜色遮罩”泊坞窗中的“颜色选择”按钮，将鼠标指针移至位图图像中，在图像中合适的颜色上单击鼠标选择该颜色作为颜色遮罩，或单击该泊坞窗中的“编辑颜色”按钮，在弹出的“选择颜色”对话框中选择一种合适的颜色作为颜色遮罩，如图 9.1.29 所示。

图 9.1.27　选中位图

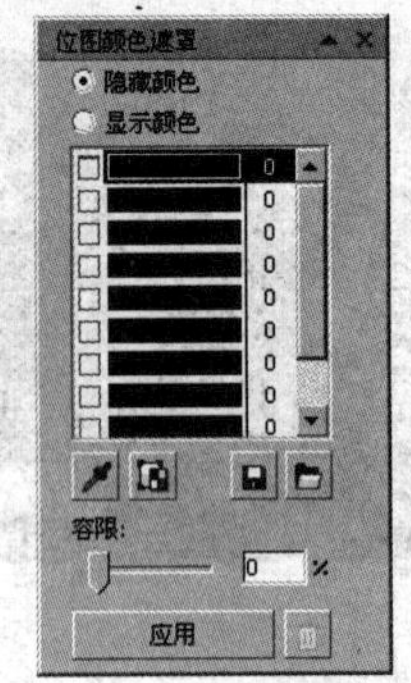

图 9.1.28　“位图颜色遮罩”泊坞窗

（4）调整该泊坞窗中的容限:数值，设置颜色遮罩的敏感度。

（5）单击应用按钮，得到如图 9.1.30 所示的效果。

图 9.1.29　“选择颜色”对话框

图 9.1.30　位图颜色遮罩效果

9.2　三维效果滤镜

选择菜单栏中的位图(B)→三维效果(3)命令，将弹出其子菜单，从中选择相应的命令可以对位图进行三维效果设置，从而制作出三维纵横感的效果。

9.2.1　浮雕

使用浮雕滤镜可以调整深度与光线的方向，从而在平面的图像上建立一种三维浮雕效果。其方法如下：

（1）选中需要应用特效的位图图像，选择菜单栏中的位图(B)→三维效果(3)→浮雕(E)...命令，弹出“浮雕”对话框。

（2）在深度(D):输入框中可设置浮雕效果的深浅度；在层次(L):输入框中可设置浮雕效果的明显程度；在方向(C):微调框中可设置浮雕效果的角度；在浮雕色选项区中，可以选择一种颜色作为创建浮雕效果的背景颜色。

（3）设置好参数后，单击确定按钮，图像效果如图 9.2.1 所示。

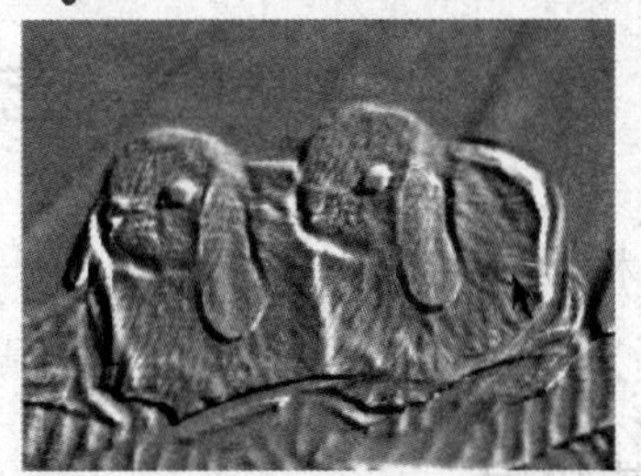

图 9.2.1　浮雕滤镜效果

9.2.2　三维旋转

使用三维旋转命令可以改变位图水平或垂直方向的角度，以模拟三维空间的方式旋转位图，因此可产生出立体透视的效果。其方法如下：

（1）选中需要应用特效的位图图像，选择菜单栏中的 位图(B) → 三维效果(3) → 三维旋转(3)... 命令，弹出“三维旋转”对话框。

（2）在对话框中的 垂直(V): 和 水平(H): 微调框中输入垂直方向和水平方向旋转的角度。

（3）单击 🔒 按钮可预览设置的效果，单击 确定 按钮可应用设置的效果，如图 9.2.2 所示。

图 9.2.2　三维旋转滤镜效果

9.2.3　球面

使用球面滤镜可以使位图产生一种贴在球体上的球化效果。其方法如下：

（1）选中需要应用特效的位图图像，选择菜单栏中的 位图(B) → 三维效果(3) → 球面(S)... 命令，弹出“球面”对话框。

（2）在 优化 选项区中可以选择优化方式；在 百分比(P): 输入框中输入数值，可以改变球面效果的方向与强弱，正值表示上凸起的球面效果，负值表示凹陷的球面效果。

（3）设置好参数后，单击 确定 按钮，图像效果如图 9.2.3 所示。

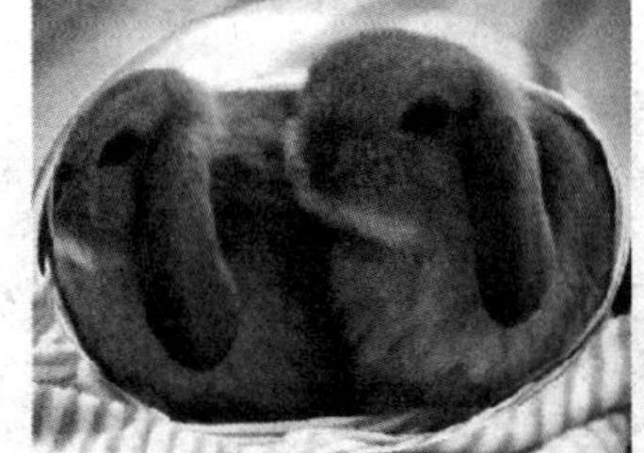

图 9.2.3　球面滤镜效果

9.3 艺术笔触滤镜

位图的艺术笔触效果就是通过对位图进行一些特殊的处理，使位图显示出艺术画的风格，如水彩画、炭笔画等。

9.3.1 炭笔画

使用炭笔画命令可以使位图对象产生一种素描效果。其方法如下：

（1）选中位图后，选择菜单栏中的 位图(B) → 艺术笔触(A) → 炭笔画(C)... 命令，弹出“炭笔画”对话框。

（2）在 大小(S): 输入框中输入数值，可以设置素描的像素大小；在 边缘(E): 输入框中输入数值，可以设置素描的像素黑白度。

（3）设置好参数后，单击 确定 按钮，图像效果如图 9.3.1 所示。

图 9.3.1 炭笔画滤镜效果

9.3.2 素描

使用素描滤镜可以使图像产生类似于铅笔素描的效果。其方法如下：

（1）选中位图后，选择菜单栏中的 位图(B) → 艺术笔触(A) → 素描(K)... 命令，弹出“素描”对话框。

（2）在 铅笔类型 选项区中选择一种铅笔类型，即 ⊙ 碳色(G) 或 ⊙ 颜色(C)；在 样式(S): 输入框中输入数值，可设置图像的平滑度；在 压力(P): 输入框中输入数值，可设置使用的铅笔类型；在 轮廓(O): 输入框中输入数值，可设置图像的轮廓线宽度。

（3）设置好参数后，单击 确定 按钮，图像效果如图 9.3.2 所示。

图 9.3.2 素描滤镜效果

9.3.3　木版画

使用木版画命令可以使图像产生一种类似刮痕的效果。其方法如下：

（1）选中位图后，选择菜单栏中的 位图(B) → 艺术笔触(A) → 木版画(S)... 命令，弹出“木版画”对话框。

（2）在 刮痕至 选项区中可选择色彩的类型，即彩色与白色；调节 密度(D): 输入框中的数值，可设置刮痕的密度大小；调节 大小(S): 输入框中的数值，可设置刮痕线条的尺寸大小。

（3）设置好参数后，单击 确定 按钮，图像效果如图 9.3.3 所示。

图 9.3.3　木版画滤镜效果

9.4　模 糊 滤 镜

CorelDRAW X5 中提供了各种各样的模糊滤镜，选择菜单栏中的 位图(B) → 模糊(B) 命令，可弹出其子菜单，从中可选择所需的模糊命令，可使图像画面柔化、边缘平滑。

9.4.1　动态模糊

动态模糊滤镜可以使图像产生动态的模糊效果。其方法如下：

（1）选中位图后，选择菜单栏中的 位图(B) → 模糊(B) → 动态模糊(M)... 命令，弹出“动态模糊”对话框。

（2）在 方向(C): 微调框中输入数值，可以设置位图动态模糊的角度；在 图像外围取样 选项区中可以选择图像的取样模式。

（3）设置好参数后，单击 确定 按钮，图像效果如图 9.4.1 所示。

图 9.4.1　动态模糊滤镜效果

9.4.2 高斯式模糊

使用高斯式模糊命令可以使图像根据高斯分配产生朦胧效果。其方法如下：

（1）选中位图后，选择菜单栏中的 位图(B) → 模糊(B) → 高斯式模糊(G)... 命令，弹出“高斯式模糊”对话框。

（2）在 半径(R): 输入框中输入数值或拖动滑块，可使图像产生薄雾效果。

（3）设置好参数后，单击 确定 按钮，图像效果如图 9.4.2 所示。

图 9.4.2 高斯式模糊滤镜效果

9.4.3 放射式模糊

放射式模糊命令可以使位图图像从指定的圆心处产生同心旋转的模糊效果。其方法如下：

（1）选中位图后，选择菜单栏中的 位图(B) → 模糊(B) → 放射式模糊(R)... 命令，弹出“放射状模糊”对话框。

（2）在 数量(A): 输入框中输入数值，可设置放射模糊的数量。

（3）设置好参数后，单击 确定 按钮，图像效果如图 9.4.3 所示。

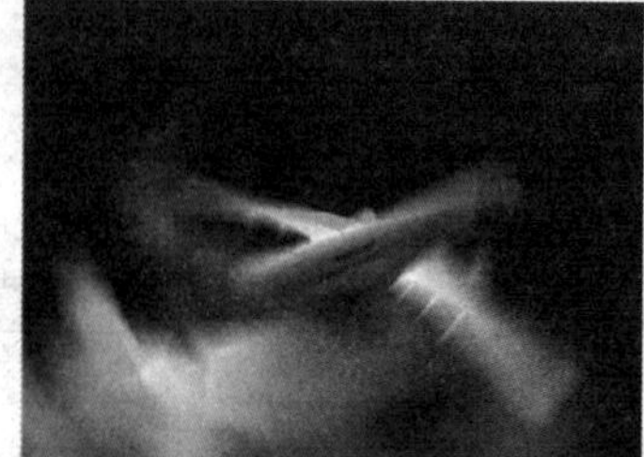

图 9.4.3 放射式模糊滤镜效果

9.5 轮廓图滤镜

使用轮廓图滤镜可以把位图按照其边缘线勾勒出来，显示出一种素描效果。

9.5.1 边缘检测

使用边缘检测滤镜可以查找位图图像中对象的边缘并勾画出对象轮廓，此滤镜适用于高对比的位图图像的轮廓查找。其方法如下：

（1）选中位图后，选择菜单栏中的 位图(B) → 轮廓图(O) → 边缘检测(E)... 命令，弹出“边缘检测”对话框。

（2）在 背景色 选项区中选择一种颜色作为背景色，并在 灵敏度(S): 输入框中输入数值，设置图像边缘的清晰程度。

（3）设置好参数后，单击 确定 按钮，图像效果如图 9.5.1 所示。

图 9.5.1 边缘检测滤镜效果

9.5.2 描摹轮廓

使用描摹轮廓滤镜可以勾画出图像的边缘，边缘以外的大部分区域将以白色填充。其方法如下：

（1）选中位图后，选择菜单栏中的 位图(B) → 轮廓图(O) → 描摹轮廓(T)... 命令，弹出“描摹轮廓”对话框。

（2）在 边缘类型: 选项区中选择一种边缘类型，并在 层次(L): 输入框中输入数值，设置边缘亮度。

（3）设置好参数后，单击 确定 按钮，图像效果如图 9.5.2 所示。

图 9.5.2 描摹轮廓滤镜效果

9.6 创造性滤镜

创造性滤镜可以把位图分割成许多的小块，不同效果的区别在于各分割小块风格的不同。

9.6.1 晶体化

运用晶体化命令可以使位图图像产生一种类似透明水晶拼接起来的画面效果。其方法如下：

（1）选中位图后，选择菜单栏中的 位图(B) → 创造性(V) → 晶体化(Y)... 命令，弹出“晶体化”对话框。

（2）拖曳 大小(S): 右侧的滑块，或在其数值框中输入数值，可设置晶体化颗粒的大小程度，从而使图像产生水晶破碎的效果。

（3）预览满意后，单击确定按钮，位图对象的效果如图 9.6.1 所示。

图 9.6.1 晶体化滤镜效果

9.6.2 框架

框架命令可以在图像的周围创建一个框架，使其产生相框的效果。其方法如下：

（1）选中位图后，选择菜单栏中的位图(B)→创造性(V)→框架(R)...命令，弹出“框架”对话框。

（2）选择选择选项卡，在框架样式列表中选择预设的框架样式；选择修改选项卡，可对所选的框架进行编辑与修改。

（3）设置好参数后，单击确定按钮，图像效果如图 9.6.2 所示。

图 9.6.2 框架滤镜效果

9.6.3 天气

天气命令可以使位图对象模拟各种气候特征，即显示为在不同天气下观测的效果。其方法如下：

（1）选中位图对象后，选择菜单栏中的位图(B)→创造性(V)→天气(W)...命令，弹出“天气”对话框。

（2）在预报选项区中可选择一种天气类型，即雪、雨或雾；在浓度(T):输入框中输入数值，可设置雪雨或雾的大小程度；在大小(Z):输入框中输入数值，可设置雪雨或雾的大小。

（3）设置好参数后，单击确定按钮。应用天气滤镜前后效果对比如图 9.6.3 所示。

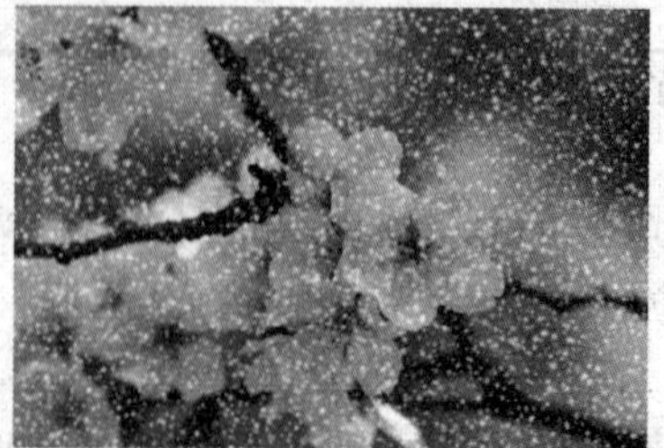

图 9.6.3 天气滤镜效果

9.7 扭曲滤镜

CorelDRAW X5 中提供了多种扭曲图像的特殊效果。应用扭曲滤镜可以为图像添加各种扭曲变形的效果。

9.7.1 龟纹

使用龟纹命令可以使图像产生龟纹效果。其方法如下：

（1）选中位图后，选择菜单栏中的 位图(B) → 扭曲(D) → 龟纹(R)... 命令，弹出“龟纹”对话框。

（2）在 主波纹(R) 选项区中的 周期(P): 输入框中输入数值，可设置龟纹的周期大小；在 振幅(A): 输入框中输入数值，可设置龟纹的振幅大小；在 优化 选项区中可选择一种优化方式，即速度或质量。

（3）设置好参数后，单击 确定 按钮，图像效果如图 9.7.1 所示。

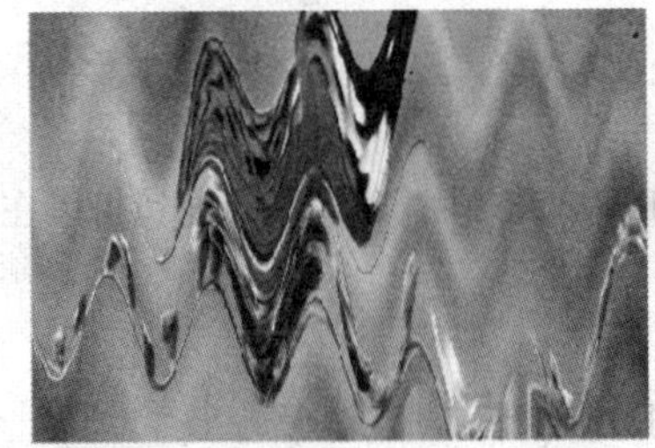

图 9.7.1　龟纹滤镜效果

9.7.2 平铺

平铺命令可以使位图对象在水平或垂直方向上产生多个图像的平铺效果。其方法如下：

（1）选中位图后，选择菜单栏中的 位图(B) → 扭曲(D) → 平铺(T)... 命令，弹出“平铺”对话框。

（2）通过调整 水平平铺(H): 与 垂直平铺(V): 输入框中的数值，可设置图像在水平方向与垂直方向上的平铺数量；调整 重叠(O)(%): 输入框中的数值，可设置图像水平与垂直相重叠的数量。

（3）设置好参数后，单击 确定 按钮，图像效果如图 9.7.2 所示。

图 9.7.2　平铺滤镜效果

9.7.3 风吹效果

使用风吹命令可以使图像产生不同程度的风化效果。其方法如下：

（1）选中位图后，选择菜单栏中的 位图(B) → 扭曲(D) → 风吹效果(W)... 命令，弹出“风吹效果”

对话框.

（2）通过调整浓度(T):输入框中的数值，可设置风化效果的强弱；在不透明(O):输入框中输入数值，可设置风化的不透明度；在角度(A):微调框中输入数值，可设置风吹的角度方向。

（3）设置好参数后，单击确定按钮，图像效果如图 9.7.3 所示。

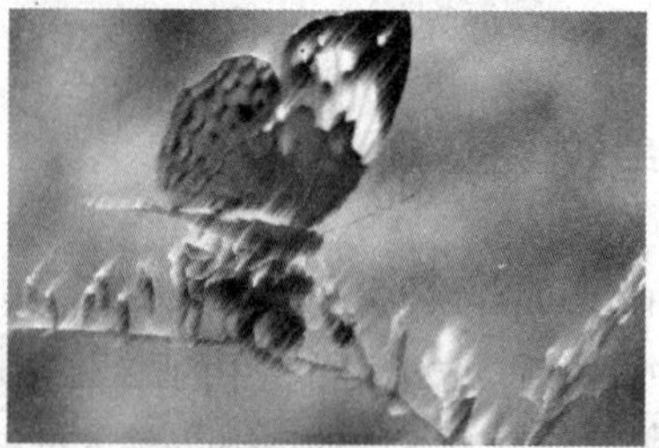

图 9.7.3 应用风吹滤镜效果

9.8 杂 点 滤 镜

在 CorelDRAW X5 中，使用杂点滤镜可以在位图中模拟或消除由于扫描或者颜色过渡所造成的颗粒效果。

9.8.1 添加杂点

使用添加杂点命令可以在位图图像中增加颗粒，使图像画面具有粗糙的效果。其方法如下：

（1）选中位图后，选择菜单栏中的位图(B)→杂点(N)→添加杂点(A)...命令，弹出“添加杂点”对话框。

（2）在杂点类型选项区中可选择一种杂点类型；在层次(L):输入框中输入数值或拖动滑块，可设置添加杂点的层次；在密度(D):输入框中输入数值或拖动滑块，可设置图像上杂点的多少。

（3）设置好参数后，单击确定按钮，添加杂点的效果如图 9.8.1 所示。

图 9.8.1 添加杂点滤镜效果

9.8.2 去除杂点

使用去除杂点滤镜可以去除图像(比如扫描图像)中的灰尘和杂点，使图像有更加干净的画面效果，但同时，去除杂点后的画面会相应模糊。其方法如下：

（1）选中位图后，选择菜单栏中的位图(B)→杂点(N)→去除杂点(N)…命令，弹出“去除杂点”对话框。

（2）通过调节阈值(T):输入框中的数值，可以设置图像中杂点的数量，选中☑自动(A)复选框，自动清除所有杂点。

（3）设置好参数后，单击确定按钮，图像效果如图 9.8.2 所示。

图 9.8.2　去除杂点滤镜效果

9.9　鲜明化滤镜

使用鲜明化滤镜可以改变位图图像中相邻像素的色度、亮度以及对比度，从而增强图像的颜色锐度，使图像颜色更加鲜明突出。

9.9.1　适应非鲜明化

使用适应非鲜明化滤镜可以增强图像中对象边缘的颜色锐度，使对象边缘鲜明化。其方法如下：

（1）选择位图后，选择菜单栏中的位图(B)→鲜明化(S)→适应非鲜明化(A)...命令，弹出“适应非鲜明化”对话框。

（2）在百分比(P):输入框中输入数值或拖动滑块，可设置图像边缘的鲜明化程度，使图像边缘的颜色更加鲜明。

（3）设置好参数后，单击确定按钮，图像效果如图 9.9.1 所示。

图 9.9.1　适应非鲜明化滤镜效果

9.9.2　高通滤波器

使用高通滤波器滤镜可以极为清晰地突出位图中绘图元素的边缘。其方法如下：

（1）选中位图后，选择菜单栏中的位图(B)→鲜明化(S)→高通滤波器(H)...命令，弹出“高通滤波器”对话框。

（2）在对话框中拖曳 百分比(P): 滑块，可调整高通滤波器的效果；拖曳 半径(R): 滑块，可调整颜色渗出的距离。

（3）设置好参数后，单击 确定 按钮，图像效果如图 9.9.2 所示。

图 9.9.2 高通滤波器滤镜效果

9.10 应用实例——制作雾化效果

本节主要利用所学的知识制作雾化效果，最终效果如图 9.10.1 所示。

图 9.10.1 最终效果图

操作步骤

（1）新建一个图形文件，按“Ctrl+I”键导入位图对象，如图 9.10.2 所示。

（2）选择菜单栏中的 效果(C) → 调整(A) → 颜色平衡(L)... 命令，弹出“颜色平衡”对话框，设置对话框参数如图 9.10.3 所示。

图 9.10.2 导入的位图对象

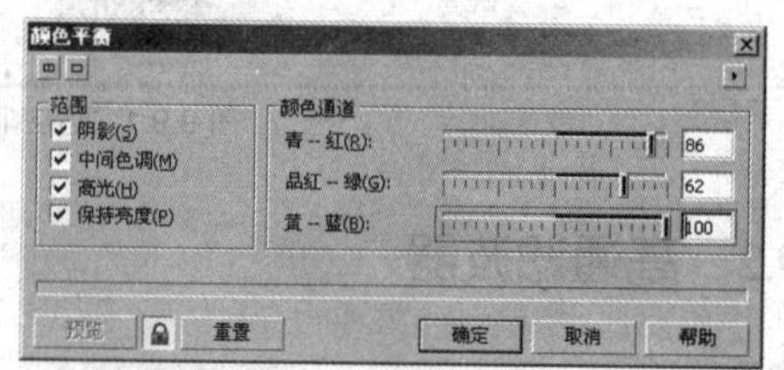

图 9.10.3 “颜色平衡”对话框

（3）设置好参数后，单击 确定 按钮，调整后的图像效果如图 9.10.4 所示。

（4）选中位图对象，然后选择菜单栏中的位图(B)→创造性(V)→天气(W)...命令，弹出“天气”对话框，设置其对话框参数如图9.10.5所示。

图9.10.4 应用颜色平衡命令效果

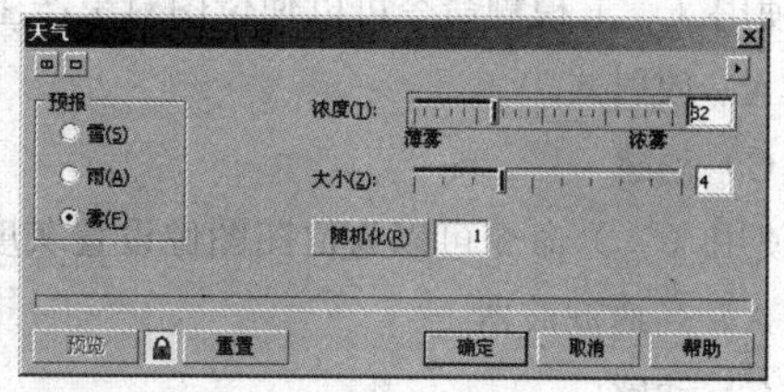

图9.10.5 “天气”对话框

（5）选择菜单栏中的位图(B)→创造性(V)→框架(R)...命令，弹出“框架”对话框，设置其对话框参数如图9.10.6所示。

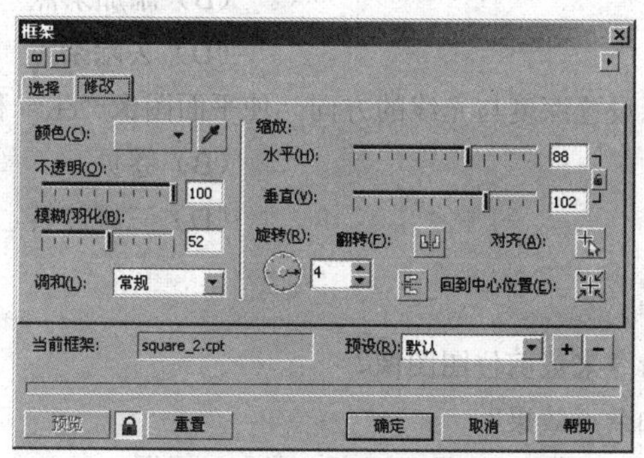

图9.10.6 “框架”对话框

（6）设置好参数后，单击确定按钮，最终效果如图9.10.1所示。

本 章 小 结

本章主要介绍了位图的编辑，包括位图处理与多种滤镜的使用方法与技巧。通过本章的学习，读者应熟练掌握每个滤镜的特点以及灵活运用多种滤镜组合，并且能够合理地处理和编辑位图，以设计出令人满意的艺术作品。

实 训 练 习

一、填空题

1．CorelDRAW X5中提供了位图颜色遮罩功能，使用它可以__________或__________位图中指定的颜色，也可以改变位图的__________，从而产生一些特殊的效果。

2．使用__________命令，可以使图像产生类似低速相机拍摄运动物体所产生的模糊效果。

3．使用__________命令，可以在图像四周添加一个框架，从而使其产生照片框架的效果。

4．利用高反差命令可以通过调整图像中的__________与__________细节，来降低或增加图像的阴影。

5. ________命令可以将图像中所有颜色的饱和度值降低为 0，即去除图像中的彩色成分。

二、选择题

1. 使用（ ）模糊命令可以使位图对象产生一种快速运动的模糊效果。

（A）放射式　　（B）缩放

（C）动感　　（D）高斯式

2. 使用（ ）命令可以为位图图像设置灰度效果，从而消除图像中的细节部分。

（A）高通滤波器　　（B）高斯式

（C）动感　　（D）放射式

3. 使用（ ）命令可自动设置位图中杂点的数量，也可通过调节阈值来设置位图对象中的杂点数量。

（A）最大值　　（B）添加杂点

（C）中间值　　（D）去除杂点

4. 使用（ ）命令可以设置深度与光线的方向，使平面图像产生一种三维浮雕效果。

（A）浮雕　　（B）卷页

（C）透视　　（D）三维旋转

三、简答题

1. 如何通过裁剪位图命令来裁剪位图图像？

2. 怎样为位图对象添加杂点效果？

3. 如何将 RGB 模式的位图转换为黑白模式的图像？

四、上机操作题

1. 在绘图区中导入一幅位图对象，练习对其添加各种滤镜效果。

2. 在绘图区中绘制矢量图对象，将其转换为位图对象，并练习改变其颜色模式。

第10章 打印输出

CorelDRAW X5提供了打印输出功能，当用户完成作品的设计后，可以直接利用CorelDRAW的默认设置，并选择正确的打印机驱动程序，将设计好的作品打印输出在纸上。

知识要点

- 打印设置
- 打印预览
- 打印文档

10.1 打印设置

在CorelDRAW X5中，打印文档之前可以对打印机的型号以及其他打印选项进行设置。选择菜单栏中的文件(F)→打印设置(U)...命令，弹出“打印设置”对话框，如图10.1.1所示。

在此对话框中显示着有关打印机的信息，如打印机的名称、状态、位置等，单击首选项(P)...按钮，弹出如图10.1.2所示的对话框，默认为打开页面选项卡。

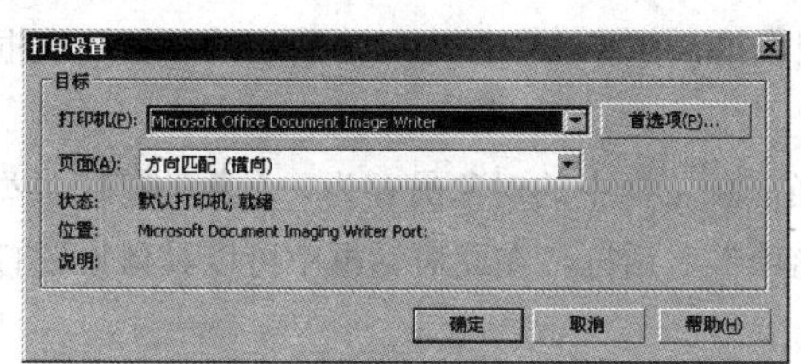

图10.1.1 “打印设置”对话框

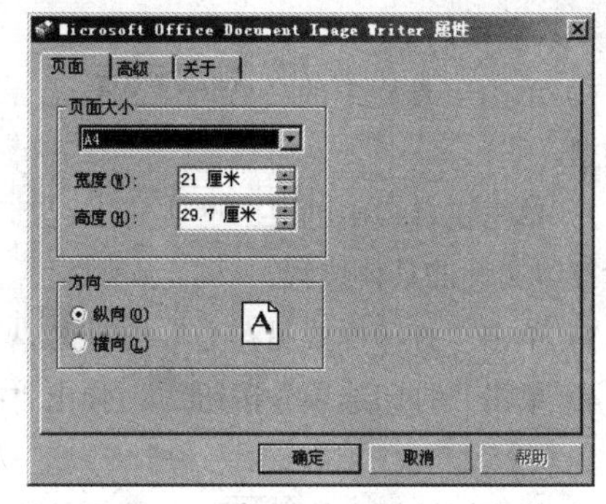

图10.1.2 设置打印机属性对话框

提示：针对不同的打印机，此对话框的参数有所不同，包括打印纸张、打印质量以及打印份数等设置。

在打印机属性对话框中的A4下拉列表中，可设置纸张的尺寸，系统默认为A4纸，大小为21厘米×29.7厘米。

在方向选项区中，可设置打印纸的方向，默认为“纵向”打印。

单击高级选项卡，可在其对话框中对文档的输出格式进行设置。系统提供了MDI - 压缩文档格式(M)和TIFF - 黑白传真(T)两种输出格式，用户可选择任意一种格式，进行文档的打印输出。

设置好打印机的相关参数后，单击确定按钮，即可返回到“打印设置”对话框中，在此对话框中单击确定按钮，即可使所做设置生效。

10.2 打印预览

设计完作品后，要想对设计的作品进行打印，打印预览是十分重要的，尤其是对没有把握的打印设置，最好先进行打印预览，这对于大批量打印文件也很重要。选择菜单栏中的 文件(F) → 打印预览(R)... 命令，作品就会进入打印预览模式。CorelDRAW X5 会以最快的速度先对整个文档进行分析，并且弹出如图 10.2.1 所示的对话框，稍等片刻，将打开打印预览窗口，如图 10.2.2 所示。

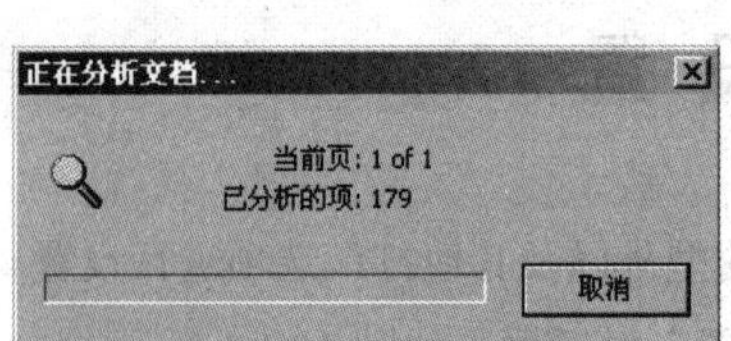

图 10.2.1 系统正在分析文档

图 10.2.2 打印预览窗口

打印预览窗口和 CorelDRAW 窗口的布局风格相同，用户很容易对打印预览窗口进行各种参数设置，其参数介绍如下：

（1）单击工具栏中的 CorelDRAW 默认值 下拉列表框，可从弹出的下拉列表中选择适合的打印类型。

（2）单击工具栏中的 与文档相同 下拉列表框，可弹出如图 10.2.3 所示的下拉列表框，分别表示打印文件的具体位置。

（3）单击“打印样式另存为”按钮，可将当前预览框中的对象另存为一个新的打印类型。

（4）单击“打印选项”按钮，弹出“打印选项”对话框，在此对话框中可以具体设置打印的事项。

（5）单击属性栏中的 到页面 下拉列表框，可从弹出的下拉列表中选择不同的缩放比例预览打印对象。

（6）单击“全屏”按钮，可使需要打印的对象全屏预览，以便更清楚地预览对象的打印效果。

提示： 在 CorelDRAW X5 中，用户也可以直接用鼠标拖动打印对象，进行位置的调整。

（7）单击“启用分色”按钮，可将一幅作品分成四色进行打印。

（8）单击“反显”按钮，可使打印预览的文档以底片的效果进行打印。

（9）单击“镜像”按钮，可将打印预览的文档以镜像或反片效果进行打印。

（10）单击“关闭”按钮，可关闭打印预览窗口，返回到正常的视图编辑状态。

如果用户要自定义打印预览，其具体的操作方法如下：

（1）在打印预览窗口中，选择菜单栏中的 查看(V) → 显示图像(I) 命令，此时图像由一个框表示，如图 10.2.4 所示。

（2）选择菜单栏中的 查看(V) → 彩色预览(C) 命令，弹出其子菜单，如图 10.2.5 所示，从中选择相应的命令可改变对象的颜色显示。

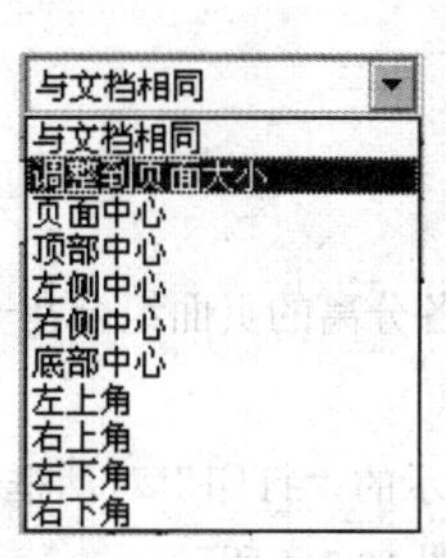

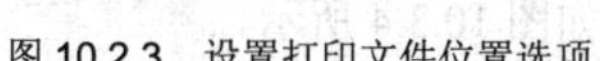

图 10.2.3　设置打印文件位置选项

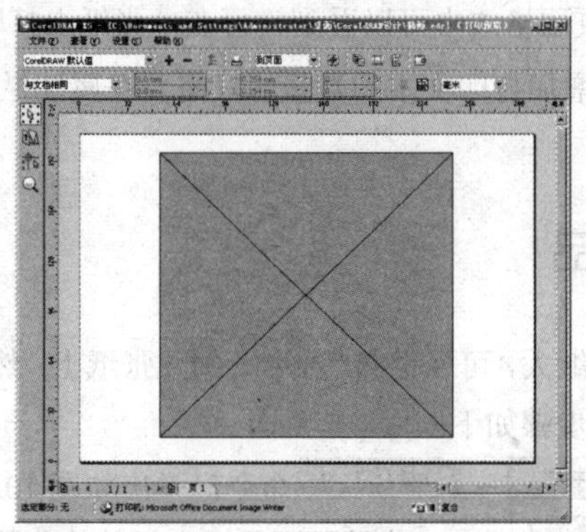

图 10.2.4　图像显示为灰色

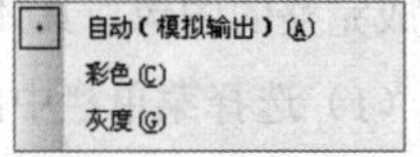

图 10.2.5　颜色预览子菜单

1）选择 彩色(C) 命令，图像即显示为彩图。

2）选择 灰度(G) 命令，图像可显示为灰度图。默认选择 自动（模拟输出）(A) 选项，它可根据所用打印机的不同而显示为灰度或彩色图像。

10.3　打 印 文 档

预览效果满意后，即可对设计好的作品进行打印，打印到纸张或底片后，便可进行印刷。如果打印的是一般的图像，直接单击工具栏中的“打印”按钮即可。但如果需要打印多页文档或打印文档指定部分时，就要更多地设置打印选项。

10.3.1　打印多个副本

如果要将一幅作品，例如名片、标签之类的小东西在同一张纸上打印多个，就需要设置页面格式。如果把页面格式与一种已经在一张纸上放了几个绘图页面（如折叠卡片）的拼版样式一起命名时，图像将被放在一个图文框中当作一个绘图对象使用。要选择并使用页面格式，其具体操作如下：

（1）选择菜单栏中的 文件(F) → 打印预览(R)... 命令，可进入打印预览窗口，在工具箱中单击“版面布局工具”按钮，其属性栏如图 10.3.1 所示。

（2）在属性栏中设置拼版格式。在属性栏中单击 编辑基本设置 下拉列表框，可从弹出的下拉列表中选择 编辑基本设置 选项，然后在属性栏中的交叉/向下页数输入框中输入数值，即可设置页面格式的每个拼版，如图 10.3.2 所示。

图 10.3.1　“版面布局工具”属性栏

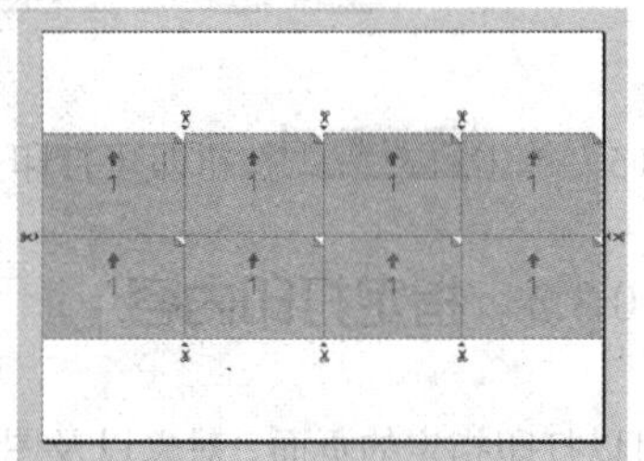

图 10.3.2　设置页面拼版格式

（3）此时，在预览窗口中单击“打印”按钮，可将设置页面格式后的所有放置在绘图页面中的版面依次打印到一张纸上。

（4）从图 10.3.2 所示的页面格式中可以看到，可在一张纸上打印 4 张文档。但还有很大一部分页边可以利用，因此，就可以增加打印文本的数量，只需要在属性栏的交叉/向下页数输入框中调整数值即可。

10.3.2 打印大幅作品

如果要打印的文件比打印纸大，可以把它“平铺”到几张纸上，然后把各分离的页面组合在一起，以构成完整的图像。具体操作步骤如下：

（1）选择菜单栏中的 文件(F) → 打印(P)... 命令，弹出如图 10.3.3 所示的“打印”对话框。

（2）在对话框中单击 布局 选项卡，此时即可显示出相关的参数，如图 10.3.4 所示。

图 10.3.3 “打印”对话框

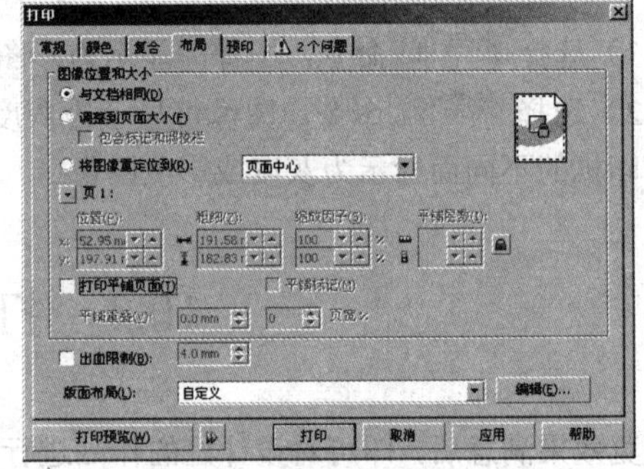

图 10.3.4 打开“布局”选项卡

（3）选中 打印平铺页面(T) 复选框，然后在 平铺重叠(V): 0.0 mm 0 页宽% 微调框中输入一个值或页面大小的百分比，并指定平铺纸张的重叠程度。

（4）单击 打印预览(W) 按钮，打开“打印预览”窗口或单击按钮，在“打印”对话框的预览窗口查看效果图，如图 10.3.5 所示。

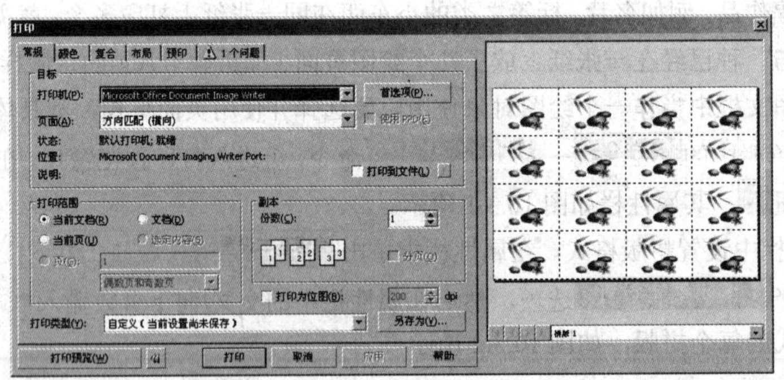

图 10.3.5 打印预览效果

（5）单击 打印 按钮即可打印文档。

10.3.3 指定打印内容

可以打印指定的页面、对象以及图层，通过在对象管理器中选择可打印图标即可，也可指定打印的数量以及是否将副本排序。排序对于打印多页文档是非常有用的。

如果创建的图像具有多个图层，而有时候需要打印的只是单独的图层，可通过对象管理器来打印指定的图层。其具体操作如下：

（1）打开一幅包含多个图层的需要打印的对象。

（2）选择菜单栏中的 工具(O) → 对象管理器(N) 命令，可弹出“对象管理器”泊坞窗，如图 10.3.6 所示。

（3）在泊坞窗中单击“显示对象属性”按钮与“跨图层编辑”按钮，可显示出该图形对象中所包含的每一个图层。

（4）选择要打印的图层，然后在泊坞窗中单击打印机图标，使其以高亮显示，表示选定打印。

（5）单击工具栏中的“打印”按钮，可弹出如图 10.3.7 所示的“打印”对话框，选中 选定内容(S) 单选按钮，再单击 打印 按钮，即可打印所选的图层内容。

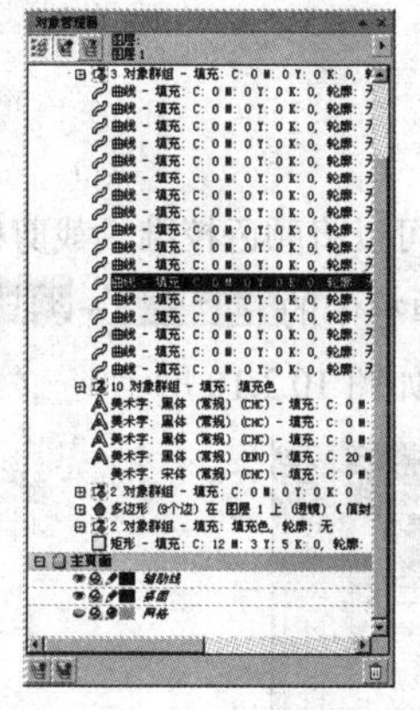

图 10.3.6 “对象管理器”泊坞窗

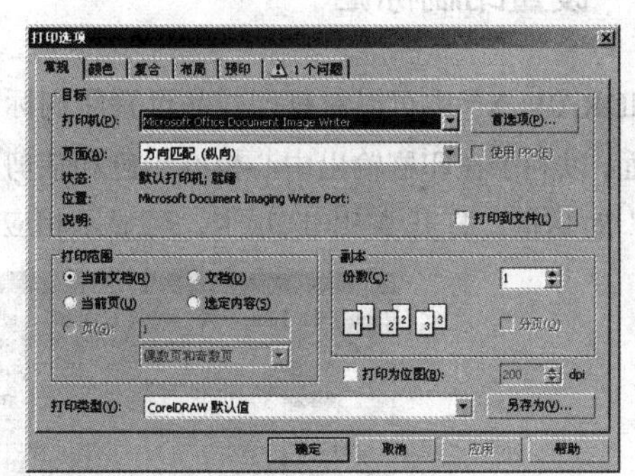

图 10.3.7 “打印”对话框

10.3.4 分色打印

分色打印主要用于专业的出版印刷，如果给输出中心或印刷机构提交了彩色作品，那么就需要创建分色片。由于印刷机每次只在一张纸上应用一种颜色的油墨，因此分色片是必不可少的。分色片是通过将图像中的各颜色分离成印刷色或专色来创建的，再用每一种颜色的分色片来制作一张胶片，又在每一张胶片上使用一种颜色的油墨，这样才能最终印刷成彩色作品。

CorelDRAW X5 可支持一种新型的印刷色，称为“六色度图版”。“六色度图版”使用 6 种不同颜色（青色、品红、黄色、黑色、橙色与绿色）的油墨来产生全色图像。如果需要使用 6 色度图版，还要咨询印刷输出中心是否支持使用 6 色度图版。

彩色作品可以分离为印刷四色分色片，即 CMYK。分离四色片的步骤如下：

（1）选择菜单栏中的 文件(F) → 打印(P)... 命令，弹出“打印”对话框，打开 颜色 选项卡，可显示出相应的参数，如图 10.3.8 所示。

（2）选中 分色打印(S) 复选框，单击 应用 按钮，此时将会把作品分为青色、洋红、黄色与黑色分色片。也可单击 打印预览(W) 按钮，在打印预览窗口中查看分色片，如图 10.3.9 所示。

提示： 当打印作品中包含有专色时，选中 分色打印(S) 复选框，可为每一个专色创建一个分色片。如果使用的专色大于 4 个，可以将它们转换为印刷色，以节约印刷成本。

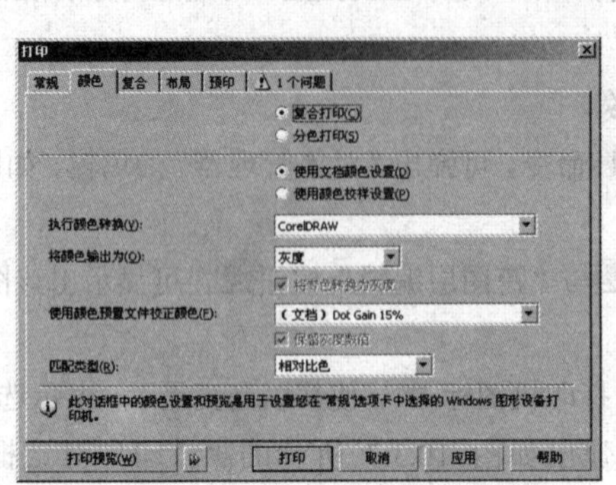

图 10.3.8 “颜色”选项卡

图 10.3.9 查看分色片

10.3.5 设置印刷标记

在 CorelDRAW X5 中可以对打印作品设置印刷标记，这样可以将颜色校准、裁剪标记等信息输送到打印页面，以利于在印刷输出中心校准颜色和裁剪。选择菜单栏中的 文件(F) → 打印(P)... 命令，弹出“打印”对话框，打开 预印 选项卡，可显示相应的参数，如图 10.3.10 所示。

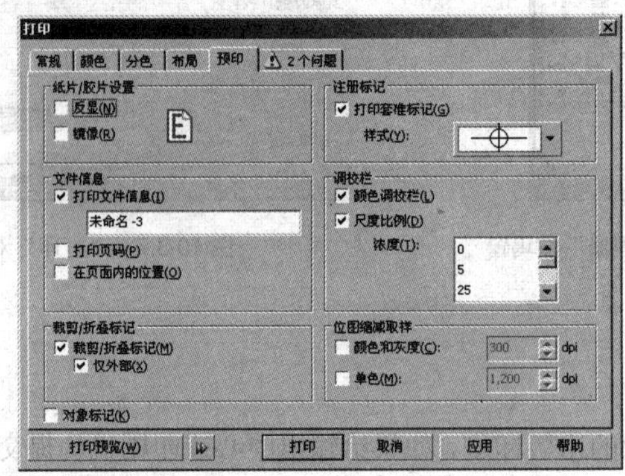

图 10.3.10 “预印”选项卡

其具体设置方法介绍如下：

（1）在 纸片/胶片设置 选项区中，可指定以负片形式打印以及设置胶片的感光面是否向下。

（2）在 文件信息 选项区中，可在打印作品底部设置打印文件名、当前日期、时间以及应用的平铺纸张数与页码。

（3）在 裁剪/折叠标记 选项区中选中 ☑ 裁剪/折叠标记(M) 复选框，可以将裁剪和折叠页面的标记打印出来；选中 ☑ 仅外部(X) 复选框，在打印时只打印图像外部的裁剪/折叠记号。

（4）在 注册标记 选项区中，可以设置在每一张工作表上打印出套准标记，这些标记可用作对齐分色片的指引标记。

（5）在 调校栏 选项区中有两个选项，选中 ☑ 颜色调校栏(L) 复选框，将在作品旁边打印出包含 6 种基本颜色的颜色条（红、绿、蓝、青、品红、黄），这些颜色条用于校准打印输出的质量；选中 ☑ 尺度比例(D) 复选框，可以在每个分色工作表上打印密度计刻度，它允许称为密度计的工具来检查输出内容的精确性和一致性。

（6）单击[打印预览(W)]按钮，即可在绘图区看到以上的这些设置。

本 章 小 结

本章主要介绍了打印输出的方法与技巧，包括打印设置、打印预览以及打印文档等内容。通过本章的学习，用户应该掌握并灵活运用这些知识，对需要打印的文档进行相关的设置，提高工作效率。

实 训 练 习

一、填空题

1．在进行打印作品之前，__________是十分重要的。

2．彩色作品可以分离为印刷四色，即__________、__________、__________、__________。

3．在打印预览窗口的工具栏中单击__________按钮，可将打印预览的文档以镜像或反片效果进行打印。

4．在打印预览窗口中单击“启用分色”按钮，可将一幅作品分成__________色进行打印。

5．在打印预览窗口中单击按钮，可弹出__________对话框，在此对话框中可以具体设置打印的事项。

二、选择题

1．在 CorelDRAW X5 中，打印命令的快捷键是（　）。

（A）Ctrl+P　　（B）Ctrl+C

（C）Ctrl+X　　（D）Ctrl+V

2．在打印预览窗口，单击（　）按钮，可全屏预览对象的打印效果。

（A）　　（B）

（C）　　（D）

3．在打印对话框中的副本选项中可设置打印的（　）。

（A）份数　　（B）个数

（C）数量　　（D）内容

三、简答题

1．在“打印”对话框中有哪几个选项卡？并分别简述各选项卡的作用。

2．在 CorelDRAW X5 中，如何对指定的图层进行打印？

四、上机操作题

在 CorelDRAW X5 中设计一张名片，然后利用本章所学的内容对其进行打印。

第 11 章　综合应用实例

为了更好地了解并掌握 CorelDRAW X5 的应用，本章准备了一些具有代表性的综合应用实例。所举实例由浅入深地贯穿本书的知识点，使读者能够深入了解 CorelDRAW X5 的相关功能和具体应用。

知识要点

- 企业 LOGO 设计
- 中国联通手机卡设计
- 宣传页设计
- 海报设计
- 招贴画设计

综合实例 1　企业 LOGO 设计

实例内容

本例主要设计友人集团的 LOGO，最终效果如图 11.1.1 所示。

图 11.1.1　最终效果图

设计思想

在制作过程中，将用到矩形工具、选择工具、形状工具、交互式调和工具、交互式阴影工具、转换曲线命令、添加透视命令、转换泊坞窗以及对齐与分布等。

操作步骤

（1）启动 CorelDRAW X5 应用程序，新建一个空白的图形文档，然后按“Ctrl+J”键，弹出“选项”对话框，设置页面大小如图 11.1.2 所示。

（2）单击工具箱中的“矩形工具”按钮，按住“Ctrl”键，在绘图区中绘制一个无边框的填充色为“绿色”的正方形，效果如图 11.1.3 所示。.

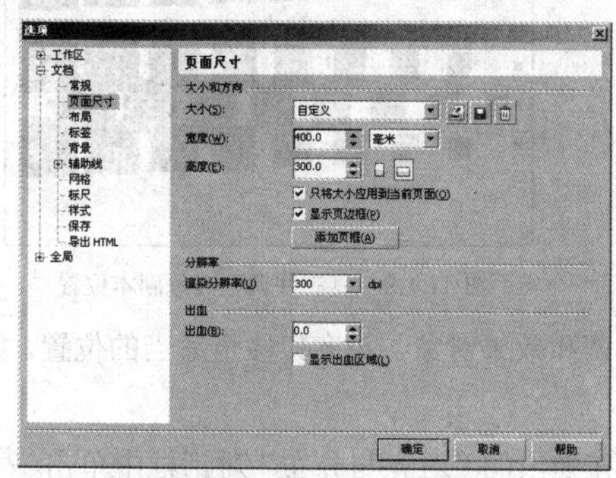

图 11.1.2　“选项”对话框

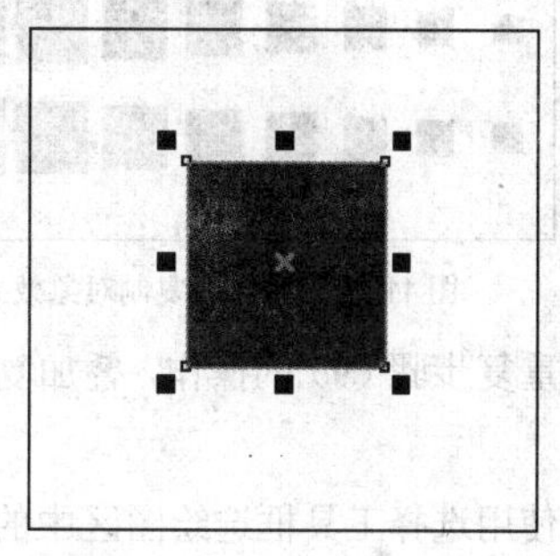

图 11.1.3　绘制并填充正方形

（3）使用选择工具选中绘制的正方形，然后按住鼠标左键将其向左拖曳一定的距离，至适当位置后单击鼠标右键，释放鼠标即可复制一个正方形副本。

（4）按住“Shift”键，将复制的正方形副本居中等比例缩放一定的大小，效果如图 11.1.4 所示。

（5）选中绘制的两个正方形图形，然后选择菜单栏中的 排列(A) → 对齐和分布(A) → 对齐与分布(A)... 命令，弹出“对齐与分布”对话框，设置对话框选项如图 11.1.5 所示。

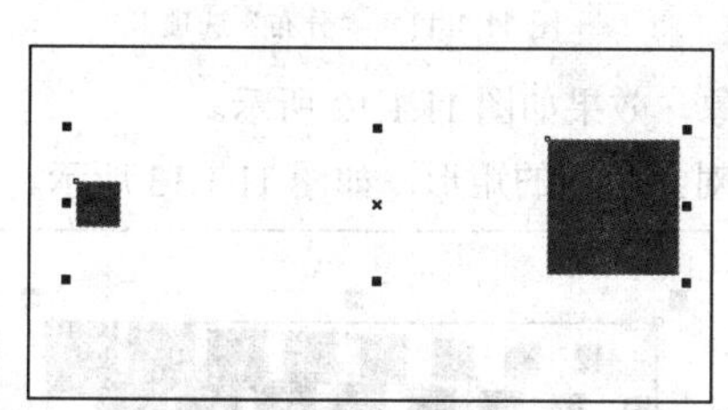

图 11.1.4　复制并缩小正方形

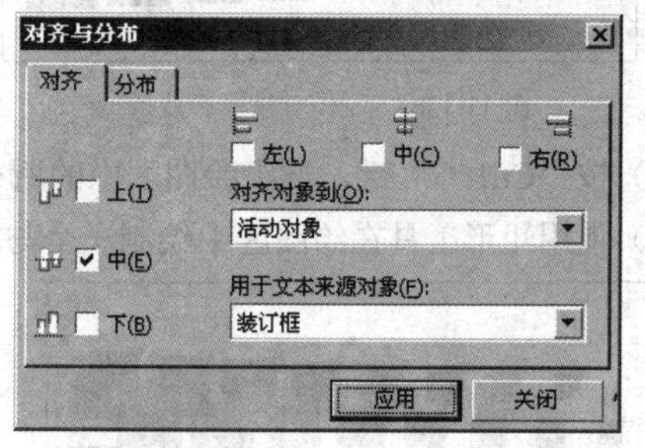

图 11.1.5　“对齐与分布”对话框

（6）单击工具箱中的“交互式调和工具”按钮，在绘制的正方形上从左向右拖曳鼠标，为其添加交互式调和效果，如图 11.1.6 所示。

（7）选择菜单栏中的 排列(A) → 变换(F) → 位置(P) 命令，打开“转换”泊坞窗，设置其泊坞窗参数如图 11.1.7 所示。

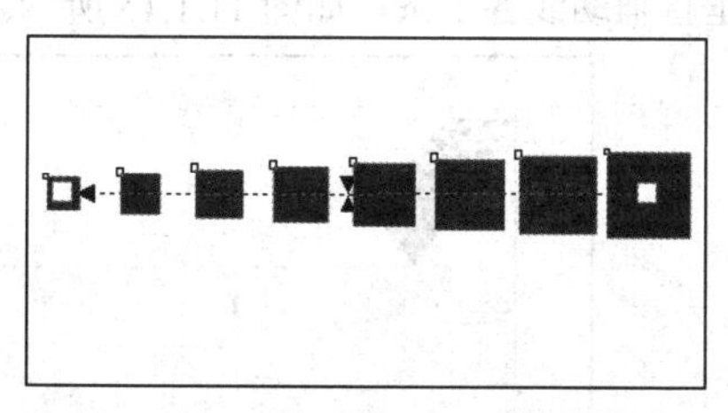

图 11.1.6　添加交互式调和效果

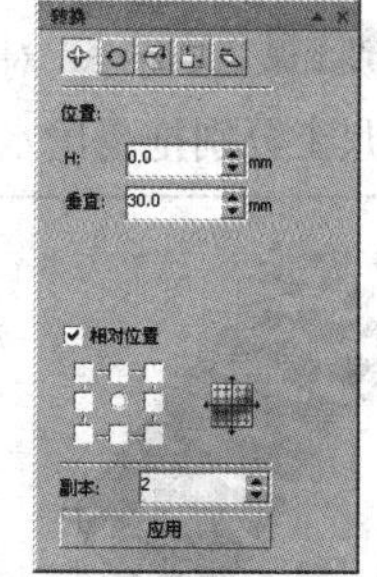

图 11.1.7　“转换”泊坞窗

（8）单击 应用 按钮，精确移动并复制后的对象效果如图 11.1.8 所示。

（9）选中最下方的调和效果对象，然后按“+”键复制一个副本，并将其移至如图 11.1.9 所示的位置。

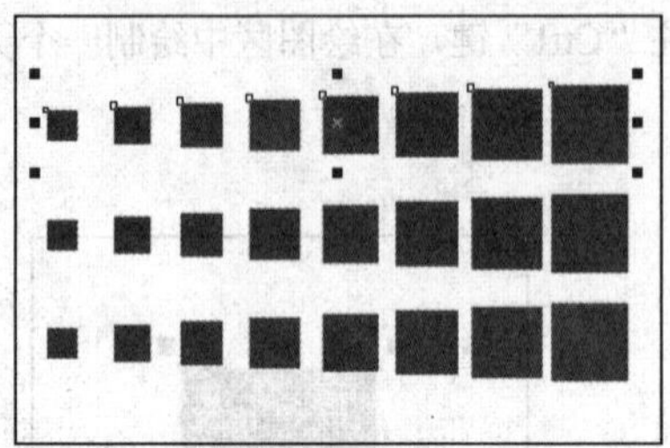
图 11.1.8　移动并复制对象效果

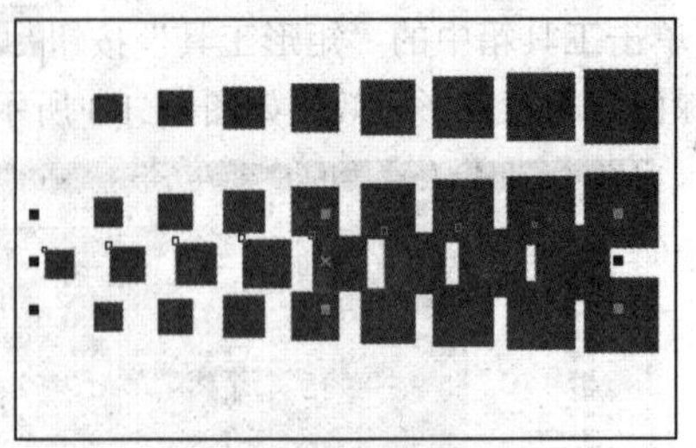
图 11.1.9　复制并调整对象副本位置

（10）重复步骤（9）的操作，叠加复制一个调和效果对象，并将其移至适当的位置，如图 11.1.10 所示。

（11）使用选择工具框选绘图区中的对象，在弹出的“对齐与分布”对话框中单击 分布 选项卡，设置其选项如图 11.1.11 所示。单击 应用 按钮，关闭该对话框。

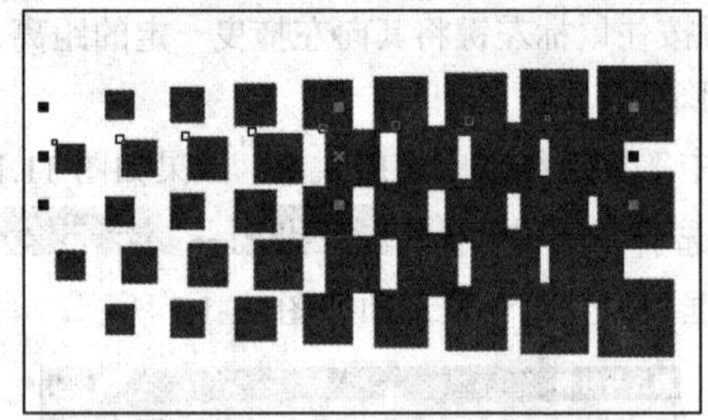
图 11.1.10　制作对象残影效果

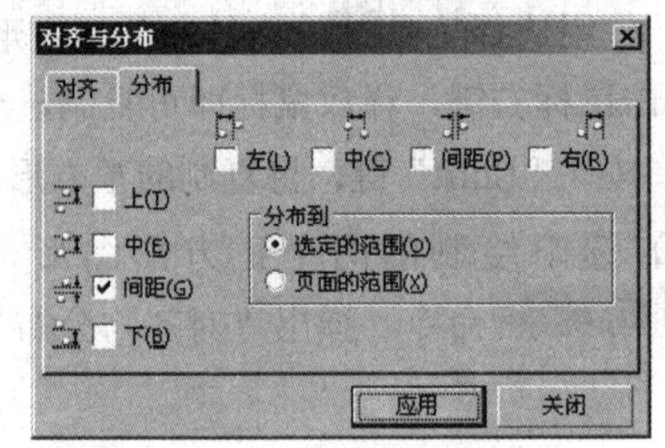

图 11.1.11　“分布”选项卡

（12）按“Ctrl+G”键，群组绘图区中的所有对象，效果如图 11.1.12 所示。

（13）使用矩形工具在绘图区中绘制一个与群组对象相等的矩形，如图 11.1.13 所示。

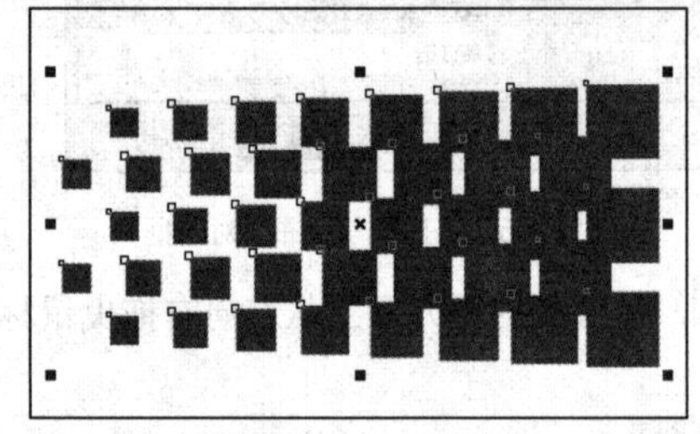
图 11.1.12　群组对象效果

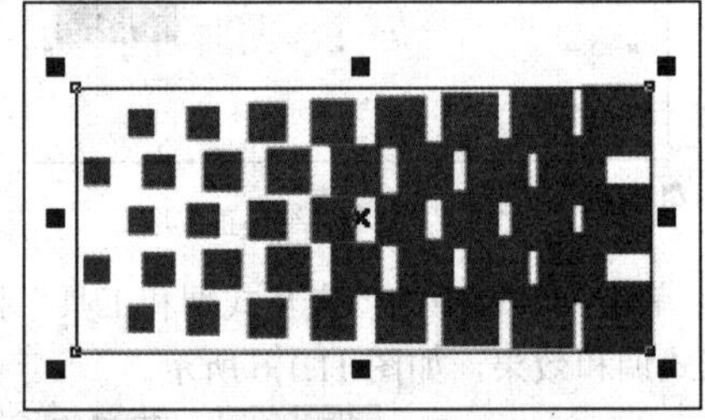
图 11.1.13　绘制矩形

（14）将绘制的矩形移至绘图区的右侧，然后将群组对象的颜色设置为深红色，再选择菜单栏中的 效果(C) → 添加透视(P) 命令，对群组对象添加透视效果，并调整节点位置，效果如图 11.1.14 所示。

（15）从标尺上分别拖曳出水平辅助线和垂直辅助线各 3 条，如图 11.1.15 所示。

图 11.1.14　添加透视效果

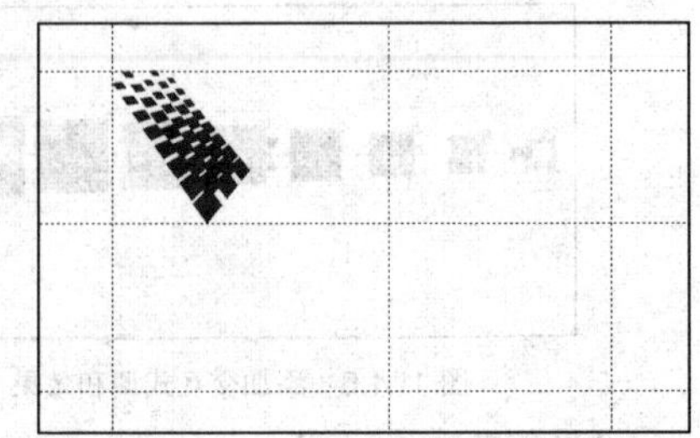
图 11.1.15　创建辅助线

（16）将绘制的矩形框填充为“绿色”，然后去除其轮廓色，再按“Ctrl+Q”键将其转换为曲线。

（17）单击工具箱中的“形状工具”按钮，调整矩形上各节点的位置，效果如图 11.1.16 所示。

（18）单击工具箱中的“矩形工具”按钮，设置其属性栏参数如图 11.1.17 所示。

图 11.1.16 调整矩形形状

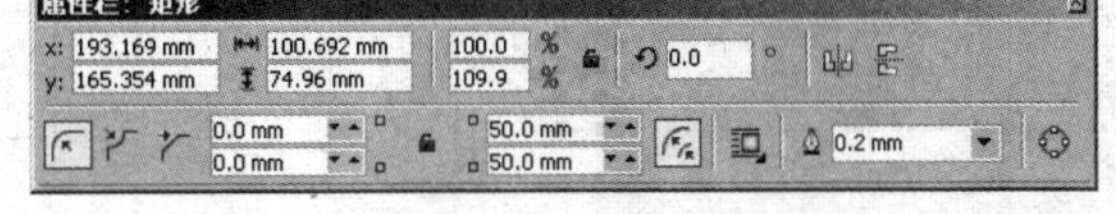

图 11.1.17 “矩形工具”属性栏

（19）设置填充色为“深黄”，然后在绘图区中绘制一个圆角矩形，效果如图 11.1.18 所示。

（20）重复步骤（17）和（18）的操作，在绘制的对象右侧绘制一个圆角矩形框，如图 11.1.19 所示。

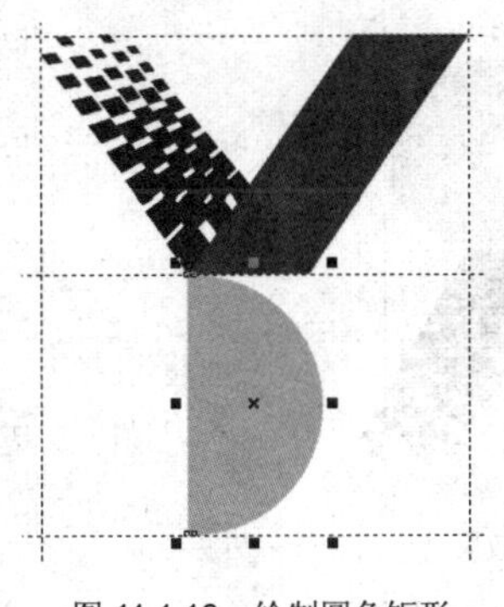

图 11.1.18 绘制圆角矩形

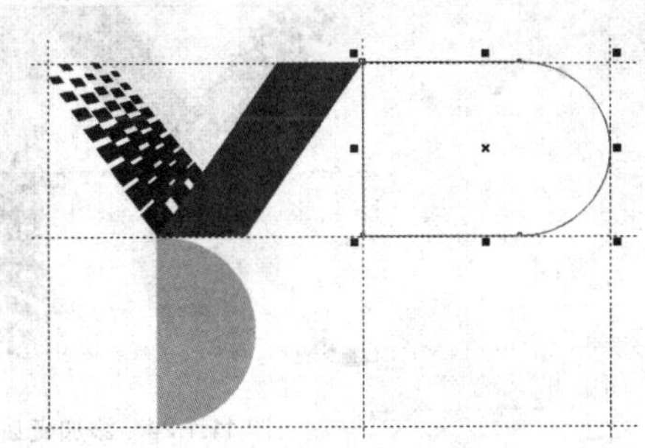

图 11.1.19 绘制圆角矩形框

（21）按“+”键，叠加复制一个圆角矩形框，然后按住“Shift”键，居中等比例缩小对象，效果如图 11.1.20 所示。

（22）使用选择工具框选绘制的圆角矩形框，然后单击属性栏中的“合并”按钮，再将合并后的对象填充为“深黄色”，效果如图 11.1.21 所示。

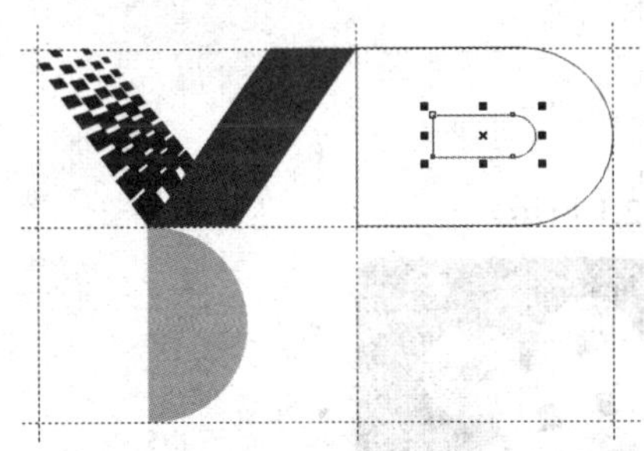

图 11.1.20 复制并缩小圆角矩形框

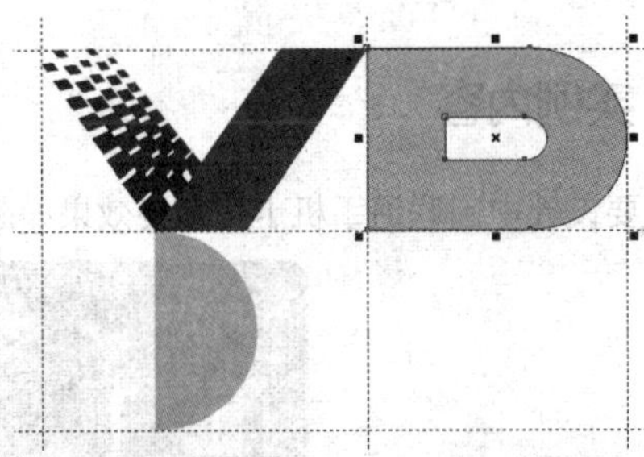

图 11.1.21 填充合并对象效果

（23）去除合并对象的轮廓色，然后选中调和效果对象，拖曳鼠标单击右键复制一个图形副本。

（24）选择菜单栏中的 效果(C) → 清除透视点(R) 命令，去除对象添加的透视效果。

（25）选中添加调和效果后的对象副本，然后选择菜单栏中的 排列(A) → 变换(F) → 旋转(R) 命令，对其进行精确旋转，效果如图 11.1.22 所示。

（26）复制一个调和对象副本，然后将其向右移动一定的距离。

（27）重复步骤（14）的操作，为调和对象副本添加透视效果，然后将其填充色设置为“绿色”，效果如图 11.1.23 所示。

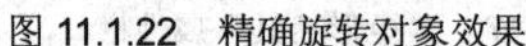
图 11.1.22 精确旋转对象效果

图 11.1.23 为调和对象副本添加透视效果

（28）使用选择工具框选绘制的所有对象，然后按“Ctrl+G”键群组对象。

（29）选中绘图区中的群组对象，然后使用工具箱中的交互式阴影工具为其添加阴影，效果如图 11.1.24 所示。

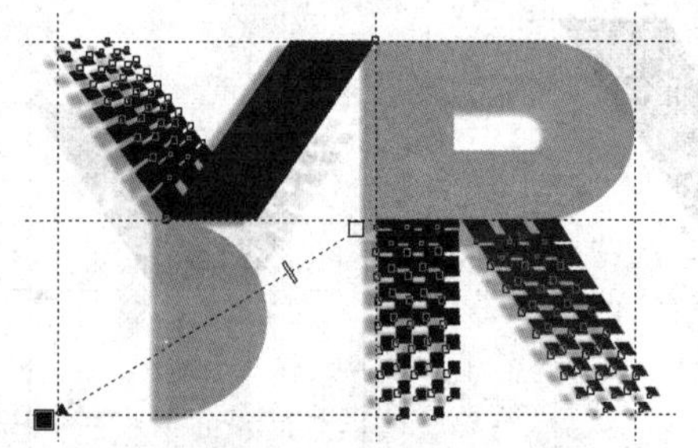
图 11.1.24 添加交互式阴影效果

（30）选择菜单栏中的视图(V)→辅助线(I)命令，隐藏辅助线，最终效果如图 11.1.1 所示。

综合实例 2　中国联通手机卡设计

实例内容

本例主要设计中国联通手机卡，最终效果如图 11.2.1 所示。

图 11.2.1 最终效果图

设计思想

在制作过程中，将用到椭圆形工具、矩形工具、形状工具、文本工具、贝塞尔工具、交互式立体化命令、交互式阴影命令、图框精确剪裁命令以及贴齐对象等。

操作步骤

（1）启动 CorelDRAW X5 应用程序，新建一个空白的图形文档，然后按“Ctrl+J”键，弹出“选项”对话框，设置页面大小如图 11.2.2 所示。

（2）单击工具箱中的“矩形工具”按钮，设置其属性栏参数如图 11.2.3 所示。

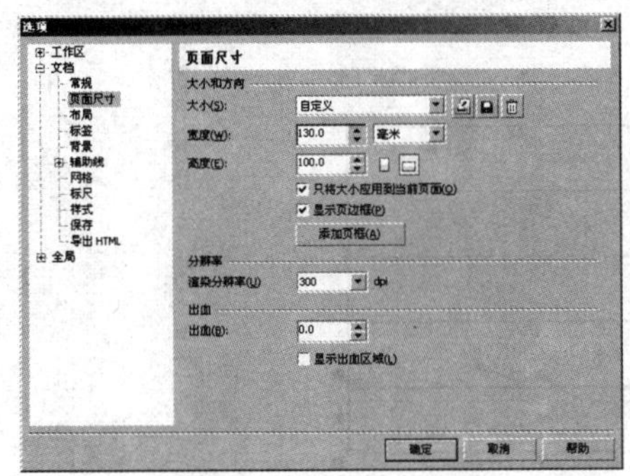

图 11.2.2 “选项”对话框

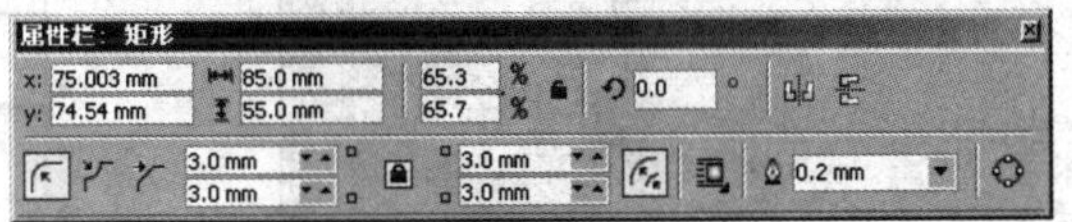

图 11.2.3 “矩形工具”属性栏

（3）设置好参数后，在绘图区中绘制一个矩形框，并将其填充为“深红色”，效果如图 11.2.4 所示。

（4）按“+”键，叠加复制一个圆角矩形，并将其填充色设置为“橘红色”。

（5）在橘红色的圆角矩形上单击鼠标左键，然后将其变换中心点移至左上角，再缩小圆角矩形，效果如图 11.2.5 所示。

图 11.2.4 绘制圆角矩形

图 11.2.5 复制并缩小圆角矩形

（6）选择菜单栏中的的 排列(A) → 转换为曲线(V) 命令，将复制的的橘红色圆角矩形转换为曲线。

（7）单击工具箱中的“形状工具”按钮，使用属性栏中的删除节点功能删除圆角矩形上右下角的节点。

（8）分别选中橘红色圆角矩形左下方和右上方内部的一个节点，单击“删除节点”按钮将其删除，再选中图形内部的曲线，单击“转换为线条”按钮将其转换为直线，效果如图 11.2.6 所示。

（9）单击工具箱中的“矩形工具”按钮，设置其属性栏参数如图 11.2.7 所示。

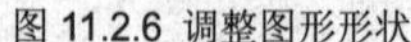

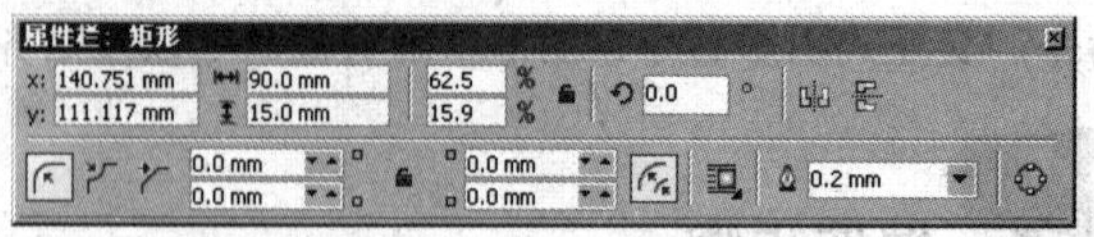

图 11.2.6 调整图形形状　　图 11.2.7 “矩形工具”属性栏

（10）设置好参数后，在绘图区的空白区域绘制一个矩形框，然后选择菜单栏中的 排列(A) → 变换(F) → 位置(P) 命令，打开“转换”泊坞窗，对绘制的矩形框进行复制和移动位置操作，效果如图 11.2.8 所示。

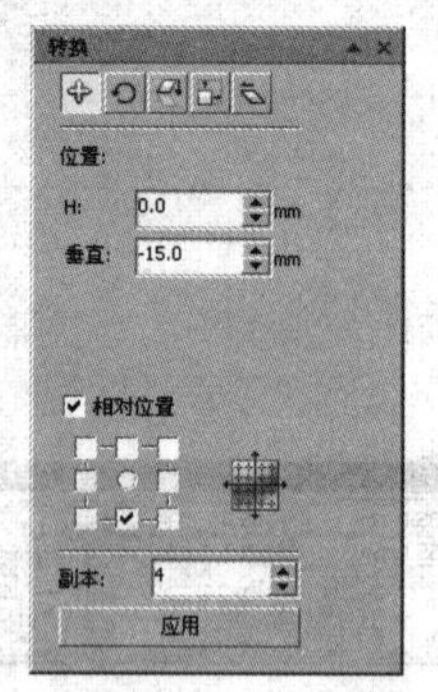

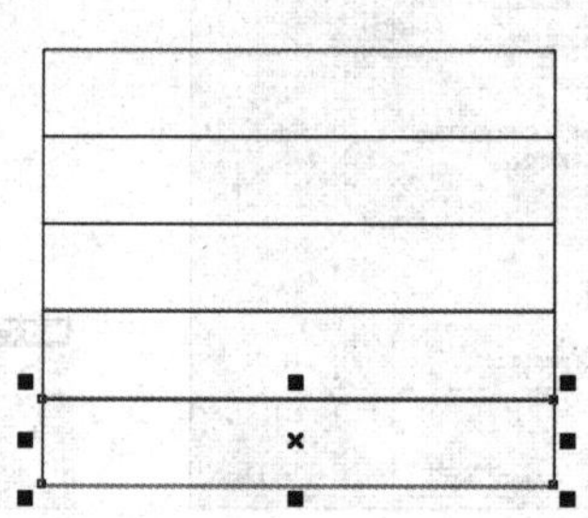

图 11.2.8 复制并移动矩形框位置

（11）单击工具箱中的“选择工具”按钮，间隔删除两个矩形对象，效果如图 11.2.9 所示。

（12）使用选择工具框选绘制的矩形框，然后按“+”键，叠加复制一个副本，并将其旋转“90”度，效果如图 11.2.10 所示。

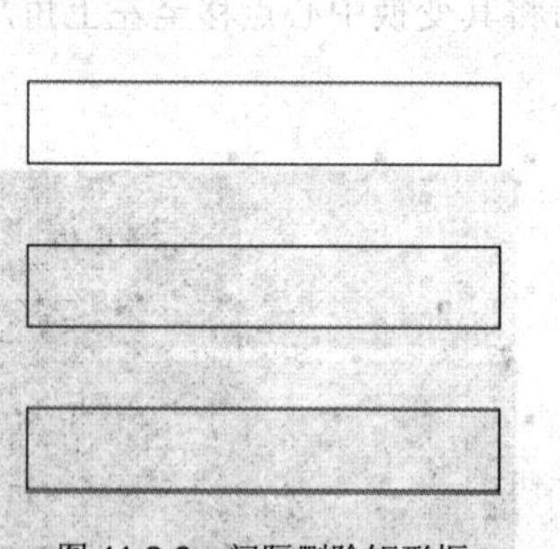

图 11.2.9 间隔删除矩形框

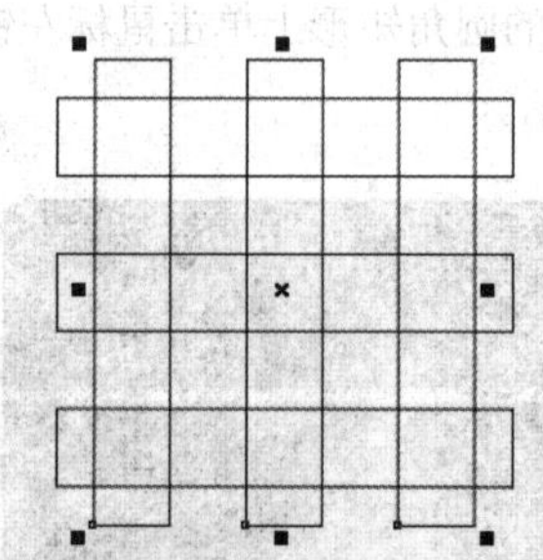

图 11.2.10 复制并旋转矩形框副本

（13）单击工具箱中的“椭圆形工具”按钮，按住“Ctrl”键的同时在绘图区中绘制一个圆形。

（14）使用选择工具选中绘制的圆形对象，设置其属性栏参数如图 11.2.11 所示，得到的效果如图 11.2.12 所示。

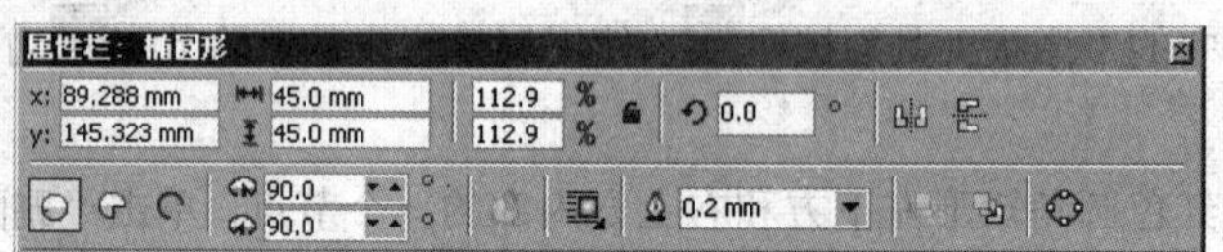

图 11.2.11 “椭圆形工具”属性栏

（15）按“+”键，叠加复制一个圆形对象，然后在其属性栏中将对象大小设置为“15 mm”，效果如图 11.2.13 所示。

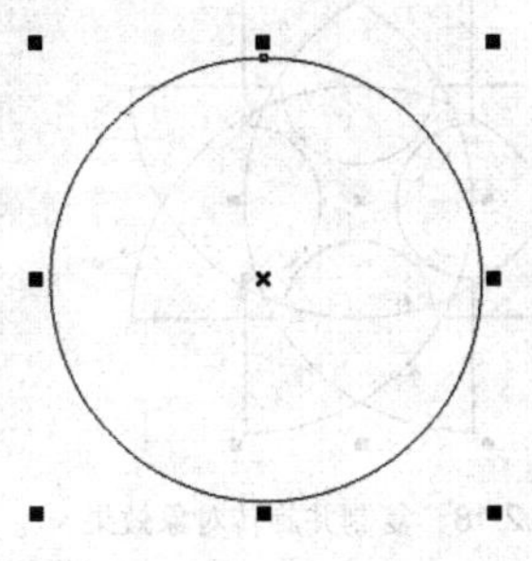

图 11.2.12 绘制圆形

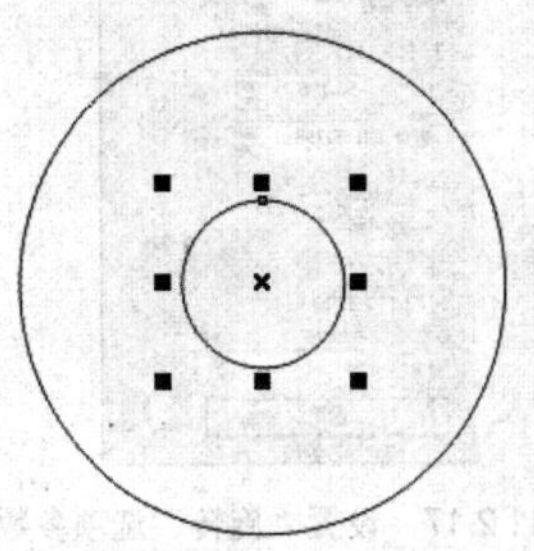

图 11.2.13 复制并缩小圆形

（16）分别选中两个圆形对象，然后在其属性栏中单击“弧形”按钮，并设置起始角度为“90”度，得到的效果如图 11.2.14 所示。

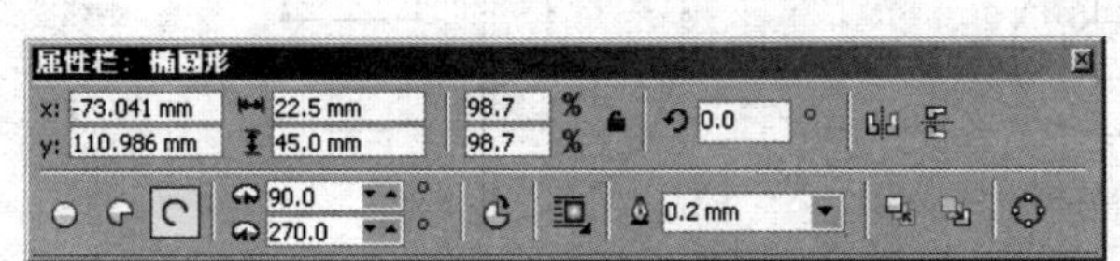

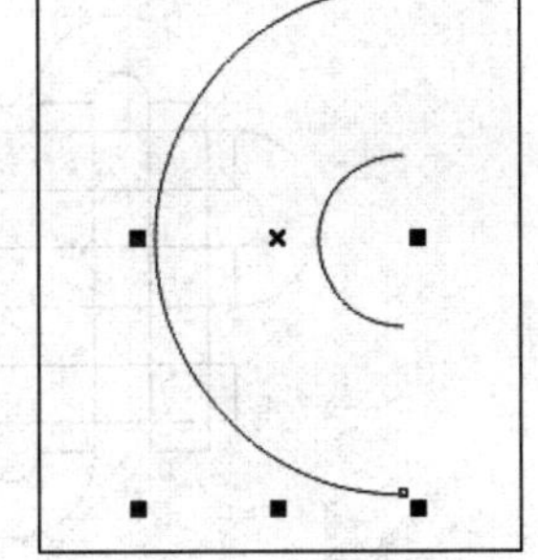

图 11.2.14 绘制弧形效果

（17）使用选择工具框选绘制的弧形对象，然后按“Ctrl+L”键将其合并。

（18）使用形状工具分别选中上方和下方的两个节点，单击属性栏中的“延长曲线使之闭合”按钮闭合曲线，效果如图 11.2.15 所示。

（19）在属性栏中单击贴齐下拉列表，从弹出的下拉列表中选择贴齐对象(J)选项，然后使用选择工具将半圆弧图形移至矩形对象的左侧，效果如图 11.2.16 所示。

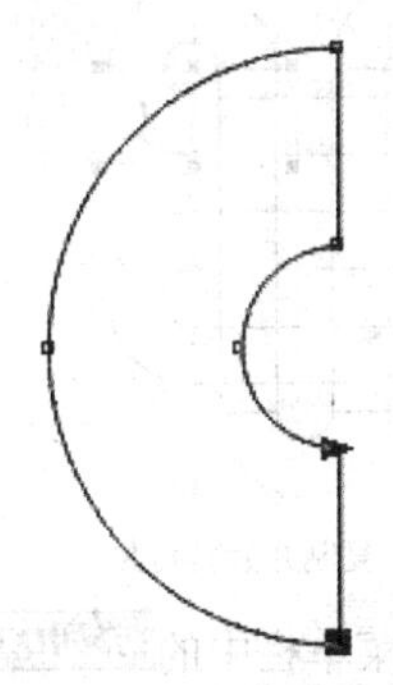

图 11.2.15 绘制半圆弧图形

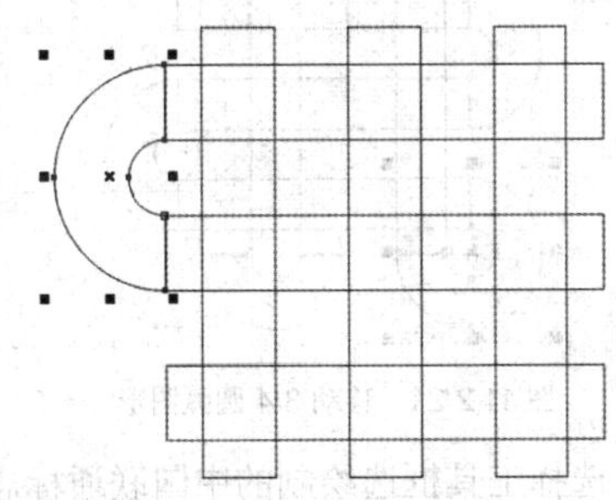

图 11.2.16 贴齐对象效果

（20）选择菜单栏中的排列(A)→变换(F)→旋转(R)命令，打开“转换”泊坞窗，设置其泊坞窗参数如图 11.2.17 所示。

（21）设置好各选项参数后，单击应用按钮，复制和旋转半圆弧图形效果如图 11.2.18 所示。

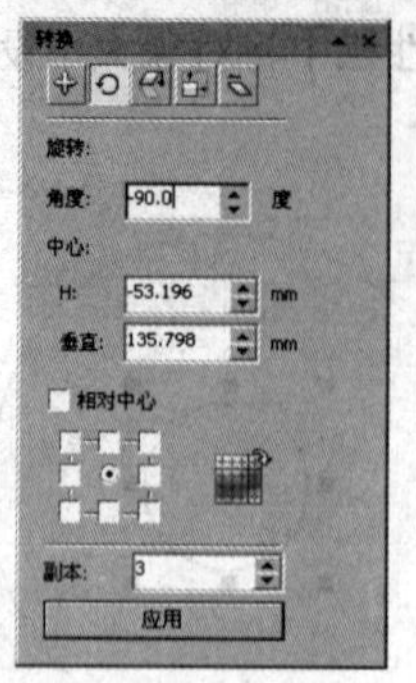

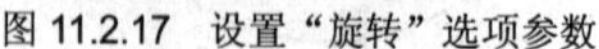
图 11.2.17 设置“旋转”选项参数

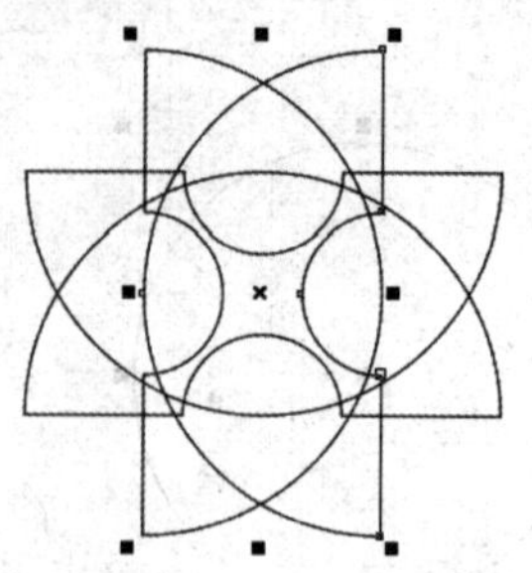
图 11.2.18 复制并旋转对象效果

（22）单击工具箱中的“选择工具”按钮，分别将复制的 3 个半圆弧对象拖曳至如图 11.2.19 所示的位置。

（23）单击工具箱中的“椭圆形工具”按钮，重复步骤（13）～（18）的操作，在绘图区中绘制 3/4 圆弧图形，效果如图 11.2.20 所示。

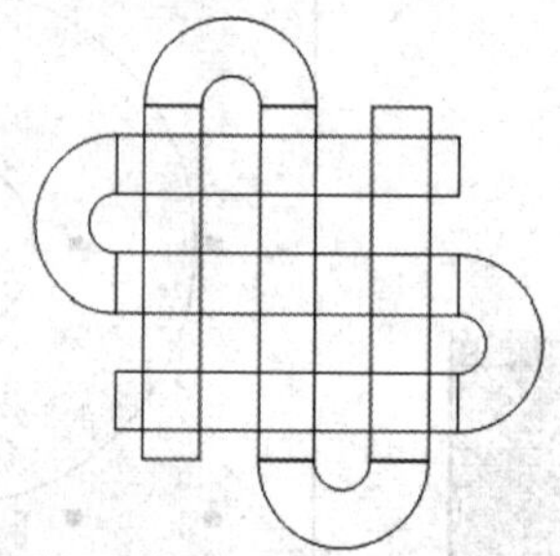
图 11.2.19 移动复制的图形对象效果

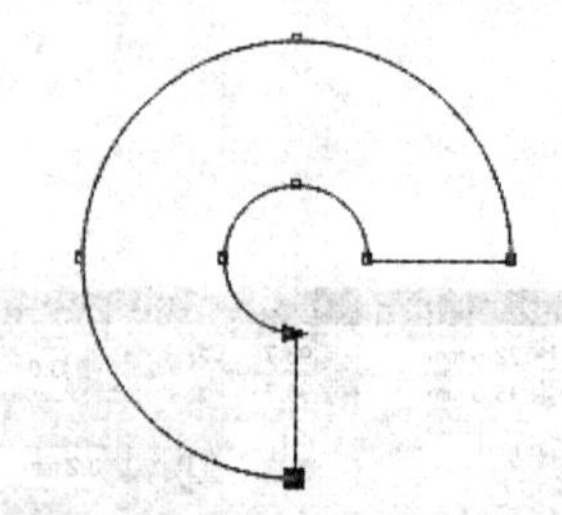
图 11.2.20 绘制 3/4 圆弧图形

（24）将绘制的 3/4 圆弧图形旋转一定的角度，然后重复步骤（19）的操作，使用贴齐对象功能将其移至如图 11.2.21 所示的位置。

（25）按“Ctrl+D”键，再制一个 3/4 圆弧图形副本，并对其进行旋转和移动操作，效果如图 11.2.22 所示。

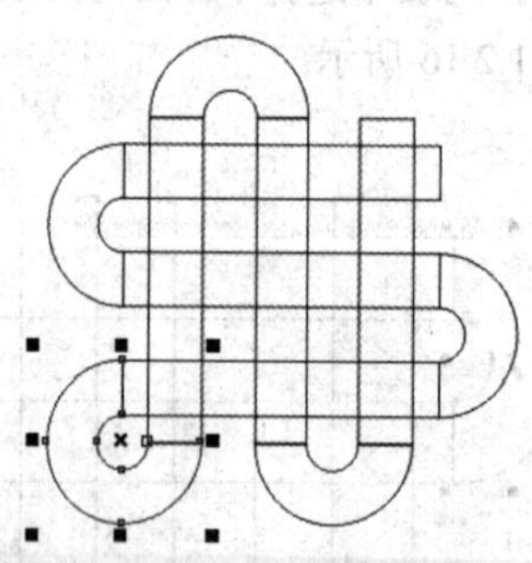
图 11.2.21 移动 3/4 圆弧图形

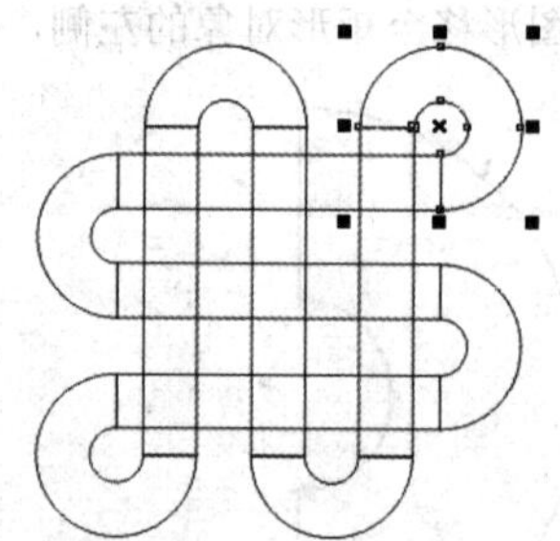
图 11.2.22 复制并旋转对象

（26）使用选择工具框选绘制的中国联通标志轮廓，然后选择菜单栏中的 排列(A) → 造形(P) → 造形(P) 命令，从打开的“造形”泊坞窗中选择 焊接 选项，得到的效果如图 11.2.23 所示。

（27）单击工具箱中的“矩形工具”按钮，结合贴齐对象功能在焊接后的图形上方绘制一个长条矩形，然后复制一个副本，将其旋转“90”度。

（28）复制 3 个步骤（27）绘制的长条矩形，并结合属性栏中的“水平镜像”按钮和“垂直镜像”按钮，对复制的对象进行镜像，效果如图 11.2.24 所示。

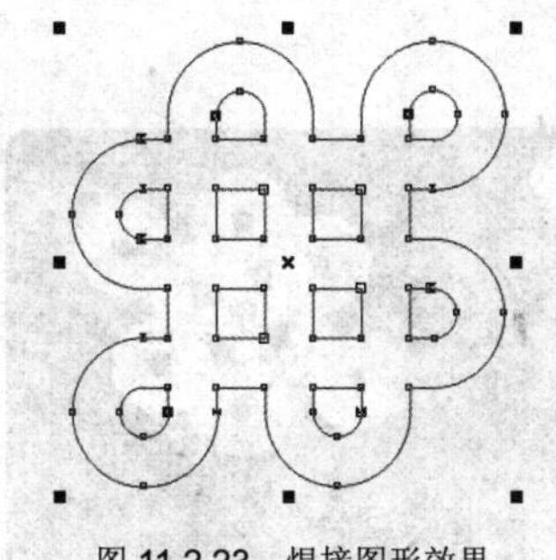

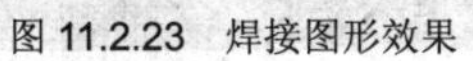
图 11.2.23　焊接图形效果

图 11.2.24　绘制并复制长条矩形

（29）使用选择工具框选所有对象，单击属性栏中的“移除前面对象”按钮，得到的效果如图 11.2.25 所示。

（30）按“Ctrl+G”键群组对象，然后将绘制的中国联通标志图形旋转“135”度，效果如图 11.2.26 所示。

图 11.2.25　应用移除前面对象效果

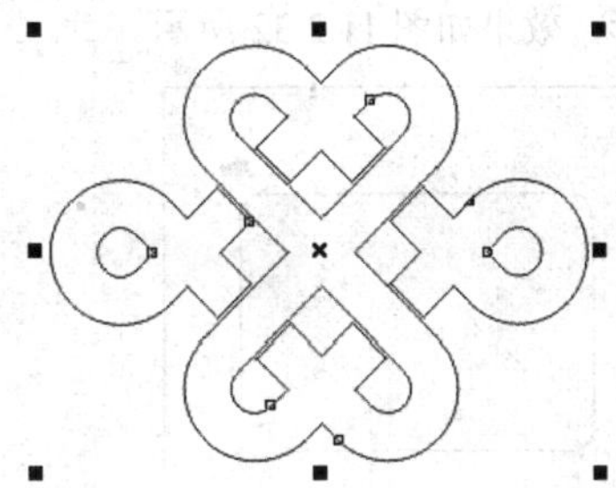
图 11.2.26　旋转对象效果

（31）将绘制的联通标志图形填充为“白色”，并去除其轮廓线，然后将其拖曳值圆角矩形的左上方，效果如图 11.2.27 所示。

（32）单击工具箱中的“文本工具”按钮字，在其属性栏中设置文本字体为“方正大黑简体”、字号为“5”，然后在左上方输入文本“China Unicom”和“中国联通”，效果如图 11.2.28 所示。

图 11.2.27　填充并移动对象效果

图 11.2.28　输入文本

（33）复制一个联通标志图形，然后设置轮廓色为“红色”、填充色为“无”，并放大图形，再复制一个放大后的图形副本。

（34）分别选中复制后的两个图形对象，然后选择菜单栏中的 效果(C) → 图框精确剪裁(W) → 放置在容器中(P)... 命令，将其置于圆角矩形的左上角和右下角，效果如图 11.2.29 所示。

（35）复制一个联通标志副本图形，并将其填充为红色，然后单击工具箱中的“交互式立体化工具”按钮，为其添加立体化效果，如图 11.2.30 所示。

（36）单击工具箱中的“矩形工具”按钮，绘图区中绘制一个圆角半径为“3”的圆角矩形，然后按“Ctrl+Q”键，将其转换为曲线。

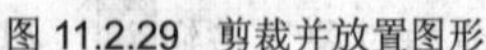

图 11.2.29 剪裁并放置图形

图 11.2.30 复制并立体化图形

（37）使用形状工具选中圆角矩形的右下角，单击属性栏中的“转换为线条”按钮，效果如图 11.2.31 所示。

（38）按“+”键复制一个图形对象，然后按住“Shift”键将其居中等比例缩小，再使用矩形工具绘制 3 个小矩形，效果如图 11.2.32 所示。

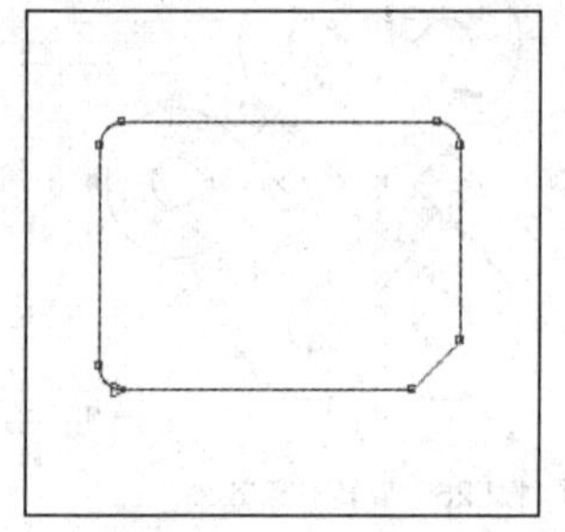

图 11.2.31 绘制并编辑对象

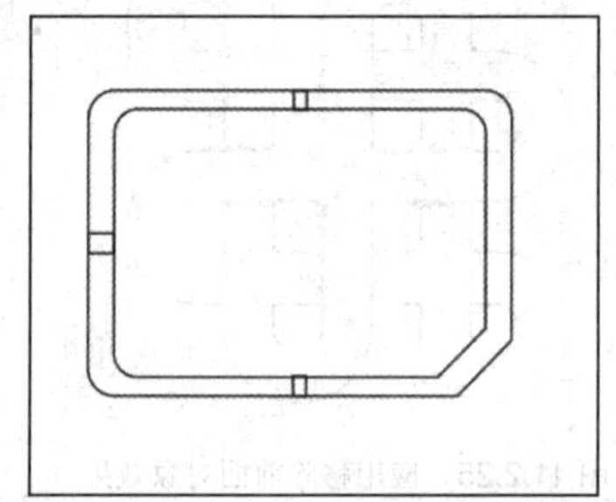

图 11.2.32 复制并绘制小矩形

（39）框选绘制的图形对象，然后按“Ctrl+L”键合并对象，然后将其拖曳至联通标志的下方，框选所有图形对象，对其进行修剪，效果如图 11.2.33 所示。

（40）使用矩形工具在修剪图形的内部绘制一个圆角矩形，并将其填充为金色的圆锥形渐变，效果如图 11.2.34 所示。

图 11.2.33 应用修剪效果

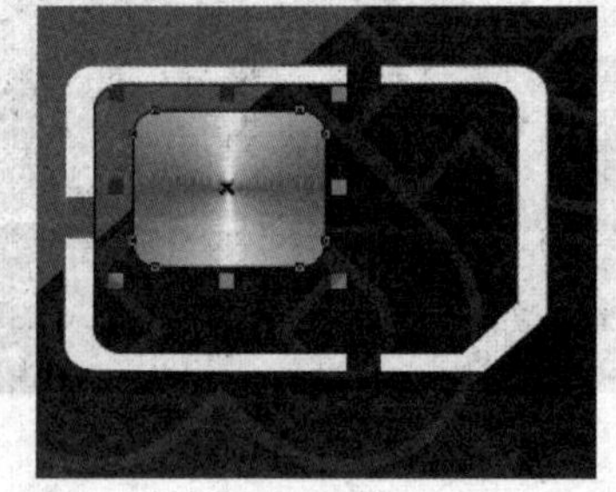

图 11.2.34 绘制并填充圆角矩形

（41）使用工具箱中的矩形工具、贝塞尔工具在渐变填充后的圆角矩形上方绘制如图 11.2.35 所示的图案。

（42）单击工具箱中的“文本工具”按钮字，在其属性栏中设置文本字体为“方正大黑简体”和“Dotum”、字号为“9”、字体颜色为“白色”。

（43）设置好参数后，在绘制的缴费卡下方输入文本“64K 手机成品卡（普通）”和“2013G 移 01（1-1）”，并使用形状工具调整数字“6”的位置，效果如图 11.2.36 所示。

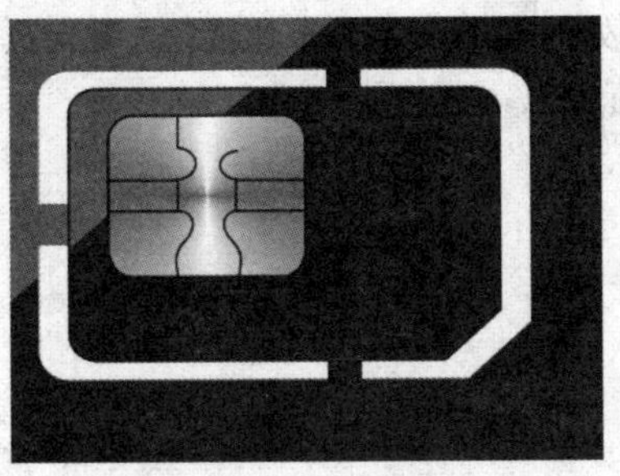

图 11.2.35　绘制图案

图 11.2.36　再次输入文本

（44）选中最下方的圆角矩形，单击工具箱中的“交互式阴影工具”按钮，为绘制的缴费卡添加阴影效果，最终效果如图 11.2.1 所示。

综合实例 3　宣传页设计

 实例内容

本例主要设计某公司监控器材的宣传页，最终效果如图 11.3.1 所示。

图 11.3.1　最终效果图

 设计思想

在制作过程中，将用到贝塞尔工具、形状工具、椭圆形工具、文本工具、星形工具、图框精确剪裁命令以及分布与对齐等命令。

 操作步骤

（1）启动 CorelDRAW X5 应用程序，新建一个空白的图形文档，然后按“Ctrl+J”键，弹出“选项”对话框，设置页面大小如图 11.3.2 所示。

（2）将鼠标移至水平标尺与垂直标尺左上角交界处的标记上，按住鼠标左键向页面中拖动，在如图 11.3.3 所示的位置释放鼠标，即可设置新的坐标原点。

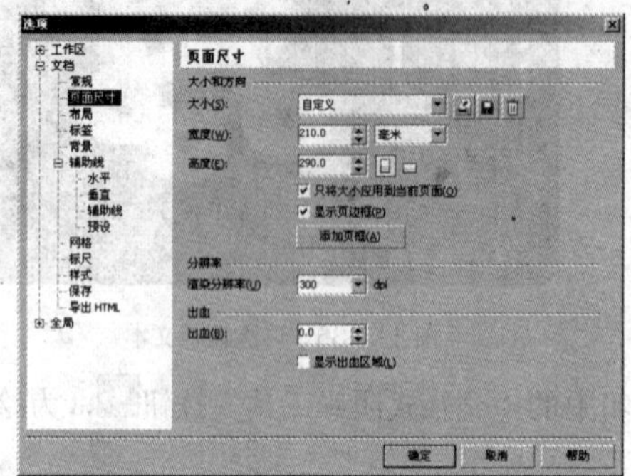

图 11.3.2 “选项”对话框

图 11.3.3 设置坐标原点

（3）选择菜单栏中的 视图(V) → 设置(T) → 辅助线设置(T)... 命令，弹出“选项”对话框中的“辅助线”选项卡，设置其参数如图 11.3.4 所示。

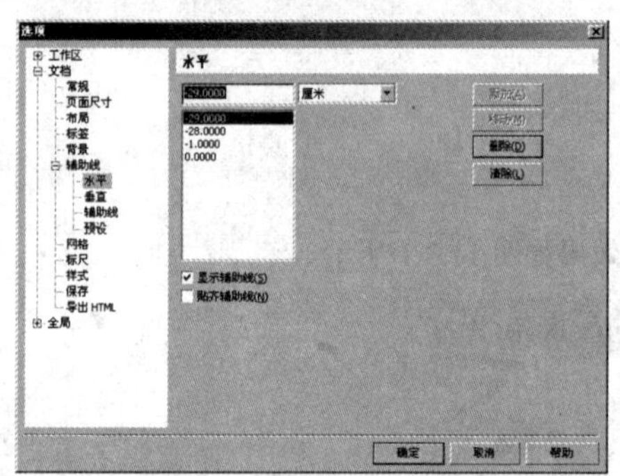

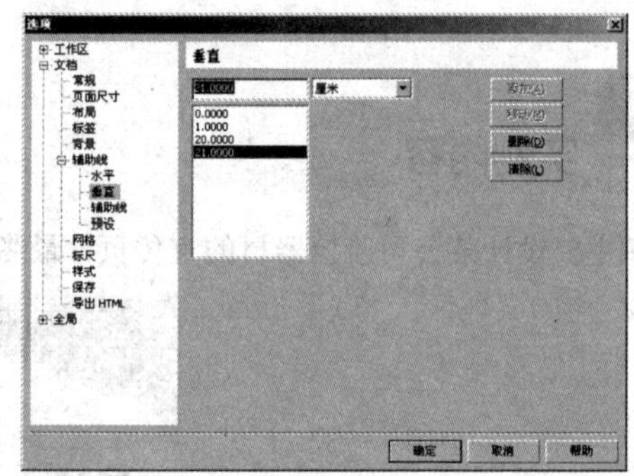

图 11.3.4 设置“辅助线”选项卡

（4）设置好水平和垂直辅助线参数后，单击 确定 按钮，在页面中添加水平和垂直辅助线后的效果如图 11.3.5 所示。

（5）单击工具箱中的“贝塞尔工具”按钮，在页面中绘制一个封闭曲线图形，然后使用工具箱中的形状工具调整曲线的形状，效果如图 11.3.6 所示。

图 11.3.5 添加辅助线效果

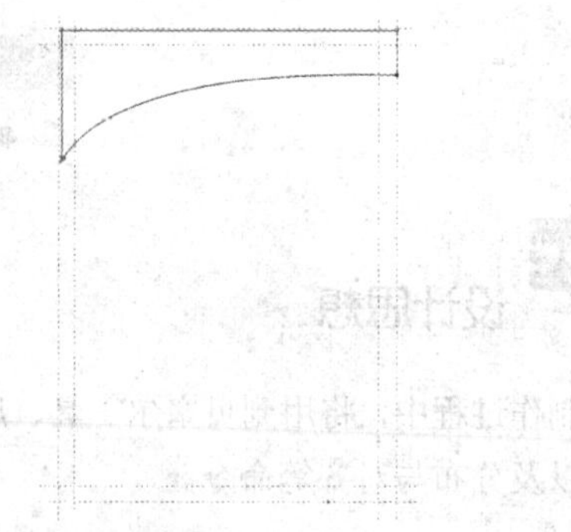

图 11.3.6 绘制封闭曲线

（6）用鼠标左键单击调色板中的“深红色”方块，对绘制的封闭曲线进行填充，然后用鼠标右键单击“无色”方块，去除封闭曲线的轮廓线，效果如图 11.3.7 所示。

（7）按“+”键，叠加复制一个图形副本，然后将其向下移动一定的距离，再按“F11”键，弹出“渐变填充”对话框，设置其对话框参数如图 11.3.8 所示。

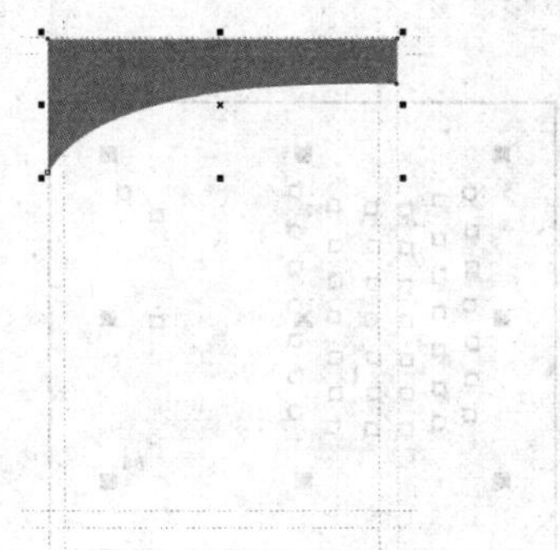

图 11.3.7 填充封闭曲线效果

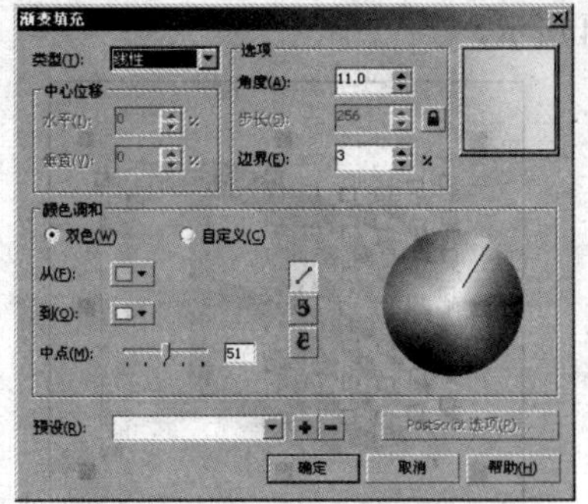

图 11.3.8 “渐变填充”对话框

（8）设置好参数后，单击 确定 按钮，将复制的图形的副本填充为黄色到淡黄色线性渐变后的效果如图 11.3.9 所示。

（9）使用选择工具框选页面中的图形对象，然后按“Ctrl+G”键群组对象。

（10）重复步骤（7）的操作，叠加复制一个群组对象副本，然后分别单击属性栏中的和按钮，对其进行水平和垂直镜像。

（11）选择菜单栏中的 排列(A) → 对齐和分布(A) → 对齐与分布(A)... 命令，弹出“对齐与分布”对话框，设置其对话框参数如图 11.3.10 所示。

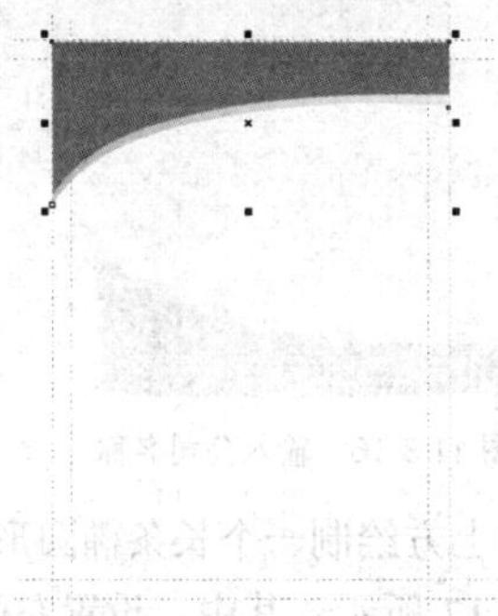

图 11.3.9 渐变填充图形效果

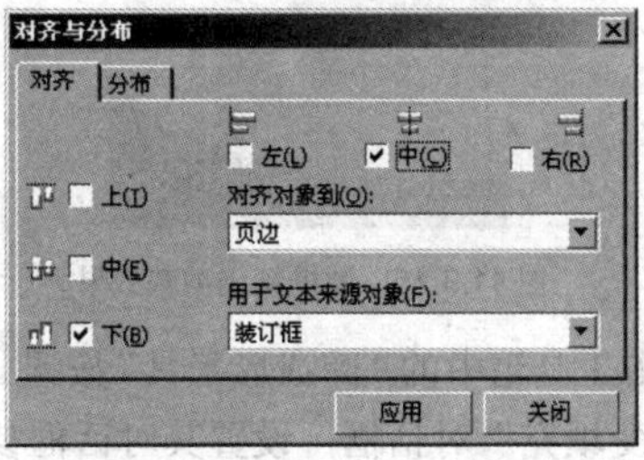

图 11.3.10 “对齐与分布”对话框

（12）设置好参数后，单击 应用 按钮，对齐群组副本图形后的效果如图 11.3.11 所示。

（13）选择菜单栏中的 文本(X) → 插入符号字符(H) 命令，从打开的“插入字符”泊坞窗选择如图 11.3.12 所示的图形对象。

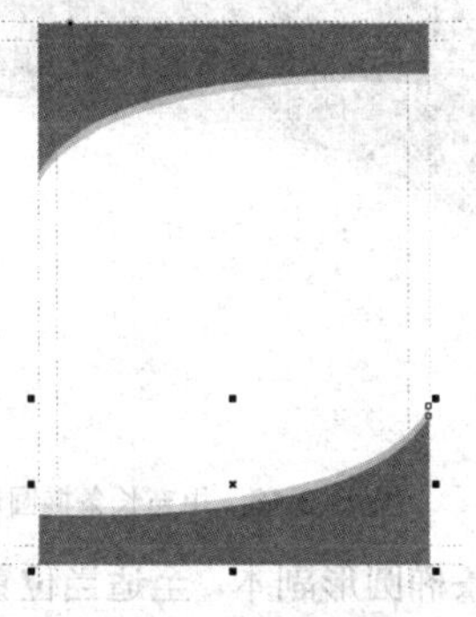

图 11.3.11 对齐群组图形效果

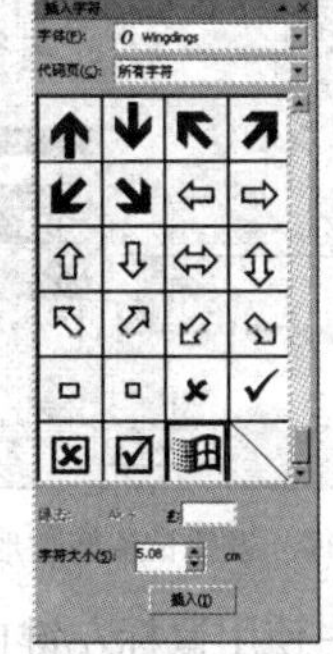

图 11.3.12 “插入字符”泊坞窗

（14）单击 插入(I) 按钮，在页面中插入对象后的效果如图 11.3.13 所示。

（15）按“F11”键，在弹出的“渐变填充”对话框中设置填充色为黄色到白色的线性渐变，效果如图 11.3.14 所示。

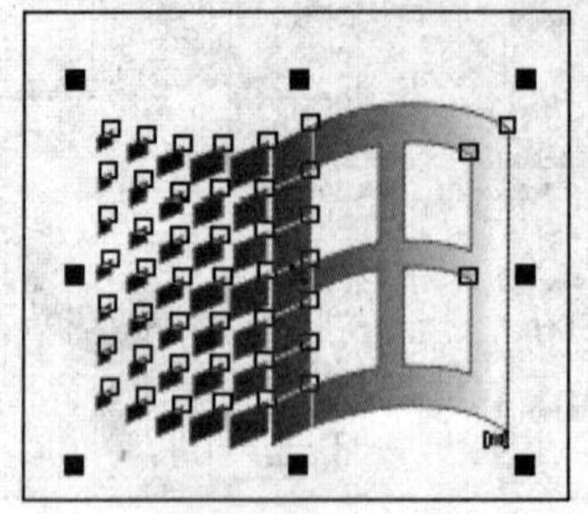

图 11.3.13　插入对象效果

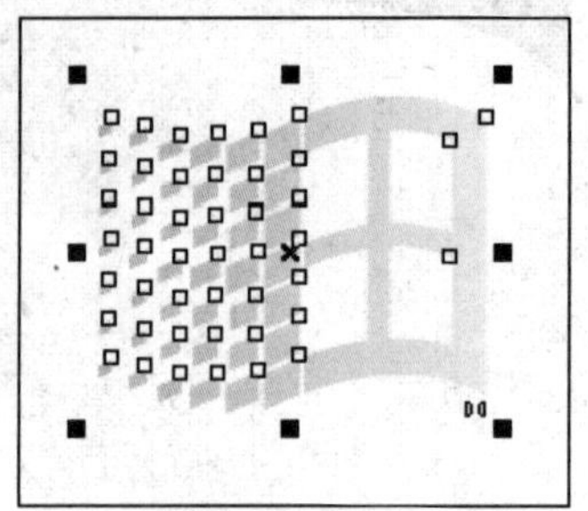

图 11.3.14　设置对象渐变色

（16）选择菜单栏中的 效果(C) → 图框精确剪裁(W) → 放置在容器中(P)... 命令，将其置于页面的左上角和右下角，然后对左上角的对象进行水平翻转，效果如图 11.3.15 所示。

（17）单击工具箱中是“文本工具”按钮，在其属性栏中设置字体为“方正粗倩简体”、字号为“26”、字体颜色为“黑色”，然后在页面中输入公司名称，效果如图 11.3.16 所示。

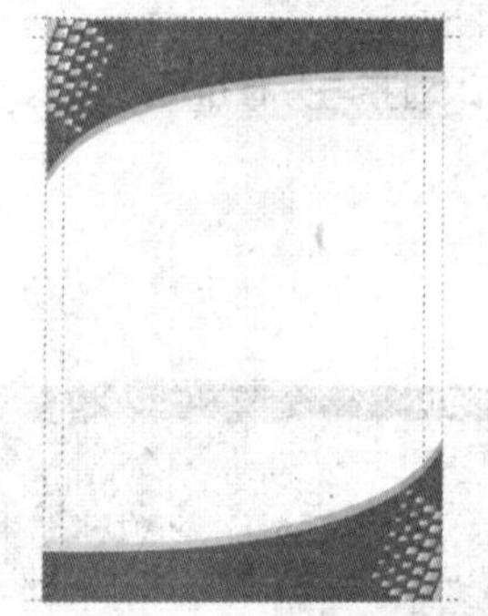

图 11.3.15　图框精确剪裁效果

图 11.3.16　输入公司名称

（18）单击工具箱中的“椭圆形工具”按钮，在文本的上方绘制一个长条椭圆形，然后按“F11”键，弹出“渐变填充”对话框，设置其对话框参数如图 11.3.17 所示。其中，设置左侧色标值为深黄色、中间色标值为白色、右侧色标值为橘黄色。

（19）设置好参数后，单击 确定 按钮，填充长条椭圆形后的效果如图 11.3.18 所示。

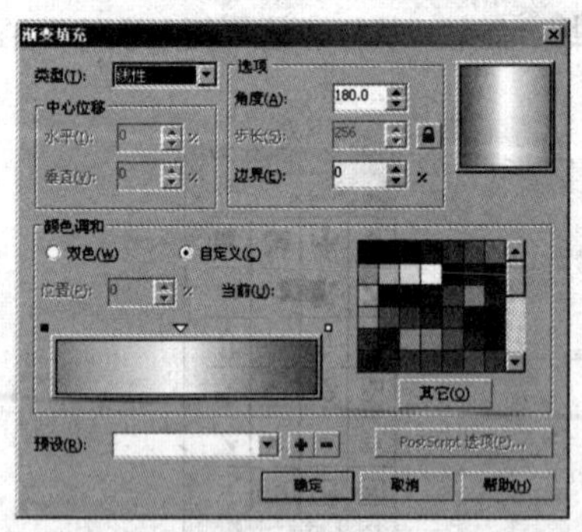

图 11.3.17　设置长条椭圆形渐变色

图 11.3.18　填充长条椭圆形效果

（20）在页面中使用鼠标左键向下拖曳出一个长条椭圆形副本，至适当位置后单击鼠标右键，效果如图 11.3.19 所示。

（21）按“Ctrl+I”键，在页面中导入一幅位图，然后按“Ctrl+Page Down”键两次，将其置于封闭图形的下方，效果如图 11.3.20 所示。

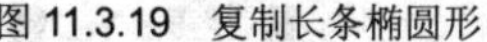
图 11.3.19　复制长条椭圆形

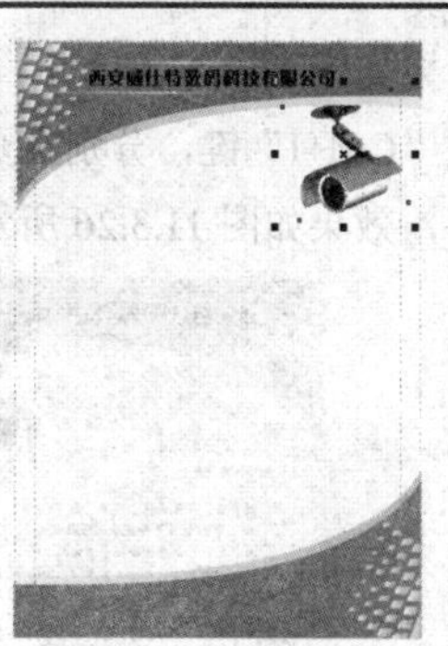

图 11.3.20　导入位图

（22）使用文本工具在页面中输入文本“以科技领先”和“以品质取胜”，然后分别将其填充色设置为“酒绿色”和“橘黄色”，轮廓色设置为“黄色”，效果如图 11.3.21 所示。

（23）使用贝塞尔工具在位图的左侧绘制一条弧形路径，然后分别选择菜单栏中的 文本(X)→使文本适合路径(T) 命令，再选择 排列(A)→拆分在一路径上的文本(B) 命令拆分文本与路径，并删除曲线，效果如图 11.3.22 所示。

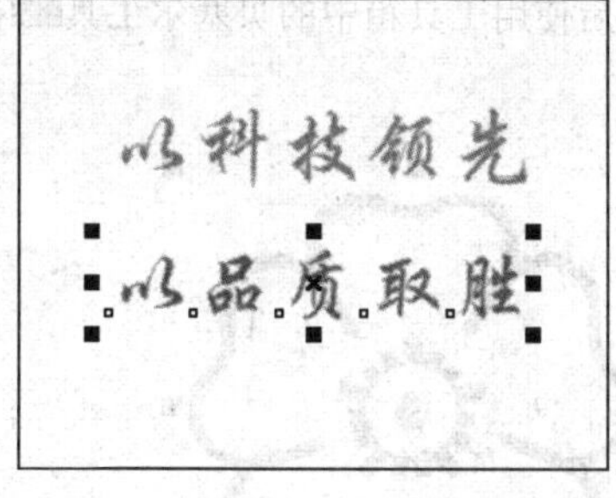

图 11.3.21　输入文本

图 11.3.22　编辑文本效果

（24）单击工具箱中是“文本工具”按钮字，在其属性栏中设置字体为“经典隶书简”和“方正行楷简体”、字号分别“28”和“24”、字体颜色为“黑色”和“红色”，然后分别在页面中输入如图 11.3.23 所示的文本信息。

（25）单击工具箱中的“星形工具”按钮，按住“Ctrl”键，在页面中绘制一个填充色为“酒绿色”的五角星图形，然后按住“Shift+Ctrl”键，使用椭圆形工具在五角星的中心点位置向外拖曳鼠标绘制一个轮廓色为“橘黄色”的圆形，效果如图 11.3.24 所示。

图 11.3.23　输入文本信息

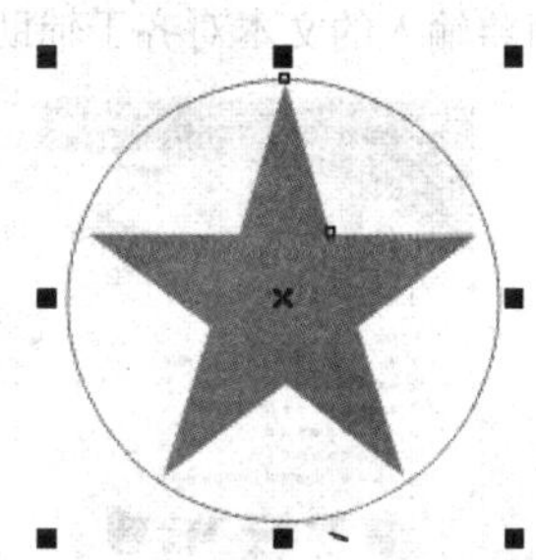
图 11.3.24　绘制图形

（26）选中绘制打印图形，按“Ctrl+G”键，对绘制的图形进行群组。

（27）按“Ctrl+D”键 5 次，在页面中再制 5 个群组对象，并使用“对齐与分布”对话框调整对象的位置，效果如图 11.3.25 所示。

（28）按“Ctrl+I”键，分别在页面中导入 5 张摄像头图像，并调整其位置与大小，然后将 5 个对象底部对齐，效果如图 11.3.26 所示。

图 11.3.25　再制图形效果

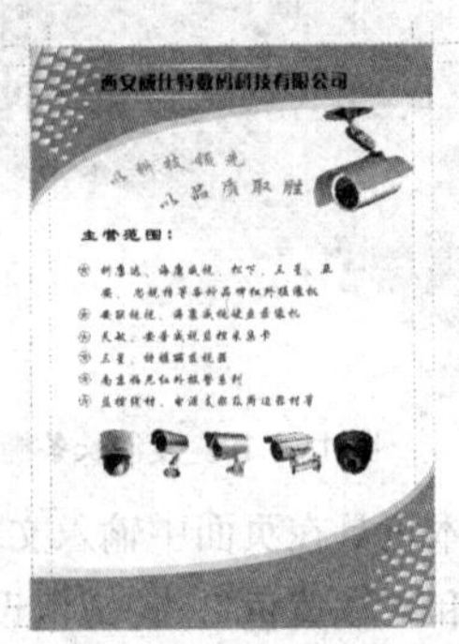

图 11.3.26　导入摄像头图像

（29）在摄像头图片的下方绘制一个长条椭圆形，并将其填充为橘黄色到白色的线性渐变，效果如图 11.3.27 所示。

（30）设置轮廓线为“红色”、轮廓宽度为“1”，然后使用工具箱中的贝塞尔工具在页面中绘制一个花朵图形，效果如图 11.3.28 所示。

图 11.3.27　线性渐变填充效果

图 11.3.28　绘制花朵

（31）按住鼠标左键将绘制的花朵图形移至公司名称的右侧，然后单击鼠标右键释放鼠标即可复制一个花朵图形副本，再调整图形的大小，效果如图 11.3.29 所示。

（32）在页面中创建两条垂直辅助线，然后选中工具箱中的文本工具，在其属性栏中设置字体为“黑体”、字号为“25”、字体颜色为“黑色”，分别在页面下方输入公司地址、联系人以及联系方式等文本信息，再将输入的文本对齐于辅助线，效果如图 11.3.30 所示。

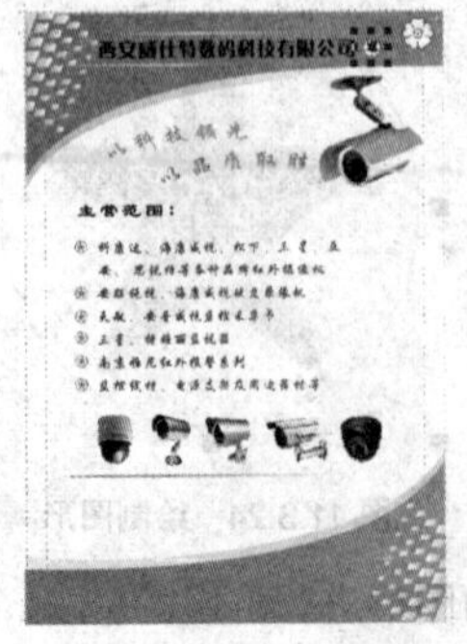

图 11.3.29　复制并调整花朵图形

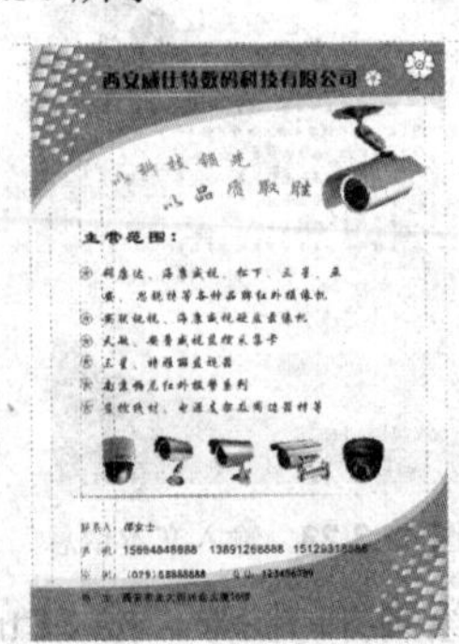

图 11.3.30　输入其他文本信息

（33）选择菜单栏中的 视图(V) → 辅助线(I) 命令，隐藏辅助线，最终效果如图 11.3.1 所示。

综合实例 4　海 报 设 计

实例内容

本例主要进行禁烟海报设计，最终效果如图 11.4.1 所示。

图 11.4.1　最终效果图

设计思想

在制作过程中，将用到椭圆形工具、矩形工具、贝塞尔工具、手绘工具、形状工具、橡皮擦工具、文本工具以及变形泊坞窗等。

操作步骤

（1）启动 CorelDRAW X5 应用程序，新建一个空白的图形文档，然后按“Ctrl+J”键，弹出“选项”对话框，设置页面大小如图 11.4.2 所示。

（2）单击工具箱中的“贝塞尔工具”按钮，在页面中绘制一个如图 11.4.3 所示闭合曲线。

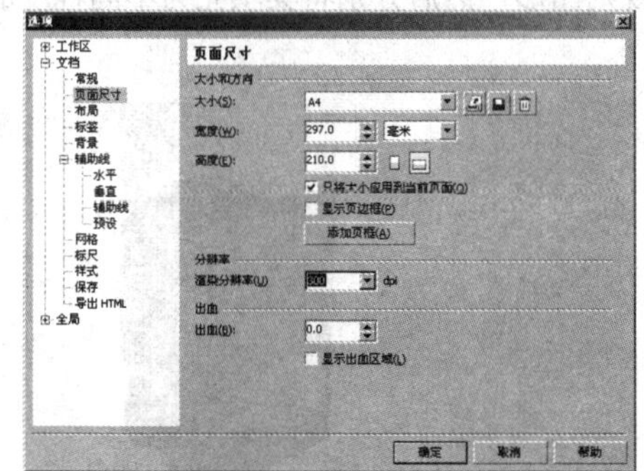

图 11.4.2　“选项”对话框

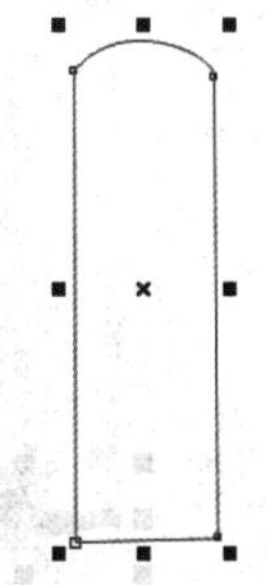

图 11.4.3　绘制闭合曲线

（3）按“F11”键，弹出“渐变填充”对话框，设置其对话框参数如图 11.4.4 所示。其中设置第

1 个色标值为“#E4A34C”、第 2 个色标值为“#F4B45C”、第 3 个色标值为“#975808”、第 4 个色标值为“#B5751B”。

（4）设置好参数后，单击 确定 按钮，填充闭合曲线后的效果如图 11.4.5 所示。

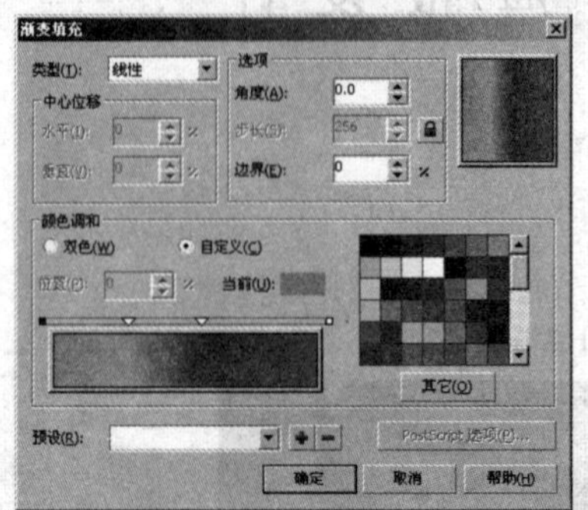

图 11.4.4 “渐变填充”对话框

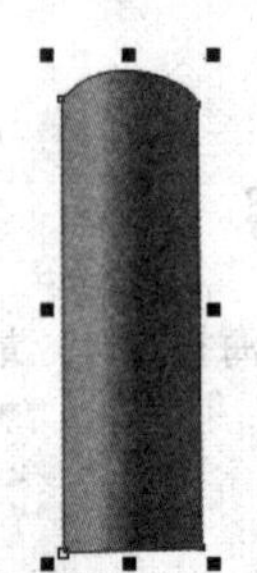

图 11.4.5 填充闭合曲线效果

（5）去除图形的轮廓线，然后按“+”键，叠加复制一个闭合曲线图形，然后将图形下方的两个节点垂直向下拖曳一定的距离。

（6）按“F11”键，在弹出的“渐变填充”对话框中对复制的图形进行渐变填充，其中设置第 1 个、第 4 个和第 5 个色标值为“30%黑”，第 2 个色标值为“白色”，第 3 个色标值为“20%黑”，填充的效果如图 11.4.6 所示。

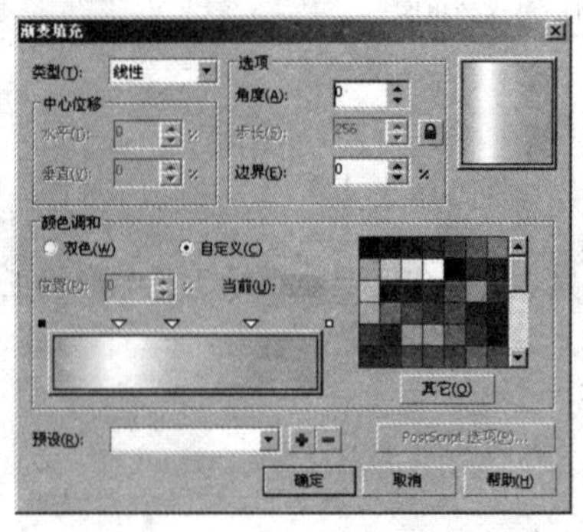

图 11.4.6 复制并填充图形效果

（7）单击工具箱中的“手绘工具”按钮，在图形的下方绘制一个香烟燃烧的轮廓，然后将其填充为黑色，效果如图 11.4.7 所示。

（8）使用手绘工具在页面中绘制多个不规则图形，然后分别将其填充为不同程度的黑色，效果如图 11.4.8 所示。

图 11.4.7 绘制香烟燃烧的轮廓

图 11.4.8 绘制烟灰效果

（9）使用选择工具框选绘制的烟图形，然后按“Ctrl+G”键，将其群组，效果如图 11.4.9 所示。

（10）单击工具箱中的“椭圆形工具”按钮，按住“Ctrl”键，在页面中绘制一个圆形，如图 11.4.10 所示。

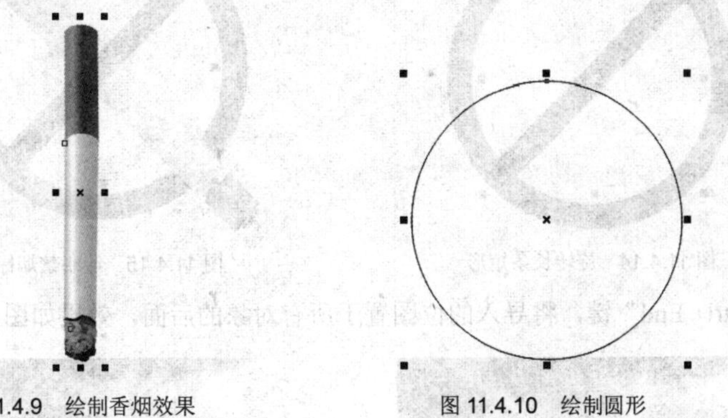

图 11.4.9 绘制香烟效果　　图 11.4.10 绘制圆形

（11）按“+”键，叠加复制一个圆形，然后按住“Shift”键缩小圆形，效果如图 11.4.11 所示。

（12）使用选择工具框选绘制的圆形，然后按“Ctrl+L”键合并对象得到一个圆环图形，再设置圆环的填充色为“红色”、轮廓色为“无”，效果如图 11.4.12 所示。

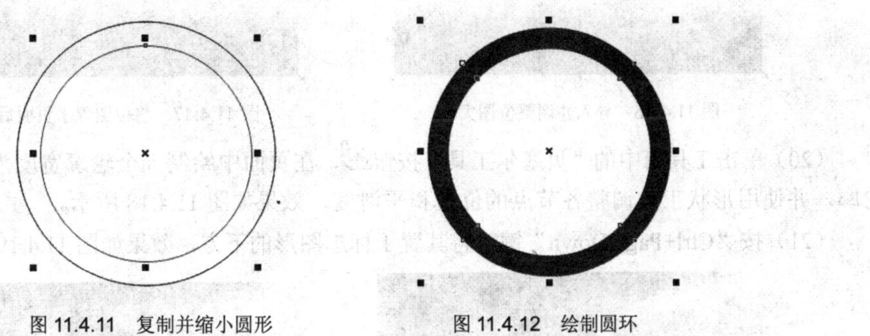

图 11.4.11 复制并缩小圆形　　图 11.4.12 绘制圆环

（13）单击工具箱中的“矩形工具”按钮，在圆环内绘制一个无轮廓的红色长条矩形。

（14）使用选择工具框选绘制的圆环和矩形，然后选择菜单栏中的 排列(A) → 对齐和分布(A) → 对齐与分布(A)... 命令，使绘制的对象中心对齐，效果如图 11.4.13 所示。

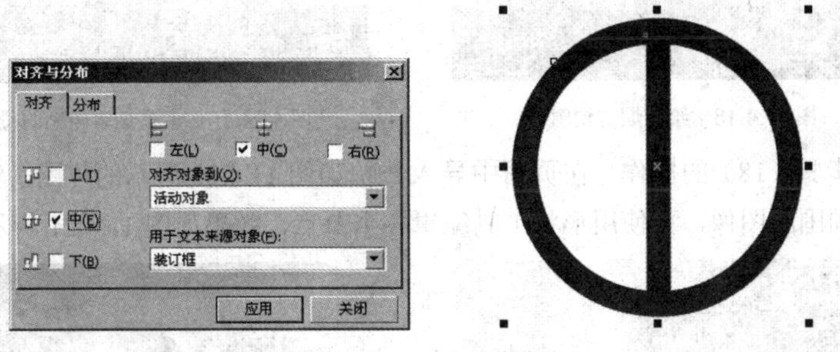

图 11.4.13 对齐对象效果

（15）选中绘制的长条矩形，在其属性栏中设置旋转角度为“45”度，按“Enter”键，效果如图 11.4.14 所示。

（16）将绘制的香烟图形拖曳至圆环内，然后重复步骤（15）的操作，将其旋转“-45”度，再选中绘制的长条矩形，按“Ctrl+Page Up”键，将其移至顶部，效果如图 11.4.15 所示。

（18）按“Ctrl+I”键，在页面中导入一幅位图，并调整位图与页面大小相等，效果如图 11.4.16 所示。

图 11.4.14 旋转长条矩形

图 11.4.15 绘制禁烟标志

（19）按“Ctrl+ End”键，将导入的位图置于所有对象的后面，效果如图 11.4.17 所示。

图 11.4.16 导入并调整位图大小

图 11.4.17 将位图置于页面后面

（20）单击工具箱中的“贝塞尔工具”按钮，在页面中绘制一个轮廓宽度为“2 mm”的烟雾轮廓，并使用形状工具调整各节点的位置和平滑度，效果如图 11.4.18 所示。

（21）按“Ctrl+Page Down”键，将其置于标志图形的下方，效果如图 11.4.19 所示。

图 11.4.18 绘制烟雾轮廓

图 11.4.19 调整烟雾轮廓的位置

（22）重复步骤（18）的操作，在页面中导入一幅如图 11.4.20 所示的位图，然后使用橡皮擦工具擦除幼芽图形周围的图像，再使用形状工具编辑各个节点，效果如图 11.4.21 所示。

图 11.4.20 导入幼芽位图

图 11.4.21 抠出幼芽图形效果

（23）单击工具箱中的“文本工具”按钮字，在其属性栏中设置字体为“方正行楷简体”、字号为“24”、字体颜色为“黑色”，然后在页面中输入如图 11.4.22 所示的文本。

（24）原位复制一个文本副本，然后设置文本的颜色为“白色”，按“Ctrl+Page Down”键将其置于黑色文本的下方，再向右下方移动文本，效果如图 11.4.23 所示。

图 11.4.22　输入文本 1

图 11.4.23　制作立体字效果

（25）使用文本工具在页面的右下方输入文本，然后分别使用形状工具选中文本中的文字，并对其属性进行编辑，效果如图 11.4.24 所示。

（26）重复步骤（24）的操作，对页面中右下方的文本进行复制和移动，效果如图 11.4.25 所示。

图 11.4.24　输入文本 2

图 11.4.25　编辑文本效果

（27）单击工具箱中的“贝塞尔工具”按钮，在页面的右上方绘制一条弧形曲线，如图 11.4.26 所示。

（28）在页面中输入文本，然后选择菜单栏中的 文本(X) → 使文本适合路径(T) 命令，创建路径文本。

（29）选中创建的路径文本，然后选择菜单栏中的 排列(A) → 拆分在一路径上的文本(B) 命令，拆分文本与路径，再选中弧形曲线，按“Delete”键将其删除，效果如图 11.4.27 所示。

图 11.4.26　绘制弧形曲线

图 11.4.27　创建并编辑路径文本

（30)）重复步骤（24）的操作，对页面中右上方的文本进行复制和移动，然后使用形状工具分别选中单个文字，并将文本设置为不同的颜色，最终效果如图 11.4.1 所示。

综合实例 5　招贴画设计

实例内容

本例主要设计中秋节招贴画，最终效果如图 11.5.1 所示。

图 11.5.1　最终效果图

设计思想

在制作过程中，将用到矩形工具、椭圆形工具、文本工具、形状工具、橡皮擦工具、艺术笔工具、交互式轮廓图工具以及交互式阴影工具等。

操作步骤

（1）启动 CorelDRAW X5 应用程序，新建一个空白的图形文档，然后按“Ctrl+J”键，弹出“选项”对话框，设置页面大小如图 11.5.2 所示。

（2）双击工具箱中的“矩形工具”按钮，在页面中绘制一个与其大小相等的矩形框，效果如图 11.5.3 所示。

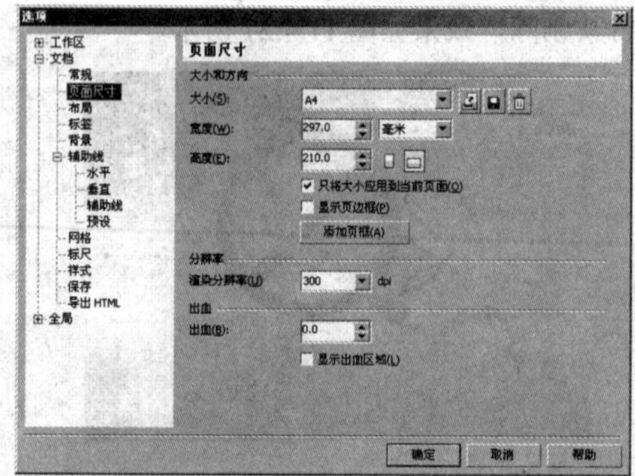

图 11.5.2　“选项”对话框

图 11.5.3　绘制矩形框

（3）单击工具箱中的“底纹填充”按钮，弹出“底纹填充”对话框，设置对话框参数如图 11.5.4

所示。其中，设置色调为“深褐色”、亮度为“红色”。

（4）设置好参数后，单击确定按钮，对矩形应用底纹填充后的效果如图 11.5.5 所示。

图 11.5.4 “底纹填充”对话框

图 11.5.5 应用底纹填充效果

（5）使用选择工具选中绘制的矩形，然后按“+”键，叠加复制一个矩形副本。

（6）按住“Shift”键，在页面中向上拖曳矩形缩小矩形的宽度，然后按“F11”键，弹出“渐变填充”对话框，设置其对话框参数如图 11.5.6 所示。其中，设置左侧色标值为“白黄”、右侧色标值为“白色”。

（7）设置好参数后，单击确定按钮，对矩形副本应用渐变填充后的效果如图 11.5.7 所示。

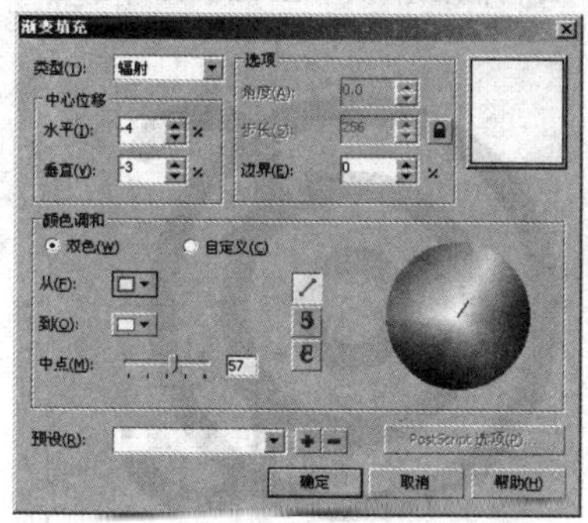

图 11.5.6 “渐变填充”对话框

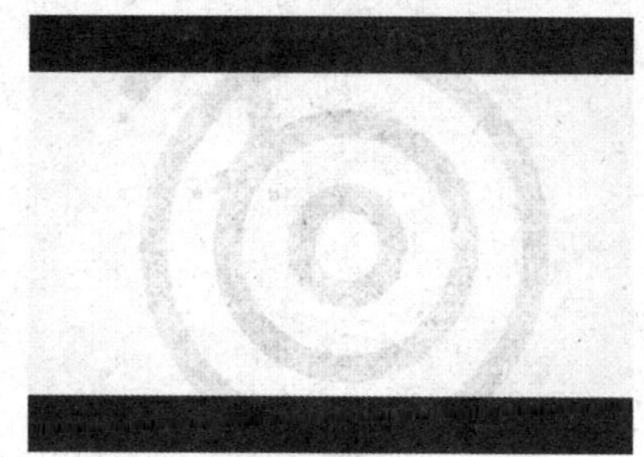

图 11.5.7 应用渐变填充效果

（8）单击工具箱中的“椭圆形工具”按钮，设置其属性栏参数如图 11.5.8 所示。

（9）设置好参数后，按住“Ctrl”键，在页面中绘制一个圆形，如图 11.5.9 所示。

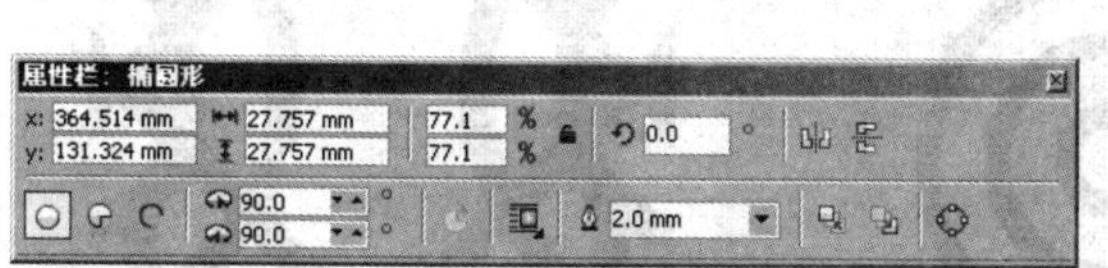

图 11.5.8 “椭圆形工具”属性栏

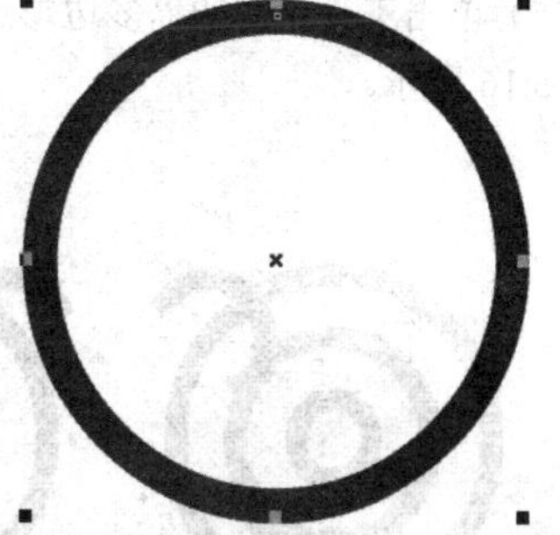

图 11.5.9 绘制圆形

（10）单击工具箱中的“交互式轮廓图工具”按钮，在页面中的圆形上从右向左拖曳鼠标，为其添加交互式轮廓效果，设置其属性栏参数如图 11.5.10 所示，得到的效果如图 11.5.11 所示。

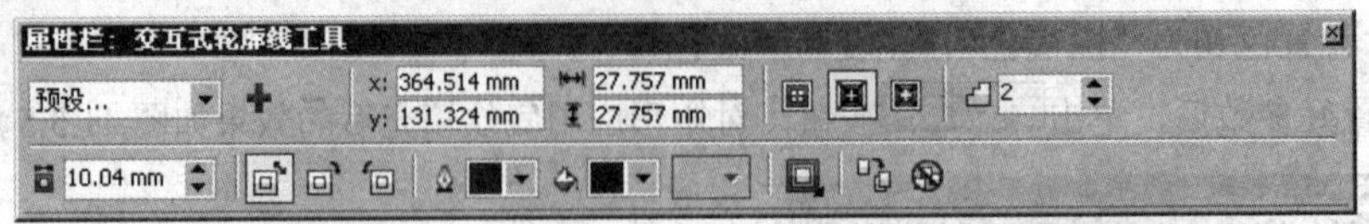

图 11.5.10 “交互式轮廓线工具”属性栏

（11）在椭圆形工具属性栏中单击“弧形”按钮，并设置起始角度为“90”度，然后在页面中绘制一个弧形，效果如图 11.5.12 所示。

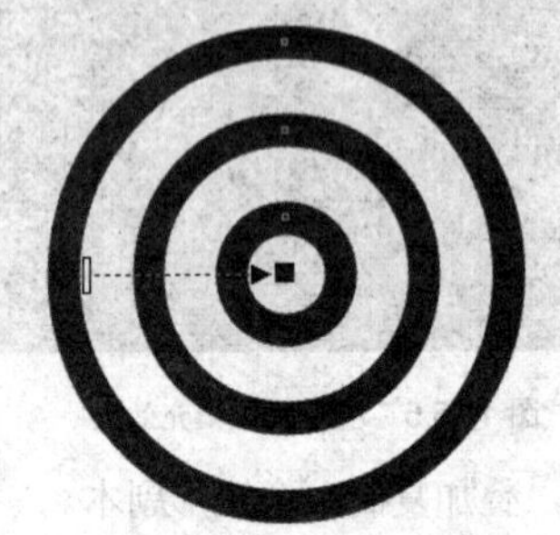

图 11.5.11 应用交互式轮廓图效果

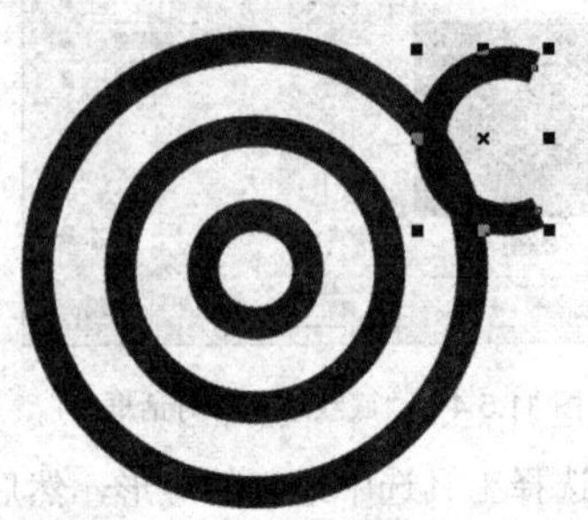

图 11.5.12 绘制弧形

（12）使用选择工具在绘制的弧形上单击，对其进行旋转，然后在属性栏中单击贴齐下拉列表，从弹出的下拉列表中选择贴齐对象(T)选项，再将旋转后的弧形移至如图 11.5.13 所示的位置。

（13）按“+”键，叠加复制一个弧形副本，然后单击属性栏中的“垂直镜像”按钮，对其进行翻转，并对其进行垂直下移，效果如图 11.5.14 所示。

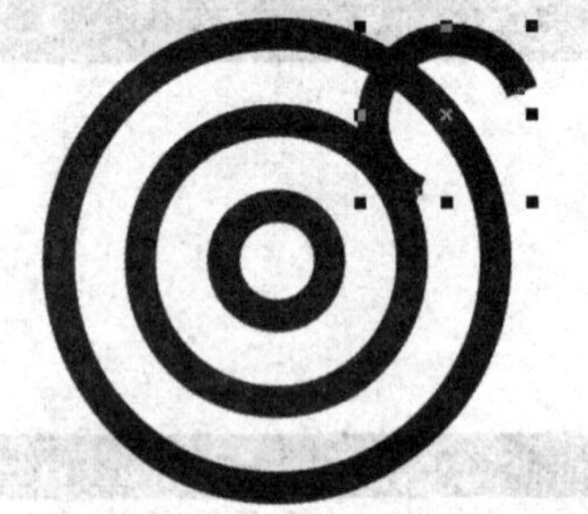

图 11.5.13 旋转并调整对象的位置

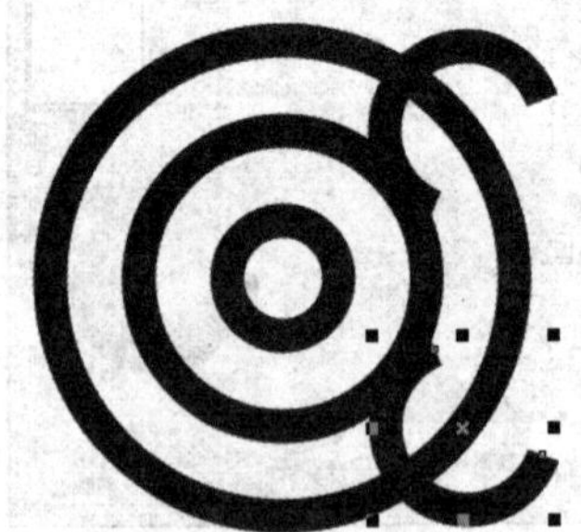

图 11.5.14 复制并垂直镜像对象

（14）使用选择工具框选绘制的圆形和弧形，然后叠加复制一个副本，并对其进行水平镜像，效果如图 11.5.15 所示。

（15）单击工具箱中的“多边形工具”按钮，按住“Ctrl”键，在页面中绘制一个菱形，效果如图 11.5.16 所示。

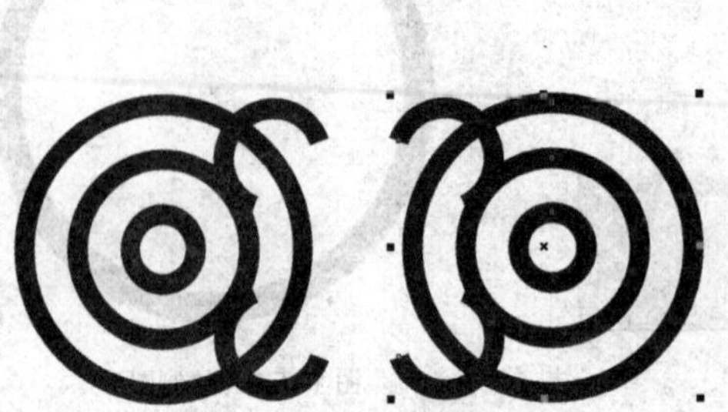

图 11.5.15 复制并水平镜像对象

图 11.5.16 绘制菱形

（16）单击工具箱中的“椭圆形工具”按钮，按住“Ctrl”键，在页面中绘制一个贴齐弧形与菱形的圆形，效果如图 11.5.17 所示。

（17）按“Ctrl+D”键 3 次，在页面中再制 3 个圆形，并将其贴齐于绘制的弧形和菱形，效果如图 11.5.18 所示。

图 11.5.17　绘制圆形

图 11.5.18　再制并移动圆形

（18）使用工具箱中的矩形工具在小圆形的下方绘制两个红色的长条矩形，然后按“Ctrl+Q”键，将其转换为曲线，再使用形状工具调整下方节点的位置，效果如图 11.5.19 所示。

（19）使用工具箱中的贝塞尔工具在左侧的矩形下方绘制一个不规则图形，然后将其填充为红色，效果如图 11.5.20 所示。

图 11.5.19　绘制并调整矩形形状

图 11.5.20　绘制并填充不规则图形

（20）使用矩形工具在不规则图形下方绘制一个矩形，然后按“F11”键，弹出“渐变填充”对话框，对页面中绘制的矩形进行线性渐变填充，效果如图 11.5.21 所示。

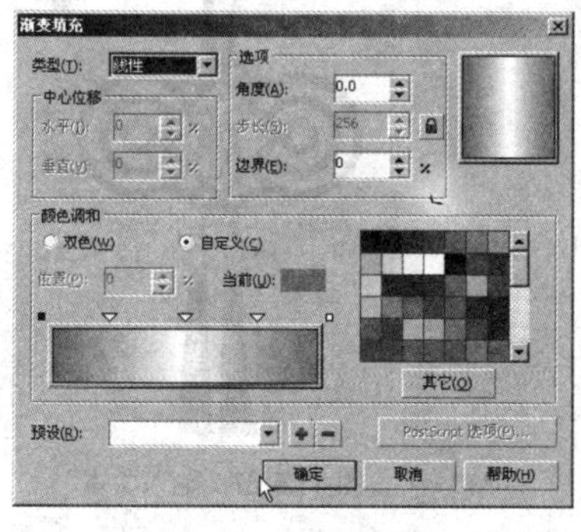

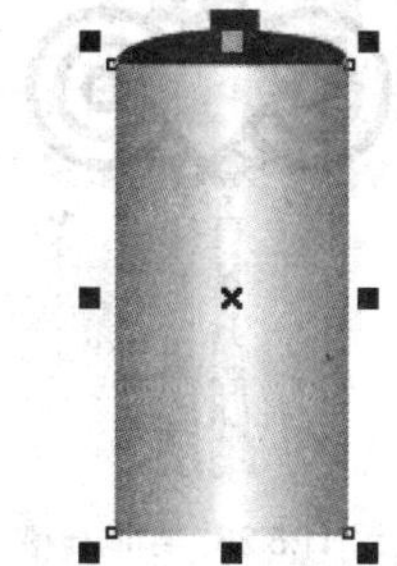

图 11.5.21　绘制并填充不规则图形

（21）重复步骤（19）和（20）的操作，使用贝塞尔工具和矩形工具在页面中绘制右侧的图形，效果如图 11.5.22 所示。

（22）使用工具箱中的矩形工具在渐变图形的下方绘制一个填充色为“浅橘黄”的长条矩形，然后按“Ctrl+Q”键，将其转换为曲线，再使用形状工具对转换后的矩形进行节点编辑，效果如图 11.5.23

所示。

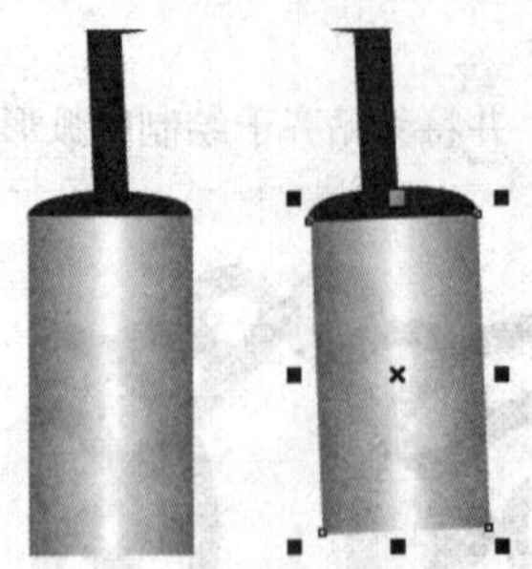

图 11.5.22 绘制右侧图形效果

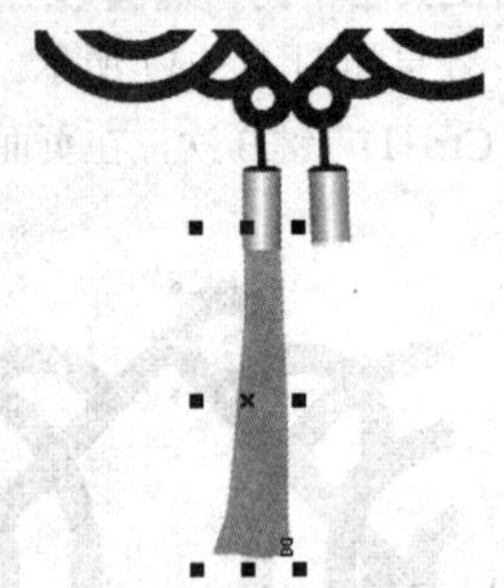

图 11.5.23 绘制并调整图形形状

（23）设置单击工具箱中的“艺术笔工具”按钮，在绘制的浅橘黄色图形上使用预设笔刷绘制曲线，并将其填充为“红色”，效果如图 11.5.24 所示。

（24）使用选择工具框选绘制的吊穗图形，然后将其拖曳值右侧的渐变图形下方，单击鼠标右键即可复制一个副本，并使用形状工具调整副本图形的形状，效果如图 11.5.25 所示。

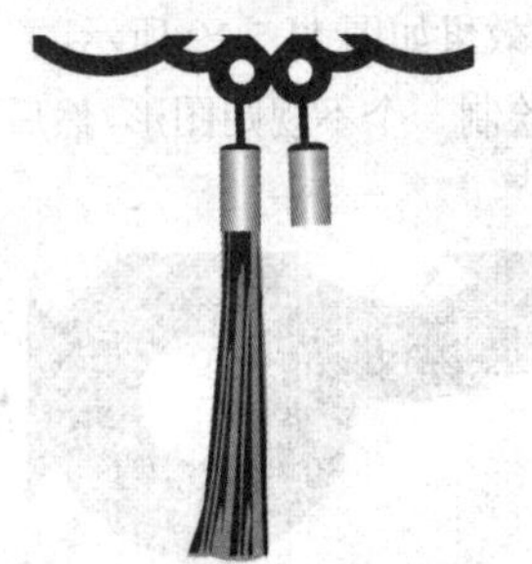

图 11.5.24 绘制吊穗效果

图 11.5.25 复制并调整图形的形状

（25）使用工具箱中的贝塞尔工具在中国结图形的上方绘制一个宽度为“2 mm”的红色曲线，效果如图 11.5.26 所示。

（26）单击工具箱中的“文本工具”按钮字，在其属性栏中设置字体为“方正粗倩简体”、字号为“40”、字体颜色为“青色”，然后在菱形内部输入文本“欢”，效果如图 11.5.27 所示。

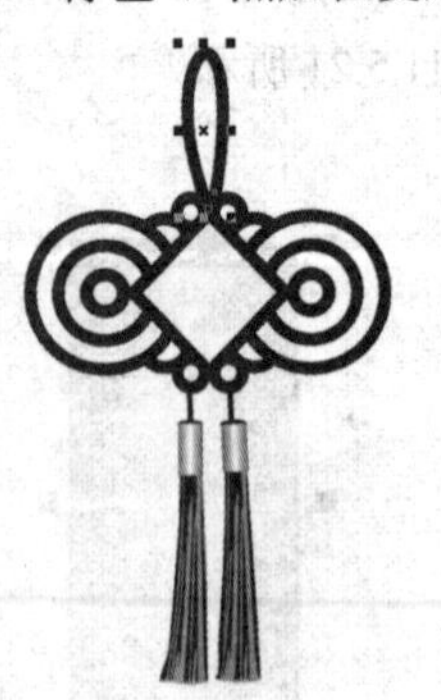

图 11.5.26 绘制挂穗

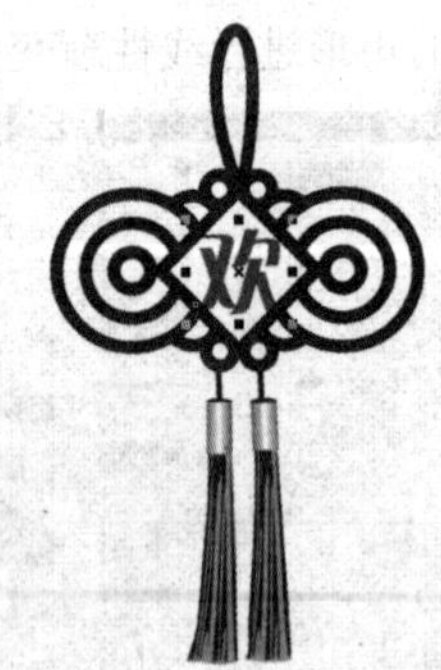

图 11.5.27 输入文本

（27）使用工具箱中的选择工具选中绘制的中国结图形，然后按“Ctrl+G”键，对其进行群组，再将其拖曳至页面的左上角，效果如图 11.5.28 所示。

（28）按“Ctrl+D”键 3 次，在页面中再制 3 个中国结图形，然后选择菜单栏中的排列(A)→对齐和分布(A)→对齐与分布(A)...命令，对其进行水平对齐，并平均分布间距，效果如图 11.5.29 所示。

图 11.5.28　群组并移动对象

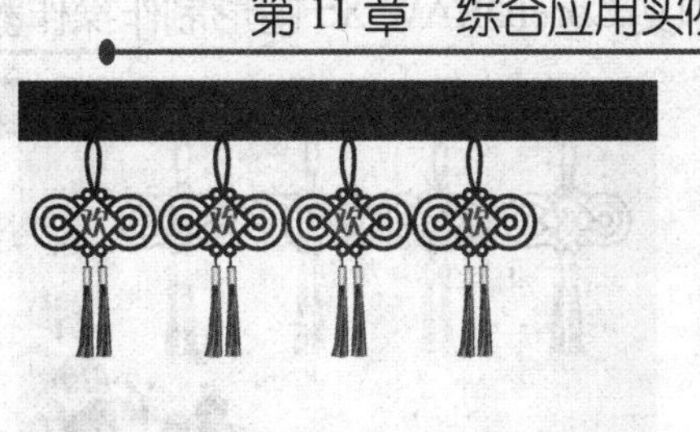

图 11.5.29　再制对象

（29）分布更改中国结中的文本，并将其填充为不同的颜色，效果如图 11.5.30 所示。

（30）按“Ctrl+I”键，在页面中导入一幅如图 11.5.31 所示的位图，然后使用橡皮擦工具和形状工具抠出位图中的人物图像，效果如图 11.5.32 所示。

图 11.5.30　更改文本

图 11.5.31　导入位图

（31）重复步骤（30）的操作，在页面中导入一幅月饼图像，然后选择菜单栏中的 位图(B) → 轮廓描摹(O) → 高质量图像(H)... 命令，弹出“Power TRACE”对话框，设置其对话框参数如图 11.5.33 所示。

图 11.5.32　抠出人物图像

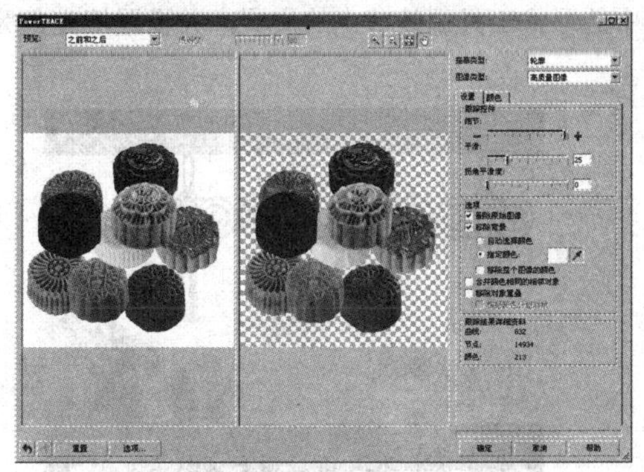

图 11.5.33　“Power TRACE”对话框

（32）设置好参数后，单击 确定 按钮，对页面中的月饼图像进行轮廓描摹后的效果如图 11.5.34 所示。

（33）单击工具箱中的“交互式阴影工具”按钮，为描摹后的位图添加阴影效果，如图 11.5.35 所示。

（34）重复步骤（30）和（31）的操作，在页面的右下方导入一幅艺术字图像，然后对齐进行描摹去除白色背景，效果如图 11.5.36 所示。

图 11.5.34 轮廓描摹效果

图 11.5.35 添加交互式阴影效果

（35）按“F11”键，弹出“渐变填充”对话框，设置其对话框参数如图 11.5.37 所示。

图 11.5.36 轮廓描摹

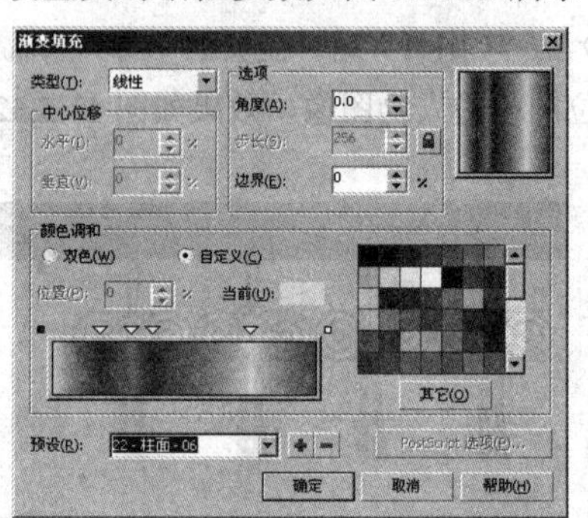

图 11.5.37 “渐变填充”对话框

（36）设置好参数后，单击确定按钮，对描摹后的对象应用线性渐变填充后的效果如图 11.5.38 所示。

（37）把页面调整到左上角处，滚动鼠标滚轮放大页面，然后单击工具箱中的“文本工具”按钮，在其属性栏中设置文本字体为“方正粗倩简体”、字号为“55”。

（38）设置好参数后，在页面中输入文本“2”，然后按“Ctrl+Q”键将其转换为曲线，再使用工具箱中的形状工具调整节点的位置，并设置填充色为“绿色”、轮廓色为“黄色”，效果如图 11.5.39 所示。

图 11.5.38 填充艺术字效果

图 11.5.39 调整节点位置效果

（39）单击工具箱中的“椭圆形工具”按钮，按住“Ctrl”键，在转曲后的文本上方绘制一个圆形。

（40）使用选择工具选中绘制的圆形对象，单击工具箱中的“艺术笔工具”按钮，然后在其属性栏中单击“笔刷”按钮，设置其属性参数如图 11.5.40 所示。

（41）为绘制的圆形添加艺术笔样式效果后，将对象的填充色设置为“红色”、轮廓色设置为“黄色”，效果如图 11.5.41 所示。

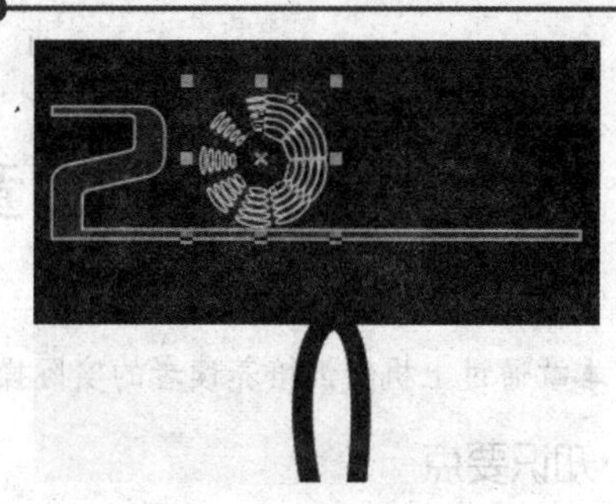

图 11.5.40　“艺术笔工具”属性栏

图 11.5.41　添加艺术笔样式效果

（42）使用文本工具在转曲后的文本上方输入文本“1”和“3”，然后分别设置其填充色为“蓝色”和“青色”、轮廓色为“白色”和“黄色”，效果如图 11.5.42 所示。

（43）使用文本工具在页面中输入文本“癸巳蛇年”，然后设置其填充色为“红色”、轮廓色为“黄色”，效果如图 11.5.43 所示。

图 11.5.42　输入并编辑文本效果

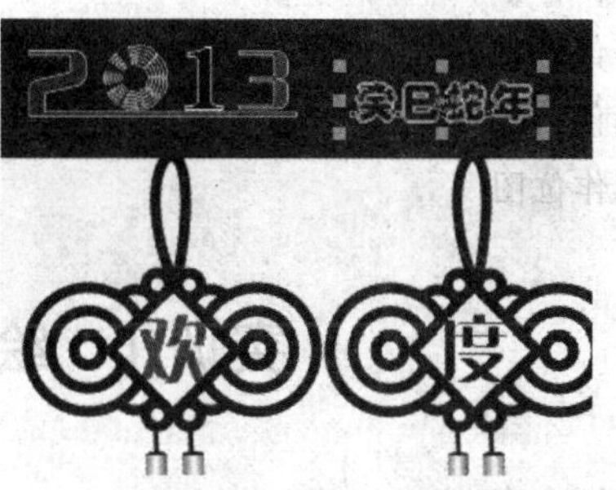

图 11.5.43　输入文本

（44）按“F9”键，全屏预览绘制的招贴画效果，最终效果如图 11.5.1 所示。

第 12 章　上 机 实 训

本章通过上机实训培养读者的实际操作能力，使读者达到巩固并检验前面所学知识的目的。

知识要点

- 绘制中国银行标志
- 制作信封
- 绘制奥运五环
- 绘制音乐图标
- 制作公章
- 制作光碟
- 制作艺术照特效
- 制作位图

实训 1　绘制中国银行标志

1．实训内容

在制作过程中，主要用到椭圆形工具、矩形工具、选择工具以及对齐与分布命令等，最终效果如图 12.1.1 所示。

图 12.1.1　最终效果图

2．实训目的

掌握 CorelDRAW X5 的基本操作方法，并能熟练使用绘图工具绘制基本图形。

3．操作步骤

（1）启动 CorelDRAW X5 应用程序，按“Ctrl+N”键，新建一个图形文件。

（2）单击工具箱中的“椭圆形工具”按钮，按住“Ctrl”键绘制一个如图 12.1.2 所示的圆形。

（3）按“+”键，叠加复制一个圆形对象，然后在其属性栏中将对象的缩放因子设置为“80%”，效果如图 12.1.3 所示。

（4）使用选择工具框选绘制的圆形对象，然后按“Ctrl+L”键结合对象，即可绘制一个圆环图形，再将绘制的圆环填充为“#9A2123”，效果如图 12.1.4 所示。

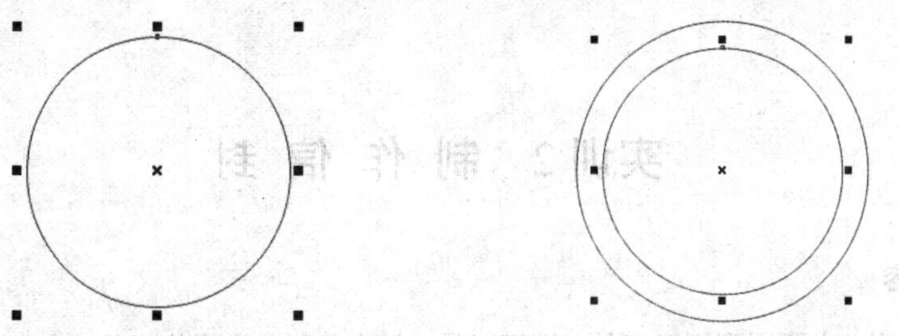

图 12.1.2 绘制圆形　　图 12.1.3 复制并缩小圆形

（5）单击工具箱中的“矩形工具”按钮，在圆环内绘制一个长条矩形，效果如图 12.1.5 所示。

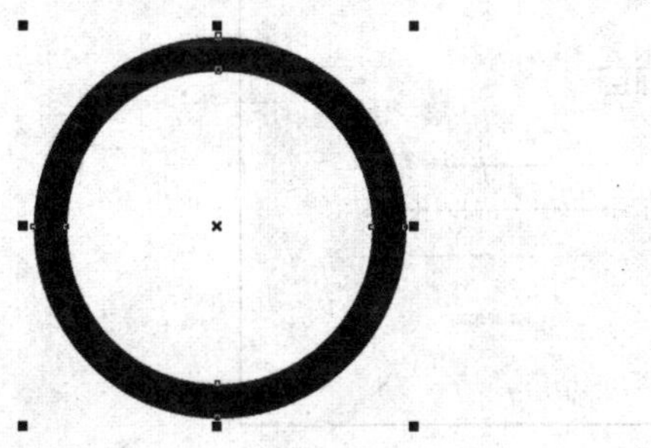

图 12.1.4 绘制并填充圆环

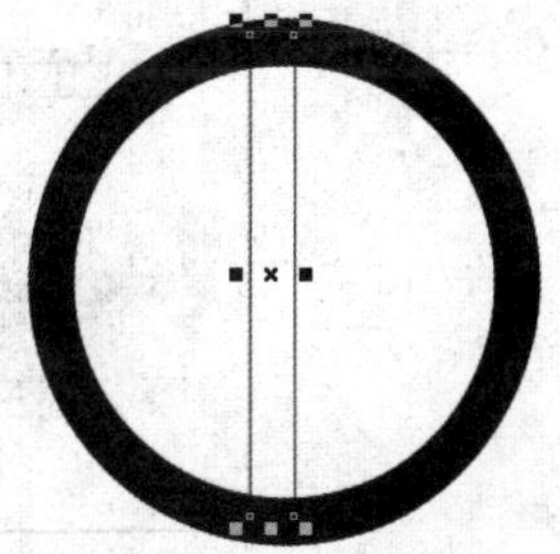

图 12.1.5 绘制长条矩形

（6）使用选择工具选中页面中的所有对象，然后选择菜单栏中的 排列(A) → 对齐和分布(A) → 对齐与分布(A)... 命令将选中对象居中对齐，并将其填充为“#9A2123”，效果如图 12.1.6 所示。

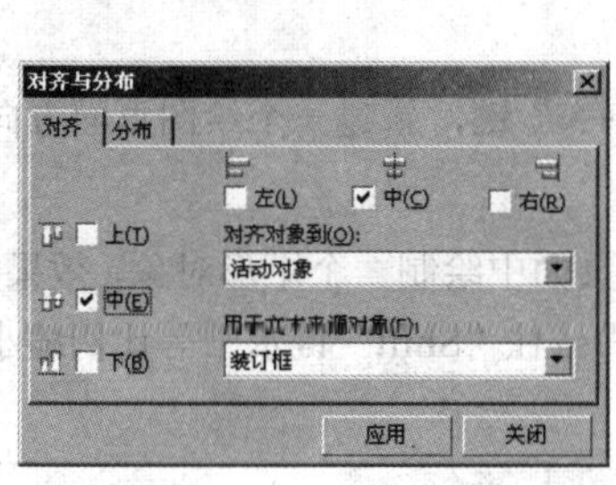

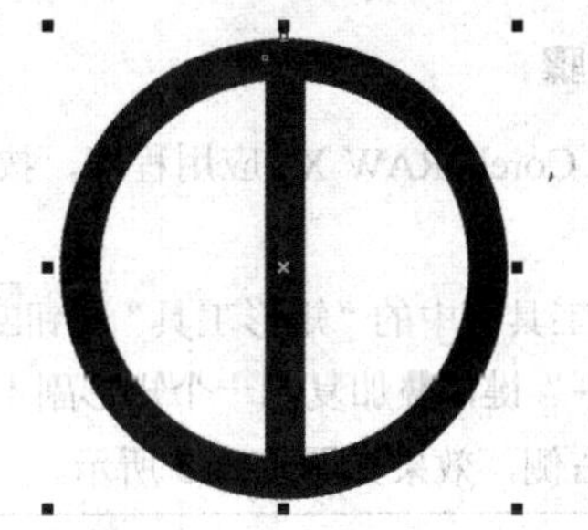

图 12.1.6 居中对齐效果

（7）选中矩形工具，然后在其属性栏中设置圆角半径为“8”，在页面中绘制一个填充色为“#9A2123”的圆角矩形，并将其居中对齐，效果如图 12.1.7 所示。

（8）重复步骤（7）的操作，复制并缩小圆角矩形副本，并将其填充为白色，如图 12.1.8 所示。

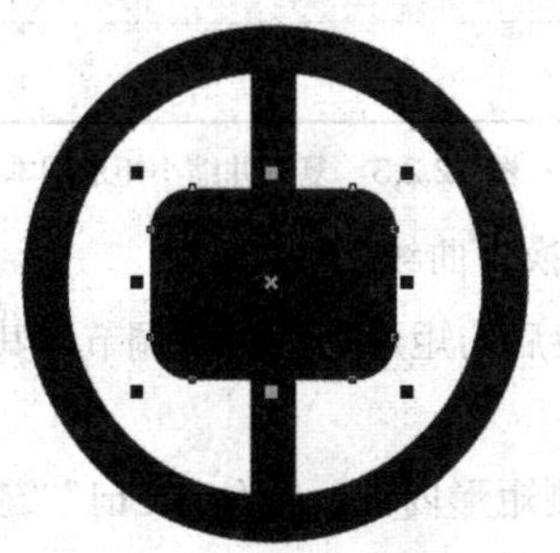

图 12.1.7 绘制圆角矩形

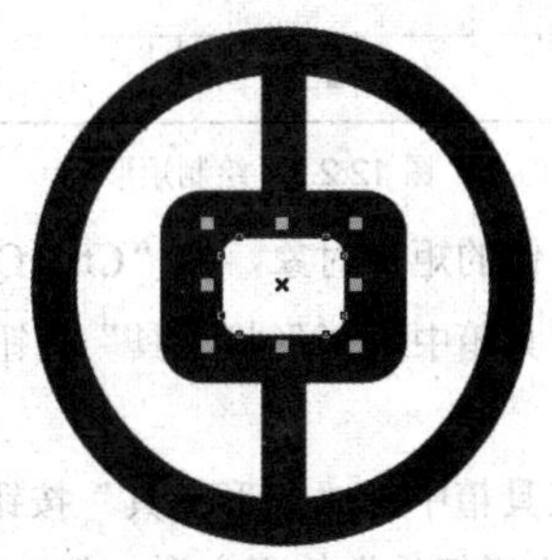

图 12.1.8 复制并缩小圆角矩形

（9）选中绘制的白色圆角矩形，然后在其属性栏中将圆角半径设置为“0”，最终效果如图 12.1.1 所示。

实训 2　制 作 信 封

1．实训内容

在制作过程中，主要用到矩形工具、钢笔工具、贝塞尔工具、形状工具、文本工具、交互式阴影工具、图框精确剪裁命令、转换为曲线命令以及对齐与分布命令等，最终效果如图 12.2.1 所示。

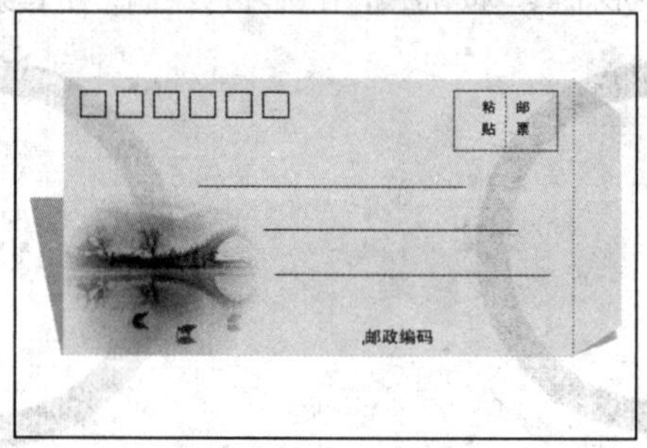

图 12.2.1　最终效果图

2．实训目的

掌握曲线的绘制方法与技巧，并能够熟练对绘制的曲线进行编辑。

3．操作步骤

（1）启动 CorelDRAW X5 应用程序，按“Ctrl+N”键，新建一个绘图页面方向为“横向”的图形文件。

（2）单击工具箱中的“矩形工具”按钮，在页面中绘制一个矩形对象，效果如图 12.2.2 所示。

（3）按“+”键，叠加复制一个矩形副本，然后按住“Shift”键水平等比例缩小矩形，再将其贴齐于大矩形的右侧，效果如图 12.2.3 所示。

图 12.2.2　绘制矩形

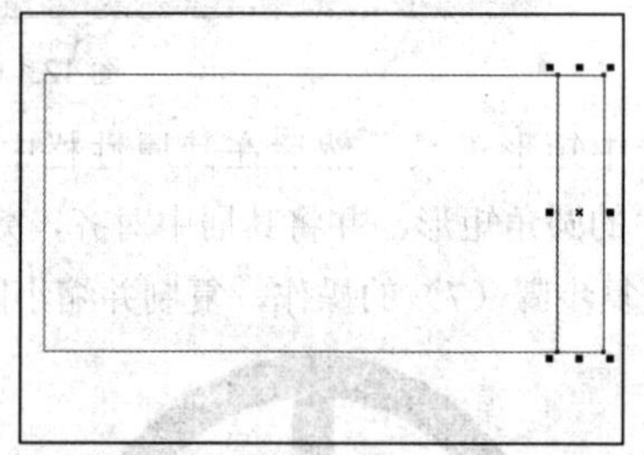

图 12.2.3　复制并缩小矩形副本

（4）选中右侧的矩形对象，按“Ctrl+Q”键将其转换为曲线。

（5）单击工具箱中的“形状工具”按钮，对转换后的矩形形状进行调节，其效果如图 12.2.4 所示。

（6）单击工具箱中的“矩形工具”按钮，在左侧矩形内部，按住“Ctrl”键的同时拖曳鼠标绘制一个轮廓色为“红色”的正方形，效果如图 12.2.5 所示。

（7）选中绘制的正方形，然后选择菜单栏中的 排列(A) → 变换(F) → 位置(P) 命令，打开“转换”泊坞窗，设置其泊坞窗参数如图 12.2.6 所示。

图 12.2.4　转曲并调整节点位置

图 12.2.5　绘制正方形

（8）设置好参数后，单击 应用 按钮，精确复制并移动对象效果如图 12.2.7 所示。

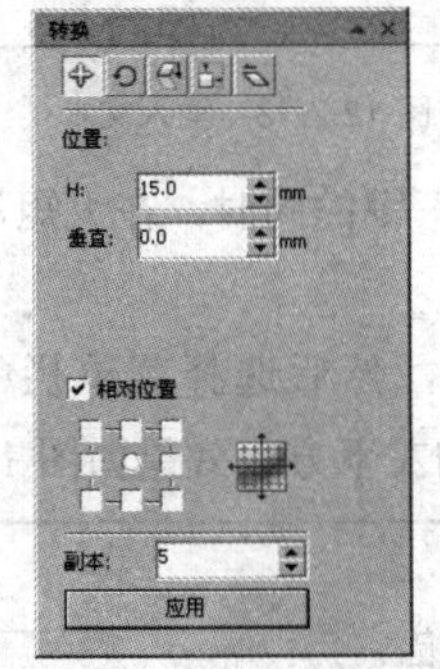

图 12.2.6　“转换”泊坞窗

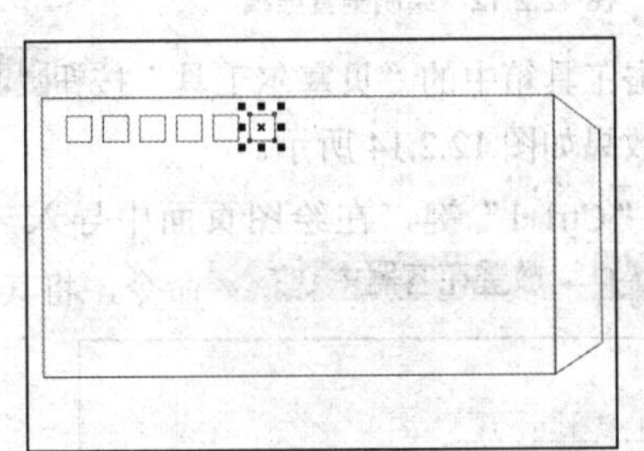

图 12.2.7　复制并移动正方形

（9）单击工具箱中的“选择工具”按钮，按住“Shift”键的同时单击创建的各个正方形，将其全部选中，然后按“Ctrl+G”键群组对象，并调整其位置，效果如图 12.2.8 所示。

（10）单击工具箱中的“矩形工具”按钮，在大矩形的右上方再绘制一个小矩形，如图 12.2.9 所示。

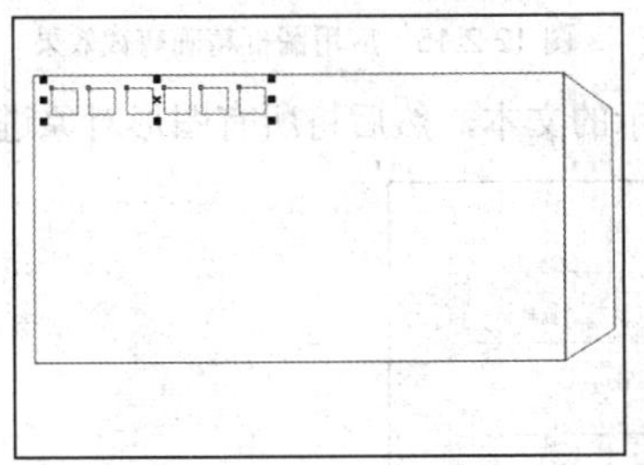

图 12.2.8　群组对象

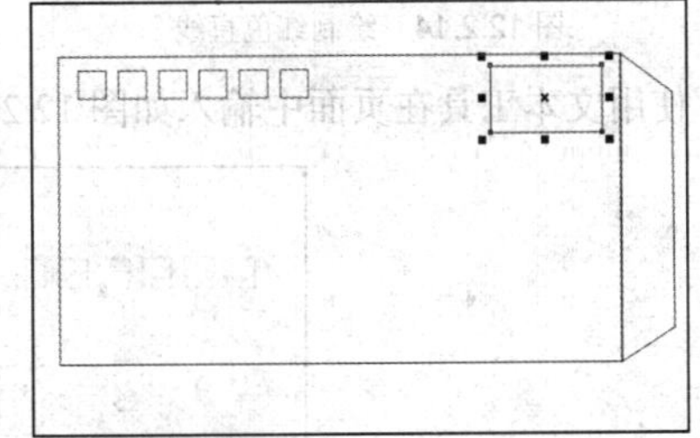

图 12.2.9　绘制小矩形

（11）单击工具箱中的“钢笔工具”按钮，在小矩形中间绘制一条如图 12.2.10 所示的虚线。

（12）选中绘制的矩形，然后利用调色板对其进行颜色填充，效果如图 12.2.11 所示。

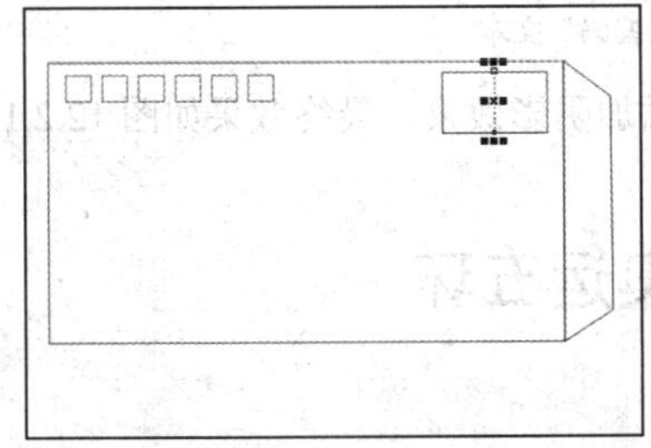

图 12.2.10　绘制虚线

图 12.2.11　填充矩形效果

（13）重复步骤（11）的操作，在大矩形的右侧绘制一条垂直的黑色虚线，如图 12.2.12 所示。

（14）单击工具箱中的“文本工具”按钮字，在绘制的绿色边框内输入文本“粘贴邮票”，效果如图 12.2.13 所示。

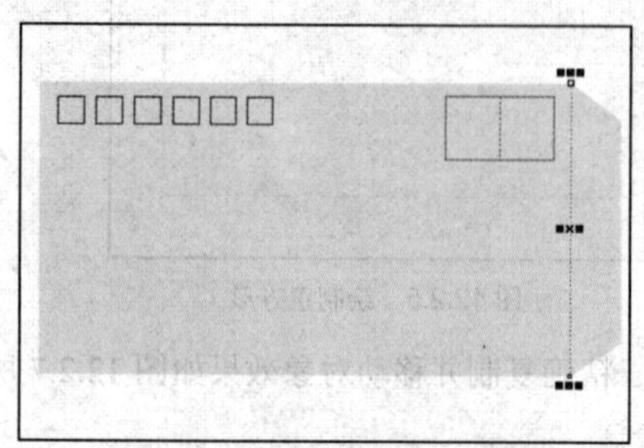

图 12.2.12　绘制垂直虚线

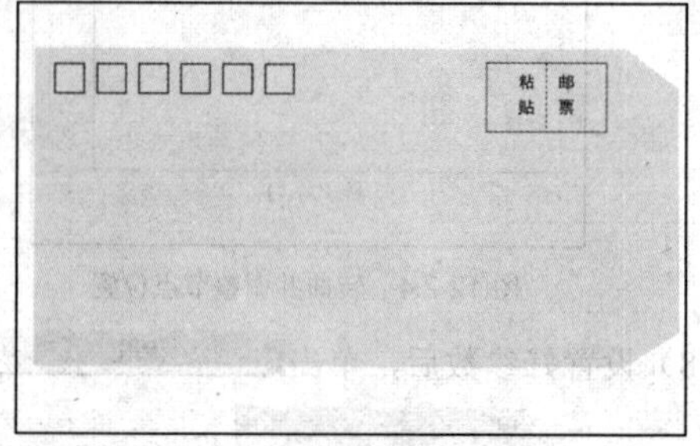

图 12.2.13　输入文本

（15）单击工具箱中的“贝塞尔工具”按钮，按住“Ctrl”键的同时，在大矩形内部绘制 3 条红色的直线，效果如图 12.2.14 所示。

（16）按“Ctrl+I”键，在绘图页面中导入一幅风景图片，然后选择菜单栏中的效果(C)→图框精确剪裁(W)→放置在容器中(P)...命令，将其放置在矩形的左下方，效果如图 12.2.15 所示。

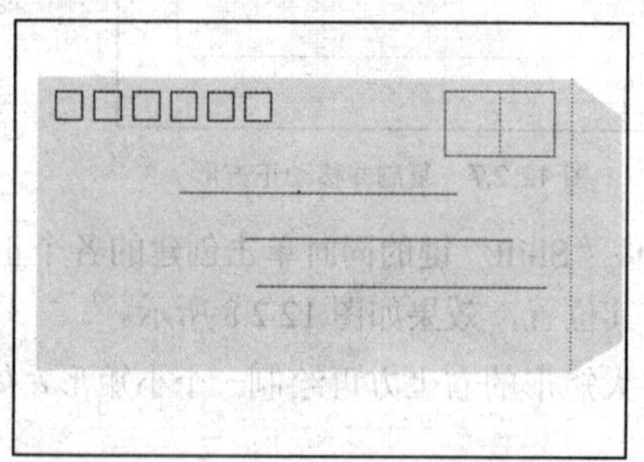

图 12.2.14　绘制红色直线

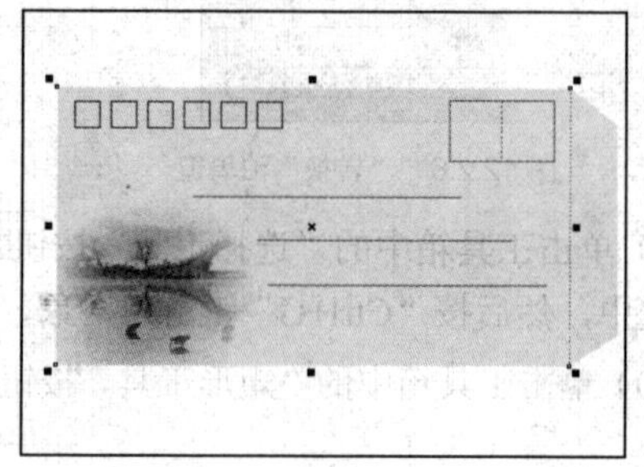

图 12.2.15　应用图框精确剪裁效果

（17）使用文本工具在页面中输入如图 12.2.16 所示的文本，然后将所有图形对象进行群组。

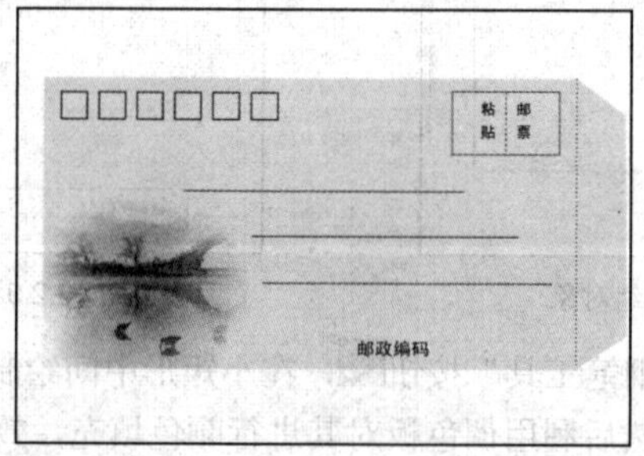

图 12.2.16　输入“邮政编码”文本

（18）使用工具箱中的交互式阴影工具为信封添加阴影效果，最终效果如图 12.2.1 所示。

实训 3　绘制奥运五环

1．实训内容

在制作过程中，主要用到椭圆形工具、形状工具、对齐与分布命令、结合命令以及造形命令等，最终效果如图 12.3.1 所示。

图 12.3.1　最终效果图

2．实训目的

掌握图形对象的编辑方法与技巧，并能熟练使用形状工具对绘制的对象节点进行编辑。

3．操作步骤

（1）启动 CorelDRAW X5 应用程序，按“Ctrl+N”键，新建一个绘图页面方向为“横向”的图形文件。

（2）单击工具箱中的“椭圆形工具”按钮，按住“Ctrl”键的同时，在绘图页面中绘制一个如图 12.3.2 所示的圆形。

（3）按“+”键，叠加复制一个圆形对象，然后在其属性栏中设置对象的缩放因子为“80%”，效果如图 12.3.3 所示。

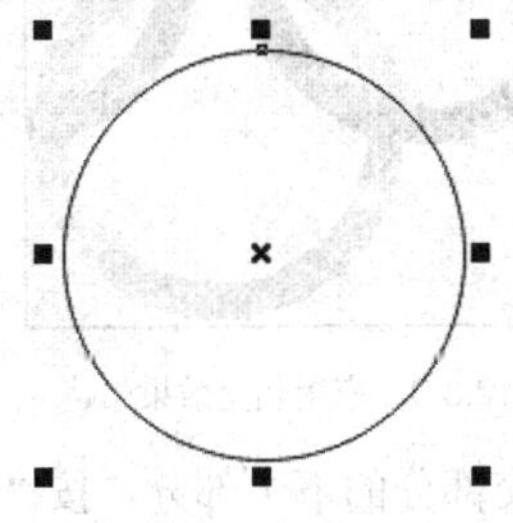

图 12.3.2　绘制圆形

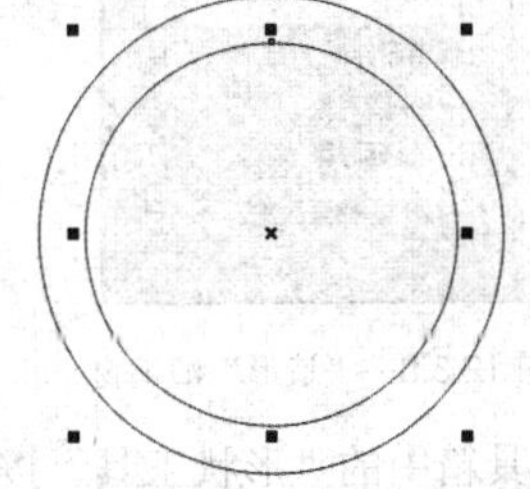

图 12.3.3　复制并等比例缩小圆形

（4）使用选择工具框选绘制的圆形对象，然后按“Ctrl+L”键结合对象，即可绘制一个圆环图形，再将绘制的圆环填充为“蓝色”，效果如图 12.3.4 所示。

（5）复制 3 个圆环副本，然后选择菜单栏中的 排列(A) → 对齐和分布(A) → 对齐与分布(A)... 命令，将其水平等间距对齐，效果如图 12.3.5 所示。

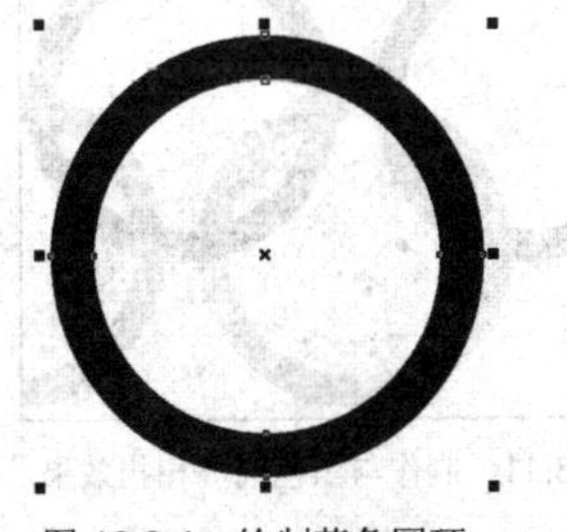

图 12.3.4　绘制蓝色圆环

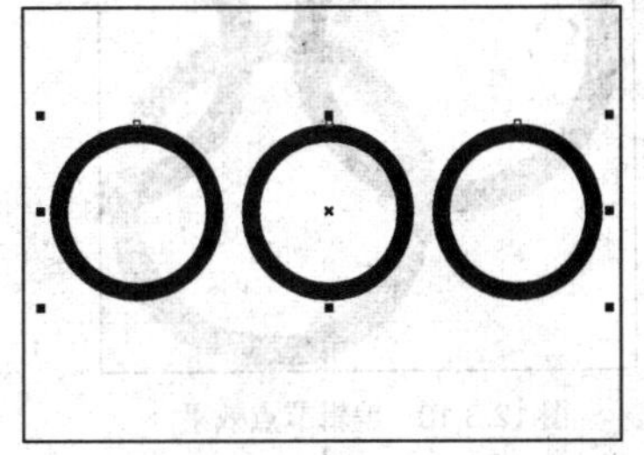

图 12.3.5　复制并排列对象

（6）复制 2 个圆环副本，然后重复步骤（5）的操作，对复制的 2 个圆环副本进行排列操作，效果如图 12.3.6 所示。

（7）分别选中复制的圆环 4 个副本，将其填充色分别设置为黑色、红色、橘红色和绿色，效果如图 12.3.7 所示。

图 12.3.6　复制并排列五环图形

图 12.3.7　填充奥运五环图形

（8）使用选择工具选中绘制的橘红色圆环，然后选择菜单栏中的 排列(A) → 造形(P) → 造形(P) 命令，打开“造形”泊坞窗，设置其选项如图 12.3.8 所示。

（9）设置好参数后，单击 相交对象 按钮，然后在蓝色圆环对象上单击鼠标左键，效果如图 12.3.9 所示。

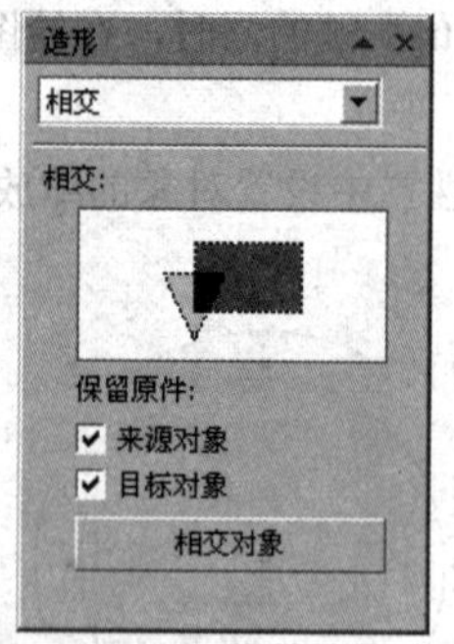

图 12.3.8　“造形”泊坞窗

图 12.3.9　应用相交效果

（10）单击工具箱中的“形状工具”按钮，选中相交部分的下半部分，按“Delete”键删除对象，效果如图 12.3.10 所示。

（11）使用选择工具选中橘红色的圆环，然后重复步骤（8）～（10）的操作，单击黑色圆环，并对黑色圆环的节点进行编辑，效果如图 12.3.11 所示。

图 12.3.10　编辑节点效果

图 12.3.11　制作与黑色圆环相扣效果

（12）选中绿色圆环，然后重复步骤（8）～（11）的操作，制作其他 3 个圆环相扣的效果，最终效果如图 12.3.1 所示。

实训 4　绘制音乐图标

1．实训内容

在制作过程中，主要用到折线工具、贝塞尔工具、椭圆形工具、矩形工具、转换曲线命令、交互式调和工具以及渐变填充命令等，最终效果如图 12.4.1 所示。

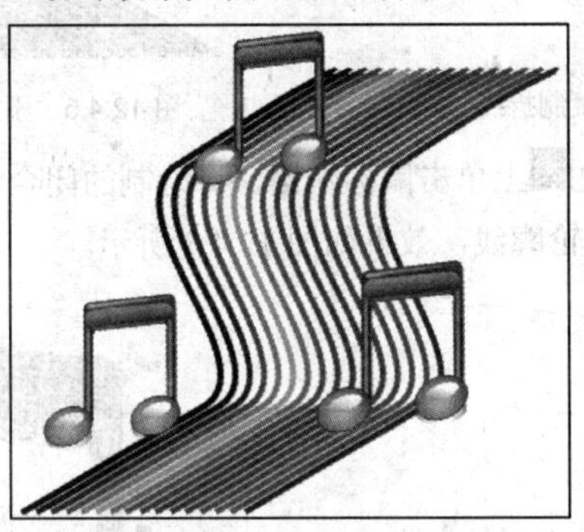

图 12.4.1　最终效果图

2．实训目的

掌握图形对象的填充方法与技巧，并能熟练对其参数进行设置。

3．操作步骤

（1）启动 CorelDRAW X5 应用程序，按“Ctrl+N”键，新建一个图形文件。

（2）单击工具箱中的“折线工具”按钮，在绘图页面中绘制一条折线，如图 12.4.2 所示。

（3）单击工具箱中的“形状工具”按钮，对绘制的折线节点进行编辑以改变折线的形状，效果如图 12.4.3 所示。

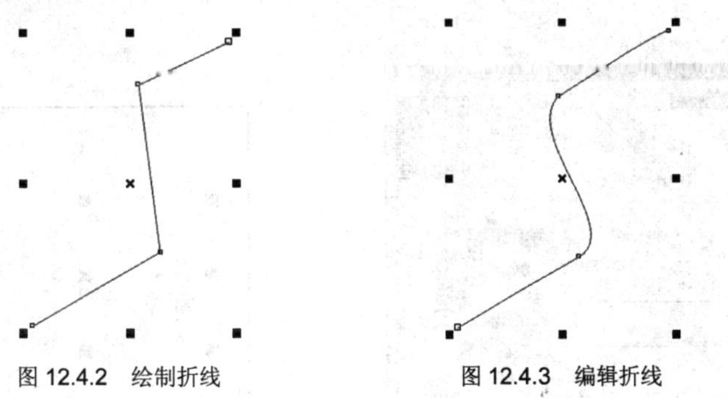

图 12.4.2　绘制折线　　　图 12.4.3　编辑折线

（4）按住“Ctrl”键， 使用鼠标左键单击绘制的折线，水平拖曳至合适位置后单击鼠标右键释放鼠标，即可水平复制一个折线副本。

（5）选中左侧的折线，使用鼠标右键单击红色方块，将轮廓线填充为红色，然后选中右侧的折线，使用鼠标右键单击蓝色方块，将其轮廓线填充为蓝色，效果如图 12.4.4 所示。

（6）单击工具箱中的“交互式调和工具”按钮，在红色和蓝色的折线上从左向右拖曳鼠标，为其添加交互式调和效果，如图 12.4.5 所示。

（7）单击工具箱中的“贝塞尔工具”按钮，在绘图页面绘制中一个如图 12.4.6 所示的闭合曲线。

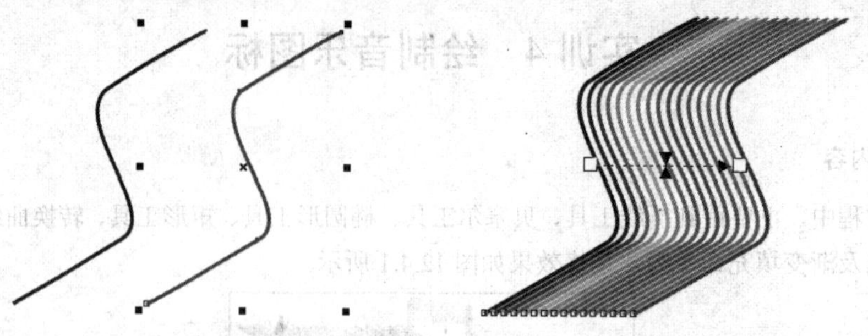

图 12.4.4　水平复制折线　　　　图 12.4.5　添加交互式调和效果

（8）在调色板中的绿色方块上单击鼠标左键，将绘制的闭合曲线填充为绿色，然后在无填充方块上单击鼠标右键，去除其轮廓线，效果如图 12.4.7 所示。

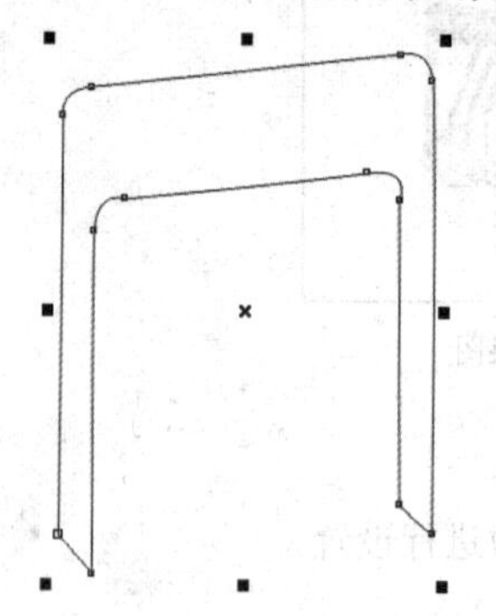

图 12.4.6　绘制闭合曲线

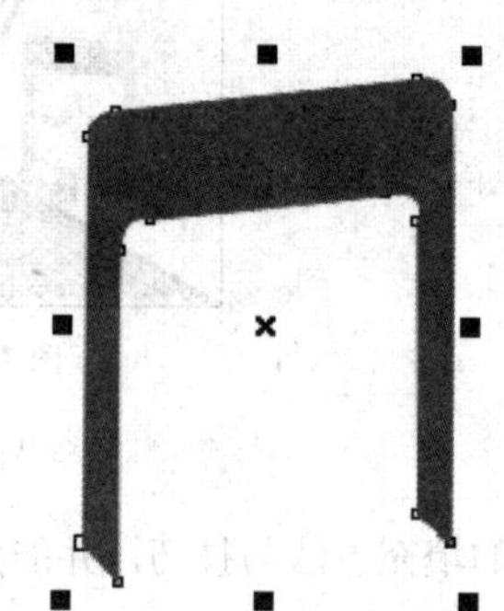

图 12.4.7　填充闭合曲线效果

（9）单击工具箱绘制的“椭圆形工具”按钮，在绘图页面中绘制一个椭圆形。

（10）按“F11”键，弹出“渐变填充”对话框，设置其对话框参数如图 12.4.8 所示。其中，设置左侧的色标值为“#4CA702”、中间的色标值为“#C2DB0C”、右侧的色标值为“#DBE862”。

（11）设置好参数后，单击 确定 按钮，然后再去除其轮廓色，此时的椭圆形效果如图 12.4.9 所示。

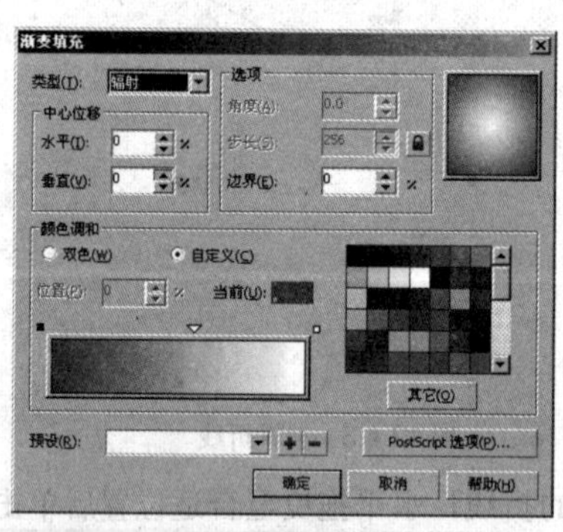

图 12.4.8　“渐变填充”对话框

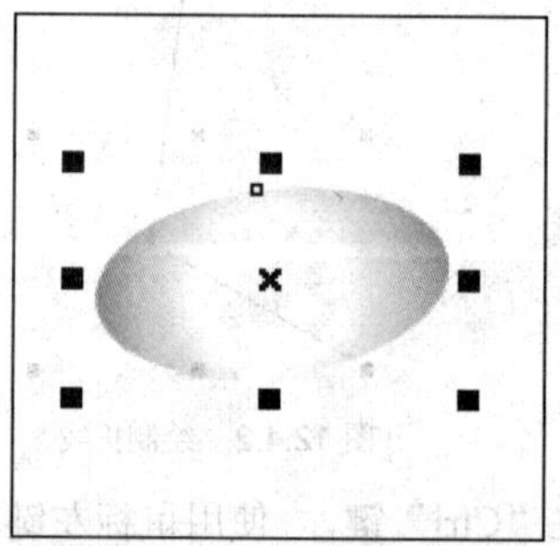

图 12.4.9　应用渐变填充效果

（12）按“+”键，叠加复制一个椭圆形副本，然后按“Alt+F8”键，弹出“转换”泊坞窗，对复制的椭圆副本进行倾斜和放大，并设置椭圆形的轮廓色为“#4CA702”。

（13）重复步骤（10）的操作，在弹出的“渐变填充”对话框中设置椭圆副本的渐变色，其中设置左侧的色标值为“#4CA702”、中间的色标值为“#C2DB0C”、右侧的色标值为“#DBE862”，得到的效果如图 12.4.10 所示。

（14）重复步骤（12）的操作，在椭圆的上方再复制一个椭圆形，然后缩小并旋转椭圆。

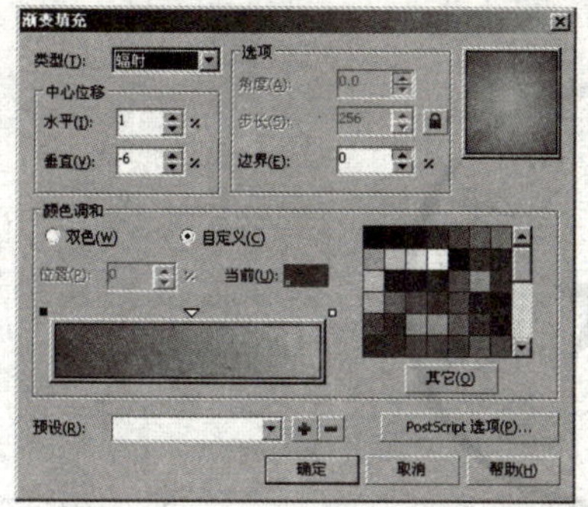

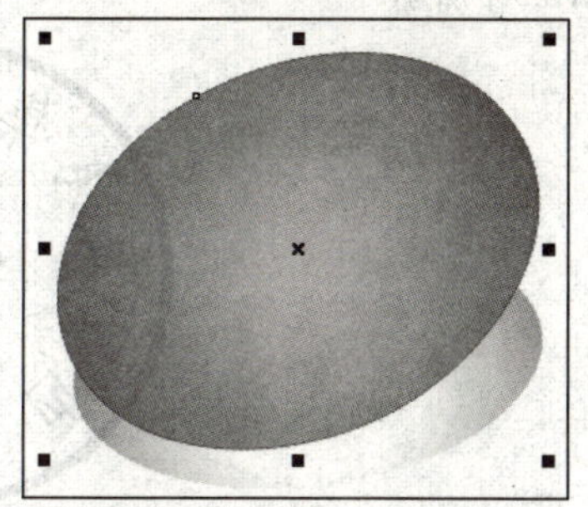

图 12.4.10　应用辐射渐变填充效果

（15）选中上方复制的小椭圆，重复步骤（10）的操作，对小椭圆形进行渐变填充，其中设置左侧色标值为“#C2DB0C”、中间色标值为“#F9FBE9”、右侧色标值为“#FEFEFE”，并去除其轮廓色，效果如图 12.4.11 所示。

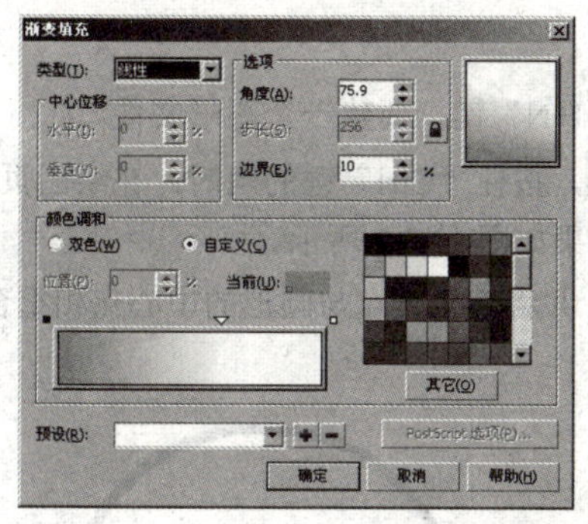

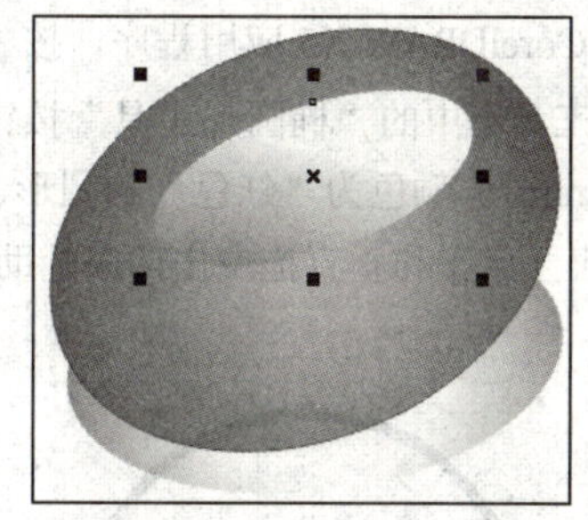

图 12.4.11　应用线性渐变填充效果

（16）使用选中工具框选绘制的椭圆形，然后按“Ctrl+G”键群组对象，再复制一个群组对象副本，并将其分别拖曳至闭合曲线的下方，如图 12.4.12 所示。

（17）使用矩形工具绘制音乐符上的高光图形，并对其进行渐变填充，效果如图 12.4.13 所示。

（18）选中绘制的音乐符图形，然后进行群组，并将其拖曳至如图 12.4.14 所示的位置。

图 12.4.12　群组并复制对象效果

图 12.4.13　绘制高光部分

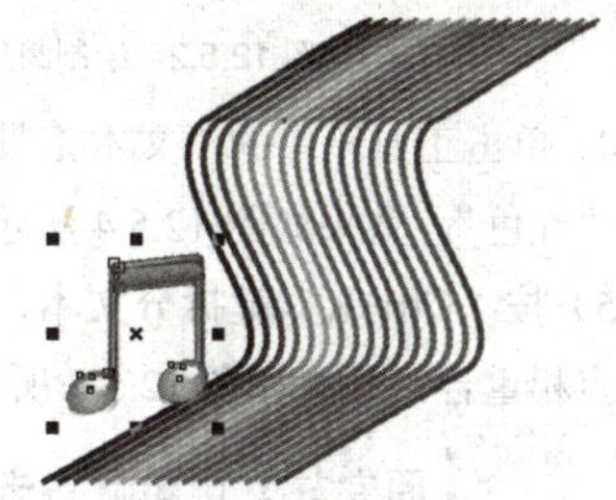

图 12.4.14　移动音乐符的位置

（19）复制出 2 个音乐符图形，并将其拖曳至不同的位置，最终效果如图 12.4.1 所示。

实训 5　制 作 公 章

1．实训内容

在制作过程中，主要用到椭圆形工具、文本工具、星形工具、拆分命令以及对齐与分布命令等，最终效果如图 12.5.1 所示。

图 12.5.1 最终效果图

2．实训目的

掌握文本工具的使用方法与技巧，并能熟练对输入的文本进行各种编辑操作。

3．操作步骤

（1）启动 CorelDRAW X5 应用程序，按“Ctrl+N”键，新建一个图形文件。

（2）单击工具箱中的“椭圆形工具”按钮，按住“Ctrl”键的同时，在绘图页面中绘制一个轮廓宽度为“3 mm”、颜色为“红色”的圆形，效果如图 12.5.2 所示。

（3）从标尺上水平和垂直拖曳出两条辅助线，并将其相交点与圆形的中心点相重合，如图 12.5.3 所示。

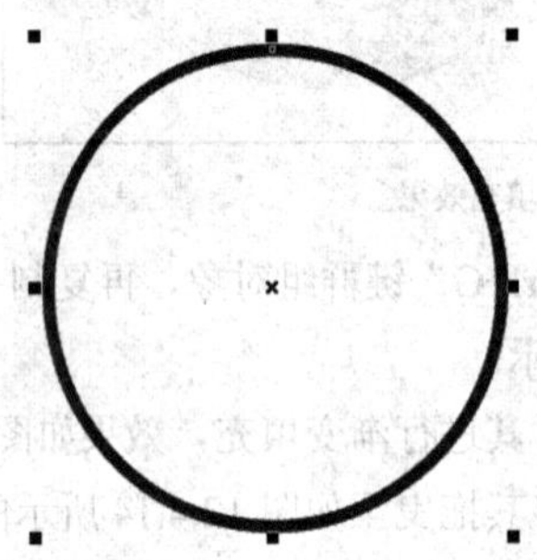

图 12.5.2 绘制圆形

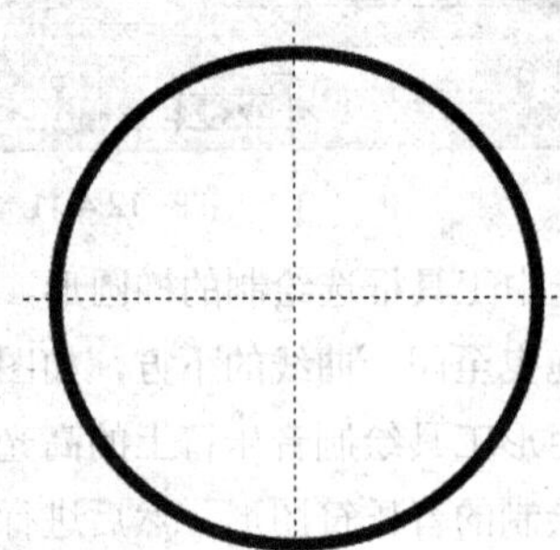

图 12.5.3 创建辅助线

（4）单击工具箱中的“文本工具”按钮，在其属性栏中设置字体为“方正姚体”、字号为“45”、颜色为“红色”，效果如图 12.5.4 所示。

（5）按“Ctrl+K”键拆分文本，然后将“团”字拖曳至圆形内部，然后将“团”字中心点与圆形中心点相重合，效果如图 12.5.5 所示。

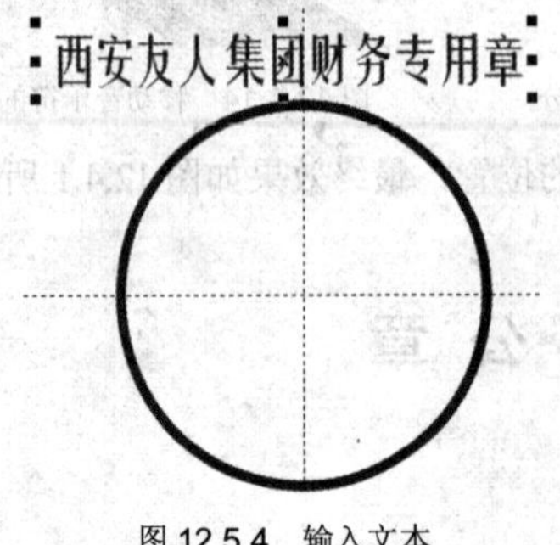

图 12.5.4 输入文本

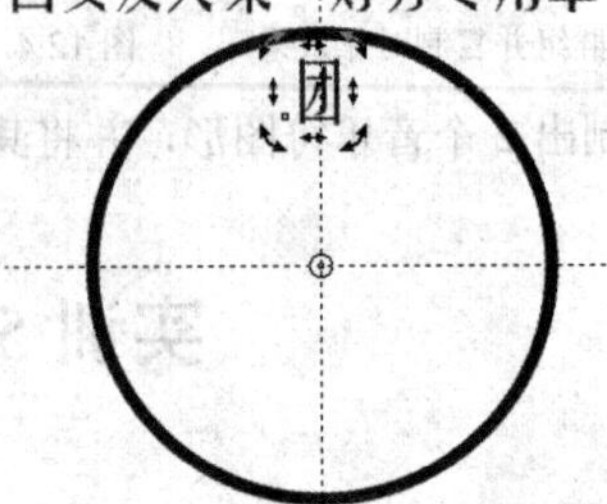

图 12.5.5 拆分并移动文本

（6）按“Alt+F8”键，打开“转换”泊坞窗，设置其泊坞窗参数如图 12.5.6 所示。设置好参数后，单击 应用 按钮，效果如图 12.5.7 所示。

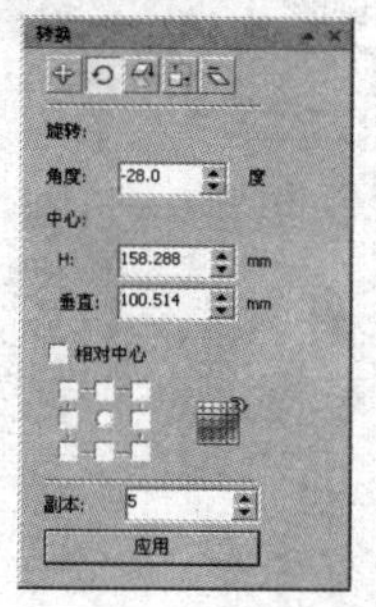

图 12.5.6 “转换”泊坞窗

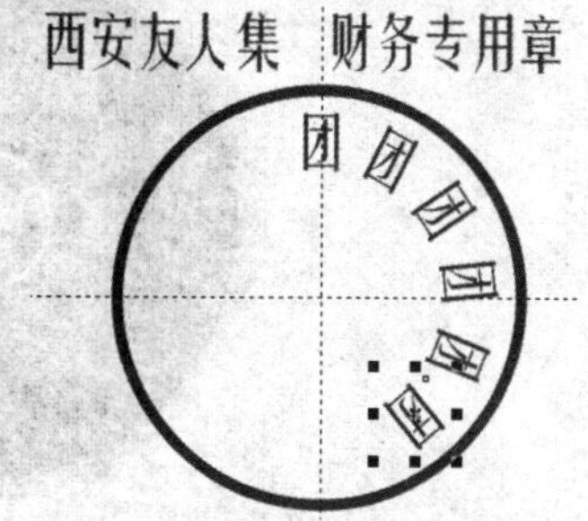

图 12.5.7 旋转并复制文字效果

（7）选中中间的“团”字，然后在打开的“转换”泊坞窗中设置左半边文字旋转的参数，效果如图 12.5.8 所示。

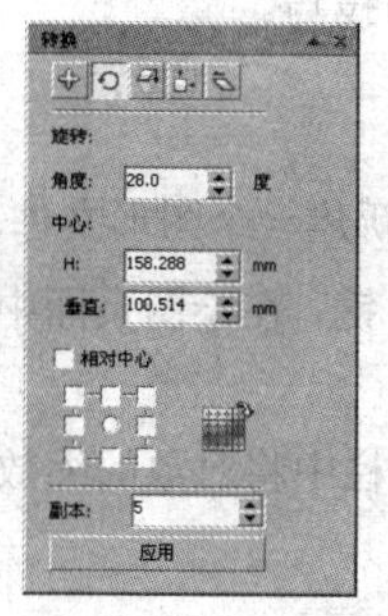

图 12.5.8 旋转并复制左半边文字

（8）删除圆形外部的文本，然后分别双击圆形内部复制的文字，并将其替换为如图 12.5.9 所示的文本。

（9）单击工具箱中的“星形工具”按钮，在圆形的中心位置绘制一个如图 12.5.10 所示的红色五角星。

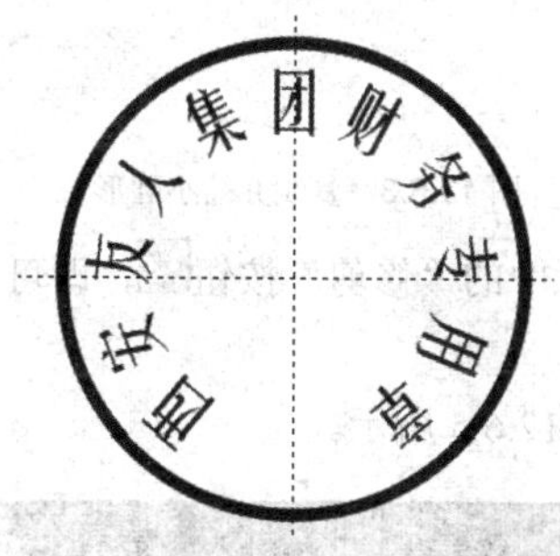

图 12.5.9 替换文字效果

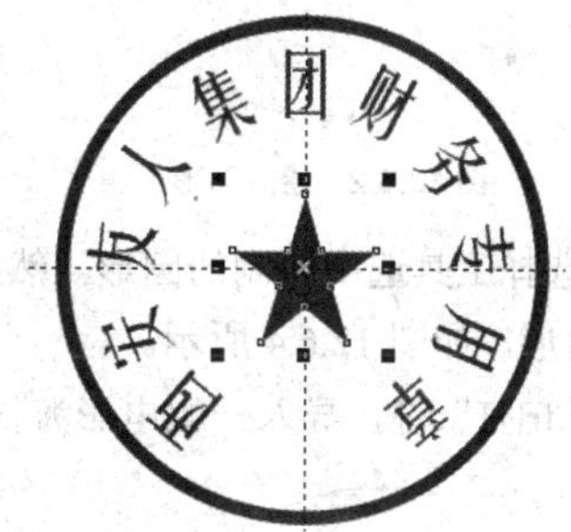

图 12.5.10 绘制五角星

（10）选择菜单栏中的 视图(V) → 辅助线(I) 命令，隐藏辅助线，最终效果如图 12.5.1 所示。

实训 6 制作光碟

1. 实训内容

在制作过程中，主要用到椭圆形工具、交互式阴影工具、修剪命令、对齐与分布命令以及图框精确剪裁命令等，最终效果如图 12.6.1 所示。

图 12.6.1 最终效果图

2．实训目的

掌握交互式效果、造形与图框精确剪裁特效的创建方法与技巧。

3．操作步骤

（1）启动 CorelDRAW X5 应用程序，按“Ctrl+N”键，新建一个图形文件。

（2）单击工具箱中的“椭圆形工具”按钮，按住“Ctrl”键，在绘图页面中绘制一个如图 12.6.2 所示的圆形。

（3）按“+”键，叠加复制一个圆形对象，然后在其属性栏中将对象的缩放因子设置为“15%”，效果如图 12.6.3 所示。

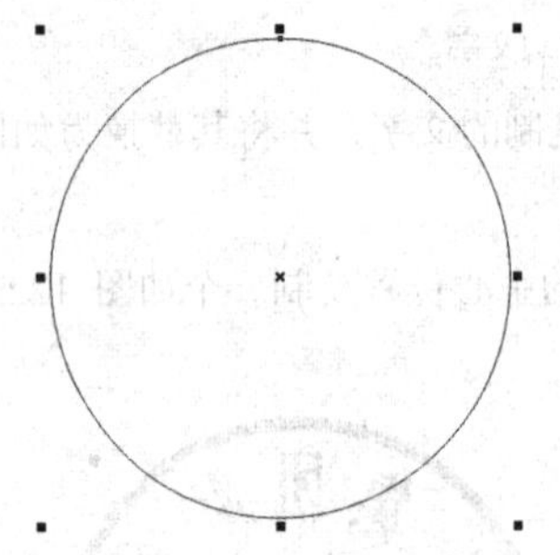

图 12.6.2 绘制圆形

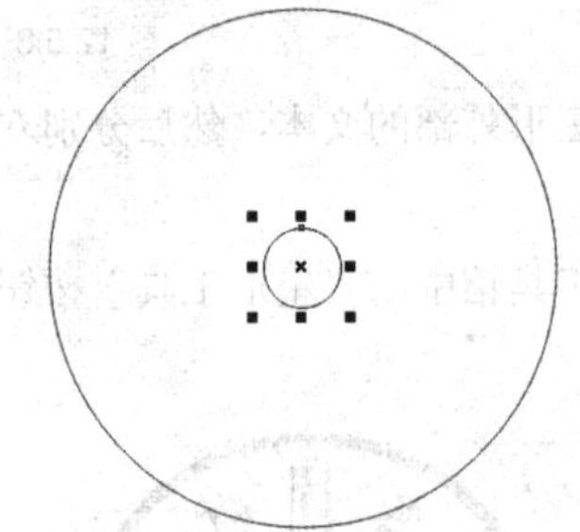

图 12.6.3 复制并缩小圆形

（4）使用选择工具选中绘制的圆形，然后单击属性栏中的“修剪”按钮，即可得到一个有空心的光盘轮廓图形，如图 12.6.4 所示。

（5）按“Ctrl+I”键，导入一幅电影海报图片，如图 12.6.5 所示。

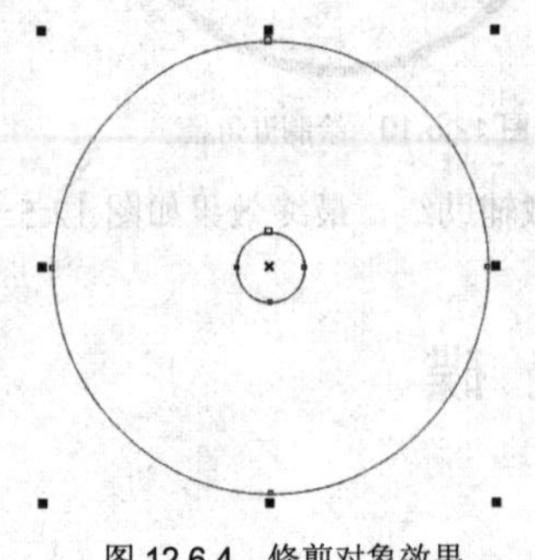

图 12.6.4 修剪对象效果

图 12.6.5 导入图片

（6）选中导入的图片，选择菜单栏中的 效果(C) → 图框精确剪裁(W) → 放置在容器中(P)... 命令，然后在修剪后的图形上单击鼠标左键，效果如图 12.6.6 所示。

（7）单击工具箱中的“椭圆形工具”按钮，按住“Ctrl+Shift”键，在圆形的中心点位置单击向外拖曳出一个小圆形，然后将其轮廓色设置为“白色”、填充色为“无”，效果如图 12.6.7 所示。

图 12.6.6 应用图框精确剪裁效果

图 12.6.7 绘制白色圆形

（8）使用选择工具框选绘图页面中的所有对象，按“Ctrl+G”键群组对象。

（9）单击工具箱中的“交互式阴影工具”按钮，为绘制的光碟图形添加阴影效果，最终效果如图 12.6.1 所示。

实训 7 制作艺术照特效

1. 实训内容

在制作过程中，主要用到选择工具、导入命令、颜色平衡命令、虚光滤镜以及框架滤镜等，最终效果如图 12.7.1 所示。

图 12.7.1 最终效果图

2. 实训目的

掌握调整与滤镜命令的使用方法与操作技巧。

3. 操作步骤

（1）启动 CorelDRAW X5 应用程序，按“Ctrl+N”键，新建一个绘图页面方向为“横向”的图形文件。

（2）按“Ctrl+I”键，在绘图页面中导入一幅位图，如图 12.7.2 所示。

（3）选择菜单栏中的 效果(C) → 调整(A) → 颜色平衡(L)... 命令，弹出“颜色平衡”对话框，设置其对话框参数如图 12.7.3 所示。

图 12.7.2　导入位图

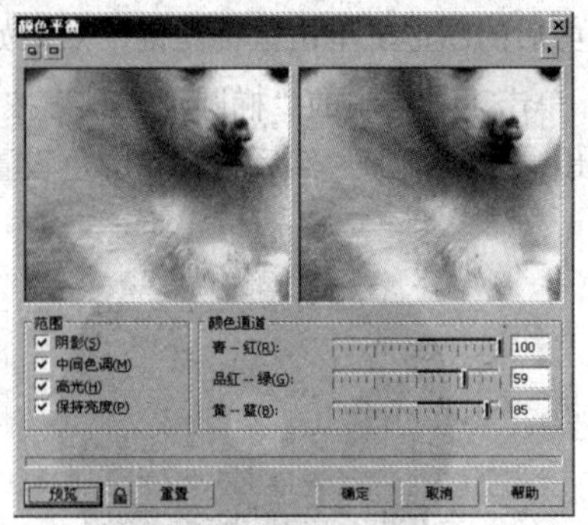

图 12.7.3　“颜色平衡”对话框

（4）设置好参数后，单击 确定 按钮，调整位图后的效果如图 12.7.4 所示。

（5）使用选择工具选中位图，然后选择菜单栏中的 位图(B) → 创造性(V) → 虚光(V)... 命令，弹出“虚光”对话框，设置其对话框参数如图 12.7.5 所示。

图 12.7.4　应用颜色平衡效果

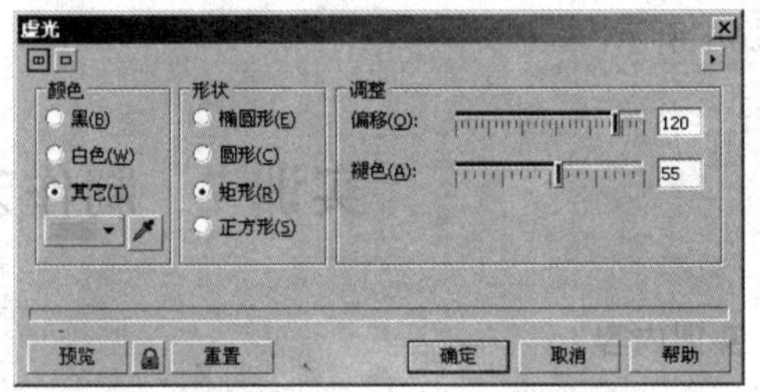

图 12.7.5　“虚光”对话框

（6）选择菜单栏中的 位图(B) → 创造性(V) → 框架(R)... 命令，弹出“框架”对话框，设置其对话框参数如图 12.7.6 所示。

（7）设置好参数后，单击 确定 按钮，对位图添加框架滤镜后的效果如图 12.7.7 所示。

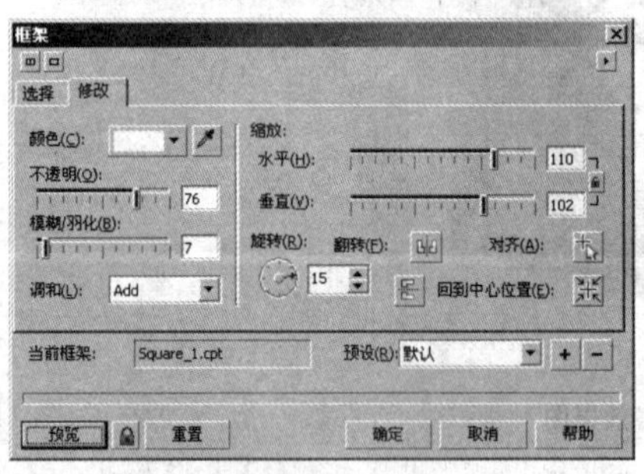

图 12.7.6　“框架”对话框

图 12.7.7　应用框架滤镜效果

（8）使用工具箱中的交互式阴影工具，为位图添加阴影效果，最终效果如图 12.7.1 所示。，

实训 8　制 作 位 图

1. 实训内容

在制作过程中，主要用到形状工具、橡皮擦工具、导入命令、轮廓描摹命令、转换位图命令以及

梦幻色调滤镜等，最终效果如图 12.8.1 所示。

图 12.8.1　最终效果图

2．实训目的

掌握轮廓描摹与转换为位图命令的使用方法与技巧，并能熟练地对位图进行各种编辑操作。

3．操作步骤

（1）启动 CorelDRAW X5 应用程序，按“Ctrl+N”键，新建一个绘图页面方向为“横向”的图形文件。

（2）按“Ctrl+I”键，在绘图页面中导入一幅位图，如图 12.8.2 所示。

（3）选中导入的位图，然后选择菜单栏中的 位图(B) → 轮廓描摹(O) → 高质量图像(H)... 命令，可弹出“Power TRACE”对话框，设置其对话框参数如图 12.8.3 所示。

图 12.8.2　导入位图

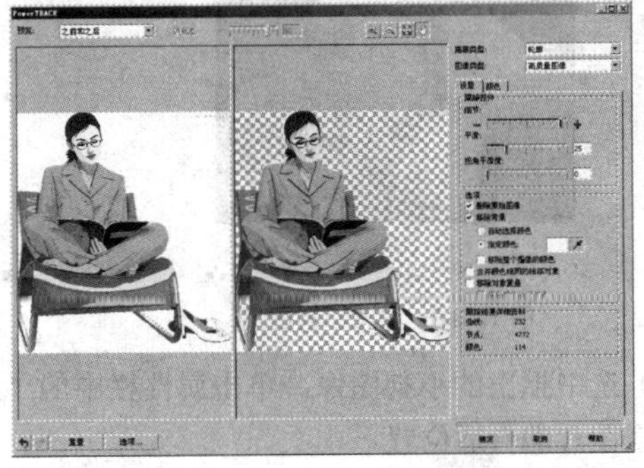

图 12.8.3　“Power TRACE”对话框

（4）重复步骤（2）的操作，在绘图页面中导入一幅风景图片，如图 12.8.4 所示。

（5）选中导入的位图，然后选择菜单栏中的 排列(A) → 顺序(O) → 到页面后面(B) 命令，将风景图置于人物图片的后面，效果如图 12.8.5 所示。

图 12.8.4　导入风景图片

图 12.8.5　排列对象效果

（6）使用选择工具选中描摹后的人物图片，然后选择菜单栏中的位图(B)→转换为位图(P)...命令，将描摹后的人物图片转换为位图。

（7）选择菜单栏中的位图(B)→颜色转换(L)→梦幻色调(P)...命令，弹出“梦幻色调”对话框，设置其对话框参数如图 12.8.6 所示。

（8）设置好参数后，单击确定按钮，对位图添加梦幻色调滤镜后的效果如图 12.8.7 所示。

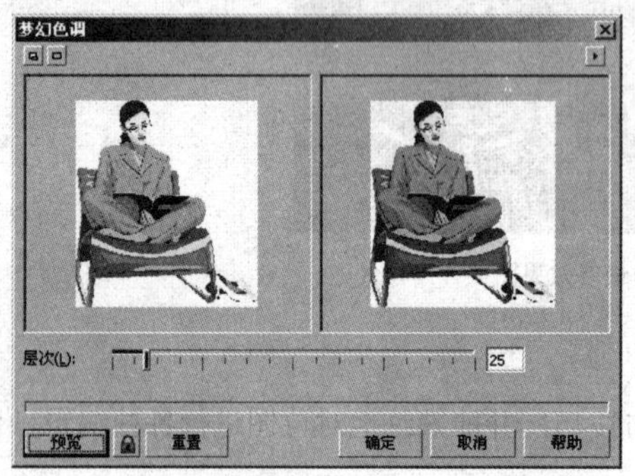

图 12.8.6 “梦幻色调”对话框

图 12.8.7 应用梦幻色调滤镜效果

（9）重复步骤（2）的操作，在绘图页面中导入一幅如图 12.8.8 所示的图片。

（10）单击工具箱中的“橡皮擦工具”按钮，擦除小狗图形以外的所有图形，然后使用形状工具平滑节点，效果如图 12.8.9 所示。

图 12.8.8 导入小狗图片

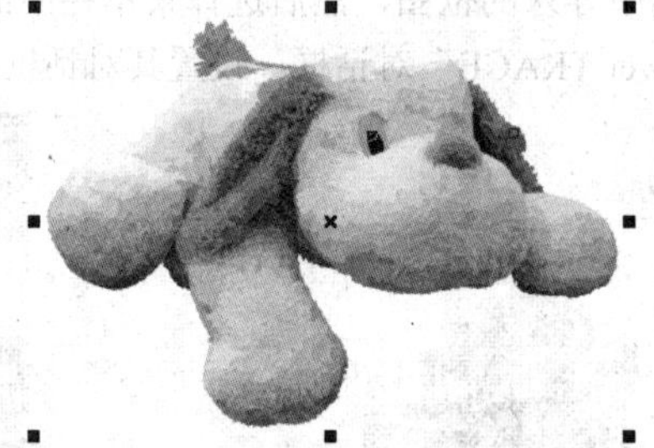

图 12.8.9 去除背景效果

（11）选中抠出的小狗图像，单击属性栏中的“水平镜像”按钮，水平翻转对象，然后将其拖曳至风景图片的合适位置。

（12）选中绘图页面中的所有对象，重复步骤（6）的操作，将其转换为位图，效果如图 12.8.10 所示。

图 12.8.10 转换为位图效果

（13）按“F9”键，全屏预览制作的位图图像，最终效果如图 12.8.1 所示。